园林

植物栽培与养护

第三版

"十四五"职业教育国家规划教材

◉ 主　编　杨杰峰　蔡绍平　何利华

◉ 副主编　董秋燕　徐华丽　杨繁

◉ 参　编　黄芳　黎玉娟　蔡蘅　竺烨　付翠林　余颉　张琴琴　田玉娥

U0279022

华中科技大学出版社

http://press.hust.edu.cn

中国·武汉

内 容 提 要

　　"园林植物栽培与养护"是高职园林技术专业、园林工程技术专业的专业核心课程之一。按照教育部"十三五"职业教育国家规划教材建设要求,本书突出职业教育的类型特点,体现基于工作过程的高职教育理念,采用"项目导向、任务驱动"的编写体例,以"工学结合"为切入点,以实际的工作场景为载体,以若干不同类型任务为一个项目。全书分为概述和 7 个学习单元,即概述、园林苗圃的建立、种实的生产、苗木繁育技术、大苗的培育、苗木出圃、园林植物的栽植、园林植物的养护管理。每个项目包含项目导入、学习任务、知识探究、任务考核标准、自测训练(知识训练、技能训练)等内容,每一学习单元后附有题库(扫描二维码获取),以便学生更好地掌握各个学习单元的知识点。

　　本书教学内容由浅入深,循序渐进,通俗易懂,简明扼要,条理清晰,知识结构合理,突出必需、够用、适用、密切联系实际的原则。本书可作为高职园林技术、园林施工技术、园艺技术、花卉生产与花艺等专业的教材,也可作为园林企事业单位职工培训、考试的教材和园林职业从业者、爱好者的参考书。

图书在版编目(CIP)数据

园林植物栽培与养护/杨杰峰,蔡绍平,何利华主编. —3 版. —武汉:华中科技大学出版社,2022.12
(2024.7 重印)
ISBN 978-7-5680-8219-8

Ⅰ.①园…　Ⅱ.①杨…　②蔡…　③何…　Ⅲ.①园林植物-观赏园艺-教材　Ⅳ.①S688

中国版本图书馆 CIP 数据核字(2022)第 229830 号

园林植物栽培与养护(第三版)　　　　　　　　　　　　杨杰峰　蔡绍平　何利华　主编
Yuanlin Zhiwu Zaipei yu Yanghu(Di-san Ban)

策划编辑:袁　冲
责任编辑:史永霞
封面设计:孢　子
责任监印:朱　玢
出版发行:华中科技大学出版社(中国·武汉)　　　电话:(027)81321913
　　　　　武汉市东湖新技术开发区华工科技园　　　邮编:430223
录　　排:武汉创易图文工作室
印　　刷:武汉市洪林印务有限公司
开　　本:787 mm×1092 mm　1/16
印　　张:18
字　　数:472 千字
版　　次:2024 年 7 月第 3 版第 4 次印刷
定　　价:49.00 元

第三版前言

"园林植物栽培与养护"是园林技术专业的核心课程。为使教学内容更贴近岗位实际，增强学生动手能力和就业能力的培养，本书参照园林绿化职业岗位所包括的项目和方法，以及职业岗位对园林绿化人员的知识能力和素质要求，以园林植物繁育、栽培应用为主线，体现基于职业岗位分析和具体工作流程的课程设计理念，围绕园林植物栽培与养护活动设计相应的项目、任务而进行编写。

本书着重强调学生能力目标和知识目标的培养，注重学生职业技能和素养的提高，以教育部办公厅印发的《"十四五"职业教育规划教材建设实施方案》文件精神为指引，强化学生职业能力、职业素养的培养，以培育高素质技术技能型人才为目标。打破以知识传授为主体的传统单一学科教材模式，转为以实际工作项目和任务为中心组织的课程内容。在邀请园林行业、企业专家对有关专业所涵盖的业务岗位群进行任务与职业能力分析的基础上，以就业为导向，以园林植物繁育、栽植、养护管理岗位为核心，按照新时期高职学生的认知特点，以项目为单位组织教学，采用并列与流程相结合的结构展示教学内容，让学生在完成具体任务、项目的过程中构建相关理论知识，并提高职业发展能力。本书具有以下特点：

1.体例得当，内容新颖，知识延伸。在"十三五"职业教育国家规划教材《园林植物栽培与养护(第二版)》的基础上，书中更新了我国园林绿化建设过程中的新理念、新标准、新成就，增加了城市化、信息化发展过程中的新领域、新技术、新手段，补充了职业教育数字化教学资源的新形式。

2.以园林植物繁育、栽培应用为主线，充分体现"任务驱动、项目导向"的高等职业教育专业课程设计理念，以园林绿化职业岗位为核心，结合岗位职业技能考核标准的要求，合理安排教学内容。

3.较好地把握了应试与应用的相互关系。当前，通过考试取得职业资格证书，获得某种职业的从业资格，已成为用人单位录用人才的标准之一。本书在注重理论与实践相结合、把握高职高专教育特色的基础上，较好地解决了应用与应试的关系，每个任务备有必要的复习思考题，并在部分项目中融入了地方标准、行业标准，便于培养学生自行查阅和阅读参考文献、了解行业相关知识的能力。

本次修订由湖北生态工程职业技术学院杨杰峰、蔡绍平、何利华任主编，董秋燕、徐华丽、杨繁任副主编，黄芳、黎玉娟、蔡蘅、竺烨、付翠林、余颉、张琴琴、田玉娥参加了编写工作。具体分工为概述(杨杰峰、蔡绍平)，园林苗圃的建立(杨杰峰、黄芳)，种实的生产(蔡蘅、张琴琴)，苗木的繁育技术(杨繁、黎玉娟、田玉娥)，大苗的培育(何利华、付翠林)，苗木出圃(余

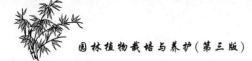

颉、竺烨），园林植物的栽植（董秋燕、杨杰峰），园林植物的养护管理（徐华丽、杨杰峰）（以上所有编者均来自湖北生态工程职业技术学院）。在编写过程中，编写人员参阅和借鉴了有关专家和学者的一些资料，同时得到了出版社和编者所在单位的大力支持和帮助，在此一并致以诚挚的谢意。

由于编者水平有限，书中的疏漏和错误在所难免，恳请专家以及使用本书的老师、同学提出宝贵意见，以便进一步修订。

编者

2022 年 6 月于武汉

目　　录

概　　述

学习目标

◆理解园林植物的概念。

◆掌握园林植物的生长发育规律。

◆学会园林植物的分类方法。

内容提要

园林植物具有种类繁多、习性各异、生态条件复杂、栽培技术不同等特点。本单元阐述了园林植物的概念及范畴,从不同的角度对园林植物进行了分类;简要介绍了园林植物栽培与养护的内容、现状及方法;论述了各类园林植物生长发育的特点及其与环境条件之间的关系。通过本单元的学习,可为今后制订各类园林植物的栽培措施,以达到利用植物、改造植物的预期目的打下基础。

相关知识

1.园林植物的概念及分类

1.1　园林植物的概念及范畴

园林绿化的主体是园林植物,园林植物是城市园林景观的骨架。我国是植物资源大国,不论是传统园林还是现代园林,都非常重视植物材料的使用,尤其是在推崇生态设计理念的今天,植物造景更成为园林建设的主流。人们对园林植物的功能赋予了新的要求,不仅要求其具有观赏功能,还要求其具有改造环境、保护环境,以及恢复、维护生态平衡的功能。概括地说,园林植物是指能绿化、美化、净化环境,具有一定的经济价值、生态价值和观赏价值,适用于布置人们的生活环境、丰富人们的精神生活和维护生态平衡的栽培植物。简而言之,凡是在园林绿化栽培中应用的植物,都可以称为园林植物。园林植物包括木本和草本的观花、观叶或观果植物,以及适用于园林绿地和风景名胜区的防护植物与经济植物。此外,室内花卉及装饰用的植物也属于园林植物。随着科学技术的发展和社会的进步,园林植物的范畴也同时随之延伸扩展。

1.2　园林植物的分类

园林植物的种类繁多、习性各异,各自在园林绿化中起着不同的作用。除按植物系统进行分类外,园林植物还有其他多种分类方法。

1.2.1　按生物学特性分类

1)木本园林植物

木本园林植物植株的茎部木质化,质地坚硬。根据其形态又可分为以下三类。

（1）乔木类。其树体高大（通常其高度大于 6 m），主干明显且直立，分枝多，树干和树冠有明显区分，如白玉兰、广玉兰、女贞、樱花、橡皮树等。

（2）灌木类。其无明显主干，一般植株较矮小，靠地面处生出许多枝条，呈丛生状，如栀子花、牡丹、月季、蜡梅、贴梗海棠等。

（3）藤本类。其茎部木质化，长而细软，不能直立，需缠绕或攀缘其他物体才能向上生长，如紫藤、凌霄等。

2）草本园林植物

草本园林植物植株的茎为草质，木质化程度很低，柔软多汁。草本园林植物根据其生活周期又可分为以下三类。

（1）一年生园林植物。在一年内完成其生命周期，即从播种、开花、结实到枯死均在一年内完成，故称其为一年生园林植物。一年生园林植物的多数种类原产于热带或亚热带，一般不耐寒。通常在春天播种，夏、秋开花结实，在冬季到来之前即枯死。因此，一年生园林植物又称为春播园林植物，如凤仙花、万寿菊、麦秆菊、鸡冠花、百日草、波斯菊等。

（2）二年生园林植物。在两年内完成其生命周期，该类植物多数在播种当年只长营养器官，翌年开花、结实、死亡。其实际生活时间常不足一年，但跨越两个年份，故称为二年生园林植物。这类植物多数种类原产于温带或寒冷地区，其耐寒性较强，通常在秋季播种，翌年春、夏开花，故又称为秋播园林植物，如瓜叶菊、紫罗兰、飞燕草、金鱼草、虞美人、石竹等。

（3）多年生园林植物。其寿命超过两年，能多次开花结实。根据地下部分的形态变化不同，可分为宿根园林植物和球根园林植物两类。

宿根园林植物的地下部分形态正常，不发生变态，植物的根宿存于土壤中，可在露地越冬。常见的宿根园林植物有芍药、香石竹、蜀葵、天竺葵、文竹等。

球根园林植物的地下部分具有肥大的变态根或变态茎，以保证其在地下度过寒冷的冬季或炎热的夏季（呈休眠状态），至环境适宜时再活跃生长，长叶开花，并产生新的地下膨大部分或增生仔球进行繁殖。球根园林植物的种类很多，根据其地下茎或根变态部分的差异，可将其分为四类：①块茎类，地下部分的茎呈不规则的块状，如大岩桐、花叶芋、马蹄莲等；②鳞茎类，地下茎极度缩短并有肥大的鳞片状叶包裹，如水仙、郁金香、百合、风信子等；③根茎类，地下茎肥大呈根状，具有明显的节，节部有芽和根，如美人蕉、鸢尾、睡莲、荷花等；④块根类，地下根肥大呈块状，其上有芽眼，如大丽花、花毛茛等。

3）水生园林植物

水生园林植物是指生长在沼泽地或各类水域中的园林植物，如荷花、睡莲等。

4）多浆、多肉类园林植物

这类园林植物又称多汁植物，其植株的茎、叶肥厚多汁，部分种类的叶退化成刺状，表皮气孔少且经常关闭，以降低蒸腾，减少水分蒸发，具有旱生、喜热的生理特点，如仙人掌、芦荟、落地生根、燕子掌、虎刺梅、生石花等。

5）竹类园林植物

竹类园林植物属禾本科竹亚科，根据其地下茎和地上的生长情况又可分为三类：①单轴散生型，如毛竹、紫竹、斑竹等；②合轴丛生型，如凤尾竹、佛肚竹等；③复轴混生型，如苦竹、箬竹等。

1.2.2　按观赏部位分类

1）观花类园林植物

观花类园林植物包括木本观花植物和草本观花植物。观花植物以花朵作为主要的观赏部位,以花大、花多、花艳或花香取胜。木本观花植物有玉兰、梅花、碧桃、榆叶梅、樱花、杜鹃等。草本观花植物有兰花、菊花、一串红、君子兰、长春花、大丽花、唐菖蒲、郁金香等。

2）观叶类园林植物

观叶类园林植物是以观赏植物的叶形、叶色为主的园林植物。这类园林植物或叶片光亮、色彩鲜艳,或叶形奇特,或叶色有明显的季相变化而引人注目。观叶类园林植物的观赏期长,观赏价值较高,如红枫、黄栌、芭蕉、苏铁、橡皮树、变叶木、龟背竹、花叶芋、彩叶草、一叶兰等。

3）观果类园林植物

观果类园林植物的果实色彩鲜艳、经久不落,其果形奇特、色形俱佳,如佛手、石榴、金橘、五色椒、金银茄、火棘等。

4）观芽类园林植物

观芽类园林植物以肥大而美丽的芽为观赏对象,如银芽柳、结香、印度橡胶树等。

5）观姿态类园林植物

观姿态类园林植物以观赏园林植物的形状、姿态为主。这类园林植物的形状和姿态或端庄,或高耸,或浑圆,或盘绕,或似游龙,或如伞盖。如雪松、金钱松、合欢、香樟、龙柏、龙爪槐、龙游梅等。

1.2.3　按园林植物用途分类

1）行道树类植物

行道树是指成行栽植在道路两旁的植物。如悬铃木、银杏、朴树、广玉兰、樟树、桉树、小叶榕、女贞、大王椰子、椰子、鹅掌楸、七叶树等。

2）庭荫树类植物

庭荫树是指孤植或丛植在庭院、广场或草坪内,树冠浓密,能形成较大绿荫的乔木,可供游人在树下休息之用。如榉树、广玉兰、槐树、鹅掌楸、榕树、杨树等。

3）花灌木类植物

花灌木是指以观花为目的而栽植的小乔木、灌木。如梅、桃、玉兰、丁香、桂花等。

4）垂直绿化类植物

垂直绿化类植物是指绿化墙面、栏杆、山石、棚架等处的藤本植物。如爬山虎、常春藤、紫藤、葡萄、凌霄、叶子花、蔷薇等。

5）绿篱类植物

绿篱类植物是指园林中用耐修剪的植物成行密集栽植来代替栏杆、围墙等起隔离、防护或美化作用的一类植物。如黄杨、小叶女贞、红叶小檗、金叶女贞、大叶黄杨、红叶石楠、日本珊瑚树、丛生竹类等。

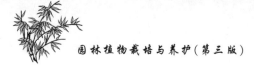

6) 造型类植物、树桩盆景

造型类植物是指经过人工整形而制成各种物像的单株或绿篱,如罗汉松、叶子花、六月雪、瓜子黄杨、日本五针松等。

树桩盆景是利用树桩在盆中再现大自然风貌或表达特定意境的艺术品,比较常用的种类有五针松、枸骨、榕树、火棘、榆树、对节白蜡、银杏、桂花、蚊母、女贞、梅花、葡萄等,这些植物均可用于制作盆景或盆栽。

7) 地被类植物

地被类植物是指用低矮的木本或草本植物种植在林下或裸地上,以覆盖地面,起防尘降温和美化的作用。如蔓马缨丹、金连翘、铺地柏、紫金牛、麦冬、野牛草、剪股颖等。

8) 花坛植物

花坛植物是指采用观叶、观花的草本植物或低矮灌木栽植在花坛内组成各种花纹和图案。如月季、红叶小檗、金叶女贞、金盏菊、五色苋、紫露草、红花酢浆草等。

9) 林带与片林类植物

林带与片林类植物是指在长度为 200 m 以上、宽度为 20～50 m 的范围内栽植 3 排以上的树木形成林带,或在公园、城市中成片栽植的林分。常用的树种有毛白杨、栾树、五角槭、合欢、刺槐等。

10) 室内装饰植物

室内装饰植物是指种植在室内墙壁或专门设立的栽植槽内的对光照需求不高的植物。如心叶喜林芋、巴西铁、文竹、蕨类、常春藤等。

1.2.4　按栽培方式分类

1) 露地园林植物

露地园林植物是指在自然条件下生长发育的园林植物,包括露地生长的乔木、灌木、藤本与草本植物及露地生产切花、切叶、干花的植物等。

2) 温室园林植物

温室园林植物是指使用温室栽培或越冬养护的园林植物,包括温室内的热带植物与亚热带植物、盆栽花卉及生产切花、切叶、干花的栽培植物等。

2.园林植物栽培与养护管理的任务及意义

2.1　园林植物栽培与养护管理的任务与内容

园林植物栽培与养护管理是在掌握园林植物生长发育规律的基础上,对园林植物的生长发育过程及生长发育环境采取直接或间接的措施,进行人为的调节和干预,从而促进或抑制其生长发育。

园林植物栽培与养护管理学是一门研究园林植物的生长发育规律及园林植物的苗木培育、移栽定植和养护管理的理论与技术的应用学科。它的任务是服务园林植物的栽培实践,从园林植物与环境的关系出发,在调节、控制园林植物与环境之间的关系上发挥更好的作用:既要充分发挥园林植物的生态适应性,又要根据栽植地的立地条件特点和园林植物的生长状况与功能要求,实行科学的管理;既要最大限度地利用环境资源,又要适时地调节植物与环境的关系,使其正常生长,并延长其寿命,充分发挥其改善环境、观赏游憩和经济生产的

综合效益,使园林植物栽培更趋合理,取得事半功倍的效果。

园林植物栽培与养护管理这门课程的内容十分广泛,涉及多门学科,因此必须在具备了植物学、园林树木学、植物生理学、植物生态学、气象学、土壤肥料学、植物保护学、花卉学等多门学科的基本知识、基本理论与基本技能的基础上,才能学好本课程,并将其应用于栽培实践。

本课程的教学内容是在阐述园林植物的分类及一般生长发育规律的基础上,着重阐述园林植物的种苗生产、园林植物栽植、园林植物养护管理等技术。此外,还包括园林植物生产中普遍使用的栽植设施的应用、保护地环境的调控、组织培养育苗、无土栽培、城市园林绿化的日常管理等技术。

本课程是园林专业学生的一门重要的专业必修课程,是一门实践性、综合性极强的课程。在学习中,必须理论联系实际,既要不断吸收、总结历史和现实的栽培经验与教训,又要勤于实践,在实践中学习。只有这样才能具备在园林植物栽培与养护的实际工作中分析问题和解决问题的能力。学习本课程还必须树立社会主义市场经济观念,围绕商品经济,以市场为导向,根据当地的资源条件和市场需求取舍教学内容。在工作中,应尽可能地应用本专业和相关专业的最新科技成果,革新生产技术,提高经济效益。

2.2 园林植物栽培与养护管理的意义

随着社会生产力的提高和经济的发展,以及城市人口的过于集中,环境污染日益严重,这使得人们渴望回归大自然的要求愈加强烈。当前,各国政府都非常重视城市建设中园林绿地的发展。近几年,我国许多城市都提出建设"生态城市""园林城市"的口号,这不仅表现在发展城市公园,建设风景区、休养区、疗养区等方面,同时还表现在对居住区、工业区及公共建筑、街道、公路和铁路的普遍绿化上。园林植物在城乡绿化和园林建设中发挥着多方面的巨大作用。

2.2.1 社会效益

园林植物作为一种活的有机体,无论是其个体还是群体,都具有丰富的形态美,以及很高的观赏价值,并且在一年中的不同季节或一生中的不同年龄阶段它们都会表现出不同的姿态和效果。如春季梢头嫩绿、花团锦簇,夏季绿叶成荫、浓荫覆地,秋季果实累累、色香俱备,冬季则白雪挂枝、银装素裹。此外,不同的园林植物或相同园林植物的不同配置,在同一地点或不同地点也会表现出不同的景观或情趣。园林植物本身就是大自然的艺术品,它的枝、叶、花、果、刺及树姿等均具有无比的魅力,不但可以给人们以形体美的享受,而且可以陶冶人们的情操,纯净人们的心灵。

2.2.2 生态效益

环境科学的测试表明,在全面、合理的规划下,栽培园林植物可以大大改善生态环境质量,能起到净化空气、防风固沙、保持水土、滞尘杀菌、减轻污染、减弱噪音、调温增湿的作用。在以园林植物为主要素材构成的绿草如茵、繁花似锦、鸟语花香的优美环境里,人们得以与自然紧密接触,由此而赏心悦目、消除疲劳、振奋精神、身心受益,这是园林植物为世人所公认的生态作用。城市公共绿地既是人们的休憩场所,又是普及生态知识的课堂,能够潜移默化地培养人们关心自然、保护生态的意识,同时可以激发人们热爱自然、保护环境的热情,从而提高全社会在爱护自然、维护生态平衡方面的自觉性。

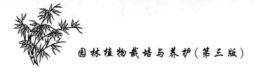

2.2.3 经济效益

园林植物栽培是新兴的产业,特别是改革开放以来,园林植物产业蓬勃发展,已成为重要的"朝阳产业",备受人们关注。在当今专业化经营规模日趋扩大,科学技术、生产管理水平不断提高的条件下,园林植物的姿、韵、色、香等品质全面提高,其成本降低、销售扩展,园林植物栽培已成为极富投资价值的产业。我国特产的园林植物如水仙、牡丹、碗莲、山茶等,深受世界各国人民的喜爱,已成为出口的农林产品中极具潜力的产品。还有许多园林植物的枝、叶、花、果、根、皮等可以用作药材、食品及工业原料。随着我国农林产业结构的调整,园林植物栽培生产将成为农林业的支柱产业。这些都说明了园林植物具有多种生产功能和较好的经济效益。

3.我国园林植物栽培的历史经验

我国疆域辽阔、跨越三带、地形多变、气候复杂,园林植物资源十分丰富,被誉为"世界园林之母"。我国园林植物栽培的历史十分久远,可追溯到数千年前,积累了丰富的栽培经验。我国古代最早栽培的园林植物多为经济价值较高的果树(如桃、李、杏、梅等)及桑、茶等,尔后分化出主要用于庭院遮阴的观赏植物。历代王朝在宫廷、内苑、寺庙、陵墓大量种植树木和花草,至今尚留有部分千年以上的古树名木。如梅花、桃在我国都有上千年的栽培历史,已培育出数百个品种,很早就传入了西方。河南的鄢陵早在明代就以"花都"著称,这个地区的花农长期以来培育成功了多种绚丽多彩的观赏植物,在人工捏、拿、整形树冠技术上有独到之处,如用桧柏捏扎成的狮、象等动物造型,至今仍深受群众的喜爱。

关于园林植物的栽植技术,我国古代农书中早有记载。最早的人工栽培可见于《诗经》,当时栽培的主要目的是用于遮阴、纳凉、歌舞娱乐等。至春秋战国时期,出现了街道绿化的雏形。秦汉时期,南方的古越人创造了萌条杉、插条杉等繁殖技术。西汉的《氾胜之书》和东汉的《四民月令》,提出了一套完整的植树技术。北魏贾思勰《齐民要术》记载:"凡栽树正月为上时,二月为中时,三月为下时。然枣,鸡口;槐,兔目;桑,蛤蟆眼;榆,负瘤散;自余杂木,鼠耳、虻翅,各其时……",说明了植树时期的重要性;还记载:"凡栽一切树木,欲记其阴阳,不令转易,大树髡之,小则不髡。先为深坑,内树讫,以水沃之,着土令如薄泥,东西南北摇之良久,然后下土坚筑。时时溉灌,常令润泽。埋之欲深,勿令挠动……",指出了修剪、浇水、不晃动等的重要性。

唐代柳宗元在《种树郭橐驼传》中总结一驼背老人的种树经验时写道:"能顺木之天,以致其性焉尔。……其莳欲密。既然已,勿动勿虑。"提出了朴素的适地适树的思想,阐述了保证栽植质量对提高成活率的重要性。

明代《种树书》记载有"种树无时惟勿使树知","凡栽树不要伤根须,阔挖勿去土,恐伤根。仍多以木扶之,恐风摇动其巅,则根摇,虽尺许之木亦不活;根不摇,虽大可活,更茎上无使枝叶繁则不招风",说明了树木栽植时期的选择、挖掘要求和栽后支撑的重要性。

清代陈淏子所著的《花镜》是我国现存最早的园艺专著。它记载了300多种花木果树的品种和栽培方法,总结了劳动人民与自然界斗争的经验,并指出通过人工培育可以改变植物的特性。

4.我国园林植物栽培的现状与展望

园林绿化是我国社会主义建设的重要组成部分,是城市物质文明和精神文明的重要标志之一。由于历史的原因,新中国刚成立时,我国园林绿化处于非常落后的状况。据1949

年统计,全国设市城市为 136 个,只有城市公园、绿地 112 处,面积为 2 961 hm²。新中国成立后,党和国家非常重视园林绿地的保护和建设,动用了大量人力、物力和财力,为实现"中国城乡都要园林化、绿化"的目标,作出了相当大的努力。但是处于起步阶段的园林绿化事业,在"文化大革命"期间,受到了重创。

党的十一届三中全会之后,随着改革开放政策的实施,我国的经济建设、城市建设、园林绿化建设都进入了一个新的发展时期。园林植物的栽培与养护也步入了一个新的发展时期,许多院校恢复或新设了观赏园艺专业、园林专业或风景园林专业,各级相应的科研机构相继成立,园林植物的生产很快得到了恢复和发展,一批有关园林植物栽培的图书、报刊等相继问世,对园林绿化事业的繁荣起到了巨大的推动作用。据 1998 年底统计,全国城市园林绿地总面积达到 466 197 hm²,公园面积增至 73 198 hm²,分别是 1988 年的 2.59 倍和 2.02 倍,人均公园绿地面积、城市建成区绿地率及绿化覆盖率分别为 3.22 m²、21.81% 和 26.56%。到 2008 年底,全国城市园林绿地总面积已达到 1 208 448 hm²,公园面积达到 218 260 hm²,分别是 1998 年的 2.59 倍和 2.98 倍,全国城市人均公园绿地面积、建成区绿地率和绿化覆盖率分别为 9.71 m²、33.29% 和 37.37%,分别比 1998 年高出 6.49 m²、11.48 个百分点和 10.81 个百分点。而到 2018 年底,全国城市园林绿地总面积已达到 2 197 122 hm²,公园面积达到 494 228 hm²,分别是 2008 年的 1.82 倍和 2.26 倍,全国城市人均公园绿地面积、建成区绿地率和绿化覆盖率分别为 14.11 m²、37.34% 和 41.11%,分别比 2008 年高出 4.4 m²、4.05 个百分点和 3.74 个百分点。

近年来,随着城乡园林绿化事业的迅速发展,园林植物栽培技术日益提高。全国各地广泛开展了园林植物的引种与驯化工作,使一些植物的生长区向南或向北推移;园林植物的保护地栽培技术得到了较大发展,打破了园林植物生长的地域限制,使鲜花生产和苗木的繁殖速度得到了提高;间歇喷雾技术的应用,使全光照扦插得以实现;生长激素的推广应用,使园林植物栽培进入了一个新时期;种质资源的调查研究逐步深入,使一些野生园林植物资源不断被发现和挖掘;栽培技术的应用达到了一个新水平,至今已有百余种园林植物花开花落可人为控制;古树名木的研究与保护进入了一个新阶段;屋顶花园、垂直绿化的广泛应用,为工业发达、人口密集、寸土寸金的城市扩大绿地面积提供了广阔的前景;组织培养、无土栽培、容器育苗、配方施肥等技术的应用,都将园林植物的栽培养护技术推向了新的高度。

我国园林植物栽培具有悠久的历史,并积累了丰富的栽培经验,但目前的栽培技术和生产水平与世界先进水平相比,还有一定差距。生产专业化、布局区域化、市场规范化、服务社会化的现代化产业布局还没有真正形成。科研滞后于生产、生产滞后于市场的现象还依然存在。所以,园林植物的栽培应在继承历史成功经验的同时,借鉴世界先进的经验与技术,站在产业化的高度,利用我国丰富的园林植物资源,推进园林植物的商品化生产,使其为我国社会主义精神文明建设和物质文明建设服务。

5.园林植物的生长发育

5.1 园林植物的生命周期

园林植物在个体发育中,一般要经过种子的休眠及萌发、营养生长和生殖生长三大时期(无性繁殖的种类可以不经过种子时期)。这是园林植物个体生长发育的全过程,是园林植物生命活动的总周期。

生长是指园林植物重量和体积的增加,它是通过细胞的分生、增大和能量积累的量变体

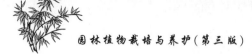

现出来的，表现为各器官、系统的增大和形态变化；发育是指园林植物的结构和功能从简单到复杂的变化过程，它是通过细胞、组织和器官的分化完善与功能上的成熟，产生质的改变，表现为生殖器官——花、果实的形成。生长与发育是两个既密切相关又有区别的概念。生长是发育的物质基础，没有生长就不能完成发育。也就是说，没有生活物资的形成和细胞的增生，以及营养体的生长，就没有生殖器官的形成和发育。同时，植物如果没有发育进程中的生理变化，只进行营养生长，就不能通过有性繁殖来再生与自己相似的后代。生长与发育的过程是不可分割的，尽管我们有时也把园林植物的生长分为营养生长和生殖生长，那是因为其在幼年时期以营养生长为主，同时也伴随着质的变化，到一定时期以后，就以开花、结实的生殖生长为主，而营养生长的速度则变慢。

园林植物的种类很多，不同的园林植物的生命周期长短相差很大，下面分别就木本园林植物和草本植物进行介绍。

5.1.1 木本园林植物（园林树木）

在园林树木个体发育的生命周期中，实生园林树木从种子萌发到生长、开花、结实等过程中，可以划分出许多形态特征与生理特性变化明显的年龄时期。从园林树木栽植养护的实际出发，将实生园林树木的整个生命周期划分为以下几个年龄时期。

1）胚胎阶段

从受精形成合子开始到胚具有萌发能力并开始萌发为止，是种子形成和以种子形态存在的一段时期。此阶段开始是在母株内，借助母株形成的激素和其他复杂的代谢产物发育成胚，以后胚的发育和种子养分的积累则在自然后熟或储藏过程中完成。胚胎期的长短因植物的种类而异，木本植物的成胚过程需要的时间一般较长。有些植物的种子完全成熟后，只要有适宜的发芽条件就能发芽；有些植物的种子完全成熟后，给予适宜的条件也不能立即发芽，而必须经过一段时间后才能发芽。

2）幼年期

幼年期为从种子萌发到第一次开花的一段时期。这一时期，园林树木地上和地下部分生长旺盛，植株在高度、冠幅、根系长度、根幅等方面生长很快。光合作用和呼吸作用面积迅速扩大，开始形成树冠和骨干枝，逐步形成树体特有的结构，体内逐渐积累大量的营养物质，为其从营养生长转向生殖生长做外部形态上和内部物质上的准备。它是实生园林树木过渡到性成熟以前的时期，在这一时期完成之前，无论采取任何措施都不能诱导其开花（见图 0-1）。幼年期树木的长短因园林树木种类、品种类型、环境条件及栽培条件而异。

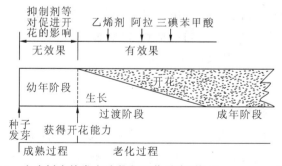

图 0-1　实生树木的发育阶段和开花反应（仿 Zimmerman，1972）

3）结果初期

结果初期为从第一次开花到开始大量开花之前的一段时期。这一时期,树冠和根系加速扩大,是离心生长最快的时期,可能达到或接近最大营养面积。在开花结实部位以下着生的枝条仍处于幼年阶段。树冠先端部位开始形成少量花芽,一般花芽较小,质量较差,部分花芽发育不全,坐果率低,种子不饱满,有些空粒,但开花结实数量逐年上升。这一时期种子的可塑性较大。

4）结果盛期

结果盛期为从树木开始大量开花结实,经过维持最大数量花果的稳定期到开始出现大小年,直至开花结实连续下降的初期为止的一段时期。这一时期,树冠分枝的数量增多,花芽发育完全,开花结实部位扩大,数量增多,在主干生理成熟部位以上的树冠部分都能结果。叶片、芽和花等的形态都表现出定型的特征,其他性状也较稳定。在正常情况下,营养生长与生殖生长趋于平衡。但由于生理状况、营养物质分配和环境因子的影响,也不一定每年都能开花结实或均匀结实。这一时期骨干枝离心生长停止,树冠达到最大限度。后期末段小枝衰亡或回缩修剪使树冠趋于缩小,根系末段的须根也有死亡的现象,树冠的内膛开始发生少量生长旺盛的更新枝条。

5）结果后期

结果后期为从大量开花结果的稳定状态遭到破坏,数量明显下降的年份起,直到几乎失去观花、观果的价值为止的一段时期。这一时期植株的地上地下分枝级数太多,由于大量开花结果耗费营养太多,同化的物质积累减少,开始出现大小年。植株输导组织相应衰老,先端的枝条和根系大量衰亡,向心更新强烈,生长减弱,病虫增多,抗性减弱。

6）衰老期

衰老期为从骨干枝、骨干根逐步衰亡,生长显著减弱到植株死亡为止的一段时期。这一时期植株骨干枝、骨干根大量死亡,营养枝和结果母枝越来越少,枝条纤细且生长量很小,树体生长平衡遭到严重破坏,树冠更新复壮能力很弱,抗逆性显著降低,木质腐朽,树皮剥落,树体衰老,逐渐死亡。除对名木古树在进入衰老期之前采取复壮措施外,对一般的园林树木进入衰老期时,宜进行萌芽更新或采伐重新栽植。

上面对实生园林树木的生命周期及其特点进行了分析,而无性繁殖的园林树木的生命周期,除没有种子外,也可能没有幼年期或幼年期相对较短。幼年期长短与母树年龄有关,取自已发育成熟的母树上枝条所繁殖的个体,比取自幼年阶段的母树上枝条所繁殖的个体,幼年期相对较短。因此,无性繁殖园林树木的生命周期,可以划分为营养生长期、结果初期、结果盛期、结果后期和衰老期等5个年龄时期。各个年龄时期的特点与实生园林树木相应的年龄时期基本相同。

5.1.2 草本植物

1）一、二年生草本植物

一、二年生草本植物的生命周期很短,仅1～2年的寿命,但其一生也必须经过以下几个生长发育阶段。

(1)胚胎期。从卵细胞受精发育成合子开始至种子发芽为止。

(2)幼苗期。从种子发芽开始到第1个叶芽出现为止,一般为2～4个月。一、二年生草

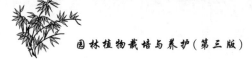

本植物的地上、地下部分在营养生长期内时，应精心管理，使植株尽快达到一定的株高和株形，为开花打下基础。

（3）成熟期。植株大量开花，花色、花型定型，具有该品种的特征，是观赏盛期，花期为1～2个月。若要延长观赏时期，这一时期应加强肥水管理，采取摘心扭梢等措施。

（4）衰老期。从开花大量减少、种子逐渐成熟开始至植株枯死为止，为衰老期，应及时采收种子，避免种子散落。

2）多年生草本植物

多年生草本植物的生命周期一般为10年左右，各年龄时期与木本植物相似，只是各生长发育阶段比木本植物相对短些。

各类植物的各生长发育阶段之间没有明显的界限，是一个渐进的过程，各年龄时期的长短受物种本身的基因和外界环境的影响。在栽培过程中，通过合理的栽培技术能在一定程度上加速或延缓某一阶段的到来。

5.2 园林植物的年生长周期

园林植物在一年中，随着环境，特别是气候（如水、热状况等）的季节性变化，而在形态和生理上发生的与之相适应的生长和发育（如萌芽、抽枝、展叶、开花、结实及落叶、休眠等）的规律性变化的现象称为物候或物候现象。与物候现象相适应的园林植物器官的动态时期称为生物气候学时期，简称物候期。不同物候期的植物器官所表现出的外部形态特征称为物候相。物候期是园林植物的区域规划及为特定地区制订园林植物科学栽培措施的重要依据。

一年分为春、夏、秋、冬四季，并且每年有规律地周期性重复出现，园林植物长期适应气候的这种变化，形成了与之相适应的物候特性与生育节律，从春到冬随着季节的推移，园林植物也相应表现出明显不同的物候相。

1）落叶树的年周期

落叶树的年周期可明显地分为生长和休眠两大物候期。从春季开始萌芽生长后，树木在整个生长期中都处于生长阶段，具体表现为营养生长和生殖生长两个方面。到了冬季，为适应低温和不利的环境条件，树木处于休眠状态，进入休眠期。在生长期和休眠期之间，又各有一个过渡期，即从生长转入休眠的过渡期和从休眠转入生长的过渡期。

（1）休眠转入生长的过渡期。这一时期处于树木将要萌芽前，即每日日平均气温稳定在3℃以上，其芽膨大待萌。树木休眠的解除，通常以芽的萌动、芽鳞的开绽作为形态标志。而生理活动则更早，如树液流动，根系活动明显。树木由休眠转入生长，要求有一定的温度、水分和营养物质。

（2）生长期。从树木萌芽生长至落叶，即包括整个生长季。这一时期在一年中所占的时间较长。在此期间，树木随季节变化和气温升高，会发生一系列极为明显的变化，如萌芽、抽枝、展叶和开花、结实等，并形成许多新器官（如叶芽或花芽等）。

萌芽常作为树木生长开始的标志，但其实根的生长比萌芽要早。不同树木在不同条件下每年萌芽的次数不同。其中以越冬后的萌芽最为整齐，这与上一年积累的营养物质的储藏和转化、为萌芽做了充分的物质准备有关。树木萌芽后抗寒力显著降低，对低温变得敏感。

每种树木在生长期中，都按其固定的物候顺序进行一系列的生命活动，不同树种通过各

个物候的顺序不同。有些先萌花芽,而后展叶;有些先萌叶芽,抽枝展叶,而后形成花芽并开花。树木各物候期的开始、结束和持续时间的长短,也因树木的品种、环境条件和栽培技术而异。

生长期是各种树木营养生长和生殖生长的主要时期。这个时期不仅能体现树木当年的生长发育情况,也对树木体内养分的储藏和下一年的生长发育等各种生命活动有着重要的影响,同时也是发挥其绿化作用的重要时期。因此,在栽培上,生长期是养护管理工作的重点时期,应该创造良好的环境条件,以促进其生长发育。

(3)生长转入休眠的过渡期。秋季叶片自然脱落是树木进入休眠的重要标志。在正常落叶前,新梢必须经过组织成熟的过程,才能顺利越冬。早在新梢开始自下而上加粗生长时,就逐渐开始木质化,并在组织内储藏营养物质(绝大部分是淀粉、可溶性糖类等碳水化合物和少部分含氮化合物)。新梢停止生长后,这种积累过程继续加强,有利于花芽的分化和枝干的加粗等。结有果实的树木,在果实成熟后,养分积累更为强烈,一直持续到落叶前。

秋季气温降低、日照变短是导致树木落叶和进入休眠的主要因素。落叶前在叶内会发生一系列的变化,如光合作用和呼吸作用的减弱,叶绿素的分解,部分氮、钾成分转移到枝干等,最后叶柄基部形成离层而脱落。落叶后随气温降低,树体细胞内脂肪和单宁物质增加,细胞液浓度和原生质黏度增加,原生质膜形成拟脂层使透性降低等,使树木抗寒越冬能力增强,为树木休眠和翌年生长创造条件。

树木过早落叶,不利于养分积累和组织成熟,对树木越冬和翌年生长都会造成不良影响。干旱、水涝、病虫害等都会造成树木提前落叶,甚至引起树叶再次生长,危害很大;树叶该落不落,说明树木未做好越冬准备,易发生冻害和枯梢。在栽培中应防止此类现象的发生。

树体的不同器官和组织,进入休眠的早晚顺序不同。某些芽的休眠在落叶前的较早时间就已发生。一般小枝、细弱短枝、早形成的芽,进入休眠早;地上部分主枝、主干进入休眠较晚,而根茎进入休眠最晚,故易受冻害。

不同年龄的树木进入休眠的早晚时间不同,幼龄树比成年树进入休眠迟。

刚进入休眠的树,处在初休眠(浅休眠)状态,耐寒力还不强,遇间断回暖会使休眠逆转,而后若突然降温则常遭冻害。

(4)相对休眠期。秋季正常落叶到翌年春季树液开始流动前为止,是落叶树木的休眠期。局部的枝芽则更早进入休眠。在树木休眠期,虽然没有明显的生长现象,但体内仍进行着各种生命活动,如呼吸、蒸腾、芽的分化、根的吸收、养分合成和转化等,只是这些活动进行得较微弱和缓慢而已,所以确切地说,休眠只是一个相对概念。

落叶休眠是温带树木在进化过程中对冬季低温环境形成的一种适应性。如果没有这种特性,正在生长着的幼嫩组织,就会受早霜的危害,并难以越冬而死亡。

2)常绿树的物候特点

常绿树,并非周年不落叶,而是叶的寿命较长,多在 1 年以上至多年;每年仅仅脱落部分老叶,同时又能增生新叶,全树连续有绿叶存在,因此从整体上看,树冠终年保持绿色。不同的树种,叶片脱落的叶龄不一样,常绿针叶树类中松属针叶可存活 2~5 年,冷杉叶可活 3~10 年,紫杉叶可存活高达 6~10 年。它们的老叶多在冬春季节脱落,刮风天尤甚。常绿阔叶树的老叶,多在萌芽展叶前后逐渐脱落。常绿树落叶的原因主要是失去正常生理机能的老化叶片进行新老更替。

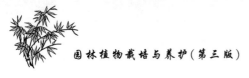

3）草本园林植物的年周期

草本园林植物种类繁多，原产地立地条件各不相同，因此年周期的变化也不一样。一年生草本园林植物春天萌芽后，当年开花结实，而后死亡，仅有生长期中各时期的变化而无休眠期，因此年周期就是其生命周期，短暂而简单。二年生草本植物秋季萌发后，第一年生长季（秋季）仅生长营养器官，以幼苗状态越冬，到第二年生长季（春季）才开花、结实然后枯死。多年生草本植物能生存两年以上。有些植物的地下部分为多年生，如宿根或根茎、鳞茎、块根等变态器官，而地上部分每年死亡，待第二年春季又从地下部分长出新枝，开花结实，如荷花、芍药、大丽菊等；另外有一些植物的地上和地下部分都为多年生，经开花、结实后，地上部分仍不枯死，并能多次结实，如万年青、书带草、麦冬等。

6.环境因子与园林植物生长发育的关系

园林植物的生长发育除受遗传特性的影响外，与外界环境条件密切相关。环境因子的变化，直接影响着植物生长发育的进程和生长质量。在适宜的环境中，植物才能生长发育良好，枝繁叶茂。环境因子包括直接因子（光照、温度、水分、基质和空气）和间接因子（地形与地势）。直接因子是植物生长过程中不可缺少且不能替代的因素，又称为生存因子。直接因子中不论哪个发生变化，都会对植物的生长产生影响。同时，这些因子又不是孤立的，而是相互关联和相互制约的，它们综合地影响着植物生命活动的进行。

6.1 温度

6.1.1 温度与植物生态的关系

温度是植物生命活动的生存因子之一，它对植物的生长发育影响很大。热带、亚热带地区生长的植物对温度的要求较高，原产于北方的植物则要求偏低。如果把热带和亚热带的植物移到寒冷的北方栽培，植物会因气温太低而不能正常生长发育，甚至冻死。喜凉爽环境的北方植物，移至南方生长，虽然温度升高，但最终会因为冬季低温不够而生长不良或影响开花。

植物的各种生理活动都要求有最低温度、最适温度、最高温度，即温度的三基点。植物在最适温度生长发育良好，超过最高温度或低于最低温度便会导致生长不良甚至引起死亡。

昼夜温度有节奏的变化称为温周期。温周期对植物生长有很大的影响，一般植物晚上生长比白天快，这是因为白天气温高，有利于光合作用，从而制造并积累养分，晚上气温低，呼吸作用减弱，消耗养分少，白天积累的养分供给细胞伸长和细胞的形成，植物这种因温度昼夜变化而有不同反应的情况，称为温周期现象。温周期现象在温带植物上的反映比在热带植物上明显。据研究，对于大多数植物来说，昼夜温差以 8 ℃左右最为合适。

6.1.2 温度与植物的发育及花色的关系

温度对植物的发育有深刻的影响，植物在发育的某一时期，特别是在发芽后不久，需经受较低温度后，才能形成花芽，这种现象称为春化作用。如一、二年生草花在其个体发育过程中必须经过春化阶段。其中秋播草花的春化阶段需要较低的温度，一般为 0～10 ℃，在春后温暖时播种则不能开花，如蜀葵等。春播一年生草花春化阶段要求的温度较高，一般为 5～12 ℃，完成春化的时间较短（5～15 天），在温暖时播种仍能正常开花，如鸡冠花、千日红等。一些落叶花灌木如碧桃，在 7—8 月的炎热天气形成花芽后，必须经过一定的低温才能正常开花，否则花芽发育受阻，花朵异常。

温度的高低还会影响花色,不过对有些植物影响显著,对有些植物则影响较小。蓝白复色的矮牵牛,蓝色或白色部分的多少受温度的影响较明显。温度在 30～35 ℃时,花呈蓝色或紫色;而温度在 15 ℃以下时呈白色;在上述两种温度之间时,则呈蓝白复色。月季花、大丽花、菊花等在较低温度下花色浓艳,而在高温下则花色暗淡。

6.1.3　土温与植物生长的关系

根系生长在土壤中,土温的高低变化会直接影响根系的生长。在适宜的土温条件下,根系生长旺盛,新根不断形成。土温切忌变化过骤,炎热的夏季,土温很高,尤其在中午前后,如此时给植物浇灌冷水,会使土温骤降,根系温度也随之下降,其吸收能力急剧降低,不能及时供应地上部分蒸腾的水分,会造成植物体内水分平衡的破坏,引起植物暂时萎蔫。

北方地区由于冬季过于严寒,土壤冻结层很深,根系无法吸收水分以供给蒸腾的消耗,常会引起生理干旱。如果在入冬后,将雪堆放在植物根部,能提高土温,使土壤冻结层变浅,深层的根系仍能活动,可缓解植物冬季失水过多的问题。

6.1.4　高温及低温对植物的伤害

1）高温对植物的伤害

当温度超过植物生长能承受的最高温度后,再继续上升,会对植物产生危害,使植物生长发育受阻,甚至死亡。一般当气温达到 35～40 ℃时,植物停止生长,这是因为高温会破坏其光合作用和呼吸作用的平衡,使呼吸作用加强,光合作用减弱甚至停滞,营养物质的消耗大于积累,植物处于"饥饿"状态难以生长。当温度达到 45 ℃以上时,会使植物细胞内的蛋白质凝固变性而死亡,结果造成局部伤害或全株死亡。另外,高温会使蒸腾作用加强,破坏水分平衡,导致植物萎蔫枯死;高温还可促使叶片过早衰老,减少有效叶面积,并使根系早熟与木质化,降低吸收能力而影响植物生长;高温还会导致一些树皮薄的园林树木或朝南的树皮受日灼损害。

园林植物的种类不同,抗高温能力也不相同。米兰在夏季高温下生长旺盛,花香浓郁,而仙客来、吊钟和水仙等,因不能适应夏季高温而休眠;一些秋播草花在盛夏来临前即干枯死亡,以种子状态越夏。同一植物处于不同的物候期,耐高温的能力也不同。其中种子期耐高温能力最强,开花期最弱。在栽培过程中,应适时采取降温措施,如喷、淋水、遮阴等,帮助植物安全越夏。

2）低温对植物的伤害

当温度降低到植物能忍受的极限低温以下,植物就会受到伤害。低温对植物的伤害程度,既取决于温度降低的度数、低温的持续时间和发生的季节,又取决于植物本身的抵抗能力。一般南方植物忍受低温能力较差,如扶桑、茉莉等。而北方植物忍受低温能力较强,如珍珠梅、东北山梅花等可耐－45 ℃左右的低温。

6.2　光照

6.2.1　光照强度对植物生长的影响

光是植物必不可少的生存条件之一,是制造有机物质的能源,各种植物都要求在一定的光照条件下生长发育。影响园林植物生长发育的光照条件包括日照时间的长短、光质和光照强度。

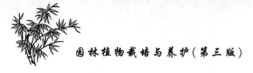

1）植物对光照的需求量

各种植物在器官构造上存在着较大的差异，要求用不同的光照强度来维持生命活动。根据植物的需光量，可将植物分为3种类型。

（1）阳性植物。该类植物在全光照条件下生长最好，其光饱和点高，不能忍受任何明显的遮阴，否则生长缓慢，发育受阻。如月季、仙人掌类、文冠果和马尾松等。

（2）中性植物。该类植物比较喜光，稍能耐阴，一般季节在全光照条件下生长，在过强的光照下才需适当遮阴。因为过强的光照常超过其光饱和点，故盛夏应遮阴。但过分庇荫又会削弱光合作用强度，常造成植物因营养不良而逐渐死亡。如白兰、花柏等。

（3）阴性植物。该类植物需光量少，并需要一定的庇荫，不能忍受强光的照射。光照过强，一些植物的叶片失去应有的光泽，变得暗淡、苍老，有的会很快死亡。栽培中应保持50％～80％的庇荫度。如八角金盘、珊瑚树、红豆杉、冷杉和兰花等。

2）植物生长发育阶段与光照的关系

同一种植物的生长发育阶段不同，需光量也不同。如木本植物与光照强度的关系会随植株的年龄和生长发育阶段的改变而改变，一般幼年期和以营养生长为主的时期能稍耐阴，成年后和进入生殖生长阶段则需较强的光照，特别是在由枝叶生长转向花芽分化的过渡时期，光照强度的影响更为明显，此时如光照不足，花芽分化困难，会造成不开花或开花少。如喜强光的月季，在庇荫处生长，枝条节间长，叶大而薄，很少开花。植物休眠期需光量一般较少。

若栽培地点改变，植物的喜光性也常会变化，如原产于热带、亚热带的植物，原属阳性，但移至北方后，夏季却不能在全光照条件下生长，需要适当遮阴，这是由于原产地雨水多，空气湿度大，光的透射能力较弱，光照强度比多晴少雨、空气干燥的北方要弱。因此在北方栽植南方的部分阳性植物时，应与中性植物同样对待，如铁树等。

6.2.2　光周期对植物发育的影响

除了光照强度外，昼夜间光照持续时间的长短对植物的开花也有重要影响。一天中昼夜长短的变化称为光周期，植物需要在一定的光照与黑暗交替的环境下才能开花的现象，称为光周期现象。有些植物需要在昼短夜长的秋季开花，有些只能在昼长夜短的夏季开花。根据植物对光周期的反应和要求，可将植物分为以下4类。

1）长日照植物

这类植物大多数原产于温带和寒带，日照短于一定长度时便不能开花或明显推迟开花。这类植物每天需14小时以上的光照才能实现其由营养生长转向生殖生长，花芽才能顺利地进行发育，否则不能开花，如荷花、唐菖蒲等。

2）短日照植物

这类植物大多原产于热带和亚热带地区，在短日照条件下正常开花，日照时间超过一定长度便不开花或明显推迟开花。这类植物在24小时的昼夜周期中需一定时间的连续黑暗（一般需14小时以上的黑暗）才能形成花芽，并且在一定范围内，黑暗时间越长，开花越早。在自然栽培条件下，通常在深秋与早春开花的植物多属此类，如叶子花、一品红等。

3）中日照植物

中日照植物为只有在昼夜长短接近于相等时才能开花的植物。

4）中间性植物

这类植物对光照时间长短敏感性较差,只要温度、湿度等生长条件适宜,在长、短日照下都能开花。如月季、紫薇、香石竹等。

必须指出,长日照、中日照和短日照植物,其花芽形成时都需要光,但一旦花芽形成,则其对日照时间长短不再有反应。

生产中常利用植物的光周期现象,通过人为控制光照和黑暗时间的长短,来达到催花或延迟开花的目的。

6.3 水分

6.3.1 植物对水分的需求

水分在植物的生长发育、生理生化过程中起着重要的作用。水分是植物体的基本组成部分,植物体内的一切生命活动都是在水的参与下进行的。植物生长离不开水,但各种植物对水分的需求量是不同的。一般阴性植物要求较高的湿度,阳性植物对水分要求相对较少。根据植物对水分需求量的不同,可将植物分为以下4类。

1）旱生植物

该类植物为能长期忍受干旱并正常生长发育的植物种类。如柽柳、桂香柳、胡颓子等。有的植物具有肥厚的肉质茎、叶,能储存大量的水分,而且这类植物体内的水分以束缚水的形式存在,能强有力地保持体内水分,如龙舌兰、仙人掌类等。

2）湿生植物

湿生植物是指在土壤含水量多,甚至在土壤表面有积水的条件下也能正常生长的植物,它们要求经常有充足的水分,过于干旱时易死亡。如水杉、垂柳、秋海棠、蕨类等。

3）中生植物

中生植物适宜生长在干湿适中的环境下,大多数植物均属此类。如香樟、楠、枫香、苦楝、梧桐等。

4）水生植物

水生植物为只有在水中才能正常生长的一类植物。如睡莲、荷花等。

将植物划分为以上几类不是绝对的,因为它们之间并没有明显的界限。同时,同一种植物,在年生长周期内对水分的需求量随气候而异,植物早春萌发时需水量不多,枝叶生长期需水分较多,开花期需水分较少,结实期需水分较多。在植物的生命周期中,植物体内的含水量一般随年龄增长而递减。

水分不足不利于植物的生长发育。但当土壤中含水量过高时,由于土壤孔隙中空气不足,根系呼吸困难,常会造成根的窒息、腐烂、死亡,特别是肉质根类植物。

6.3.2 水分对植物花芽分化及花色的影响

植物生长一段时期后,营养物质积累到了一定的程度,此时营养生长逐渐转向生殖生长,进行花芽分化、开花和结实。花芽分化期间,如果水分缺乏,花芽分化困难,则花芽少;如果水分过多,长期阴雨,花芽分化也难以进行。对于很多植物来说,水常是决定花芽分化迟早和难易的主要因素。如沙地生长的球根花卉,球根内含水量少,花芽分化早。对盆梅适时"扣水"也能抑制其营养生长,从而使花芽得到较多的营养而提早分化。

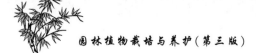

开花期内水分不足，会导致花朵难以完全绽开，不能充分表现出品种固有的花形与色泽，而且会缩短花期，影响观赏效果。此外，土壤中水分的多少，对花朵色泽的浓淡也有一定的影响。水分不足，则花色变浓，如白色和桃红色的蔷薇品种，在土壤过于干旱时，花朵变为乳黄色或浓桃红色。为了保持品种的固有特性，应及时进行水分的调节。

综上所述，水分在植物的各个生长发育期内都是很重要的，又是易受人为控制的，因此在植物的各个物候期，创造最适宜的水分条件，是使园林植物充分发挥其最佳的观赏价值和绿化功能的主要途径之一。

6.4 基质

6.4.1 土壤的质地与厚度

园林植物栽培所使用的基质较多，但生产上使用最广泛的基质是土壤。植物生长在土壤中，土壤起支撑植物和供给水分、矿质营养和空气的作用。土壤的结构、厚度与理化性质的不同，会影响到土壤中的水、肥、气、热的状况，进而影响到植物的生长。

土壤的质地与厚度关系着土壤肥力的高低，以及含氧量的多少。大多数植物要求在土质疏松、深厚肥沃的壤质的土壤中生长。壤质土的肥力水平高，微生物活动频繁，能分解出大量的养分，且保肥能力强。同时深厚的土层又利于根系向下层生长，能增强植物的抗逆能力。

植物的种类繁多，喜肥耐瘠能力各不相同。对喜肥沃深厚土壤的植物，如梅花、梧桐、核桃、樟树等，应栽植在深厚、肥沃和疏松的土壤中。耐贫瘠的植物，如马尾松、油松等，可在土质稍差的土壤中种植。当然，能耐贫瘠的植物，栽在深厚、肥沃的土壤中可以生长得更好。

6.4.2 土壤酸碱度

土壤酸碱度是土壤重要的化学性质之一，它影响着土壤微生物的活动及土壤有机质和矿质元素的分解和利用。如在碱性土壤中，植物对铁元素的吸收困难，常造成喜酸性土壤的植物发生失绿症。每种植物都要求在一定的土壤酸碱度下生长，应当针对植物的要求，合理栽植。根据植物对土壤酸碱度的要求的不同，将其分为以下3类。

1）酸性植物

土壤 pH 值在 6.5 以下时，该类植物生长良好，如杜鹃，山茶，栀子花，棕榈科、兰科植物等。

2）中性植物

土壤 pH 值在 6.5～7.5 之间时，该类植物才能生长良好，如菊花、矢车菊、百日草、杉木、雪松、杨、柳等。

3）碱性植物

土壤 pH 值在 7.5 以上时，该类植物仍生长良好，如侧柏、紫穗槐、非洲菊、石竹类、香豌豆等。

6.4.3 盐碱土对园林植物的影响

盐碱土包括盐土和碱土两大类。盐土是指含有大量可溶性盐的土壤，由海水浸渍而成，系滨海地带土壤，其中以氯化钠、硫酸钠为主，不呈碱性反应。碱土是指含有较高浓度的以碳酸钠和重碳酸钠为主的可溶性物质、pH 值呈强碱性反应的土壤，多见于雨水少、干旱的内陆。

植物在盐碱土上生长极差,容易死亡。盐碱土中的盐分浓度高,植物易发生反渗透,造成死亡或枯萎。例如,1979 年上海崇明县跃进农场的 20 亩(1 亩约等于 666.67 m²)葡萄园,土壤含盐量超过 0.3%,导致幼树死亡率达 40% 以上。在盐碱土上种植植物要选择抗盐碱能力强的植物,如柽柳、苦楝、乌桕、紫穗槐等。

6.4.4 园林植物的其他栽培基质

园林植物的栽培基质除了使用自然土壤外,还大量使用培养土。培养土应具备以下几个条件:一是营养成分完整且丰富;二是通气透水性好;三是保水、保肥能力强;四是酸碱度适宜或易于调节;五是卫生、无异味、无有毒物质和病虫滋生。常用的培养土特性及制备见表 0-1。

表 0-1 常见培养土特性及制备

种 类	特 性	制 备	注意事项
堆肥土	含较丰富的腐殖质和矿物质,pH 值为 6.5～7.4;原料易得,但制备时间长	用植物残落枝叶、青草、干枯植物或有机废弃物与园土分层堆积 3 年,每年翻动两次再堆积,经充分发酵腐熟而成	制备时,堆积疏松,保持潮湿,使用前需过筛消毒
腐叶土	土质疏松,营养丰富,腐殖质含量高,pH 值为 4.6～5.2;为广泛使用的培养土,适用于栽培多种花卉	用阔叶树的落叶、厩肥或人粪尿与园土层层堆积,经 2 年的发酵腐熟,每年翻动 2～3 次制成	堆积时应提供有利于发酵的条件,存储时间不宜超过 4 年
草皮土	含矿物质较多,腐殖质含量较少,pH 值为 6.5～8;适于栽培玫瑰、石竹、菊花等花卉	草地或牧场上层 5～8 cm 表层土壤,经 1 年腐熟而成	取土深度可以变化但不宜过深
松针土	强酸性土壤,pH 值为 3.5～4.0;腐殖质含量高,适于栽培喜酸性土的植物,如杜鹃花	用松、柏等针叶树的落叶或苔藓植物堆积腐熟,经过 1 年腐熟,翻动 2～3 次制成	可用松林自然形成的落叶层腐熟或直接用腐殖质层
沼泽土	黑色,含有丰富的腐殖质,呈强酸性反应,pH 值为 3.5～4.0;草炭土一般为微酸性。用于栽培喜酸性土的花卉及针叶树等	取沼泽土上层 10 cm 深土壤直接作栽培土壤或用水草腐烂而成的草炭土代替	北方常用草炭土或沼泽土
泥炭土	采用以下两种土:(1)褐泥炭,黄至褐色,富含腐殖质,pH 值为 6.0～6.5,具反腐作用,宜加河沙后作扦插床用土;(2)黑泥炭,矿物质含量丰富,有机质含量较少,pH 值为 6.5～7.4	取自山林泥炭藓长期生长经炭化的土壤	北方不常见,常需购买
河沙或沙土	养分含量很低,但通气透水性好,pH 值在 7.0 左右	取自河床或沙池	

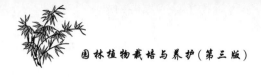

种 类	特 性	制 备	注意事项
腐木屑	有机质含量很低,但通气透水性好,可取自木材加工厂的废料	由锯末或碎木屑熟化而成	熟化期长,常加入粪尿熟化
蛭石、珍珠岩	无营养含量,持肥水,持透性好,卫生洁净		防止用过度老化的蛭石或珍珠岩
煤渣	煤渣含矿物质,通透性好,卫生洁净		多用于排水层

6.5 其他因子

6.5.1 空气

1)空气的成分与园林植物的生长发育

(1)二氧化碳(CO_2)。二氧化碳是绿色植物进行光合作用合成有机物质的原料之一。它在空气中的含量虽然仅占0.03%,并且还因时间、地点的不同而发生变化,但对植物来说是十分重要的。空气中二氧化碳的含量对植物的光合作用来说,并不是最有效的,为了提高光合效率,在温室、塑料大棚条件下,常采取措施提高空气中二氧化碳的浓度。一定范围内(不超过0.3%)增施二氧化碳,可以提高光合作用的强度。这在菊花、香石竹以及月季花的栽培中均已获得较好的效果,大大提高了产品的数量和质量。

(2)氧气(O_2)。植物生命的各个时期都需要氧气进行呼吸作用,从而释放能量维持生命活动。以种子发芽为例,大多数植物种子发芽时需要一定的氧气,如大波斯菊、翠菊等的种子泡于水中,因缺氧,呼吸困难,故不能发芽。石竹和含羞草的种子在水中部分发芽。但有些种子对氧的需求量较少,如矮牵牛、睡莲、荷花的种子能在含氧量很低的水中发芽。

土壤的通气状况对植物生长也产生影响。一般在板结、紧密的土壤中播种,种子发芽不好,这主要是缺氧造成的。植物在生长过程中,根系也需要吸收氧气进行呼吸作用,如果栽植地长期积水,氧气不足,根系有氧呼吸困难,而转为无氧呼吸,则会产生大量乙醇使植物中毒甚至死亡。因此栽培中应及时松土、排水,为植物根系创造良好的氧气环境。

(3)氮气(N_2)。虽说空气中含有78%以上的氮气,但它不能直接为多数植物所利用,只有豆科植物或某些非豆科植物通过固氮根瘤菌才能将氮气固定成氨或铵盐。土壤中的氨或铵盐经硝化细菌的作用转化成为亚硝酸盐或硝酸盐后,才能为植物所吸收,进而合成蛋白质来构成植物体。

2)空气污染对园林植物的影响

随着工业的发展和农药的使用,一些有毒有害物质进入大气中,造成大气污染,对植物的生长发育造成危害。这些气体主要有以下几种。

(1)二氧化硫(SO_2)。二氧化硫通过气孔进入叶片,被叶肉吸收后转化为亚硫酸离子,使植物受到损害(如气孔机能失调、叶肉组织细胞失水变形、细胞质壁分离等),植物的新陈代谢受到干扰,光合作用受到抑制,氨基酸总量减少。外表症状表现为:叶脉间有褐斑,继而变为无色或白色,严重时叶缘干枯,叶子早期脱落。

(2)氯气(Cl_2)。氯气对植物的伤害比二氧化硫大,能很快破坏叶绿素,使叶片褪色漂白脱落。初期伤斑主要分布在叶脉间,呈不规则点状或块状。其与二氧化硫危害症状的不同

之处为受害组织与健康组织之间没有明显的界限。

（3）氟化氢（HF）。氟化氢通过叶的气孔或表皮吸收进入细胞内,经一系列反应转化成有机氟化物而影响酶的合成,导致叶组织发生水渍斑,而后变枯呈棕色。它对植物的危害首先表现在叶尖和叶缘,然后向叶内扩散,最后导致叶的萎蔫枯黄脱落。

（4）烟尘。烟尘对园林植物产生间接危害。烟尘中的微粒粉末会覆盖叶面,堵塞气孔,影响光合作用、呼吸作用和蒸腾作用的进行。

空气中各种有害气体、物质对植物的危害程度与环境因子、植物种类、发育时期有很大关系。晴天、中午、温度高、光线强时,危害重;阴天和早晚,危害轻;空气湿度在75%以上时,不利于气体扩散,此时叶片气孔张开,吸收量大,受害严重;生长旺季和花期受害严重。另外,植物与有毒气体及烟尘源的距离,以及风向、风速的不同,也会造成受害程度的差异。

3) 园林植物对有毒气体的抗性

植物对有毒气体的敏感程度因植物的种类、年龄而异。各种植物由于叶面有无蜡质、表面凹凸状况、气孔大小、内含物种类等不同,抗性不同。木本植物比草本植物抗性强;壮龄树比幼龄树抗性强;叶片具蜡质,叶肉厚,气孔小的园林植物抗性强。另外,多浆植物的乳汁具缓冲能力,因而抗性也强,如桑科、大戟科、夹竹桃科等。园林植物对有毒气体的抗性分级见表0-2。

表0-2 园林植物对有毒气体抗性分级

有毒气体种类	抗 性 强	抗 性 中 等	抗 性 弱
二氧化硫	桂花、碧桃、栀子花、广玉兰、月季、夹竹桃、海桐、白兰、美人蕉、橘、茶花、冬青、合欢、凤尾兰	迎春、杜鹃、玉兰、金钱松、茉莉、柳树、高山积雪、八仙花、万寿菊、四季秋海棠	波斯菊、美女樱、吊钟花、金鱼草、杨树、唐菖蒲、玫瑰、石竹、竹子
氯气	大叶黄杨、海桐、广玉兰、夹竹桃、珊瑚树、凤尾兰、丁香、矮牵牛、紫薇、桧柏、刺槐	栀子花、美人蕉、丝兰、木槿、百日草、醉蝶花、蜀葵、五角枫、悬铃木	碧桃、杜鹃、茉莉、郁金香、白皮松、杨树、臭椿
氟化氢	海桐、山茶、白兰、金钱松、大叶黄杨、苏铁、夹竹桃、月季、鸡冠花	凌霄、牡丹、长春花、八仙花、米兰、晚香玉、柳树、杨树	天竺葵、珠兰、四季海棠、茉莉

4) 风对园林植物生长的影响

轻微的风能帮助植物传播花粉,加强蒸腾作用,提高根系的吸水能力;风摇树枝可使树冠内膛接受更多的阳光,促进光合作用的进行。

大风对植物有伤害作用。冬季大风易引起植物的生理干旱;花、果期风大,造成大量落花落果;强风能折断枝条和树干,尤其在风雨交加的台风天气,土壤含水量很高,极易使树木倒伏。如1988年强台风袭击杭州,使整条街道上的行道树倒伏,损失严重。因此在大风季节应及早做好防风工作。

6.5.2 地形地势

森林公园和山地公园的地形地势比较复杂。海拔高度、坡向、坡度的变化会引起光照、温度、水分和养分的重新分配。

海拔高度影响温度、湿度和光照。一般海拔每升高 100 m,气温降低 0.4～0.6 ℃。在一定范围内,降雨量也随海拔的增高而增加,如山东泰安在海拔 160.5 m 处,年降雨量为 859.1 mm,而海拔 1 541 m 处,年降雨量增至 1 040 mm。另外,海拔升高则日照增强,紫外线含量增加,故高山植物生长期短,植株矮小,但花色艳丽。

坡度和坡向能造成大气候条件下的热量和水分的再分配,形成各类不同的小气候环境。通常阳坡日照长,故气温和土温较高,但因蒸发量大,大气和土壤干燥;阴坡日照短,接受的辐射热少,气温和土温较低,蒸发量小,因而大气和土壤较湿润。因此,在不同的地形地势条件下配置植物时,应充分考虑地形和地势造成的温度、湿度上的差异,同时结合植物的生态特性,合理地配置植物。

6.5.3　生物因子对园林植物的影响

环境中的生物因子有动物、植物和微生物。它们对园林植物生长发育有较大的影响。

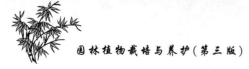

任务考核标准

序　号	考核内容	考核标准	参考分值
1	情感态度	学习时精力集中,积极主动,听从指挥,全部出勤	5
2	园林植物概念	能正确理解园林植物的概念及其范畴	20
3	园林植物分类	根据园林植物的种类、特点和栽培目的,能正确进行分类	25
4	我国园林植物栽培概况	查阅相关文献,了解我国园林植物栽培概况,提高学习的积极性	10
5	园林植物的生长发育	掌握园林植物的生长发育规律	20
6	环境因子与园林植物生长发育的关系	了解环境因子对园林植物生长发育的影响	20
合　　计			100

学习单元 1　园林苗圃的建立

学习目标

◆了解园林苗圃的选址要求,掌握园林苗圃建立的原则、苗圃用地的选择及区划。
◆能正确选择和计算苗圃用地。
◆学会园林苗圃的规划设计与建设的方法。
◆根据苗圃建立原则,能制订苗圃设计说明书。

内容提要

园林苗圃是生产优质苗木的基地,是园林绿化建设中不可缺少的重要组成部分。建立起足够数量并具有较高生产水平和经营水平的苗圃,培育出品种繁多、品质优良的苗木,是园林生产的重要环节。园林苗圃一般可分为固定苗圃和临时苗圃,其中以固定苗圃为主。固定苗圃的使用年代长久,基本建设、技术设备条件较好,生产效益也较高。

相关知识

项目1　园林苗圃用地的选择与规划设计

项目导入

园林苗圃的位置选择正确与否,区划合理与否,直接关系到苗圃今后生产经营的好坏,因此在选择地点时应综合考虑自然与经营两方面的条件,只有这样,才能培育出大量符合绿化建设要求的优质苗木,取得良好的经济效益和社会效益。

学习任务

任务1　园林苗圃用地的选择

1.园林苗圃的位置及经营条件

园林苗圃是城市绿化建设的重要组成部分,在城市绿化规划中,对园林苗圃的布局做了安排之后,就应该进行圃地的选择工作。在进行这项工作时,首先,要选择交通方便,靠近铁路、公路或水路的地方,以便于苗木的出圃和生产、生活资料的运入。其次,宜选在靠近村镇的地方,以便于解决劳动力的供给问题。再次,有条件时应尽量把苗圃设在靠近相关的科研单位、大专院校等地方,以利于先进技术的指导、科技咨询及机械化的实现。同时,还应注意尽量远离污染源。选择适当的苗圃位置,创造良好的经营条件,有利于提高苗圃的经营管理水平。

2.苗圃的自然条件

2.1　地形、地势及坡向

园林苗圃应建在地势较高的开阔平坦地带,或者在 $1°\sim3°$ 的缓坡地上。坡度可以稍大,以利于排水,但不宜超过5°,以免引起水土流失。具体坡度大小可根据不同地区的具体条件和育苗要求来确定。在质地较为黏重的土壤上,坡度可适当大些;在沙性土壤上,坡度可适当小些。此外,地势低洼、风口、寒流汇集、昼夜温差大等的地形,容易产生苗木冻害、风害、日灼等灾害,严重影响苗木生长,不宜选作苗圃用地。

在地形起伏较大的山区,坡向的不同直接影响光照、温度、水分和土层的厚薄等因素,对苗木的生长影响很大。一般南坡背风向阳,光照时间长,光照强度大,温度高,昼夜温差大,湿度小,土层较薄;北坡与南坡的情况相反;而东、西坡向的情况介于南坡与北坡之间,但东坡在日出前到中午的较短时间内会形成较大的温度变化,且下午不再接受日光照射,因此对苗木的生长不利;西坡由于冬季常受到寒冷的西北风侵袭,易造成苗木冻害。可见不同坡向各有利弊,必须依当地的具体自然条件及栽培条件,因地制宜地选择最合适的坡向。

我国地域辽阔,气候差别很大,栽培的苗木种类也不尽相同,可依据不同地区的自然条件和育苗要求选择适宜的坡向。北方地区冬季寒冷,且多西北风,最好选择背风向阳的东南坡中下部作为苗圃用地,有利于苗木顺利越冬。南方地区温暖湿润,常以东南坡和东北坡作为苗圃用地,而南坡和西南坡光照强烈,夏季高温持续时间长,对幼苗生长影响较大。如在一苗圃内有不同坡向的土地时,则应根据树种的不同生态习性,进行合理安排。如在北坡培育耐寒、喜阴的苗木种类,而在南坡培育耐旱、喜光的苗木种类,既能够减轻不利因素对苗木的危害,又有利于苗木的正常生长发育。

2.2　土壤条件

土壤的质地、肥力、酸碱度等各种因素,都会对苗木的生长产生重要影响,因此在建立苗圃时须格外注意。

2.2.1　土壤质地

苗圃用地一般选择肥力较高的沙壤土、轻壤土或壤土。这种土壤结构疏松,透水透气性能好,土温较高,苗木根系生长阻力小,种子易于破土。而且耕地除草、起苗等工作也较省力。

黏土较肥沃,但结构紧密,透水透气性能差,土温较低,种子发芽困难,中耕阻力大,起苗易伤根。一般不宜作苗圃用地,必要时须改造。

沙土质地疏松,通气透水,但保水保肥能力差,肥力很低,水分不足,易干旱,夏季易发生日灼,苗木生长不良。同时,由于苗木的生长阻力小,根系分布较深,给起苗带来困难。

盐碱土不宜选作苗圃用地,因为幼苗在盐碱土上难以生长。

尽管不同的苗木可以适应不同的土壤,但是大多数园林植物的苗木还是适宜在沙壤土、轻壤土和壤土上生长。由于黏土、沙土和盐碱土的改造难以在短期内见效,一般情况下,不宜选作苗圃用地。

2.2.2　土壤酸碱度

土壤酸碱度是影响苗木生长的重要因素之一,一般要求园林苗圃土壤的pH值在6.0～7.5之间。不同的园林植物对土壤酸碱度的要求不同,一些阔叶树以中性或微碱性土壤为宜,如丁香、月季等适宜pH值为7～8的碱性土壤;还有一些阔叶树和多数针叶树适宜在中性或微酸性土壤上生长,如杜鹃、茶花、栀子花都适宜pH值为5～6的酸性土壤。

土壤过酸或过碱均不利于苗木生长。土壤过酸(pH值小于4.5)时土壤中植物生长所需的氮、磷、钾等营养元素的有效性下降,铁、镁等元素的溶解度过于增加,同时危害苗木生

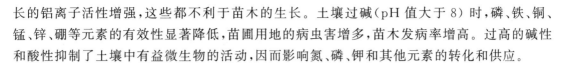

长的铝离子活性增强,这些都不利于苗木的生长。土壤过碱(pH 值大于 8)时,磷、铁、铜、锰、锌、硼等元素的有效性显著降低,苗圃用地的病虫害增多,苗木发病率增高。过高的碱性和酸性抑制了土壤中有益微生物的活动,因而影响氮、磷、钾和其他元素的转化和供应。

2.3　水源及地下水位

培育园林苗木对水分供应条件要求较高,建立园林苗圃必须具备良好的供水条件。水源可划分为地表水源和地下水源。将苗圃设在靠近河流、湖泊、池塘、水库等水源附近,修建引水设施灌溉苗木,是十分理想的选择。但应注意监测这些天然水源是否受到污染和污染的程度如何,避免水质污染对苗木的生长产生不良影响。在无地表水源的地点建立园林苗圃时,可开采地下水用于苗圃灌溉。这需要了解地下水源是否充足、地下水位的深浅、地下水含盐量的高低等情况。如果在地下水源情况不明时选定了苗圃用地,可能会对苗圃的日后经营带来难以克服的困难。如果地下水源不足,遇到干旱季节,则会因水量不足造成苗木干旱。地下水位很深时,打井开采和提水设施的费用会增高,因此会增加苗圃建设的投资。地下水含盐量高时,经过一定时期的灌溉,苗圃土壤的含盐量升高,土质变劣,苗木生长将受到严重影响。因此,苗圃灌溉用水的水质要求为淡水,水中含盐量一般不超过 1/1 000,最多不超过 1.5/1 000。

地下水位对土壤性状的影响也是必须考虑的一个因素。地下水位过高时,土壤孔隙被水分占据,导致土壤通透性差,使得苗木根系生长不良;土壤含水量高时,苗木地上部分易发生徒长现象,而秋季停止生长较晚,容易发生冻害;当气候干旱,蒸发量大于降水量时,土壤水分以上行为主,地下水携带其中的盐分到达表土层,继而随土壤水分蒸发,使土壤中的盐分越积越多,造成土壤盐渍化;在多雨季节,土壤中的水分下渗困难,容易发生涝害。相反,若地下水位过低,则土壤容易干旱,必须增加灌溉次数和灌水量,从而增加了育苗成本。实践证明,在一般情况下,适宜的地下水位是:沙质土 1~1.5 m,沙壤土 2.5 m 左右,黏性土壤 4 m。

2.4　病虫害

在选择苗圃用地时,应做专门的病虫害调查,了解圃地及周边的植物感染病害和发生虫害的情况。病虫害过分严重的土地和附近有同种植物病虫害感染严重的地方,不宜选作苗圃,对金龟子、象鼻虫、蝼蛄及立枯病等主要苗木病虫害尤须注意。

任务 2　园林苗圃的规划设计

苗圃的位置和面积确定后,为了充分利用土地,便于生产和管理,必须进行苗圃区划。区划时,既要考虑目前的生产经营条件,也要为今后的发展留下余地。苗圃的区划图,一般使用 1∶(500~1 000)的大比例尺。

苗圃区划应充分考虑以下因素,即按照机械化作业的特点和要求,安排生产区,如果现在还不具备机械化作业的条件,也应为今后的发展留下余地;合理配置排灌系统,使之遍布整个生产区,同时应考虑其与道路系统的协调;各类苗木的生长特点必须与苗圃用地土壤的水、肥、气、热条件相配合。

1. 生产用地的规划

生产用地包括播种区、营养繁殖区、移植区、大苗区、母树区、引种驯化区等。

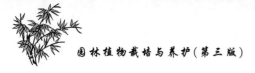

1.1 播种区

播种区是苗木繁殖的关键区。实生幼苗对不良环境的抵抗力弱,对土壤质地、肥力和水分的条件要求高,需要精细管理,所以应选择生产用地中自然条件和经营条件最好的区域作为播种繁殖区,并且在人力、物力、生产设施等方面均应优先满足其要求。播种区的具体要求为:①应靠近管理区;②地势应较高且平坦,坡度小于2°;③接近水源,灌溉方便;④土质优良,深厚肥沃;⑤背风向阳,便于防霜冻。

1.2 营养繁殖区

营养繁殖区是为培育扦插、嫁接、压条、分株等营养繁殖苗而设置的生产区。营养繁殖的技术要求也较高,并需要精细管理,故一般要求选择条件较好的地段作为营养繁殖区。培育硬枝扦插苗时,要求土层深厚,土质疏松而湿润。培育嫁接苗时,因为需要先培育砧木播种苗,所以应当选择与播种繁殖区的自然条件相当的地段。压条和分株育苗的繁殖系数低,育苗数量较少,不宜占用较大面积的土地,所以通常利用零星分散的地块育苗。嫩枝扦插育苗需要插床、阴棚等设施,可将其设置在设施育苗区。

1.3 移植区

移植区是为培育移植苗而设置的生产区。在播种繁殖区和营养繁殖区中繁殖出来的苗木,需要进一步培养成较大的苗木时,应移入苗木移植区进行培育。移植区内的苗木根据规格要求和生长速度的不同,往往每隔2~3年还要再移植几次,逐渐扩大株距、行距,增加营养面积。因为移植区占地面积较大,所以一般设在土壤条件中等、地块大而整齐的地方,同时也要根据苗木的不同生态习性进行合理安排。

1.4 大苗区

大苗区是培育植株的体型、苗龄均较大并经过整形的各类大苗的耕作区。在大苗区继续培育的苗木,通常在移植区内已进行过一次或多次移植,在大苗区培育的苗木在出圃前一般不再进行移植,且由于培育年限较长,可直接用于园林绿化建设。因此,大苗区的设置对于加速绿化建设及满足重点绿化工程对苗木的需要具有重要意义。大苗区的特点是株距、行距大,占地面积大,培育的苗木大,规格高,根系发达,因此一般选用土层深厚、地下水位较低、地块整齐的生产区。为了出圃时运输方便,大苗区最好设在靠近苗圃的主干道或苗圃的外围处。

1.5 母树区

母树区是在永久性苗圃中,为获得优良的种子、插条、接穗等繁殖材料而设置的生产区。该区占地面积小,可利用零散地块,但要求土壤深厚、肥沃且地下水位较低。对于一些乡土树种,可结合防护林带和沟边、渠旁、路边进行栽植。

1.6 引种驯化区

引种驯化区是为培育、驯化由外地引入的树种或品种而设置的生产区。需要根据引入树种或品种对生态条件的要求,选择有一定小气候条件的地块进行适应性驯化栽培。

1.7 现代化温室区

现代化大型苗圃用于培育、保存珍稀植物或温室植物,多接近办公区,交通方便。

1.8 展览区

展览区用于集中展示圃地所培育的植物种类及其在园林上的应用方法。展览区一般结合各种园林景观营造手法,使该区具有很高的观赏性。

2. 辅助用地的规划

苗圃的辅助用地(或称非生产用地)主要包括道路系统、排灌水系统、防护林带、管理区建筑用房、各种场地等。辅助用地的设计与布局,既要方便生产、少占土地,又要整齐、美观、协调、大方。

2.1　道路系统的设计

苗圃道路是保障苗木生产正常进行的基础设施之一,苗圃道路系统的设计主要应从保证运输车辆、耕作机具和作业人员的正常通行来考虑。苗圃道路包括一级路、二级路、三级路和环路。

(1)一级路(主干道)　一级路是苗圃内部和对外运输的主要道路,一般设置于苗圃的中轴线上,多以办公室、管理处为中心,设置一条或两条相互垂直的路作为主干道,设计路面宽度一般为 6～8 m,其标高应高于作业区 20 cm。

(2)二级路　二级路通常与主干道相垂直,与各耕作区相连接,一般宽 4 m,其标高应高于耕作区 10 cm。

(3)三级路　三级路是沟通各耕作区的作业路,一般宽度为 2 m。

(4)环路　环路一般是在大型苗圃中,为了车辆、生产机具等设备回转方便而设立的,中小型苗圃视其具体情况而定。

在设计苗圃道路时,要在保证管理和运输方便的前提下,做到尽量少占土地。中小型苗圃可以考虑不设二级路,但主路不可过窄。一般苗圃中道路的占地面积不应超过苗圃总面积的 7%～10%。

2.2　灌溉系统设计

苗圃必须有完善的灌溉系统,以保证供给苗木充足的水分。灌溉系统包括水源、提水设备、引水设施三部分。灌溉的形式有三种,即渠道灌溉、管道灌溉和移动灌溉。

(1)渠道灌溉　土渠流速慢,蒸发量和渗透量较大,不能节约用水,且占用土地多。故现都采用水泥槽作水渠,既节约水,又经久耐用。水渠一般分三级:一级渠道(主渠)是永久性的大渠道,一般顶宽 1.5～2.5 m;二级渠道(支渠)通常也为永久性的,一般顶宽 1～1.5 m;三级渠道(毛渠)是临时性的小水渠,一般渠顶宽度为 1 m 左右。设计引水渠道时可根据苗圃用水量大小确定各级渠道的规格。大、中型苗圃用水量大,所设引水渠道较宽。主渠和支渠是用来引水的,故渠底应高出地面,毛渠则是直接向圃地灌溉的,其渠底应与地面平齐或略低于地面,以免灌水时带入泥沙而埋没幼苗。引水渠道的设置常与道路系统相配合,各级渠道应互相垂直。渠道还应有一定的坡降,以保证水流速度,一般坡降在 0.001～0.004 之间为宜。水渠边坡一般采用 45°为宜。

(2)管道灌溉　管道灌溉是采取将水源通过埋入地下的管道引入苗圃作业区进行灌溉的形式,通过管道引水可实施喷灌、滴灌、渗灌等节水灌溉技术。管道引水不占用土地,也便于田间机械作业。喷灌、滴灌、渗灌等灌溉方式比地面灌溉的节水效果显著,灌溉效果好,节省劳力,工作效率高,且避免了地表径流,同时减少了对土壤结构的破坏。管道灌溉虽然投资较大,但在水资源匮乏的地区,采用节水管道灌溉技术仍是苗圃灌溉的发展方向。

(3)移动灌溉　移动灌溉有管道移动和机具移动两种形式,管道移动的主水管和支水管均在地表,可随意进行安装和移动。按照喷射半径能相互重叠来安装喷头,喷灌完一块圃地后,再移动到另一地区。机具移动式喷灌是以地上明渠为水源,通过抽水机移动来进行

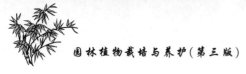

喷灌,常见于中小型苗圃。

2.3 排水系统的设计

对于地势低、地下水位高、雨量多的地区,应重视排水系统的建设。排水系统由大小不同的排水沟组成。大排水沟应设在圃地最低处,直接通入河流、湖泊或城市排水系统;中、小排水沟通常设在路旁;作业区内的小排水沟与步道配合设置。

在地形、坡向一致时,排水沟和灌溉渠往往各居道路一侧,形成沟、路、渠整齐并列格局。排水沟与路渠相交处应设涵洞或桥梁。一般大排水沟宽 1 m 以上,深 0.5～1 m;耕作区内小排水沟宽 0.3～1 m,深 0.3～0.6 m。排水系统占地面积一般为苗圃总面积的 1%～5%。

2.4 防护林带的设计

设置防护林带是为了避免苗木遭受风沙危害,降低风速,减少地面蒸发及苗木蒸腾,创造适宜苗木生长的小气候条件。防护林带的设置规格,依苗圃的大小和风害的程度而定。一般小型苗圃在与主风方向垂直的地方设置一条防护林带;中型苗圃在四周设置防护林带;大型苗圃除在周围设置环圃林带外,还在圃内结合道路等设置与主风方向垂直的辅助林带。一般防护林带的防护范围是树高的 15～17 倍。林带宽度和密度依苗圃面积、气候条件、土壤条件和树种而定,一般主防护林带宽 8～10 m,株距 1～1.5 m,行距 1.5～2 m,辅助防护林带一般为 1～4 行乔木。

林带树种应选择在当地适应性强、生长迅速、树冠高大的乡土树种,同时也要注意将其与速生和慢长、常绿和落叶、乔木和灌木、寿命长和寿命短的树种相结合,也可结合采种、采穗母树和有一定经济价值的树种,如可提供建材、蜜源、油料、绿肥等的树种,以增加收益。但应注意不要选用苗木病虫害的中间寄主树种和病虫害严重树种。防护林带的占地面积一般为苗圃总面积的 5%～10%。

2.5 管理用地的规划

该区包括房屋建筑和圃内场院等部分。房屋建筑主要包括办公室、宿舍、食堂、仓库、种子储藏室、工具房、车库等;圃内场院主要包括运动场、晒场、堆肥场等。苗圃管理区应设在交通方便,地势高,接近水源、电源的地方或不适宜育苗的地方。中、小型苗圃办公区、生活区一般设在靠近苗圃出入口的地方。大型苗圃为管理方便,可将办公区、生活区设在苗圃的中央位置。堆肥场等则应设在较隐蔽和便于运输的地方。管理区占地面积一般为苗圃总面积的 1%～2%。

3. 苗圃设计图的绘制及说明书的编写

3.1 绘制设计图前的准备

在绘制设计图前,首先要明确苗圃的具体位置、圃界、面积、育苗任务、苗木供应范围,还要了解育苗的种类、数量和出圃规格,确定苗圃的生产和灌溉方式、必要的建筑和设施设备及苗圃工作人员的编制,同时应有建圃任务书和各种有关的图纸材料,如地形图、平面图、土壤图、植被图,搜集有关自然条件、经营条件,以及气象方面的资料和其他有关资料等。

3.2 苗圃设计图的绘制

在有关资料收集完整后,应对收集齐全的资料进行全面的综合分析,确定大的区划设计方案,在地形图上绘出主要建筑区建筑物的具体位置、形状、大小,以及路、渠、沟、林带等的位置。再依据其自然条件和机械化条件,先确定适宜的作业区长度、宽度及方向,然后根据各育苗区的要求、占地面积,合理安排各育苗场地,绘出苗圃设计草图,最后多方征求意见,进行修改,最终确定正式方案,绘出正式图。在绘制正式图时,应按地形图的比例尺,将建筑物、道路、场地、沟、渠、林带、作业区及育苗区按比例绘制,排灌方向要用箭头表示,图外应列有图例、比例尺、指北方向等,同时将各区各建筑物加以编号和文字说明,以便识别各区位置。

3.3　园林苗圃设计说明书的编写

设计说明书亦是园林苗圃规划设计的文字材料,它与园林苗圃设计图构成苗圃设计中两个不可缺少的组成部分。图纸上没有表达或不易表达的内容,都必须在说明书中加以说明。具体可分为总论和设计两部分进行编写。

(1)总论部分　总论部分主要叙述该地区的经营条件和自然条件,并分析其对育苗工作的有利和不利因素及相应的改进措施。经营条件包括苗圃所处位置及当地居民的经济条件、生产情况、劳动力情况及其对苗圃生产经营的影响;苗圃周边的交通状况;电力条件和机械化程度;苗圃成品苗供给的区域范围及发展展望。自然条件包括气候条件、土壤条件、有害生物及植被情况、地形特点、水源情况。

(2)设计部分　主要包括以下内容:①苗圃的面积计算;②苗圃的区划说明,包括作业区的大小,各育苗区的配置,道路系统的设计,排灌水系统的设计,防护林带及防护系统的设计,建筑区建筑物的设计,保护地大棚、温室、组培室等的设计;③育苗技术设计;④建圃的投资和苗木成本回收及利润计算等。

4.园林苗圃的建设施工

园林苗圃建设施工的主要项目是房屋、温室、道路、沟、渠等的修建,水、电、通信等的引入应在其他各项建设之前进行。

4.1　房屋建设和水、电、通信的引入

近年来为了节约土地,办公用房、仓库、车库、机械库、种子库等尽量建成楼房式,减少平地空间的占用,最好集中于一地兴建。水、电、通信是搞好基建的先行条件,应最先完成安装。

4.2　圃路的施工

圃路施工前,应先在设计图上选择两个明显的地标物或已知点,定出主干道的实际位置,再以主干道的中心线为基线,进行圃路的定点放线工作,然后方可进行修建。圃路的种类较多,有土路、石子路、灰渣路、水泥路或柏油路等,可根据具体情况进行修建。一般苗圃的道路主要为土路,施工时从路的两侧取土填于路中,形成中间高、两侧低的抛物线形路面,路面应用机械压实,两侧取土处应修成整齐的排水沟。其他种类的路也应修成中间高、两侧低的抛物线形路面。

4.3　灌水系统修筑

灌水系统修筑时应先打机井安装水泵,可以使用泵引河水。引水渠道的修建最重要的是使渠道落差符合设计要求,因此要使用水准仪精确测量,并打桩标清。修筑明渠须按设计的渠宽度、高度及渠底宽度和边坡的要求进行填土,分层夯实,筑成土堤。当达到设计高度时,再在坝顶开渠,夯实即成。为了节约用水,现大都采用水泥渠作灌水渠,修建的方法是:先用修建土渠的方法,按设计要求修成土渠,再在土渠沟中向四下挖出一定厚度的土,挖的土厚与所铺水泥的厚度相同,在沟中放上钢筋网,浇筑水泥,抹成水泥渠,之后用木板压之即成。有条件的地方,可用地下管道灌水或喷灌,修筑方法是:开挖1 m以上深沟,铺设管道,管道与灌水渠路线相同。移动喷灌只要考虑到控制全区的几个出水口即可。

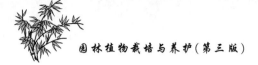

4.4 排水沟的挖掘

一般先挖向外排水的总排水沟,总排水沟与道路边沟相结合,修路时即要求挖掘修成。作业区内的小排水沟可在整地时挖掘,还可利用略低于地面的步道来代替。要注意排水沟的坡降和边坡都要符合设计要求(坡度为 0.003~0.006)。

4.5 防护林带的营建

林带结构以乔、灌木混交半透风式为宜,株距、行距要按设计要求进行施工。

4.6 土地平整

按整个苗圃土地总坡度进行削高填低,将其整理成具有一定坡度的圃地。

4.7 土壤改良

在圃地土壤中如有盐碱土、沙土、重黏土或城市建筑废墟等不适合苗木生长的土壤成分时,应在建圃时进行土壤改良工作。对盐碱地可采用开沟排水,引淡水冲碱或刮碱、扫碱等措施加以改良;轻度盐碱土可采用深翻晒土、多施有机肥料、灌冻水和雨后(灌水后)及时中耕除草等农业技术措施来逐年改良;对沙土,最好用掺入黏土、增施有机肥料等措施进行改良,并适当设置防护林带;对重黏土则应采用掺沙、深耕、多施有机肥料、种植绿肥和开沟排水等措施进行改良;对城市建筑废墟应全部清除后填好土。

1. 园林苗圃的概念

从传统意义上讲,园林苗圃是为了满足城镇园林绿化建设的需要,专门繁殖和培育园林苗木的场所。从广义上讲,园林苗圃是生产各种园林绿化植物材料的重要基地,即以园林树木繁育为主,包括城市景观花卉、草坪及地被植物的生产,并从传统的露地生产和手工操作的方式,向设施化、智能化的方向过渡,成为园林植物工厂。从市场经济的角度来讲,园林苗圃作为一个经济实体,必须加快体制创新,加强经营管理,以期获得最高的经济效益。

2. 园林苗圃的分类

2.1 分类依据

园林苗圃的分类一般依据苗圃的种植内容、苗圃面积和苗圃的生产年限等来划分。

2.2 分类方法

2.2.1 按园林苗圃面积划分

1)大型苗圃

大型苗圃面积在 20 hm² 以上,生产的苗木种类齐全,拥有先进设施和大型机械设备,技术力量强,常承担一定的科研和开发任务,生产技术和管理水平高,生产经营期限长。

2)中型苗圃

中型苗圃面积为 3~20 hm²,生产的苗木种类多,设施先进,生产技术和管理水平较高,生产经营期限长。

3)小型苗圃

小型苗圃面积在 3 hm² 以下,生产的苗木种类较少,规格单一,经营期限不固定,往往随市场需求变化而更换生产的苗木种类。

2.2.2　按园林苗圃所在的位置划分

1）城市苗圃

城市苗圃一般位于市区或郊区，能够就近供应所在城市的绿化用苗，运输方便，且苗木适应性强，成活率高，适宜生产珍贵和不耐移植的苗木，以及露地花卉和节日摆放用的盆花。

2）乡村苗圃

乡村苗圃是随着城市土地资源紧缺和城市绿化建设迅速发展而形成的新类型，现已成为供应城市绿化建设用苗的重要来源。由于土地成本和劳动力成本低，适宜生产城市绿化用量较大的苗木，如绿篱苗木、花灌木大苗、行道树大苗等。

2.2.3　按园林苗圃育苗种类划分

1）专类苗圃

专类苗圃的面积较小，生产的苗木种类单一。有的只有一种或少数几种需要采取特殊培育措施的苗木，如专类生产果树嫁接苗、月季嫁接苗等；有的专门从事某一类苗木的生产，如针叶树苗木、棕榈苗木等；有的专门利用组织培养技术生产组培苗等。

2）综合苗圃

综合苗圃多为大、中型苗圃，生产的苗木种类齐全，规格多样化，设施先进，生产技术和管理水平较高，经营期限长，技术力量强，往往将引种试验与开发工作纳入其生产经营范围。

2.2.4　按园林苗圃经营期限划分

1）固定苗圃

固定苗圃规划建设使用的年限通常在10年以上，面积较大，生产的苗木种类较多，机械化程度较高，设施先进。大、中型苗圃一般都是固定苗圃。

2）临时苗圃

临时苗圃通常是为了完成某一地区或企事业单位的绿化任务或在接受大批量育苗合同订单时，需要扩大育苗生产用地面积而临时设置的苗圃。经营期限仅限于完成绿化任务或完成合同任务，之后往往不再继续生产经营园林苗木。这类苗圃一般面积较小，苗木的种类也较少。

3.园林苗圃的功能

3.1　生产、经营功能

园林苗圃的首要功能是为城镇园林绿化繁殖和培育各种用途、各种规格和类型（或品种）、成本低、数量充足的优质苗木，如庭荫树、园景树、行道树、花灌木、绿篱植物、攀缘植物、盆花、草皮及地被植物等，以满足城镇园林绿化市场的需要，改善生态环境。

园林苗圃采取一种集约经营的方式，不仅可以充分利用人力、物力、财力，而且可以合理经济地利用土地，提高土地利用率，提高单位面积产苗量。特别是一些规模较大、设施先进、科技含量高的专业化苗圃，在工厂化的生产条件下，产苗的数量比一般苗圃要高出几倍、几十倍或更多，有的可以做到一年四季育苗。其苗木的质量也大大提高，苗木规格一致且长势强健而均衡。由于做到了资源的优化与合理利用，避免了基础设施重复投资的浪费，因此，产生的经济效益较高。在园林苗圃内育苗，可以有计划、有组织地进行繁育，供应高质量的苗木，便于达到育苗制度化、供应系统化、管理规范化，避免盲目引进和繁殖，也便于进行机械化操作,以及科学技术的普及与推广应用。

3.2 科研、教学功能

园林苗圃内的园林植物是进行科学研究的对象,对其生物学特性、生长发育规律、对环境条件的适应性及抗逆性进行观察和鉴定,能更好地指导今后的苗木生产,为城乡园林绿化奠定基础。

园林绿化的发展,需要大批的新优植物材料。目前,各级政府也很重视对园林绿化的科技投入,如北京市园林绿化局很早就制定了"科教兴园林"的战略。科学技术是推动城市园林苗圃实现可持续发展的根本动力,这已成为广大苗木种植户的共识。

园林苗圃必须与科研院所、大专院校在技术、信息、人才等方面进行联合,加强合作与交流,坚持生产、科研、教学相结合,才能促进园林苗圃健康而稳定地发展。园林苗圃中的各种各样的园林树种,也是园林或相关专业师生进行实习的良好材料。

所以,园林主管部门和园林苗圃必须重视新技术和新品种的引进、驯化和培育工作,搞好技术创新和技术改造,使其成为园林绿化科研成果的孵化器和园林院校的教学实习基地。

3.3 辐射、示范功能

农村城市化进程和农业产业结构调整的速度越来越快,给园林苗圃业的发展提供了广阔的发展空间。园林苗圃是科技成果的推广示范基地,应发挥其科技示范和辐射作用。根据园林绿化市场的需求,由苗圃生产优质、高效的新品种种苗,提供给苗木种植户生产商品苗,并将新的园林植物栽培方式和育苗技术辐射到周边农户,采取苗圃加农户的生产方式,促进苗木品种结构的更新,服务农村苗木生产专业户和广大农户,以带动一方农民致富。现在,广大的苗木种植户已经成为园林苗木生产的主力军。

4. 园林苗圃用地面积的计算

苗圃的总面积,包括生产用地面积和辅助用地面积两部分。

4.1 生产用地的面积计算

生产用地即直接用来生产苗木的地块,通常包括播种区、营养繁殖区、移植区、大苗区、母树区、引种驯化区等。

计算生产用地面积的参数有:计划培育苗木的种类、数量、规格、要求出圃年限、育苗方式、单位面积产量等。具体计算公式如下:

$$P = \frac{NA}{n} \cdot \frac{B}{C}$$

式中　　P——某树种所需的育苗面积;

　　　　N——该树种的计划年产量;

　　　　A——该树种的培育年限;

　　　　n——该树种的单位面积产苗量;

　　　　B——该树种育苗地轮作区的区数;

　　　　C——该树种每年育苗所占轮作区的区数。

由于土地资源紧缺,在我国一般不采用轮作制,因此取 $B=C$,故 $\frac{B}{C}$ 项常不作计算。

在实际生产中,苗木的抚育、起苗、储藏等工序中苗木都会受到一定的损失,在计算面积时要留有余地,故每年的计划产苗量应适当增加,一般增加 $3\%\sim5\%$。

某树种在各育苗区所占面积之和,即为该树种所需的用地面积,各树种所需用地面积的总和就是全苗圃的生产用地的总面积。

4.2 辅助用地的面积计算

辅助用地包括道路、排灌水系统、防风林及管理区建筑等用地。随着市场经济的发展，寸土寸金，故苗圃规划中应最大限度地提高土地利用率。但如果道路、排灌水系统太窄，会影响栽培管理的正常进行，在不影响栽培管理正常进行的前提下，应尽量减少辅助用地的占用面积。一般辅助用地面积应不超过苗圃总面积的20%～25%，一般大型苗圃的辅助用地面积为总面积的15%～20%，中小型苗圃的辅助用地面积占总面积的18%～25%。

5. 园林苗圃的规划设计原则

5.1 园林苗圃合理布局的原则

建立园林苗圃应对苗圃数量、位置、面积进行科学规划，城市苗圃应分布于近郊，乡村苗圃（苗木基地）应靠近城市，以方便运输。总之，设计时以育苗地靠近用苗地最为合理。因为这样可以降低成本，提高栽植成活率。

5.2 明确园林苗圃的数量和位置

大城市通常在市郊有多个园林苗圃。设立苗圃时应考虑设在城市不同的方位，以便就近供应城市绿化所需苗木。中、小城市主要考虑在城市绿化重点发展的方位设立园林苗圃。城市园林苗圃总面积应占城区面积的2%～3%。按一个城区面积1 000 hm² 的城市计算，需建设的园林苗圃的总面积应为20～30 hm²，因此设立一个大型苗圃，即可基本满足城市绿化用苗的需要。如果设立2～3个中型苗圃，则应分散设于城市郊区的不同方位。

乡村苗圃（苗木基地）的设立，应重点考虑生产苗木所供应的范围。在一定的区域内，如果城市苗圃不能满足城市绿化的需求，可考虑发展乡村苗圃。在乡村建立园林苗圃，最好相对集中，即形成园林苗木生产基地。这样对于资金利用、技术推广和产品销售都十分有利。

任务考核标准

序　　号	考核内容	考核标准	参考分值
1	园林苗圃用地的选择	掌握园林苗圃用地选择应考虑的因素	30
2	园林苗圃的规划设计	规划合理，能充分利用土地，便于生产管理，并做到整齐、美观、协调	30
3	园林苗圃的建设施工	施工步骤、方法正确	30
4	实训态度	勤于思考、敢于动手、善于合作	10
合　　计			100

自测训练

1. 知识训练

（1）园林苗圃有哪些特点？

（2）选择苗圃用地时应注意哪几个方面的问题？

（3）园林苗圃区划的依据是什么？

（4）苗圃规划设计前应做好哪些准备工作？

（5）辅助用地在苗圃中有何作用？

2.技能训练

苗圃用地选择及区划

◆实训目的

通过实地调查、走访及测量,了解园林苗圃用地选择的基本条件,掌握苗圃区划的基本方法,培养学生对现有苗圃质量的分析能力及苗圃的区划设计能力。

◆材料用具

测量工具、绘图工具、记录本等。

◆实训场地

新建苗圃或现存的各种园林苗圃。

◆实训形式

以小组为单位,在教师的指导下进行实训操作。

◆实训内容

(1)做好圃地选择及区划前的准备工作。

(2)教师讲解圃地选择及区划的要求,发放现有材料,学生分组学习讨论。

(3)分发工具用品,设计调查项目、表格、实施方案。

(4)实地测量预选圃地的基础数据,调查周边环境、自然条件等。

(5)对测量结果进行汇总,绘制苗圃规划设计图,讨论区划方案。

(6)编写苗圃设计说明书。

◆作业

(1)总结本次实训的情况。

(2)分组绘制区划平面图,每个人独立编写说明书。

项目2 园林苗圃技术档案的建立

园林苗圃技术档案是育苗生产和科学实验的历史记录,它记录了人们在苗圃中各种生产活动的思想发展过程、生产中的经验教训和科学研究创造的成果。从苗圃开始建立起,作为苗圃生产经营的内容之一,苗圃技术档案就应该同时建立起来。

任务1 弄清苗圃技术档案的主要内容

1.苗圃基本技术档案

记录苗圃的地形、土壤、气候及经营条件,以及人员配置、经营性质和目标等情况。

2.苗圃土地利用档案

记录苗圃土地的利用和耕作情况,以便从中分析圃地土壤肥力的变化与耕作之间的关系,为合理轮作和科学经营苗圃提供依据,一般用表格的形式把各作业区的面积、土质、育苗种类、育苗方法、作业方式、整地、灌溉、施肥、除草、病虫害防治及苗木生长质量等基本情况逐年记录并保存(见表1-1)。

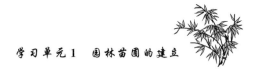

表 1-1　苗圃土地利用表

作业区号：　　　　　　　　　　作业区面积：

年度	树种	育苗方法	作业方式	整地情况	施肥情况	除草作业	灌溉情况	病虫害情况	苗木质量	备注

填表人：

填写说明：①育苗方法指播种、扦插、埋条等；②作业方式指苗床式、大田式等；③整地情况主要填写耕地、中耕、除草的次数、深度、时间、方法、使用工具等；④施肥灌溉情况指施肥种类、施肥数量、施肥方法、施肥时间、灌溉次数和灌溉时间等；⑤除草作业指使用除草剂的种类、用量、方法、时间、效果等；⑥病虫害情况指病虫害发生的种类、危害程度、防治情况等；⑦苗木质量指单位面积的平均产量、平均株高、平均干径、成苗率等。

3.育苗技术措施档案

主要记录每一年中苗圃内各种苗木的整个培育过程，包括从种子或种条的处理开始，直到把苗包装好为止的一系列技术措施，一般用表格的形式记录下来（见表1-2）。

表 1-2　育苗技术措施表

苗木种类：　　　　　　　　　　育苗年度：

育苗面积	苗龄		前茬			
繁殖方法	实生苗	种子来源 播种方法 覆盖起止日期	储藏方式 播种量 出苗率	储藏时间 覆土厚度 间苗时间	催芽方法 覆盖物 留苗密度	
	扦插苗	插条来源 成活率	储藏方法	扦插方法	扦插密度	
	嫁接苗	砧木名称 嫁接日期	来源 嫁接方法	接穗名称 绑缚材料	来源 解缚日期	
	移植苗	移植日期 移植苗来源	移植苗龄 移植苗成活率	移植次数	移植株行距	
整地	耕地日期		耕地深度		作畦日期	
施肥	—	施肥日期	肥料种类	施肥量	施肥方法	
	基肥					
	追肥					
灌溉	次数		日期			
中耕	次数		日期		深度	
病虫害	—	名称	发生日期	防治日期	药剂名称	浓度	方法
	病害						
	虫害						
出圃	日期		起苗方法		储藏方法	
育苗新技术应用情况						
存在问题及改进意见						

填表人：

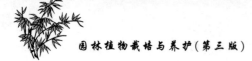

4.苗木生长发育档案

以年度为单位,定期采取随机抽样法进行调查,主要记载苗木生长发育情况(见表1-3)。

表1-3 苗木生长发育表

育苗年度：

苗 木 种 类	苗 龄		育苗繁殖方法	移 植 次 数
开始出苗			大量出苗	
芽膨大			芽展开	
顶芽形成			叶变色	
开始落叶			完全落叶	
生长量				

项目	月日	月日	月日	月日	月日	月日	月日	月日	月日	月日	月日
苗高											
地径											

育苗面积　　　　　种条来源　　　　　繁殖方法

	级别	分级标准	单产	总产
出圃	一级	高度		
		地径		
		根系		
		冠幅		
	二级	高度		
		地径		
		根系		
		冠幅		
	三级	高度		
		地径		
		根系		
		冠幅		
	等外级			
	其他			
备注			合计	

填表人：

5.苗圃作业档案

以日为单位,主要记载每日进行的各项生产活动,以及劳力、机械工具、能源、肥料、农药等的使用情况(见表1-4)。

表1-4 苗圃作业日记

年 月 日

苗木名称	作业区号	育苗方法	作业方式	作业项目	人工	机具		作业量		物料使用量			工作质量	备注
						名称	数量	单位	数量	名称	单位	数量		
总计														
记事														

填表人:

6.苗圃销售档案

记载各年度销售苗木的种类、规格、数量、价格、日期、购苗单位及用途等。

任务2 建立苗圃技术档案的要求

根据生产和科学实验的需要,为了充分发挥苗圃技术档案的作用,建立苗圃技术档案必须做到以下几点。

(1) 苗圃技术档案是园林生产的真实反映和历史记录,要长期坚持,不能间断。

(2) 设置专职或兼职管理人员。多数苗圃采取由技术人员兼管的方式。这是因为技术人员是经营活动的组织者和参与者,对生产安排、技术要求及苗木的生长情况最清楚。由技术人员兼管档案不仅方便可靠,而且直接把管理与使用结合起来,有利于指导生产。

(3) 观察记录时,要认真负责、及时准确。要求做到边观察边记录,务求简明、全面、清晰。

(4) 一个生产周期结束后,对记录材料要及时汇总整理、分析总结,从中找出规律性的经验,及时提供准确、可靠的科学数据和经验总结,指导今后的苗圃生产和科学实验。

(5) 按照材料形成时间的先后顺序或重要程度的不同,连同总结等分类装订,并登记造册,长期妥善保存。最好将归档的材料输入计算机储存。

(6) 档案管理员应尽量保持稳定,工作调动时,应及时另配人员并做好交接工作,以免因间断及人员更换而造成资料无人管理的现象。

任务考核标准

序 号	考核内容	考核标准	参考分值
1	苗圃土地利用档案	资料翔实,具有一定的指导价值	20
2	技术措施实施档案	表格设计科学、合理	30
3	苗木生长情况调查	及时、详细,因地制宜	30

序　　号	考核内容	考核标准	参考分值
4	实训态度	勤于思考、敢于动手、善于合作	20
	合　　计		100

 自测训练

1. 知识训练

(1) 为什么要建立苗圃技术档案?

(2) 建立苗圃技术档案必须注意哪几个方面的问题?

(3) 苗圃技术档案的主要内容是什么?

2. 技能训练

建立苗圃档案

◆实训目的

熟练进行建立苗圃档案的操作。

◆材料用具

各类参考资料、笔记本等。

◆实训场地

苗圃。

◆实训形式

通过在苗圃参观、调查的形式收集资料,然后在图书馆、资料室进行整理。

◆实训内容

要求学生收集整理以下资料并填写表格。

(1) 苗圃利用情况。

(2) 技术措施实施情况。

(3) 气象观测资料。

(4) 苗木生长情况,填写苗木生长总表和苗木生长调查表。

(5) 建立苗圃作业日记。

◆作业

分组填写档案表格。

 知识测验

学习单元 1 题库

学习单元2 种实的生产

学习目标

◆掌握种实采集的适宜时期和正确方法。

◆掌握种实的调制方法,能获得适宜播种或储藏的优良种实。

◆理解种子储藏的原理和条件,掌握种子的储藏方法。

◆掌握种子净度、千粒重、含水量、发芽力、生活力测定的方法。

内容提要

种实是苗木最基本的生产资料。种实质量的高低,以及种实数量充足与否,直接关系到苗木的生产质量和效益的好坏。在种实生产中必须充分了解苗木相关基础知识,在适当的时期,用正确的方法采集足够数量的优质种实并及时调制,再用恰当的方法进行储藏。通过种子的品质检验,选用优质种子,淘汰劣质种子,确保播种使用种子的质量。

相关知识

项目1　种实的采集、调制和储藏

项目导入

园林苗圃学中,种实是指用于繁殖园林苗木的种子或果实。园林绿化的优良种实应该从种子园和母树林中采集,必要时可以从选择的优良母株上采集。采集种实时,必须能够识别种实的形态特征,了解种实成熟和脱落的规律,掌握采集种实的时期,并依据种实类别和特性,采取针对性的调制方法,获得适宜播种或储藏的优良种实。种子储藏的基本目的是通过采用先进的储藏设备和技术,人为地控制储藏条件,使种子生命力降低的速度减小到最低,在一定时期内最有效地使种子保持较高的发芽力和活力,以满足育苗时对种子的要求。

学习任务

任务1　种实的采集方法

1.采种期的确定

种实进入形态成熟期后,会逐渐脱落。不同植物种实的脱落方式和脱落期各不相同。

1.1　种实的脱落方式

有些植物种实的脱落方式为整个果实脱落,如浆果、核果类等;而有些植物种实的脱落方式则为果鳞或果皮开裂,种子散落,而果实并不一同脱落,如松柏类的球果。

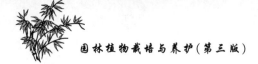

1.2 种实的脱落期

不同的植物,种实的脱落期不同。有些种子成熟后悬挂在母株上,较长时间不脱落,如白蜡、女贞、槭树、桉树和樟树等。有些种实的成熟期与脱落期相近,如云杉、油松和落叶松等。而栎树、红松和胡桃等种子成熟后即落地;杨树、榆树和桦木的小粒种子,成熟后很快随风飞散。

1.3 适时采收

适宜的种实采集期应该综合考虑种实的成熟期、脱落方式、脱落时期、天气情况和土壤条件等因素,一般有以下几种情况。

形态成熟后,果实开裂快的,应在开裂前进行采种,如杨、柳等;形态成熟后,果实虽不马上开裂,但种粒小,一经脱落则不易采集,也应在脱落前采集,如杉木、桉树等;形态成熟后挂在树上长期不开裂,不会散落者,可以适当延迟采种,但也不宜久留在母株上,以免招引鸟类啄食或感染病虫害,如槐、女贞、樟、楠等;成熟后立即脱落的大粒种子,可在脱落后立即从地面上收集,如壳斗科的种实。

2. 采种方法

根据种实的大小、种实成熟后脱落的方式和时期的不同,采种方法也不相同。

2.1 地面收集

对于大粒种实,可在种实脱落前,先将地面的杂草等清除干净,待种实脱落后,直接从地面上捡拾,如核桃、栎类、油茶等。

2.2 树上采集

小粒种实或脱落后易被风吹散的种子,以及成熟后虽不立即脱落但不宜从地面收集的种实,都应在植株上采收。在植株上进行采集时,比较矮小的母株,可直接利用枝剪、采种耙、采种镰等工具进行采集,也可以在地面铺上席子、塑料布等,用竹竿、木棍击落种实后再收集。对种子容易脱落的植物,可采用敲打果枝的方式,使种实脱落。高大的母株,可使用采种软梯、绳套、踏棒等上树采集种实,也可使用采种网,把网挂在树冠下部,将种实摇落在采种网中。在地势平坦的种子园或母树林,可采用装在汽车上能够自动升降的折叠梯来采集种实。对于果实集中于果穗上而植株又较高的树种,如栾树、白蜡等,可采用高枝剪、采种钩、采种镰等工具采收果穗。采种工具如图 2-1 所示。

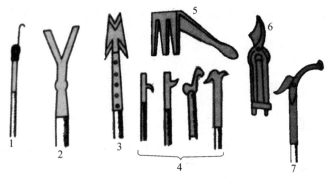

图 2-1 采种工具

1—采种钩;2—采种叉;3—采种刀;4—采种钩镰;5—球果梳;6—枝剪;7—高枝剪

2.3 伐倒木上采集

如果种实成熟期和采伐期相一致,可结合采伐作业,从伐倒木上采集种实,操作简便且成本低(但要注意伐倒木的年龄应处于壮年期)。这种方法对于种实成熟后并不立即脱落的树种(如水曲柳、云杉和白蜡等)的种实采集非常便利。

任务 2 掌握种实调制的方法

种实调制是指种实采集后,为了获得纯净而优质的种实并使其达到适宜储藏或播种的程度所采取的一系列处理措施。多数情况下,采集种实若含有鳞片、果荚、果皮、果肉、果翅、果柄、枝叶等杂物时,必须经过及时晾晒、脱粒、清除夹杂物、去翅、净种、分级、干燥等处理工序,才能得到纯净的种实。种实调制的内容包括干燥、脱粒、净种、分级等。

1. 干燥和脱粒

1.1 球果类

1.1.1 自然干燥脱粒

自然干燥脱粒以日晒的方式为主。选择向阳、通风、干燥的地方,将球果摊放在场院晾晒,或设架铺席、铺油布晾晒。夜间和雨天要将球果堆积起来,覆盖好,以免雨露淋湿,使晾晒时间延长。在干燥过程中,应经常翻动。球果的鳞片开裂后,大部分种子可以自然脱出。未脱净的球果再继续摊晒,或用木棒轻轻敲打,使种子全部脱出。

1.1.2 人工干燥脱粒

该方法通过人工控制温度和通风条件,促进球果干燥,使种子脱出。也可使用球果脱粒机,使种子脱出。另外,可采用减压干燥法(或称真空干燥法)脱粒。

1.2 肉质果类

肉质果类的果肉内含有较多果胶和糖类,水分含量也高,容易发酵腐烂。所以采集种实后要及时调制,取出种子。调制的工序主要有软化果肉,揉碎果肉,用水淘洗出种子,然后进行干燥和净种。一般情况下,从肉质果实中取出的种子含水率较高,应放入通风良好的室内或阴棚下晾干4~5天,并经常翻动,不可放在阳光下曝晒或雨淋。当种子的含水量达到一定要求时,即可播种、储藏或运输。

1.3 干果类

干果类种实调制工序主要包括干燥,脱粒,清除果皮、果翅、碎屑、泥土和其他夹杂物,晾晒等,使种实满足储藏或播种的需求。

1.3.1 蒴果类

紫薇、泡桐、金丝桃等含水量很低的蒴果类种实,采种后即可在阳光下晒干脱粒净种。而含水量较多的蒴果,如杨、柳等采种后,应立即避风干燥,风干3~5天后,再用柳条抽打,使种子脱粒,过筛精选。

1.3.2 荚果类

荚果类种实一般含水量低,在荚果采集后,直接摊开曝晒3~5天,用棍棒敲打进行脱粒,清除杂物即得纯净种子。

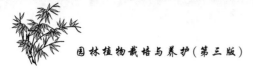

1.3.3 坚果类

坚果类种实一般含水量较高,如板栗、麻栎、栓皮栎等,采种后应立即进行粒选或水选,除去蛀粒,然后置于通风处阴干,当达到种实的安全含水量时即可储藏。

1.3.4 翅果类

翅果类种实在处理时不必脱去果翅,用阴干法干燥后清除混杂物即可,如三角枫、槭树、白蜡等。

2.净种

净种就是除去种子中的夹杂物,如鳞片、果柄、果皮、枝叶、碎片、空粒、土块以及异类种子等。通过净种可提高种子的净度。根据种实大小、夹杂物大小及比重的不同,可采用不同的净种方法。

2.1 筛选

筛选法是根据种子与夹杂物直径的不同,选用各种孔径的筛子来清除夹杂物。如先用大孔筛筛除大的夹杂物,再用小孔筛筛除小杂物和细土,最后留下纯净的种子。

2.2 风选

风选法适用于中小粒种子,根据种子和夹杂物重量的不同,利用风或簸扬机将它们分离,少量种子可直接用簸箕扬去杂物。

2.3 水选

水选法一般用于大而重的种子,根据种粒和夹杂物比重的差别,将待处理的种实放置于筛中,并浸入慢流的水中,利用水的浮力使杂物及空瘪种子漂浮出来,而良种则留于下面。水选的时间不宜过长,水选后不能暴晒,要阴干。

3.分级

种粒分级是将某一园林植物的一批种子按种粒大小进行分类。种粒大小在一定程度上反映了种子品质的优劣。通常大粒种子的营养物质含量高、活力高、发芽率高、幼苗生长好。因此分级也是体现种子品质优劣的必要环节。分级工作通常与净种工作同时进行,亦可采用风选法、筛选法及粒选法进行。可利用筛孔大小不同的筛子进行筛选分级,也可利用风力进行风选分级,还可借助种子分级器进行种粒分级。种子分级器的设计原理是,种粒通过分级器时,比重小的种粒被气流吹向上层,比重大的种粒留在底层,受震动后,即可分离出不同比重的种子。

任务3 种子的登记

为了合理地使用种子并保证质量,应将处理后的纯净种子分批进行登记,要建立健全种实采集登记制度。并特别要注意,对每一批种实都要进行登记,并做好详细记录,作为种子储藏、运输、流通时的重要依据。登记的内容包括采集植物种类,采集地点,采集时间和方式,采种母树林、种子园或采种母株的状况,种实调制的方法和时间,种实储藏的时间、方法和地点等。采种单位应有总册备案,种子储藏、运输、流通时的种子登记卡如表2-1所示。

表 2-1　种子登记卡

植物名		科名	
学名			
采集时间		采集地点	
母树情况			
种子调制时间、方法		种子数量	
种子储藏	方法		
	条件		
采种单位		填表日期	

任务 4　种实的储藏

从种子的呼吸特性及影响种子呼吸的因素看,相对湿度小、低氧、低温、高二氧化碳及黑暗无光的环境有利于种子储藏。具体的种子储藏方法依种实类型和储藏目的而定,最主要的则是依据种子安全含水量的高低来确定。种子储藏的方法有干藏法和湿藏法两类。

1. 干藏法

干藏法是将干燥的种子储藏于干燥的环境中,凡是含水量低的种子都可以采取此法储藏。

1.1　普通干藏法

种子本身含水量相对低或只是短期储藏的种子,尤其是秋季采收后准备来年春季进行播种的种子,可采用此法储藏。方法是将干燥、纯净的种子装入麻袋、布袋、缸、瓦罐、木桶或其他容器内,再放入经过消毒的凉爽、干燥、通风的储藏室。

1.2　低温干藏法

低温干藏法是将储藏温度控制在 $0 \sim 5$ ℃,相对湿度维持在 $25\% \sim 50\%$。用此法储藏充分干燥的种子可保存 1 年以上。要达到这种低温储藏标准,一般要有专门的种子储藏室或控温、控湿的种子库。

1.3　低温密封干藏法

低温密封干藏法多用于需长期储藏,或者使用普通干藏法和低温干藏法储藏易丧失发芽力的种子,如柳、桉、榆等的种子。其原理是使种子在储藏期间与外界隔绝,不受外界温度、湿度变化的影响,较好地控制种子的含水率,使其长期保持干燥状态。具体方法为:把种子装入能密封的容器,在容器内放些吸湿剂,如氯化钙、生石灰、木炭等,再把容器封闭,储藏在低温($0 \sim 5$ ℃)种子库或类似环境中。密封干藏时,使用的容器不宜太大,以便于搬运和堆放。对于含水量低的种子,甚至可以采取超干燥(安全含水量的低值)超低温密封储藏的方法来进一步延长其寿命。

1.4　气藏法

气藏法即控制气体储藏法。种子密闭储藏时可在容器中充入氮气和二氧化碳等气体,或抽成真空以降低氧气的浓度,从而抑制种子的呼吸作用。

2. 湿藏法

湿藏法即把种子置于湿润、低温($0 \sim 10$ ℃)、通气的条件下进行储藏。这种方法适用于

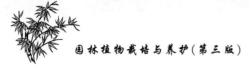

安全含水量(标准含水量)高的种子,如栎类、银杏、樟的种子等。湿藏法可分为室外埋藏和室内堆藏两种。

2.1 室外埋藏

室外埋藏宜选择地势较高、排水良好、土壤较疏松、阴凉背风的地方挖坑或沟来储藏。挖掘的位置在地下水位以上。将纯净的种子与湿沙(以手捏成团但又不流水为宜)混合或分层埋入60~90 cm深的坑或沟中。储藏坑内隔一段距离插一个通气筒或作物秸秆、枝条等,以利于通气。地表之上堆成小丘状,以利于排水。珍贵或量少的种子,可将种子和沙子混合或层积,置于木箱内,然后将木箱埋藏在坑中,效果更好。

2.2 室内堆藏

室内堆藏宜选择干燥通风的房间、地下室或棚子,先在地面上洒水,再铺上10 cm厚的湿沙。大粒种子可采用一层种子一层湿沙交替堆放,中小粒种子可混沙堆放。种、沙可按1:3的比例混合,堆高50 cm左右,最后用湿沙封顶或用塑料薄膜覆盖。种子数量不多时,也可将种子与湿沙混拌后装入花盆或其他保湿的容器储藏。为了及时排出种子呼吸产生的二氧化碳和热量,防止种子干燥、发热,储藏的种子要经常翻动,适时适量加水,并注意保持低温,同时,也要防止水分过多。温度以0~3 ℃为宜,太低易造成冻害,过高又会引起种子发芽或发霉。

此外,如红松、橡栎类的种子还可以进行流水储藏,即将种子装在麻袋内沉入流水中储藏,效果良好。

1. 园林树木结实规律

园林树木结实是指树木孕育种子和果实的过程。树木进入结实期以后,因受各种因素的影响,每年结实量多少差异很大,有的年份结实量多,有的年份结实量中等,有的年份结实量很小,甚至不结实。我们把结实量多的年份称为丰年或大年,结实量中等的年份称为平年,结实量小或不结实的年份称为歉年或小年。把树木结实丰年和歉年交替出现的现象称为树木结实的大小年现象(结实周期性)。相邻两个丰年之间的间隔年数称为结实间隔期。

2. 采种母树的选择

园林树木种实首先应考虑在种子园和母树林等良种繁育基地采集。此外,可在树种的适生分布区域内,选择稳定结实的壮龄植株作为采集种实的母树。通常情况下,在相同的采集区,不同植株在生长状况、分枝习性、结实能力、种实的品质等方面存在明显差异。选择综合性状好的植株采集种实,可获得遗传品质优良的种实。一般来说,采集种实的母树,应具有培育目标所要求的典型特征,且发育健壮,无机械损伤,未感染病虫害。具体的选择性状,可依据各树种的培育目标而定。母树的年龄以壮龄最好,壮龄母树种实产量稳定、产量高、种实品质好。

2.1 母树林

当园林生产中急需大量优良种实时,建立母树林是充分利用现有种实资源,并快速获得优良种实的重要途径之一。所谓母树林是指优良天然林或种源清楚的优良人工林,通过留优去劣疏伐,或用优良种苗以造林方法营建的,用于生产遗传品质较好的树木种子的林分。

在林分内生长健壮、干形良好、结实正常,在同龄的林木中树高、胸径明显大于林分平均值的树木,可称为优良木。而在林分内生长不良、品质低劣、感染病虫害较重,在同龄的林木中树高、胸径明显小于林分平均值的树木,则称为劣等木。在林分中介于优良木和劣等木之间的树木,称为中等木。在同等立地条件下,与其他同龄林分相比,在速生、优质、抗性等方面居于前列,通过疏伐,优良木占绝对优势的林分,可认为是优良林分。母树林应该是优良林分。

2.2 种子园

从长远的观点看,建立种子园是有效地提高园林树木种实遗传品质的根本途径之一。种子园是指由优树无性系或家系建立起来的,以生产优质种实为目的的林地。优树是从条件相似、林龄相同或相近的同种天然林或人工林中选拔的表型优良的树木个体。优树无性系是指优树扦插苗、嫁接苗和组织培养苗等繁殖材料。从一株母树上采下来的枝条,属于同一无性系。优树家系是指由优树自由授粉或控制授粉后所形成的繁殖材料。

3. 种实的成熟

种子的成熟过程是胚和胚乳不断发育的过程。从种子发育的内部生理特征和外部形态特征看,种子的成熟一般包括生理成熟和形态成熟两部分。

3.1 生理成熟

种子发育初期,子房体积的增长速度快,虽然营养物质不断增加,但水分含量高,内部充满液体。当种子发育到一定程度时,体积不再有明显的增加,营养物质的积累日益增多,水分含量逐渐变少,整个种子内部发生一系列的生理生化变化。当种胚发育完全,种实具有发芽能力时,可认为此时种子已经成熟,并称此时为种子的生理成熟。生理成熟的种子的特点是:含水量较高,营养物质处于易溶状态,种子不饱满,种皮还不够致密,尚未完全具备保护功能的特性,不耐储藏。因而种子的采集多不在此时进行。但对于一些深休眠,即休眠期很长且不易打破其休眠的植物种子,如椴树、山楂、水曲柳的种子等,可采用生理成熟的种子,采后立即播种,可以缩短休眠期,提高发芽率。

3.2 形态成熟

当种胚的发育过程完成时,种子内部含水量降低,营养物质的积累结束,营养物质由易溶状态转化为难溶的脂肪、蛋白质和淀粉,种皮致密、坚实、抗害力强,此时种子的外部形态完全呈现出成熟的特征,称为形态成熟。一般园林植物种子多在此时采集。

多数园林植物,其种子达到生理成熟之后,隔一定时间才能达到形态成熟。但有些植物的种子,其形态成熟与生理成熟几乎同时完成,如杨、柳等的种子。还有如银杏、冬青和水曲柳等少数植物,其种子是先形态成熟而后生理成熟。对于这些植物而言,从外表看种子已达到形态成熟,但种胚并没有发育完全,它们需要经过一段时间适当条件的储藏后,种胚才能逐渐发育成熟,才能具有正常的发芽能力。这种现象可称为生理后熟。

总的来看,种子成熟应该包括形态上的成熟和生理上的成熟两个方面的条件,只具备其中一个方面的条件时,则不能称其为真正成熟的种子。

3.3 种子成熟的鉴别

鉴别种子的成熟程度是确定种实采集时期的基础。依据种子成熟度适时采收种实,获得的种实质量高,有利于种实储藏、种子发芽及其幼苗生长。可用解剖、化学分析等方法判

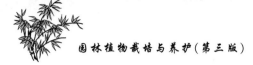

断种子成熟与否,但生产上一般根据物候观察经验和形态成熟的外部特征来判断种子成熟程度,因为这样比较方便。绝大多数园林植物的种子成熟时,其种实的形态、色泽和气味等常常呈现出明显的特征。

多数种实成熟后,颜色由浅变深,种皮坚韧,种粒饱满坚硬。一般情况下,未成熟的园林植物种实多为淡绿色,成熟过程中颜色逐渐发生变化。其中球果类多变成黄褐色或黄绿色;干果类成熟后则多转变成棕色、褐色或灰褐色;肉质种实颜色变化较大,如红瑞木种实变成白色,小檗和山茱萸种实变成红色,樟、楠、檫、女贞等的种实变成紫黑色,而银杏种实则变成黄色或橘黄色。

种实成熟过程中,果皮也有明显的变化。干果类及球果类在成熟时由于果皮水分蒸发而发生木质化,故变得致密坚硬。肉质果类在成熟时果皮含水量增高,果皮变软且肉质化。在多数情况下,成熟种子的种皮色深且具有较明显的光泽;未成熟种子的种皮,则色浅而缺少光泽。

种子成熟时,多数树种的种实涩味消失,酸味减少,果实变甜。

4. 种实的储藏原理

储藏种实是为了保持种子的发芽力,延长种子的寿命。种子寿命是指种子保持生命力的时间。种子在储藏过程中,虽然处于休眠状态,但生命活动并未停止,其内部仍然进行着微弱而复杂的生理生化反应。这些生理生化反应主要表现在呼吸作用上。

种子的呼吸作用是指种子内的活组织在酶和氧的参与下将本身的储藏物质氧化分解,放出二氧化碳和水,同时释放出能量的过程。种子储藏期间,种子本身不存在同化过程,主要是进行分解作用和劣变过程,这种过程一旦停止或加速,都会降低种子的生命力。因此,保持种子生命力的关键是控制种子呼吸作用的性质和强度。

5. 影响种子生命力的因素

5.1 影响种子生命力的内在因素

5.1.1 种子内所含物质的性质

一般认为富含脂肪、蛋白质的种子寿命长,如松科、豆科植物的种子;而富含淀粉的种子,如栎类、板栗等的种子寿命短。这是因为富含脂肪、蛋白质的种子一般情况下呼吸作用比富含淀粉的种子相对较弱,而脂肪、蛋白质在种子的呼吸过程中,转变为可利用状态所需的时间比淀粉长,其所释放的能量能满足种子微弱呼吸的需要。

5.1.2 种子的成熟度和机械损伤

未充分成熟的种子,种皮不致密,含水量高,呼吸作用强,易被霉菌感染,不耐储藏。破碎和受伤的种子,由于种皮不完整,空气能自由进入种子,且易被霉菌侵入,使其呼吸作用加强,也会大大缩短种子的寿命。

5.1.3 种子含水量

种子中游离水和结合水的重量占种子总重量的百分率为种子含水量。储藏期间种子含水量的高低,直接影响种子的呼吸作用,也影响种子表面微生物的活动。种子含水量较高时,酶容易活化,储藏物质的水解加速,呼吸作用加强,代谢旺盛,营养物质消耗加速,释放能量多,往往使种子本身产生自热,易发霉、腐烂,丧失活力。种子含水量较低时,其新陈代谢和呼吸作用极其微弱,抵抗外界不良环境的能力强,有利于种子的储藏和生命力的保持。但种子含水量并不是越低越好,如果种子含水量太低,如低于 4%～5%,种子中的类脂物质自动氧化生成的游离基会对细胞中的大分子造成伤害,使酶钝化、膜受损、染色体畸变,导致种子劣变加速。

不同种子储藏时要求的含水量不同,即所谓的安全含水量。种子的安全含水量(标准含水量)是指保持种子活力而能安全储藏的含水量。常见的园林植物种子的安全含水量见表 2-2。种子储藏过程中,与外界不断地交换水汽,经过一段时间,释放的水汽与吸入的水汽达到一个动态平衡,此时,种子的含水量称为平衡含水量。

储藏时,应根据不同植物种子的安全含水量进行控制,并分别采用不同的储藏方法。

表 2-2 常见园林植物种子安全含水量

植 物 名 称	标准含水量/(%)	植 物 名 称	标准含水量/(%)	植 物 名 称	标准含水量/(%)
杨树	5～6	柏木	11～12	白蜡	9～13
桦木	8～9	麻栎	30～40	椿树	9
杜仲	13～14	复叶槭	10	皂荚	5～6
刺槐	7～8	元宝枫	9～11	椴树	10～12
云南松	9～10	马尾松	7～10	杉木	10～12
侧柏	8～11	油松	7～9	白榆	7～8

5.1.4 种皮构造的影响

凡种皮的构造致密、坚硬或具有蜡质,则不易透气、透水,种子的寿命长。

5.2 影响种子生命力的环境条件

经过充分干燥而处于休眠状态的种子,其生命活动的强弱主要受储藏条件的影响,主要包括温度、空气的相对湿度及通气条件等。

5.2.1 温度

储藏期内,在一定的温度范围内(0～50 ℃),温度升高会增加种子的呼吸作用,酶的活性增强,营养物质的消耗加快,同时种子易受害虫和病菌的危害,从而缩短种子的寿命。如果温度超过 55 ℃,则酶的活性及呼吸作用下降,甚至造成蛋白质凝固变性,引起种子死亡。多数种子在低温下可以延长寿命,但高含水量的种子,在温度过低(0 ℃以下)时会引起种子内部水分结冰,造成生理机能的破坏,导致种子死亡。一般所谓的低温是指 0～5 ℃。

温度对种子的影响与含水量有密切的关系,种子含水量越低,细胞液浓度越高,则种子对高温及低温的抵抗力越强;相反,种子含水量越高,对高、低温的抵抗力越弱。

温度对不同含水量的种子呼吸强度的影响如图 2-2 所示。

5.2.2 空气的相对湿度

种子有较强的吸湿能力,空气中相对湿度的变化,可以改变种子内的含水量,对种子的寿命产生很大的影响。当空气的相对湿度较高时,种子能从空气中直接吸收水汽而提高含水量,其生命活动也随水分的增加而由弱变强。反之,当空气的相对湿度较低时,种子向空气中释放水分,与空气的相对湿度保持平衡,由于失水,种子的生命活动受到抑制。安全含水量低的种子应储藏在干燥的环境中,安全含水量高的种子则应储藏在湿润的环境中。对于大多数园林植物来说,种子在储藏期间的相对湿度以 50%～60% 为宜。

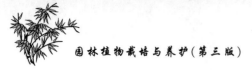

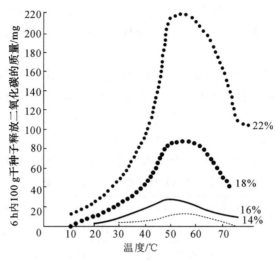

图 2-2　温度对不同含水量的种子呼吸强度的影响

5.2.3　通气条件

通气条件对种子生命力影响的程度同种子本身的含水量及储藏温度有关。含水量低的种子，其呼吸作用很微弱，需氧极少，在密封的条件下能长久地保持生命力。含水量高的种子，储藏时应适当通气，以排除种堆中由于较强的呼吸作用而产生的水汽、二氧化碳和热量，避免无氧呼吸对种子的伤害。

此外，在储藏期间，微生物、昆虫、鼠类等生物会直接危害种子。实践证明，高温、湿润及通气不良的环境是微生物滋生的有利条件。降低种子的含水量是控制微生物活动的重要手段。

由此可见，影响种子生命力的因素是多方面的。储藏时，必须对种子的特性、环境条件进行综合分析，采取适宜的储藏方法，才能有效地保持种子的生命力。

任务考核标准

序号	考核内容	考核标准	参考分值
1	种实的采集方法	能确认适宜的采种期，掌握不同树种种实的采集方法	30
2	种实的调制方法	掌握种实的干燥、脱粒、净种和分级等调制方法	30
3	种子的登记	掌握种子的登记方法和程序	15
4	种实的储藏方法	能根据种实的特性及储藏目的，选择适宜的储藏方法	25
合　　计			100

1. 知识训练

◆名词解释

结实大小年现象　　种子生理成熟　　种子生理后熟　　种实调制

种子安全含水量　　种子寿命　　　　干藏法　　　　　湿藏法

◆简答题

（1）种实的成熟一般包括哪两个过程？

（2）常用的净种方法有哪些？各适宜什么条件？

（3）种子在进行干燥时，哪些种实可以晒干？哪些种实只能阴干？试举例说明。

（4）简述影响种子生命力的内外因素及其相互关系，同时说明怎样才能延长种子寿命。

（5）种子储藏的方法有哪些？各适用于哪些园林植物？

2.技能训练

种子的采集、调制和储藏

◆实训目的

掌握种子采集、调制、储藏的方法，为露地播种做好准备。

◆材料用具

（1）材料：种子、福尔马林、高锰酸钾、百菌清、敌克松、湿沙等。

（2）用具：筛子、净种机等。

◆实训形式

以组为单位，根据种实的特性设计种子的调制、储藏方法，并说明理由。

◆实训内容

（1）种子采集：采集各种园林树木、花卉的种子。

（2）调制：①根据采收到的种子的种类分别进行阴干或晒干；②用碾压、水洗等方法脱粒；③用净种机净种或人工净种；④大粒种子按大、中、小分级。

（3）储藏：对于调制好的种子，依据其生态特性和含水量的高低选择适宜的储藏方法。

◆作业

将实训过程整理成记录，写出实训报告。

项目 2　种子的品质检验

🌱 项目导入

　　园林植物种子的品质检验，是指应用科学、先进和标准的方法对种子样品的质量（品质）进行正确的分析测定，判断其质量的优劣，评定其种用价值的一门科学技术。种子品质是种子的不同特性的综合，通常包括遗传品质和播种品质两个方面。种子品质检验主要是检验种子的播种品质。

　　通过种子播种品质的检验，能够判断各批种子的等级标准及实用价值；播种时，根据种子质量标准确定合理的播种量，可以节约使用种子；在种子收购、储藏、调运前进行检验，有利于科学地组织种子生产，防止劣种用于生产，避免造成生产和经济上的损失；有利于了解种子净度和含水量的状况，以确定是否需要进行净种和干燥处理，从而保证种子储藏及运输的安全；有利于防止园林植物病虫害的传播与蔓延。

　　园林树木种子检验要采用科学、先进和标准的方法，应该执行国家质量技术监督局发布的《林木种子检验规程》（GB 2772—1999）及有关法规。在国际种子交流和贸易中，还应该执行国际种子检验协会（ISTA）的有关规程。

 学习任务

任务1　种子净度的测定

种子净度是种子播种品质的重要指标之一，是确定播种量和划分种子等级的重要依据。种子净度高，含夹杂物少，在种子催芽过程中不易发生霉烂现象。因此在种实调制过程中，要认真做好脱粒、净种等工作。

1.相关概念

1.1　种子净度

种子净度（又称纯度）是指纯净种子的重量占测定样品中各成分（纯净种子、废种子和夹杂物）的总重量的百分比。

1.2　纯净种子

纯净种子包括：①完整的、未受伤的、发育正常的种子；②发育不完全的种子和不能识别出的空粒；③虽已破口或发芽，但仍具有发芽能力的种子；④带翅的种子中，凡加工时种翅容易脱落的，其纯净种子是指除去种翅的种子；⑤带翅的种子中，凡加工时种翅不易脱落的，其纯净种子包括留在种子上的种翅；⑥壳斗科的纯净种子是否包括壳斗，取决于各个树种的具体情况，壳斗容易脱落的不包括壳斗，难以脱落的包括壳斗；⑦复粒种子中至少含有一粒种子的也可计为纯净种子。

1.3　废种子

废种子是指能明显识别的空粒、腐坏粒、已萌芽而明显丧失发芽能力的种子、严重损伤（超过其原大小的一半）的种子和无种皮的裸粒种子。

1.4　夹杂物

夹杂物包括种子中夹杂的叶子、鳞片、苞片、果柄、种翅、种子碎片、沙粒、土块和其他杂物，以及昆虫的卵块、成虫、幼虫、蛹和其他植物的种子。

2.测定程序

2.1　测定样品的提取与称量

将送检样品用四分法或分样器法进行分样，提取测定样品并称量，测定样品的重量时须执行国家关于种子品质检验的有关规定。

2.2　测定样品的分析

将两份测定样品分别铺在种子检验板上，仔细观察，区分出纯净种子、废种子及夹杂物等三个部分，重复测定样品的同类成分且不得混杂。

2.3　种子净度的计算

用天平分别称量纯净种子、废种子和夹杂物的重量（称量精度执行国家关于种子品质检验的有关规定），然后按下列公式计算净度（精确至小数点后一位，其后的作四舍五入处理）。

$$净度 = \frac{纯净种子重量}{纯净种子重量 + 废种子重量 + 夹杂物重量} \times 100\%$$

任务2　种子千粒重的测定

1.概念

种子千粒重是指在气干状态下,1 000粒纯净种子的重量(以 g 为计量单位)。千粒重能说明种子的大小、饱满程度,是计算播种量不可缺少的条件。同一园林植物,不同批次的种子,千粒重的数值愈高,说明种子愈大而饱满,其内部储藏的营养物质多,空粒少,播种后发芽率高,苗木质量好。由于空气湿度的变化,同一批种子的千粒重很不稳定。为了确切地比较两批种子的品质,最好是测出种子的含水量后,再求出种子的绝对千粒重。

2.测定方法

千粒重的测定方法有千粒法、百粒法和全量法,多数情况下使用百粒法进行测定。

2.1　千粒法

从净度测定中所得的纯净种子中随机抽取1 000粒种子,分为两组,分别称重,求算出千粒重,计算出平均值。种粒较大、千粒重为50～500 g者,可以以500粒为一组进行称量。千粒法适用于种粒大小、轻重极不均匀的种子。

2.2　百粒法

从待测样品中随机数取8个重复,每个重复100粒,分别称重。根据8个重复的样品重量,按统计学原理求算出100粒种子的平均重量,再换算成1 000粒种子的重量。

2.3　全量法

凡纯净种子粒数少于1 000粒者,可将全部种子称重后,再换算成千粒重。该法适用于种子数量少的珍贵树种。

任务3　种子含水量的测定

1.概念

种子含水量是指种子中所含水分的重量占种子重量的百分率。

种子含水量的高低是影响种子生命力的重要因素之一。测定种子含水量的目的是在妥善储存和调运种子时为控制种子的适宜含水量提供依据。因此,不仅在收购、储藏、运输前,必须测定种子含水量,在整个储藏过程中也要定期进行测定以掌握种子含水量的波动情况。

2.测定样品的分取

从送检样品中按有关规定分取测定样品。种粒小、种皮薄的种子可原样称重干燥,种粒大、种皮厚的种子可切开或打碎后称重干燥。操作时,为了避免测定误差,应尽量减少测定样品在空气中暴露的时间,以防失水。

3.测定方法

3.1　低恒温烘干法

该方法适用于所有园林植物种子,测定称量后,根据样品烘干前后的重量之差来计算含水量,其计算公式如下。

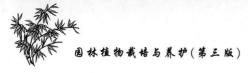

$$种子含水量 = \frac{烘干前供检种子重量 - 烘干后供检种子重量}{烘干前供检种子重量} \times 100\%$$

烘箱中的烘干温度为 105 ℃±2 ℃。

3.2 高恒温烘干法

该方法是先将烘箱预热至 140～145 ℃，然后将两份测定样品迅速放入烘箱内。在 5 分钟内使温度调至 130 ℃时开始计时，在 130 ℃±2 ℃的温度下烘干 60～90 分钟，冷却后称重。

3.3 二次烘干法

该方法适用于高含水量的林木种子。一般种子含水量超过 18%，油料种子含水量超过 16%时，可采用此法。

先将测定样品放入 70 ℃的烘箱内，预热 2～5 小时，取出后置于干燥器内冷却、称重，测得预干过程中失去的水分，计算第一次测定的含水量。然后对经过预干的样品进行磨碎或切碎，从中随机抽取测定样品，在烘箱中在 105 ℃的温度下（方法同前）进行二次烘干，测得其含水量。根据预干及 105 ℃烘箱法测得的含水量，计算种子的含水量，由两次结果计算出种子含水量，其计算公式如下。

$$含水量 = \frac{烘干前供检种子重量 - 烘干后供检种子重量}{烘干前供检种子重量} \times 100\%$$

3.4 仪器测定法

该方法应用红外线水分速测仪、各种水分电测仪、甲苯蒸馏法等来测定种子的含水量。仪器测定法速度快，但有时不是很准确，使用时应与烘干法相对照进行。

任务 4 种子发芽力的测定

种子发芽力是衡量种子播种品质的最重要的指标，可以用来确定播种量和一个种批的种子等级及实用价值。种子发芽力的有关指标是使用发芽试验来测定的，用发芽率和发芽势来表示，一般只适用于休眠期较短的树种。

1. 相关概念

发芽率也称实验室发芽率，是指在发芽试验终期（规定的条件和日期内）正常发芽种子数占供试种子数的百分率。种子发芽率高，表示有生活力的种子多，播种后出苗多。

发芽势是指种子发芽达到高峰时（或规定的条件和日期内）正常发芽种子数占供试种子数的百分率。通常以发芽试验规定的期限的初期（其天数为总天数的三分之一）正常发芽的种子数占供试种子总数的百分率来表示。发芽势高，表示种子活力强，发芽整齐，生产潜力大。

2. 发芽力测定的步骤

2.1 测定样品的提取

测定样品从净度分析所得的、经过充分混拌的纯净种子中选取，将其用四分法分为 4 份。从每份中随机抽取 25 粒组成 100 粒，共重复 4 次，或用数粒器提取 4 份，每份 100 粒。如种粒特别小，也可使用称量发芽测定法，不同植物种类的样品质量也不相同，一般在 0.25

～1.00 g 之间。

2.2 测定样品的预处理

预处理的目的是解除种子的休眠,使种子发芽整齐,以便于统计。一般的种子可进行浸水处理,但深休眠的种子需要经过不同方法的预处理才能发芽。凡低温层积处理 2 个月能发芽者可用层积催芽法处理,种粒较大的可以切取大约 1 cm 见方的带有全部胚和部分子叶或胚乳的胚方进行发芽力测定。为了预防霉菌感染而干扰试验结果,试验用的器具和种子必须先进行灭菌消毒。

2.3 种子置床与贴标签

置床就是将经过预处理的种子安放到发芽基质上。常用的发芽床材料有纱布、滤纸、脱脂棉、细沙和蛭石等。

种子放置完毕后,须在发芽皿或其他发芽容器上不易磨损的地方贴上标签,注明植物名称、测定样品号、置床日期、重复次数等,并将有关项目在种子发芽试验记录表上进行登记。

2.4 管理

2.4.1 温度

不同植物种子发芽所需的温度不同,多数植物以 25 ℃ 为宜。在试验过程中,应经常检查发芽环境的温度,其温度同预定的温度一般不宜相差 ±1 ℃。

2.4.2 水分

保持发芽床湿润,但在种子四周用指尖轻压发芽床(指纸床)时,指尖周围不能出现水膜。

2.4.3 通气

用发芽盒发芽时,要经常打开发芽盒盖以充分换气,或在发芽盒侧面开若干小孔,以便通气。

2.4.4 光照

每天按时开关光源。使用单侧不均匀光照射发芽箱时,应经常前后、上下变换发芽床位置,以避免温度和光照不均匀的现象。

2.4.5 处理发霉现象

拣出轻微发霉的种粒(不要让它们触及健康的种粒),用清水冲洗直至水无混浊后再放回。当发霉种粒超过 5% 时,要及时更换发芽床和发芽器皿。

2.5 持续时间和观察记载

种子放置发芽的当天,为发芽试验的第一天。各植物种子发芽力测定的持续天数可参见国家标准《林木种子检验规程》或有关规定。

发芽的情况要定期观察记载。为了更好地掌握发芽力测定的全过程,最好每天做一次观察记载,鉴定正常发芽粒、异状发芽粒和腐坏粒并计数。

正常发芽粒的特征为:长出正常幼根,大、中粒种子的幼根长度应该大于种粒长度的 1/2,小粒种子的幼根长度应该大于种粒长度。

异状发芽粒的特征为:胚根形态不正常,畸形、残缺等;胚根不是从珠孔伸出,而是出自其他部位;胚根呈负向地性;子叶先出等。

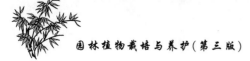

腐坏粒的特征为：内含物腐烂，但表皮发霉的种子不能算作腐坏粒。

测定结束后，分别对各重复的未发芽粒逐一进行解剖观察，统计新鲜粒、腐坏粒、硬粒、空粒、无胚粒、虫害粒等的数量，并将结果做好记录。

2.6 发芽试验结果的计算

1）种子发芽率计算公式

$$种子发芽率 = \frac{供试种子正常发芽的种子粒数}{供试种子总数} \times 100\%$$

2）种子发芽势计算公式

$$种子发芽势 = \frac{达到高峰时正常发芽的种子粒数}{供试种子总数} \times 100\%$$

任务5 种子生活力的测定

1. 概 念

种子的生活力是指种子潜在的发芽能力或种胚所具有的生命力，常用具有生命力的种子数占试验样品种子总数的百分率来表示。用发芽试验来测定种子的发芽能力，需要的时间较长。当需要迅速判断种子的品质，特别是休眠期长和难以进行发芽试验或是因条件限制不能进行发芽试验时，可采用快速的染色法来测定种子生活力。

2. 测 定 方 法

常用的测定生活力的方法是使用化学溶液浸泡处理，根据种胚（胚乳）的染色反应来判断种子生活力，主要有靛蓝染色法、四唑染色法、碘-碘化钾染色法。此外，也可用射线法和紫外荧光法等进行测定。

2.1 靛蓝染色法

2.1.1 原理

靛蓝试剂是一种苯胺染料，其原理是苯胺染料能透过死细胞组织而使其染上颜色，但不能透过活细胞的原生质。染色处理后，根据种胚着色的情况可以区别出有生命力的种子和无生命力的种子。此法适用于大多数针、阔叶林树木种子，如棕榈、皂角、楠树、香椿、臭椿、刺槐、杉木、松树等。但有些种子（如栎类）的种胚含有大量的单宁物质，死种子也不易着色，所以这种方法在生产上应选择使用。

2.1.2 主要步骤

靛蓝试剂是用蒸馏水将靛蓝配成浓度为 0.05%～0.1% 的溶液，最好随配随用。供测定用的种子经浸种膨胀后取出种胚。剥取种胚时要挑出空粒、腐坏粒和有病虫害的种粒，并记入种子生活力测定表中。剥出的种胚先放入盛有清水或垫湿纱布的器皿中。全部剥完后再放入靛蓝溶液中，并使溶液淹没种胚。染色结束后，立即用清水冲洗，分组放在白色的中性滤纸上，用肉眼或借助手持放大镜、实体解剖镜逐粒观察。若放置时间过长，则易褪色，从而影响检验效果。

2.2 四唑染色法

四唑染色法常以氯化三苯基四唑（或溴化三苯基四唑）为检验试剂。它是一种白色粉末,分子式为 $C_{19}H_{15}N_4Cl(Br)$。

2.2.1　原理

用中性蒸馏水溶解稀释后的四唑溶液来处理种子。进入种子的无色四唑水溶液,在种胚的活组织中,被还原生成一种稳定的不扩散、不溶于水的红色物质,而无生活力的种子则没有这种反应,即染色部位为活组织,而不染色部位则为坏死组织。可根据胚和胚乳的染色部位及其分布状况来判断种子的生活力。

2.2.2　主要步骤

与靛蓝染色法基本相同,测定时应注意试剂的浓度:一般试剂的浓度为 $0.1\%\sim1\%$,适宜的浓度为 0.5%。浓度高,反应较快,但药剂消耗量大;浓度低,要求染色的时间较长。浸染时,将盛装容器置于 $25\sim30\ ℃$ 的黑暗环境(四唑试剂遇光易分解)中,所需时间因植物的种类而异,一般为 $24\sim48$ 小时。鉴定染色结果时因植物种类不同,判断标准有所差别,但主要依据染色面积的大小和染色部位来进行判断。如果子叶有小面积未染色,胚轴仅有小粒状或短纵线未染色,均应认为有生活力。因为子叶的小面积伤亡,不会影响整个胚的发芽生长。胚轴小粒状或短纵线伤亡,不会对水分和养分的输导造成大的影响。但是,当胚根未染色、胚芽未染色、胚轴环状未染色、子叶基部靠近胚芽处未染色时,则应视为无生活力。

2.3　碘-碘化钾染色法

此法适用于一些针叶园林树木的种子。该法的原理为:一些种子萌发时体内会生成淀粉,碘-碘化钾溶液可使淀粉染色,呈暗褐色或黑色;而无生活力的种子则无此种反应。由此,可根据染色部位来判断种子的生活力。

任务6　种子优良度的测定

1. 概 念

优良度是指优良种子数占测定种子数的百分比。此法简单易行,可迅速得出结果。它是通过对种子的直接观察,从种子的形态、色泽、气味、硬度等来判断种子的质量。在生产上此法主要适用于种子采集、收购等工作现场。种子优良度常用的测定方法有解剖法、挤压法等。一般从纯净种子中随机提取 100 粒(大粒种子可取 50 粒或 25 粒),共取 4 组重复进行测定。

种子优良度的计算公式如下:

$$优良度=\frac{优良种子数}{供测定种子数}\times100\%$$

2. 测定方法

2.1　解剖法

先对种子的外部特征进行观察,即感官检定,再适当浸水,分组逐粒纵切,然后仔细观察种胚、胚乳或子叶的大小、色泽、气味及健康状况等。

优良种子的感官表现:种粒饱满整齐,胚和胚乳发育正常,具有该植物新鲜种子特有的颜色、光泽、弹性和气味。

劣质种子的感官表现为:种仁萎缩或干瘪,失去该植物新鲜种子特有的颜色、弹性和气味,或被虫蛀,或有霉坏症状,或有异味,或已霉烂。

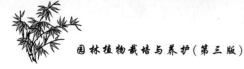

其标准详见国家标准《林木种子检验规程》或相关法规。

2.2 挤压法

挤压法适用于小粒种子的简易检验。

松类等含有油脂的种子，可使用挤压法。将种子放在两张白纸间，用瓶滚压，使种粒破碎，凡出现油点者为优质种子，无油点者为空粒或劣质种子。

桦木等小粒种子，也可用此法。将种子用水煮 10 分钟，取出后用两块玻璃片挤压，能压出种仁的为优质种子，空粒种子只能压出水来，变质的种仁为黑色。

2.3 透明法

透明法主要用于小粒种子。如杉木种子用温水浸泡 24 小时后，用两片玻璃夹住种子，对光仔细观察，透明的是优质种子，不透明且带黑色的是劣质种子。

2.4 比重法

比重法是根据优良种子与劣质种子比重的不同来判断种子质量的方法。如将栎类种子放入 3%～5% 的食盐溶液中浸泡 30 分钟，下沉者为优质种子，半浮或上浮者为劣质种子；将马尾松、油松等比水轻的种子浸在比重为 0.924 的酒精溶液中，下沉的为优质种子，上浮的是空粒、半空粒种子。

2.5 爆炸法

此法适用于含油脂的中、小粒种子，如油松、侧柏、云杉、柳杉等的种子。把选作样品的种子 100 粒，逐粒放在烧红的热锅或铁勺中，根据有无响声和冒烟的情况，来鉴别种子的质量。凡能爆炸并有响声，又有黑灰色油烟冒出的是优质种子，反之则为劣质种子。

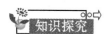 知识探究

1. 优质种子的特征

俗话说，良种出壮苗。只有具备了优良品质的种子，才能培育出优质高产的苗木。优质种子应具有以下特征：品种纯正无杂质；发芽率高，发芽齐而快；种粒完整，无破损，无病虫危害；种粒的大小、性状、色泽等外观指标一致；具有该植物种子成熟的典型特征，且耐储藏。

2. 抽样的基础知识

2.1 相关概念

2.1.1 种批

种批是指在同一地区范围（县、林场）内的相似的立地条件上或在同一良种基地内、在大致相同的时间内、在大约同龄的植株上采集，并且种实的加工和储存方法也相同的同一植物的种子。

2.1.2 抽样

种子品质是通过对样品的检验来评定的，抽样就是在待检种子中抽取具有代表性、数量能满足检验需要的样品。

2.1.3 初次样品

初次样品简称为初样品。从一个种批的不同部位或不同容器中分别抽样时，每次抽取的种子，称为一个初次样品。

2.1.4 混合样品

从一个种批中抽取的全部大体等量的初次样品,均匀地混合在一起,称为混合样品。

2.1.5 送检样品

用随机抽取的方法从混合样品中分取的送往检验机构的种子样品称为送检样品。

2.1.6 测定样品

从送检样品中随机抽取的供某项品质测定用的样品称为测定样品。

2.2 抽样步骤

2.2.1 核实种批

抽样前抽样人员要查看采种登记表和贴挂标签,了解种子的采收、加工和储存情况,根据种批规定的要求正确地划分或核实种批。国家种子品质检验标准根据种粒的大小划分了种批重量的最大限额:特大粒种子如核桃、板栗、油桐等为10 000 kg;大粒种子如山杏、油茶等为5 000 kg;中粒种子如红松、华山松、樟树、沙枣等为3 500 kg;小粒种子如油松、落叶松、杉木、刺槐等为1 000 kg;特小粒种子如桉、桑、泡桐、木麻黄等为250 kg。同一批种子,如果超过限额的5%,可划分为两个或更多的检验单位。

2.2.2 初次样品的分取

用扦样器或徒手从一个种批抽取若干初次样品,初次样品的数量按《林木种子检验规程》及相关的规定执行。当容器少于5件时,则每件容器中的种子都要抽取,抽取初次样品的总数不得少于5个;当有6～30件容器时,每3件容器至少抽取1个,其总数不得少于5个;当有31～400件容器时,每5件容器至少抽取1个,其总数不得少于10个;当容器数量在400件以上时,每7件容器至少抽取1个,其总数不得少于80个。

散装或装在大型容器中的种子,重量在500 kg以下时,至少取5个初次样品;重量在501～3000 kg之间时,每300 kg取1个初次样品,但不少于5个初次样品;重量在3 001～20 000 kg之间时,每500 kg取1个初次样品,但不少于10个初次样品;重量在20 000 kg以上时,每700 kg取1个初次样品,但不少于40个初次样品。同一容器中的种子,应从上、中、下等不同的部位抽取样品。散装或装在大型容器中的种子,可在堆顶的中心和四角(距边缘要有一定距离)设5个取样点,每点按上、中、下3层取样。

冷藏的种子应在冷藏的环境中取样,并应就地封装样品。否则,冷藏的种子遇到潮湿温暖的空气,水汽便会凝结在种子上,使种子的含水量上升。

2.2.3 混合样品的分取

将全部初次样品充分混合组成混合样品,混合样品的重量一般不能少于送检样品的10倍。

2.2.4 送检样品的分取

从混合样品中用四分法或分样器法按各园林植物送检样品要求的重量分取2份送检样品,1份送到种子检验室,另1份留存送检单位备查,最后对送检样品进行编号并做好标记。

2.2.5 测定样品的分取

在种子检验室中,用四分法或分样器法从送检样品中分取测定样品,进行各个项目的测定。各项指标测定样品的重量按国家有关规定执行。

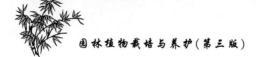

3.送检样品的发送

一般送检样品可用布袋、木箱等容器进行包装后寄送,而供检验含水量用的样品,则应当用铝盒或其他防潮容器封装。调制时种翅不易脱落的种子,为了避免因种翅脱落增大夹杂物的比重,须用硬质容器盛装。

每个送检样品须单独包装,并填写两份标签,注明植物名称、种子采收登记表编号和送检申请表的编号等,一份放在包装内,另一份挂在包装外。这样使样品通过标签与种批之间建立联系。

送检样品提取后,应尽快送往种子检验站并及时检验,不得延误,避免样品的品质发生变化。

任务考核标准

序　号	考核内容	考核标准	参考分值
1	种子净度的测定	掌握种子净度测定的相关概念及测定程序	20
2	种子千粒重的测定	掌握种子千粒重测定的方法及其步骤	20
3	种子含水量的测定	掌握种子含水量测定的方法及其步骤	20
4	种子发芽力的测定	掌握种子发芽力测定的方式及其步骤	20
5	种子生活力的测定	掌握种子生活力测定的方法、原理及其步骤	20
合　　计			100

自测训练

1.知识训练

◆名词解释

种子品质检验	种批	送检样品	测定样品
种子净度	千粒重	种子含水量	发芽率
发芽势	种子生活力		

◆简答题

(1) 简述抽样的步骤。

(2) 简述种子净度、千粒重测定的意义、方法和步骤。

(3) 简述种子含水量测定的意义、方法和步骤。

(4) 简述种子发芽力测定的方法、步骤。

(5) 用靛蓝和四唑染色法测定种子生活力的原理是什么?

2.技能训练

实训1　种子物理性状的测定

◆实训目的

掌握测定和计算种子净度、千粒重和含水量的方法,并进一步了解种子净度、千粒重和含水量对种子质量的影响和相关关系。

◆材料用具

（1）材料：供检园林树木种子2～3种。

（2）用具：取样器、数粒器、天平（1/100、1/1 000）、种子检验板、直尺、毛刷、小畚箕、胶匙、镊子、放大镜、中小培养器皿、小尺、盛种容器、钟鼎式分样器或横格式分样器、干燥箱、温度计、干燥器、称量瓶。

◆实训内容

●抽样

（1）用取样器从同一种批中随机抽取初次样品。

（2）将初次样品充分混合成混合样品。

（3）用四分法从混合样品中分取送检样品。

（4）用四分法从送检样品中分取测定样品。

●种子净度测定

（1）分析　将两份测定样品分别铺在种子检验板上，仔细观察，区分出纯净种子、废种子及夹杂物。

（2）称重　用天平分别称量。

（3）计算　按净度计算公式计算出测定结果，并进行误差分析。

●种子千粒重的测定（采用百粒法）

（1）取样和称重　重量测定以净度分析后的全部纯净种子作为测定样品。用人工计数或数粒器，从测定样品中随机数取8个重复，每个重复100粒，各重复分别称重（称重单位为g）。

（2）计算千粒重　计算公式如下：

$$标准差(S) = \sqrt{n\left(\sum X_i^2\right) - \left(\sum X_i\right)^2 / n(n-1)}$$

式中　　X_i——每个重复的重量；

　　　　n——重复次数。

$$标准差(S) = 方差^{1/2}$$

$$变异系数 = \frac{S}{\overline{X}} \times 100$$

式中　　$\overline{X}$——100粒种子的平均重量。

当标准差和变异系数不超过规定限度时，即可计算出100粒种子的平均重量，再推算出1 000粒种子的重量。

●种子含水量测定（低恒温烘干法）

（1）从送检样品中抽取测定样品　送检样品必须装在防潮的容器中，并尽可能地排出容器中的空气。将送检样品充分混合后，从中分取两份独立的测定样品。每一重复样品的重量为大粒种子约20 g，小粒种子约3 g。

（2）称重　先称取样品盒（带盒盖）的重量，再称取样品盒（带盒盖）连同样品的总重量。称重以克为单位，称重精度要求精确到小数点后3位，两次重复间的差异不得超过0.5％。

（3）烘干　将样品盒打开（将盒子放在自身的盒盖上），置于已经保持在103 ℃±2 ℃的烘箱内烘干16～18小时。烘干时间从烘箱温度回升至所需温度时开始计算。达到规定时间后，迅速盖上样品盒的盒盖，并放入干燥器里冷却30～45分钟。冷却后称取样品盒（带盒

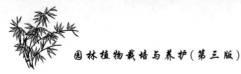

盖)连同样品的总重量。测定时,实验室里空气的相对湿度必须低于70%。

(4)含水量计算 含水量以重量百分率表示,精度为0.1%。其计算公式如下:

$$含水量=\frac{M_2-M_3}{M_2-M_1}\times100\%$$

式中 M_1——样品盒和盒盖的重量(g);

M_2——样品盒和盒盖及样品的烘前重量(g);

M_3——样品盒和盒盖及样品的烘后重量(g)。

根据种子大小和原始含水量的不同,两次重复间的容许误差见表2-3。

表 2-3 含水量测定两次重复间的容许误差

种粒大小	平均原始含水量		
	<12%	12%~25%	>25%
小粒种子(每千克种子超过5 000粒)	0.3%	0.5%	0.5%
大粒种子(每千克种子少于5 000粒)	0.4%	0.8%	2.5%

◆作业

详细记录种子净度、千粒重、含水量的检测过程和操作技术,计算其结果,完成实训报告。

实训2 种子发芽力测定

◆实训目的

掌握种子发芽力测定的操作技术,并学会计算种子发芽力的各项指标。

◆材料用具

(1)材料:供检园林植物种子。

(2)用具:恒温箱、电炉、蒸煮锅、培养皿、解剖刀、解剖针、镊子、取样匙、直尺、量筒、烧杯、滤纸、纱布、脱脂棉、温度计(0~100 ℃)、福尔马林、高锰酸钾。

◆实训内容

●测定样品的提取

用四分法将纯净种子分成4份,从每份中随机数取25粒组成100粒,共取4个100粒,即为4次重复。

●消毒灭菌

(1)检验用具的消毒灭菌,培养皿、纱布、小镊子须仔细洗净,并用沸水煮5~10分钟,供发芽试验用的恒温箱用喷雾器喷洒福尔马林,密封2~3天后再使用。

(2)种子的消毒灭菌。

●浸种

马尾松、落叶松、油松、杉木、侧柏、水杉等的种子,用初始温度为45 ℃的水浸泡24小时,待水冷却后再放置24小时,浸种所用的水最好更换1~2次;杨、柳、桉等的种子则不必浸种。实训时,根据实际情况选取1~2种。

●置床

中粒、小粒种子可在培养皿中放上纱布或滤纸作床。在培养皿不易磨损的地方(如底盘的外缘)贴上小标签,写明实训人姓名、送检样品号、重复号和置床日期,以免错乱。然后将培养皿盖好放入指定的恒温箱内。

●管理和记载

经常检查发芽环境的温度,保持发芽床湿润,注意充分换气,发现霉菌感染的种子及时处理。

发芽力测定期间,须每天或定期观察记载已发芽种子数和未发芽种子数。

●计算

根据发芽力测量记录结果,计算种子的各项发芽力指标。

◆作业

详细记录种子发芽力检测的过程和操作技术,计算种子的各项发芽力指标,完成实训报告。

 知识测验

学习单元2题库

学习单元 3 苗木繁育技术

学习目标

◆弄清种子休眠的原因。
◆掌握苗木繁育的基本原理。
◆能够制订提高苗木繁育的成苗率和苗木品质的措施。
◆熟练掌握苗木的繁育技术。
◆学会苗木的抚育管理方法。

内容提要

园林苗木是园林绿化必需的物质基础,培育数量充足、质量好的苗木是保证园林绿化成功的关键之一。凡在苗圃中培育的活体,无论年龄大小,在出圃前都称苗木。育苗的任务就是要在最短的时间内,以最低的成本,培育出优质高产的苗木。

本单元主要介绍园林苗木的培育技术,包括园林植物的播种育苗、扦插育苗、嫁接育苗、压条育苗、埋条育苗及分株育苗等技术。

相关知识

项目 1　实生苗繁育技术

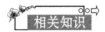

实生繁殖即有性繁殖,是利用雌雄花授粉相交而产生的种子来繁殖后代的方法,用这种方法获得的苗木称实生苗。实生苗具有生长旺盛、根系发达、寿命较长等特点;用于繁殖的材料来源丰富、方法简便、成本低廉。因而实生繁殖迄今仍是园林植物栽培中最主要的育苗方法。

任务 1　种子播前处理

1. 种子精选

种子经过储藏,可能发生虫蛀、腐烂等现象。为了获得纯度高、品质好的种子,确定合理的播种量,以保证播种出苗快而齐,在播种前应对种子进行精选。可根据种子的特性和夹杂物的情况进行筛选(小粒种子)、风选(小粒种子)、水选(盐水或黄泥水)、粒选(大粒种子)。

2. 种子消毒

在播种前要对种子进行消毒,一方面消除种子本身携带的病菌,另一方面防止土壤中的病虫危害。常用的种子消毒的方法有紫外线消毒、药剂浸种、药剂拌种等。

2.1　紫外线消毒

将种子放在紫外线下照射,能杀死一部分病菌。由于光线只能照射到表层种子,所以要将种子摊开堆放,不能太厚。消毒过程中要翻搅,每半小时翻搅一次,一般消毒 1 小时即可。翻搅时人要避开紫外线,避免紫外线对人的身体造成伤害。

2.2　药剂浸种

2.2.1　福尔马林

在播种前 1～2 天,将种子放入 0.15％的福尔马林溶液中,浸泡 15～30 分钟,取出后密闭 2 小时,用清水冲洗后阴干。

2.2.2　高锰酸钾

用 0.5％的高锰酸钾溶液浸种 2 小时或用 3％的高锰酸钾溶液浸种 30 分钟,用清水冲洗后阴干。此方法适用于尚未萌发的种子,胚根已突破种皮的种子不能用此方法消毒。

2.2.3　次氯酸钙(漂白粉)

用 10 g 的漂白粉加 140 mL 的水,振荡 10 分钟后过滤。过滤液(含有 2％的次氯酸)直接用于浸种。浸种消毒时间因种子而异,通常在 5～35 分钟之间。

2.2.4　硫酸亚铁

用 0.5％～1％的硫酸亚铁溶液浸种 2 小时,用清水冲洗后阴干。

2.2.5　硫酸铜

播种前,用 0.3％～1％的硫酸铜溶液浸种 4～6 小时,用清水冲洗后晾干。

2.2.6　退菌特

将 80％的退菌特稀释 800 倍,浸种 15 分钟。

2.3　药剂拌种

2.3.1　甲基托布津

用 50％或 70％的可湿性甲基托布津(别名为甲基硫菌灵)粉剂拌种,可防治苗期病害,如金盏菊、瓜叶菊、凤仙花的白粉病,樱草的灰霉病,兰花、万年青的炭疽病,鸡冠花的褐斑病,百日草的黑斑病等。注意:甲基托布津若长期连续使用,会使病原菌产生抗药性,降低防治效果,可以与其他药剂轮换使用,但多菌灵除外。拌种时可以用聚乙烯醇作黏着剂,用 200 倍液,用量为种子量的 0.7％。

2.3.2　辛硫磷

辛硫磷用于防治地下害虫,可以用 50％的乳油拌种,用量为种子量的 0.1％～0.15％。

2.3.3　赛力散

赛力散(过磷酸乙基汞)在播种前 20 天使用,用量为种子量的 0.2％,拌种后密封储藏,20 天后播种,有消毒和防护的作用。它适用于针叶园林树木。

2.3.4　西力生

西力生(氯化乙基汞)的用量为种子量的 0.1％～0.2％,适用于松柏类种子的消毒,并且有促进发芽的作用。

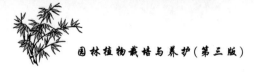

2.3.5　敌克松

用种子量的 0.2%～0.5% 的敌克松药粉混合种子量 10 倍左右的细土，配成药土后进行拌种，这种方法对预防立枯病有很好的效果。

3. 生产中常用的催芽方法

3.1　水浸催芽

将种子放在水中浸泡，使种子吸水膨胀，从而软化种皮，解除休眠，促进种子萌发的方法，称为水浸催芽。水浸催芽前要对种子进行消毒。

3.1.1　冷水浸种

用冷水浸种时，只经越冬干藏的种皮较薄的种子浸种 1～2 天，经长期干藏的种子浸种 2～4 天，如杨树、柳树、泡桐、悬铃木等的种子。浸种后直接播种或作进一步催芽，浸种后的种子的催芽方法是：将湿润的种子放入容器中，用湿布或苔藓覆盖，置于温暖处催芽。对于发芽困难的种子，浸种后可采用后述的低温层积催芽法。

3.1.2　温水浸种

对种皮稍厚的种子，如油松、侧柏、臭椿等的种子，一般用初始温度为 40 ℃ 的温水浸种催芽。将种子倒入温水中，不停地搅动，使种子受热均匀，然后使其冷却至自然温度。催芽时间一般为 24～48 小时，催芽后即可播种。仙客来、秋海棠等的种子在 45 ℃ 的温水中浸泡 10 小时后滤干，即可顺利发芽。

3.1.3　热水浸种

热水浸种适用于种皮坚硬、透水性差、含有硬粒的种子，如刺槐、皂荚、合欢等的种子，可用初始温度为 90 ℃ 的热水浸种。浸种时将种子倒入盛有热水的容器中，不停地搅动，使种子受热均匀，直到热水冷却，将种子捞出放入容器中继续催芽，每天洒水，直到种子的胚露出或种子裂口即可播种。用热水处理椰子类的植物种子，可使其顺利发芽。

3.2　低温层积催芽

将种子与湿润基质（沙子、泥炭、蛭石等）混合或分层放置，在 0～10 ℃ 的低温下，解除种子休眠，促进种子萌发的方法，称为低温层积催芽。

3.2.1　种子预处理

干燥的种子需要浸种，一般浸种 24 小时，种皮厚的种子浸种的时间可适当延长一些。浸种后要对种子进行消毒处理，消毒后需用清水冲洗。

3.2.2　条件

温度：多数植物在 0～5 ℃ 之间，少数可以扩大至 0～10 ℃ 之间。温度过高，种子易霉变；温度过低，种子可能遭受冻害。

水分：湿润基质（常用沙子）的湿度一般为其饱和含水量的 60%。沙子的湿度以手握成团而不出水，松手触之即散开为宜。

通气：种子不断从环境中吸收水分，含水量较高，呼吸作用强烈，因此要保持良好的通气条件。

层积催芽的时间：当裂口和露出胚根的种子数占总数的 20%～40% 时，即可播种。人工播种可选择在发芽率大的时间，机械播种宜选择在发芽率小的时间。部分园林植物种子低温层积催芽天数见表 3-1。

表 3-1　部分园林植物种子低温层积催芽天数

树　　种	催芽天数/d	树　　种	催芽天数/d
银杏、栾树、毛白杨	100～120	山楂、山樱桃	200～240
白蜡、复叶槭、君迁子	70～90	杜梨、女贞、榉树	50～60
杜仲、元宝枫	40	黑松、落叶松	30～40
桧柏	180～200	山荆子、海棠、花楸	60～90
椴树、水曲柳、红松	150～180	山桃、山杏	80
枣树、酸枣	60～100	核桃	70

3.2.3　方法

具体方法是：在晚秋时选择地势较高、排水良好、背风向阳处挖坑，坑深在地下水位以上，冻层以下，宽在 1～1.5 m 之间，坑长视种子的数量而定。在坑底放置 10～20 cm 厚的卵石以利于排水，上面再铺 3～4 cm 厚的湿沙。坑中每隔 1～1.5 m 插一束通气秸秆，以便通气。然后将已消毒的种子与湿沙混合，放入坑内，种子和沙的体积比为 1∶（3～5），或采取一层种子一层沙子这样交错层积。每层厚度为 5 cm 左右。种子堆到离地面 10～20 cm 时停止。上覆 5 cm 厚的河沙和 10～20 cm 厚的覆土等，四周挖好排水沟（如图 3-1 所示）。层积期间要定期检查温度、湿度及通气状况，并及时调节。

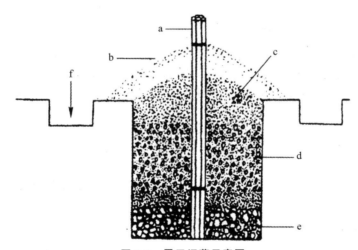

图 3-1　露天埋藏示意图

a—通气秸秆；b—覆土；c—河沙；d—种沙混合物；e—卵石；f—排水沟

如果层积的种子数量不大，也可采用室内自然温度堆积催芽法。其方法是：将种子按上述方法预处理后混合 2～3 倍体积的湿沙，置于室内地面上堆积，高度不超过 60 cm，利用自然气温变化促进种子发芽。种沙混合物要始终保持 60% 左右的湿度。如果气温较高，则每周要翻动 2～3 次。

低温层积催芽适用于休眠期长、含有抑制物质、种胚未发育完全的种子，如银杏、白蜡等。对于强迫休眠的种子也同样适用。经过低温层积催芽，幼苗出土早，出土整齐，苗木生长健壮，抗逆性强。

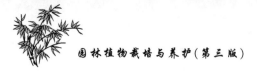

3.3　混雪催芽

混雪催芽其实也是低温层积催芽,只不过与种子混合的湿润基质是雪。混雪催芽在冬季有积雪的地方是一种简单易行的催芽方法,由于雪水的独特作用,对一些种子的催芽效果很好。

其操作方法是:土地冻结之前,选择排水良好、背阴的地方挖坑,其深度一般在 100 cm 左右,宽 100 cm,长度依种子的数量而定。先在坑底铺上蒲席或塑料薄膜,再铺上 10 cm 厚的雪,然后将种子与雪按 1:3 的比例混合均匀,放入坑内,上面再盖上 20 cm 厚的雪并使顶部呈屋脊状,最后盖上草帘。来年春季播种前先将种子取出,让雪自然融化,并让种子在雪水中浸泡 1~2 小时,然后高温催芽,当胚根露出或种子裂口达到种子表面的 30% 左右时,即可播种。

3.4　药剂催芽

3.4.1　化学药剂催芽

对于种皮具有蜡质、油脂的种子,如乌桕、黄连木等的种子,可用 1% 的碱水或 1% 的苏打水溶液浸种后脱蜡去脂。对于种皮特别坚硬的种子,如油棕、凤凰木、皂荚、相思树、胡枝子等的种子,可用 60% 以上的浓硫酸浸种 0.5 小时,然后用清水冲洗。漆树种子可用 95% 的浓硫酸浸种 1 小时,再用冷水浸泡 2 天,第 3 天露出胚芽后即可播种。此外,用柠檬酸、碳酸氢钠、硫酸钠、溴化钾等分别处理池杉、铅笔柏、杉木、桉树等的种子,可以加快发芽速度,提高发芽率。

3.4.2　植物生长激素浸种催芽

用赤霉素、吲哚乙酸、吲哚丁酸、萘乙酸、2,4-D 等处理种子,可以解除种子休眠,加强种子内部的生理过程,促进种子提早萌发。如用赤霉素发酵液(稀释 5 倍)对臭椿、白蜡、刺槐、乌桕、大叶桉等种子浸种 24 小时,有较明显的催芽效果,不仅能提高出苗率,而且能显著提高幼苗的长势。

3.4.3　微量元素浸种催芽

用钙、镁、硫、铁、锌、铜、锰、钼等微量元素浸种,可促进种子提早发芽,提高种子的发芽率和发芽势。如用 0.01% 的锌、铜溶液或 0.1% 的高锰酸钾溶液浸泡刺槐种子一昼夜,出苗后一年生幼苗保存率比对照提高 21.5%~50.0%。

3.5　机械损伤催芽

对于种皮厚而坚硬的种子,可利用机械的方法擦伤种皮,增强其透水性、透气性,从而促使种子吸水萌发。大粒种子可混碎石摩擦(可用搅拌机进行);少量的大粒种子可采取用砂纸磨种子、用锉刀锉种子、用锤砸破种皮或用剪刀剪开种皮等方法,如将油橄榄和杧果的种子顶端剪去后再播种,能显著提高发芽率;小粒种子可用 3~4 倍的沙子混合后轻捣轻碾。使用机械损伤催芽方法时不应使种胚受到损伤。机械损伤催芽方法主要用于种皮厚而坚硬的种子,如山楂、紫穗槐、油橄榄、厚朴、铅笔柏、银杏、美人蕉、荷花等的种子。

3.6　变温催芽

在生产中,对于亟待播种而来不及层积催芽的,可采用变温催芽的方法。变温对种子的发芽过程能起到加速作用,故又称快速催芽法。将浸好的种子与 2~3 倍湿沙混拌均匀,装盘 20~30 cm 厚,置于调温室内,将温度保持在 30~50 ℃ 进行高温处理,此时种、沙温度在

20～30 ℃或以上。同时每隔 6 小时翻动一次,注意喷水保湿,经过 30 天左右,有 50％以上的种子胚芽变为淡黄色时,即可转入低温处理。低温处理时,种、沙温度控制在 0～5 ℃,湿度控制在 60％左右,每天翻动 2～3 次,经过 10 天左右,再移到室外背风向阳处进行日晒,每天注意翻动、保湿,夜间用草帘覆盖。经 5～6 天,种胚由淡黄色变为黄绿色,且有大部分种子开始裂口时,即可播种。

任务 2　整地、作床及播种

1. 播前土壤处理

1.1　整地

整地可以有效地改善土壤中水、肥、气、热的关系,消灭杂草和病虫害,同时结合施肥,为种子的萌发和根系生长提供良好的环境。苗圃整地的基本要求是:及时平整,全面耕到,土壤细碎,清出草根石块,并达到一定的深度。总之,就是要做到平、全、松、细、净、深。整地的步骤如下。

1.1.1　清理圃地

耕作前要清除圃地上的树枝、杂草等杂物,填平起苗后的坑穴,使耕作区基本平整,为翻耕打好基础。

1.1.2　浅耕灭茬

浅耕灭茬是在耕地前以消灭农作物、绿肥、杂草茬口,疏松表土,减少耕地的阻力为目的的表土耕作。浅耕的深度一般为 5～10 cm。根系盘结紧密或伐根粗大的,可以适当加深到 15 cm。

1.1.3　翻耕土壤

翻耕土壤是整地中最主要的环节,具有整地的全部作用。耕地时可同时施基肥,使其随翻耕土壤进入耕作层。翻耕时要求做到全、深、净。翻耕土壤的关键是要掌握好适宜的深度和时间。

翻耕土壤的深度为:一般地区播种育苗 20 cm 左右,干旱地区 20～30 cm;移植区、营养繁殖区 30～35 cm;土壤瘠薄、黏重地区稍深,沙土地稍深;在北方,秋播宜深,春播宜浅。

翻耕土壤多在秋季进行,北方稍早,南方稍晚,但沙土宜春耕,以防风蚀。无论是在秋季还是春季进行翻耕,都应在土壤不干不湿、土壤含水量为田间持水量的 60％～70％时进行。

1.1.4　耙地

耙地是在耕地后进行的表土耕作。耙地的目的是耙碎土块、混拌覆盖肥料、平整土地、清除杂草、保蓄土壤水分。耙地时要求做到耙实耙透,达到松、平、匀、碎。

北方干旱地区一般在耕地后立即耙地,但在北方有积雪的地区及南方土壤黏重的地区,宜在翌春耙地。

1.1.5　镇压

镇压是在耙地后或播种前后采取的一项整地措施。冬季镇压可以压碎土块,压实松土层,弥合土缝,增强土壤的紧实度,提高土壤保墒、保湿、保肥的能力。播种后镇压可以使种土密接,有利于种子吸水萌发。镇压主要适用于孔隙度大的土壤、盐碱地、早春风大地区等。黏重的土地或土壤含水量较高时不宜镇压,否则易造成土壤板结,影响出苗。

1.2 圃地施基肥

在土壤耕作前，将基肥均匀地施到地表，再经过耕、耙使肥料混合在耕作层的土壤中，是全层施肥的方法。基肥的主要作用是保障苗木在整个生长期养分的供应，提高土壤肥力，同时改良土壤。基肥施放的深度要根据植物的特性和育苗的方式而定，一般控制在苗木根系生长可及的范围之内，以保证苗木根系的吸收。基肥的施用量一般为每平方千米施饼肥 1 500～2 250 kg，施厩肥、堆肥 60 000～75 000 kg。

1.3 土壤消毒

圃地的土壤消毒是一项重要工作，生产上常用高温处理和药物处理进行消毒。

1.3.1 高温处理

常用的高温处理方法有蒸汽消毒、火烧消毒和日光消毒等。

（1）蒸汽消毒　温室土壤消毒可用带孔铁管埋入土中 30 cm 深，再通入蒸汽，一般认为 60 ℃的温度维持 30 分钟、80 ℃的温度维持 10 分钟可杀死绝大部分的细菌、真菌、线虫、昆虫以及大部分的杂草种子。对于少量的基质或土壤，可以放入蒸锅内蒸 2 小时进行消毒。

（2）火烧消毒　在柴草可以方便得到的地方，可用柴草在苗床上堆烧，既消毒土壤，又提高了土壤温度，加速了有机质的分解，同时还增加了土壤肥力。但此法不仅污染环境，消耗了大量有机质，而且存在火灾隐患。因此，目前生产上不提倡使用此法。

（3）日光消毒　将配制好的培养土放在清洁的混凝土地面、木板或铁皮上，薄薄地平摊成一层，曝晒 3～15 天，即可杀死大量的病菌孢子、菌丝和害虫卵、害虫、线虫。

国外有用火焰土壤消毒机对土壤进行喷焰加热处理，该机以汽油作燃料加热土壤，可使土壤温度达到 79～87 ℃，既能杀死各种病原微生物和草籽，又能杀死害虫，但是不会引起有机质的燃烧，效果比较理想。

1.3.2 药物处理

1）福尔马林

每立方米基质用 40％的福尔马林溶液 50 mL，稀释 100～200 倍，于播种前 10～20 天喷洒在苗床上，用塑料薄膜覆盖严密，播种前一周掀开薄膜，并多次翻地，加强通风，待甲醛气味全部消失后再播种。也可以采取每立方米基质用 40％的福尔马林溶液 400～500 mL，加水 50～100 倍配成稀释液，均匀洒拌，用塑料薄膜覆盖 24～48 小时，然后掀开薄膜，经 3～4 天后可使用。

2）硫酸亚铁

硫酸亚铁不仅具有杀菌作用，而且可以改良碱性土壤，供给苗木可溶性铁质，在生产上应用极为普遍。一般在播种前 5～7 天，在床面喷洒 2％～3％的硫酸亚铁水溶液 3～4.5 kg/m²，也可将硫酸亚铁粉均匀地撒于床面或播种沟内。

3）必速灭

必速灭是一种新型的广谱土壤消毒剂，是一种微粒型颗粒剂，外观为灰白色，有轻微刺激味。当土壤含水量为最大持水量的 60％～70％及土壤温度在 10 ℃以上时，施用效果最好。施用时将待消毒的土壤或基质整碎整平，撒上必速灭颗粒，用量为 15 g/m²，浇透水后覆盖薄膜。3～6 天后揭膜，再等待 3～10 天，同时翻动 2～3 次。消毒完的土壤或基质，其效果可维持连续几茬。

4）高锰酸钾

在苗床整地后，播种或扦插育苗前，用清水将苗床表土浇湿（若土壤本身比较湿，则省略这一步），然后将稀释 400～600 倍的高锰酸钾溶液，用喷雾器均匀地喷于表土，最后用塑料薄膜覆盖密封一周左右，即可揭膜播种或扦插育苗。

5）多菌灵

每立方米培养土施 50％多菌灵粉 40 g，拌匀后用薄膜覆盖 2～3 天，揭膜后待药味挥发完毕后即可使用。

6）代森锌

每立方米培养土施 65％代森锌粉剂 60 g，拌匀后用薄膜覆盖 2～3 天，再揭去薄膜，待药味挥发完毕后即可使用。

7）辛硫磷

苗圃土壤地下害虫严重时，可用 50％的辛硫磷 0.1 kg，加饵料 10 kg 制成毒饵，撒在苗床上诱杀。

8）敌克松

每平方米细沙土与 4～6 g 敌克松混合做成药土，播种前将药土撒于播种沟底，厚度约为 1 cm，将种子撒在药土上，并用药土覆盖种子。药土量以能满足上述需要为准。

9）五氯硝基苯混合剂

将五氯硝基苯与代森锌（或敌克松）按 3∶1 的比例混合，用药量为 4～6 g/m²。使用方法与上述敌克松相同。

对于病虫害，生产上常用的化学处理药剂还有西维因（胺甲萘）、呋喃丹、甲基异柳磷等。

1.4　作床

为给种子发芽和幼苗生长发育创造良好的条件，以便于经营管理，需在整地施肥的基础上，按育苗的不同要求，把育苗地作成育苗床（畦）或垄。

1.4.1　苗床育苗

苗床育苗的作床时间为播种前一周。苗床走向以南北向为宜。在坡地中应使苗床的长边与等高线平行。一般分为高床和低床两种形式（如图 3-2 所示）。

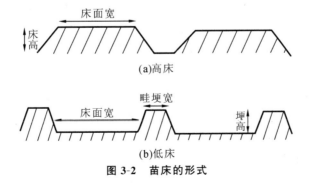

图 3-2　苗床的形式

1）高床

一般床面高出步道 15～25 cm，床面宽 100～120 cm，步道宽约 40 cm，步道宽度以方便

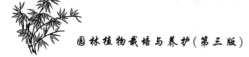

操作为宜,过宽会减少苗圃的有效使用面积。苗床的长度应根据圃地的实际情况而定,一般以 10～15 m 为宜,苗床太长,床面和步道不易平整而易造成积水。高床有利于侧方灌溉与排水,一般用在降雨较多、排水不良或土壤黏重的地区。

2)低床

床面低于步道 15～20 cm,床面宽 100～120 cm,步道宽 40 cm。苗床长度一般为 10～15 m。低床有利于灌溉,保墒性能好,一般用在气候干旱、降雨较少、水源不足、无积水的地区。

1.4.2　大田育苗

对于生长快、管理技术要求不高的品种可采用此方法。大田育苗分为垄作和平作两种方式。

1)垄作

在平整好的圃地上按一定距离、一定规格堆土成垄,一般垄高 20～30 cm,垄面宽 30～40 cm,垄距 60～80 cm,长度依地势或耕作方式而定,以南北走向为宜。垄作便于机械化作业,适用于培育管理粗放的苗木,南方湿润地区宜用窄垄。

2)平作

平作是不作床不作垄,整地后直接进行育苗的方式,适用于多行式带播。平作也有利于育苗操作的机械化作业。

2. 播种时期

适时播种是培育壮苗的重要措施之一。播种时期适宜,可使种子顺利发芽并获得相对较长的生长季节,苗木生长健壮,抗逆性增强。在自然气候条件下,播种时期受温度、水分条件的影响很大。在我国南方,由于四季气候温暖湿润,故全年均可播种;而在北方地区,由于冬季寒冷干燥,故播种时期受到一定限制。如果在控温温室内进行播种及栽植,可全年进行播种生产;如果进行促成或抑制栽培,其播种时期会有很大差别。因此,园林植物的播种时期主要根据其生物学特性和当地的气候条件,以及应用的目的来确定。根据播种季节,可将播种时期分为春播、秋播、夏播和冬播。

2.1　春播

春季是主要的播种季节,它符合园林植物的生长发育规律,土壤水分适宜,温度渐升,种子发芽快。春播适合于绝大多数的园林植物。但春播播种时间短,大多数植物种子采集后需经过储藏和催芽。春播的时间,应在幼苗出土后不受晚霜危害的前提下,越早越好。近年来,各地区采用塑料薄膜育苗和施用土壤增温剂等方法,可以将春播提早至土壤解冻后立即进行。

2.2　秋播

秋季也是重要的播种季节,适合于种皮坚硬的大粒种子和休眠期长、发芽困难的种子。秋播后,种子可在自然条件下完成催芽过程,翌春发芽早,出苗整齐,苗木发育期延长,苗木的规格高,抗逆性增强。种皮厚的种子,经过冬季的冻融交替,促进了种皮开裂,起到了催芽的作用。但秋播后播种地的管理时间长,种子本身可能遭受各种自然灾害,故需加大播种量。秋播要以种子当年不发芽为前提,以防萌发的幼苗越冬遭受冻害,一般宜在土壤冻结前晚播。适合秋播的植物种类有板栗、油茶、文冠果、白蜡、红松、山桃、牡丹属、苹果属、杏属、蔷薇属等。

2.3　夏播

夏播主要适宜于春、夏成熟而又不宜储藏的种子或生命力较差而不耐储藏的种子。一般随采随播,如杨、柳、榆、桑等的种子。夏播宜早不宜迟,以保证苗木在越冬前能充分木质化。夏播应于雨后或灌溉后播种,并采取遮阳等降温保湿措施,以保持幼苗出土前后其土壤的湿润度。

2.4　冬播

冬播是秋播的延续和春播的提前。在冬季气候温暖湿润、土壤不冻结、雨量较充沛的南方,可使用冬播。

值得一提的是,我国各地气温不一样,播种的具体时间应因地制宜。另外,温室花卉的播种,受季节影响较小,因此播种期常随预计花期而定。

3.播种量的确定

播种前首先应确定播种量。播种量是指单位面积或单位长度播种行上所播种子的数量。播种量确定的原则是用最少量的种子,达到预期的产苗量。播种量的多少影响苗木密度。如果植株密度太小,产量减少;如果密度过大,需间苗而造成种子和劳力的浪费,并会降低苗木的质量。播种量的计算公式如下。

$$X = c \frac{A \cdot W}{P \cdot G \cdot 1000^2}$$

式中　X——单位面积(或单位长度播种行)实际所需播种量(kg);

　　　A——单位面积(或单位长度播种行)的产苗量(株);

　　　W——种子千粒重(g);

　　　P——种子净度;

　　　G——种子发芽势;

　　　c——损耗系数。

确定损耗系数时,应结合土壤质地、气候冷暖、雨量多少、病虫灾害、播种方式、种粒大小、耕作水平、种子价格等情况综合考虑。一般大粒种子的损耗系数等于或略大于1,中小粒种子的损耗系数为2~3,特小粒种子的损耗系数为2~5。部分园林植物常用播种量与产苗量见表3-2。

表3-2　部分园林植物常用播种量与产苗量

树　　种	100 m² 播种量/kg	100 m² 产苗量/株	播种方式
油松	10~12.5	10 000~15 000	高床撒播或垄播
白皮松	17.5~20	8 000~10 000	高床撒播或垄播
侧柏	2.0~2.5	3 000~5 000	高垄或低床条播
桧柏	2.5~3.0	3 000~5 000	低床条播
云杉	2.0~3.0	15 000~20 000	高床撒播
银杏	7.5	1 500~2 000	低床条播或点播
锦熟黄杨	4.0~5.0	5 000~8 000	低床撒播
小叶椴	5.0~10	1 200~1 500	高垄或低床条播

树　　种	100 m² 播种量/kg	100 m² 产苗量/株	播　种　方　式
紫椴	5.0～10	1 200～1 500	高垄或低床条播
榆叶梅	2.5～5.0	1 200～1 500	高垄或低床条播
国槐	2.5～5.0	1 200～1 500	高垄条播
刺槐	1.5～2.5	800～1 000	高垄条播
合欢	2.0～2.5	1 000～1 200	高垄条播
元宝枫	2.5～3.0	1 200～1 500	高垄条播
小叶白蜡	1.5～2.0	1 200～1 500	高垄条播
臭椿	1.5～2.5	600～800	高垄条播
香椿	0.5～1.0	1 200～1 500	高垄条播
茶条槭	1.5～2.0	1 200～1 500	高垄条播
皂角	5.0～10	1 500～2 000	高垄条播
栾树	5.0～7.5	1 000～1 200	高垄条播
青桐	3.0～5.0	1 200～1 500	高垄条播
山桃	10～12.5	1 200～1 500	高垄条播
山杏	10～12.5	1 200～1 500	高垄条播
海棠	1.5～2.0	1 500～2 000	高垄或低床两行条播
山定子	0.5～1.0	1 500～2 000	高垄或低床条播
贴梗海棠	1.5～2.0	1 200～1 500	高垄或低床条播
核桃	20～25	1 000～1 200	高垄点播
卫矛	1.5～2.5	1 200～1 500	高垄或低床条播
文冠果	5.0～7.5	1 200～1 500	高垄或低床条播
紫藤	5.0～7.5	1 200～1 500	高垄或低床条播
紫荆	2.0～3.0	1 200～1 500	高垄或低床条播
小叶女贞	2.5～3.0	1 500～2 000	高垄或低床条播
紫穗槐	1.0～2.0	1 500～2 000	平垄或高垄条播
丁香	2.0～2.5	1 500～2 500	低床或高垄条播
连翘	1.0～2.5	2 500～3 000	低床或高垄条播
锦带花	0.5～1.0	2 500～3 000	高床条播
日本绣线菊	0.5～1.0	2 500～3 000	高床条播
紫薇	1.5～2.0	1 500～2 000	高垄或低床条播
杜仲	2.0～2.5	1 200～1 500	高垄或低床条播
山楂	20～25	1 500～2 000	高垄或低床条播
花椒	4.0～5.0	1 200～1 500	高垄或低床条播
枫杨	1.5～2.5	1 200～1 500	高垄条播

4.播种育苗技术

4.1　播种方法

目前生产上常用的播种方法有撒播、条播、点播三种。选用时应根据物种特性、育苗技术,结合播种的自然条件综合考虑。

4.1.1　撒播

撒播就是将种子均匀地播撒在苗床上。采用撒播的方式,单位面积的产苗量高,土地利用充分,苗木分布均匀,生长整齐。但由于苗木密度大,幼苗间通风透光条件差,苗木生长细弱,抗逆性差;同时,由于用种量大,故抚育管理不方便。该方法主要用于小粒种子,如杨、柳、桉、桑、泡桐、悬铃木等的播种。

4.1.2　条播

条播是指按一定行距开沟,然后将种子均匀地播撒在沟内。采用条播的方式,较节约种子,幼苗行间通风透光条件较好,生长健壮,管理方便,利于起苗,可机械化作业,生产上应用广泛。但与撒播相比,单位面积的产苗量低。条播适用于中小粒种子,如紫荆、合欢、国槐、五角枫、刺槐等的播种。

为了克服条播单位面积内产苗量较低的缺点,生产上多采用宽幅条播来增加播种地的有效使用面积。

4.1.3　点播

点播是按一定株行距挖穴播种或按一定行距开沟,再按一定株距播种的方法。点播的用种量少,株行距大,通风透光条件好,便于管理,但单位面积的产苗量低,且播种较费工。点播主要适用于大粒种子或种球,如板栗、核桃、银杏、香雪兰、唐菖蒲等的播种。

4.2　播种技术

4.2.1　开沟

条播时,按行距首先画线,然后照线开沟;点播时,在所画的线上按株距挖穴;撒播时直接播种。深度根据覆土厚度而定,一般为0.5～6 cm。

4.2.2　播种

播种时要控制好播种量,下种要均匀。操作时可将种子按面积或按床的用量分成相应的等份进行播种。撒播时要贴近地面进行操作,以免种子被风吹走;若种粒很小,可提前用细沙或细土与种子混合后再播种。生产上要求做到随开沟(挖穴)、随播种、随覆土,以免风吹日晒造成播种沟的土壤干燥。

4.2.3　覆土

播种后应立即覆土,覆土厚度需根据种子的生物学特性、土质、覆土材料、播种季节、气候条件而定。一般子叶出土的覆土宜薄,如刺槐、白蜡、臭椿等;子叶留土的覆土宜厚,如核桃、板栗、山杏、银杏等;种粒大的覆土宜厚,种粒小的覆土宜薄。一般覆土厚度为种子横径的1～3倍,极小粒种子的覆土厚度以不见种子为宜,如杨、柳、泡桐、桉树、桦木等的种子;小粒种子的覆土厚度为0.5～1 cm,如杉木、马尾松、柳杉、云杉等的种子;中粒种子的覆土厚度为1～3 cm,如侧柏、刺槐、女贞、香樟等的种子;大粒种子的覆土厚度为3～5 cm,干旱时可达8 cm,如油茶、山桃、核桃、板栗、银杏等的种子。黏质土壤保水性好,宜薄,砂质土壤保

水性差,宜厚;潮湿多雨地区或季节宜薄,干旱地区或季节宜厚;春夏季播种覆土宜薄,秋季播种覆土宜厚;覆土材料疏松透气的可厚,否则宜薄。一般圃地土壤较疏松的可用床土覆盖;而土壤较黏重的,多用细沙土覆盖,或者用腐殖质土、木屑、火烧土等覆盖。覆土要求均匀。

4.2.4 镇压

为了使种子与土壤紧密结合,使种子从土壤中吸收水分而顺利发芽,在干旱地区或土壤疏松干燥的情况下,播种覆土后应及时镇压。但若土壤较黏重或潮湿时,不宜镇压,以防土壤板结,不利于幼苗出土。对于不黏重但较潮湿的土壤,需待其表土稍干后再进行镇压。在播种小粒种子时,有时可先将床面镇压一下再播种和覆土。

4.2.5 覆盖

镇压后,将草帘、薄膜等覆盖在床面上,可以防止地表板结,调节地表温度,保持土壤水分,抑制杂草生长,防止鸟兽危害,促使种子发芽。为了降低成本,覆盖材料要因地制宜,就地取材,常见的覆盖材料有薄膜、锯末、杂草、农作物的秸秆、苔藓、树叶等。覆盖材料本身必须不带病虫害及杂草的种子。覆盖时要注意厚度,在土面上覆盖薄薄的一层即可,并在幼苗大部分出土后及时分批撤除。一些不耐强光的幼苗,撤除覆盖材料后应及时遮阳。

覆盖是一项费工、费材料的工作,而且萌发快的苗木早期由于覆盖而光照不足,其生长容易受到影响。因此,在对覆土较厚的苗床、水分条件较好的苗床及管理精细的圃地等播种完之后,可以不覆盖的就不覆盖。

任务3　播种苗的抚育管理

1.出苗期的管理

1.1　覆盖保墒

为了促进种子的萌发,生产上经常对播种地进行覆盖。覆盖材料可以就地取材,一般有塑料薄膜、稻草、麦秆、茅草、苇帘、松针、锯末、谷壳、苔藓等。覆盖厚度以不见土面为宜。当幼苗大量出土时,应及时分次撤除,防止引起幼苗的黄化或弯曲。

若用塑料薄膜覆盖,当土壤温度达到 28 ℃时,要掀开薄膜通风,待幼苗出土后撤除。温室内加盖薄膜保湿的,每天早晚也要掀开一定时间以利于通风透气。

1.2　灌溉

一般在播种前应灌足底水。在不影响种子发芽的情况下,播种后应尽量不灌水,以防止降低土温和造成土壤板结。出苗前,如果苗床干燥,则应适当补水,常采用喷灌的方式进行补水。

1.3　松土除草

播种后,在幼苗还未出土时,如果因灌溉使土壤板结,应及时松土;秋冬播种的话,宜在早春土壤刚化冻时进行松土。松土不宜过深,以免松动种子,松土时可同时除去杂草。

2.苗期管理

2.1　遮阴

遮阴主要是对耐阴苗木和嫩弱的幼苗采取的管理措施,特别是在幼苗出土和揭去覆盖物时,可用遮阴来缓和环境条件的变化对幼苗的影响。其方法为:搭一个高 0.4～1.0 m 的平顶或向南北倾斜的阴棚,用竹帘、苇席、遮阳网等作遮阴材料。遮阴时间为晴天的上午 10 点到下午 5 点左右,早晚要将遮阴材料撤除。每天的遮阴时间应随苗木的生长逐渐缩短,一般遮阴 1～3 个月,当苗木的根颈部已经木质化时,应拆除阴棚。除搭建阴棚外,生产上也可用遮阳网、插阴枝等方法对苗木进行遮阴。

2.2 间苗、补苗

为了调整苗木的疏密,给幼苗生长提供良好的通风、透光条件,保证每株苗木所需的营养面积,需要及时进行间苗、补苗。

2.2.1 间苗原则

间苗的原则是"间小留大、去劣留优、间密留稀、全苗等距、适时间苗、合理定苗"。对于影响其他苗木生长的"霸王苗",可将其移至专门区域集中栽植。

间苗宜早不宜迟。间苗早,苗木之间的相互影响较小。具体时间要根据植物的生物学特性、幼苗密度和苗木的生长情况确定。针叶树的幼苗生长较慢,密集的生态环境对它们的生长有利,一般不间苗。播种量过大、生长过密、幼苗生长快的植物要适当进行间苗,如落叶松、杉木等可在幼苗期中期间苗,在幼苗期末期定苗,而生长较慢的植物宜在速生期初期定苗。

2.2.2 间苗方法

间苗的时间和次数应根据苗木的生长速度和抗逆性的强弱而定。对于生长快、抗逆性强的苗木,可结合定苗一次性间苗,如槐树、刺槐、臭椿、白蜡、榆树、君迁子等。其他苗木的间苗一般分 1～3 次进行,如侧柏、水杉、落叶松等。第 1 次间苗一般在幼苗长出 3～4 片真叶,能相互遮阴时开始。第 1 次间苗后,保留的苗木应比计划产苗量多 30％～50％。第 2 次间苗一般在第 1 次间苗后的 10～20 天进行,保留的苗木应比计划产苗量多 20％～30％。间苗时难免会带动保留苗的根系,因此,间苗后应及时灌溉。定苗应在苗木生长稳定后进行,定苗时的留苗量可比计划产苗量高 5％左右,定苗也可与第 2 次间苗结合进行。

2.2.3 补苗

幼苗出土后,如果发现有缺苗断垄的现象,应及时将苗木补全,可结合间苗同时进行。当苗圃大面积缺苗时,可将稀疏的幼苗挖起来集中栽植,以充分利用土地。

2.3 幼苗移栽

幼苗移栽常见于种子稀少的珍贵园林植物和种子极细小、幼苗生长很快的园林植物的育苗,以及穴盘育苗、组培育苗等。

幼苗根系比较浅、细嫩,叶片组织薄弱,不耐挤压,移栽前应对移栽地进行灌溉。同时,由于幼苗对高温、低温、干旱、缺水、强光、土壤等适应能力差,因此幼苗移栽后需立即进行管理,同时根据不同情况,采取遮阴、喷水(雾)等保护措施,等幼苗完全恢复生长后再及时进行叶面追肥和根系追肥。

2.4 截根

截根是使用利器在适宜的深度将幼苗的主根截断,主要适用于主根发达而侧根、须根不发达的树种。截根能有效地抑制主根生长,促进幼苗多生侧根和须根,提高幼苗质量;同时由于须根增多,提高了菌根的感染率,可显著提高栽植成活率。

截根一般在秋季苗木的地上部分停止生长后或春季根系开始活动之前进行。截根时用

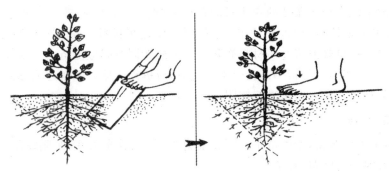

图 3-3　苗木截根示意图

截根锹、起苗犁倾斜 45°入土,入土深度为 8~15 cm(如图 3-3 所示)。对于主根发达,侧根发育不良的植物,如樟树、核桃、栎类、梧桐等,可在生长初期的末期进行截根。

2.5　施肥

苗期施肥是培养壮苗的一项重要措施。为发挥肥效,防止养分流失,施肥要遵循“薄肥勤施”的原则。苗木施肥一般以氮肥为主,适当配以磷肥、钾肥。苗木在不同的生长发育阶段对肥料的需求也不同。一般来说,播种苗生长初期需氮肥、磷肥较多,速生期需大量氮肥,生长后期应以钾肥为主,磷肥为辅,并控制氮肥的用量。第一次施肥宜在幼苗出土后一个月进行,当年最后一次追施氮肥应在苗木停止生长前一个月进行。苗木的施肥方法分为土壤追肥和根外追肥。

2.5.1　土壤追肥

土壤追肥一般采用速效肥或腐熟的人粪尿。苗圃中常见的速效肥有草木灰、硫酸铵、尿素、过磷酸钙等。施肥次数宜多,但每次用量宜少,一般苗木生长期可追肥 2~6 次。第一次追肥宜在幼苗出土后一个月左右进行,以后每隔 10 天左右追肥一次,最后一次追肥要在苗木停止生长前一个月进行。对于针叶树种,在苗木封顶前 30 天左右应停止追施氮肥。追肥要按照“由稀到浓、少量多次、适时适量、分期巧施”的原则进行。

2.5.2　根外追肥

根外追肥是将液肥以喷雾的方式喷洒在植物枝叶上的方法。对于需要量不大的微量元素和部分速效化肥采用根外追肥的方式效果较好,既可减少肥料的流失,又可保证快速见效。在进行根外追肥时应注意以下几点。

(1)选择适当的浓度　一般微量元素浓度采用 0.01%~0.2%,化肥采用 0.1%~0.5%,如尿素为 0.1%~0.2%,过磷酸钙为 0.1%~0.2%,硫酸铜为 0.1%~0.5%,硼酸为 0.1%~0.15%。

(2)根外追肥的时间　以早晨 5 点到 6 点天刚亮时为最好,此时空气湿度大,叶片湿润的时间长,植物吸收的养分多。傍晚日落后也可实施根外追肥。要注意的是,雨前不能喷施,强光曝晒和大风天气亦不宜喷施。

(3)要让溶液充分黏附在叶片上　喷肥时一定要细致,植株的各个部位都要喷到喷匀。要使用性能较好的喷雾器,也可混合少量的湿润剂或洗衣粉,以促进养分渗入叶内。

(4)不能代替土壤追肥　根外追肥属于应急性的施肥方法,不能代替土壤追肥,必须与土壤追肥相结合,才能获得理想的效果。

(5)要注意喷施叶背　植物叶背的气孔多,组织较疏松,养分更容易渗入,而且叶背溶液干得慢,喷施叶背后效果会更好。因此,在进行根外追肥时不仅要喷洒叶的正面,还要注意喷匀叶的反面。如果喷施硼、钙、铁、锰、钼、锌等微量元素,一般还要求喷洒在新梢新叶上。

2.6　灌溉与排水

幼苗对水分的需求很敏感,灌水要及时、适量。生长初期根系分布浅,应“小水勤灌”,始终保持土壤湿润。随着幼苗的生长,可逐渐延长两次灌水的间隔时间,增加每次灌水量。灌水一般在早晨和傍晚进行。灌溉方法较多,高床主要采用侧方灌溉,平床采用漫灌。有条件的苗圃应积极提倡使用喷灌和滴灌。喷灌时喷水需均匀,才能保证喷灌效果。滴灌比喷灌更节水,因此正在逐步推广。

排水是雨季田间育苗的重要管理措施。雨季或暴雨来临之前要保证排水沟渠的畅通,雨后要及时清沟培土,平整苗床,做到明水不积、暗水能排、雨停田干。

2.7　松土除草

松土是在苗木生长期间对土壤进行的浅层耕作。其作用如下:①疏松表土,切断土壤表层毛管水的联系,蓄水保墒;②增加通透性,为苗木的根系生长创造一个良好的环境条件;③改善土壤结构,促进土壤中好气性微生物的活动,有利于矿质营养元素的释放。除草是清除苗圃地上的杂草,消除杂草与苗木之间对土壤中水分、养分及地上光照的竞争。松土和除草是两项不同的工作,在苗圃生产上经常结合进行。

松土常在灌溉或雨后1~2天进行。但当土壤板结、天气干旱、水源不足时,即使不需除草,也要松土。一年生播种苗在一个生长季节中需松土除草6~8次,一般在苗木生长的前半期每10~15天松土一次,深度为2~4 cm;在苗木生长的后半期每15~30天松土一次,深度为8~10 cm。松土要求全面、均匀,不要伤害苗木。除草要做到除早、除小、除净。除草可采用人工除草和化学除草两种方法。

2.8　病虫害防治

幼苗的病虫害防治应遵循“防重于治,治早治小”的原则。认真做好种子、土壤、肥料、工具和覆盖物的消毒,加强苗木的田间养护管理,有意识地运用各种栽培技术措施,破坏有害生物生存的小环境,创造出有利于苗木和有益生物(如害虫的天敌等)生长和发育的条件,控制病虫害的发生与危害。一旦发现病虫害,应立即治疗,以防止其蔓延(具体内容可参考《园林植物病虫害防治》一书)。

2.9　防寒越冬

绿化苗木的组织幼嫩,尚未完全木质化,一旦遭遇冰冻雪霜天气,极易发生冻害,轻者苗梢干枯,重者整株死亡。因此,防寒是育苗工作中必须进行的一项保护工作。

2.9.1　加强苗木管理,提高苗木的抗寒能力

适时早播,延长苗木的生长期。生长季后期,多施磷肥、钾肥,少施氮肥,早停灌水,加强松土、除草、通风、透光等管理,使幼苗在入冬前能充分木质化。阔叶树苗休眠较晚的,可采用剪梢和控制其生长并促进木质化等栽培措施,以提高苗木的抗寒性。

2.9.2　覆盖

在霜冻到来之前,应对幼苗采取用稻草、落叶、草席、蒲帘、麦秆等覆盖防寒的措施,厚度均以不露苗梢为宜。等到翌年春天土壤解冻后再除去覆盖物。

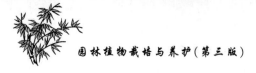

2.9.3 设防风障

土壤冻结前,对雪松、玉兰、龙柏等不耐寒风的苗木,在苗床的迎风面用秫秸、树枝等做成防风障以防寒,来消除或减轻冻害。

2.9.4 设暖棚

暖棚应比苗木稍高,南低北高,北面要紧接地面且不透风。将草帘覆盖在暖棚上,平时夜覆昼除,如遇寒流,可整天遮盖。

2.9.5 熏烟

有霜冻的夜间,可在苗床的上风处,每亩分散地设置3至4个发烟堆,当温度下降至有霜冻时即可点火熏烟。尽量使火小烟大,保持较浓的烟雾直到日出时为止。熏烟可提高地表温度,阻止冷空气下沉,能有效地预防霜冻。

2.9.6 灌水

在入冬之前灌水,让苗木吸足水分,可有效地防止生理干旱。在气温下降时或在冻害发生前灌水,可利用水的比热大的特点,防止土壤温度下降过快,从而防止苗木遭受冻害。早春灌水,可推迟苗木的萌芽,从而防止晚霜的危害。

2.9.7 假植防寒

把在翌年春天需要移植、抗寒性较差的小苗在入冬前挖起,分级后入沟,假植防寒。严寒地区也可将苗木全部埋入土中,以防止抽条时失水。

2.9.8 窖藏

北方地区不能露地越冬或秋季起苗春季移植的苗木,可储藏于地窖越冬,地窖内需保持1~3℃的低温,以及85%~90%的相对湿度,将苗木和湿沙分层堆放,并做好通风及排水工作。

知识探究

1. 种子催芽的意义

催芽就是用人为的方法打破种子的休眠。催芽可提高种子的发芽率,减少播种量,节约种子;还可以使出苗整齐,便于管理。催芽的方法需根据种子的特性及具体条件来确定。

2. 种子休眠

2.1 种子休眠的概念

种子休眠是指有生命的种子,由于外界条件或自身的原因,一时不能发芽或发芽困难的自然现象。它是植物在长期适应严酷环境的过程中形成的一种特性,它对物种的长期生存和繁衍是有利的。按种子休眠的程度的不同,可分为被迫休眠和自然休眠两种情况。

(1)被迫休眠 种子缺乏适宜的发芽条件而被迫不发芽的现象称为被迫休眠。一旦种子发芽的环境条件得到满足,就能很快发芽。它也被称为强迫性休眠或浅休眠、短期休眠。如榆、桦、杨、落叶松、侧柏、栓皮栎等的种子的休眠就属于这种休眠。

(2)自然休眠 由于种子自身的某些特性而引起的休眠称为自然休眠,这类种子即使给予其发芽所需的水分、温度、氧气等条件,也不能发芽或发芽十分困难。自然休眠也称为生理性休眠或深休眠、长期休眠。如银杏、山楂、对节白蜡、相思树、圆柏、冬青等的种子的休眠就属于这种休眠。

2.2　种子自然休眠的原因

种子自然休眠的原因有如下几种。

(1) 种皮(果皮)的阻碍　这主要是由种皮构造所引起的透性不良和机械阻力的影响。有些种子由于种皮致密,其通气性或透水性差,导致种子的有氧代谢或吸水困难,阻碍种子的萌发,如皂荚、山楂、苹果、葡萄等的种子;有些种子的种皮坚硬不易开裂,种胚难以突破种皮,因而发芽困难,如核桃、杏、核桃楸、苜蓿、三叶草等的种子。

(2) 抑制物质的影响　有些种子不能萌发是由于其种子或果实内含有萌发抑制剂。抑制剂的种类很多,主要包括激素(如脱落酸)、氰化氢、生物碱、香豆素、酚类、醛类等。如女贞、红松、水曲柳、山杏等的种子。

(3) 种胚发育不全而引起的休眠　一般生理后熟的种子,虽然其外部形态已表现为成熟状态,但胚还尚未分化完全,仍需从胚乳中吸收养料,继续分化发育,直至完全成熟才能发芽。如白蜡树、山楂、七叶树、冬青、香榧等的种子。

必须指出,各种园林植物种子的休眠,有些是一种原因引起的,有些是多种原因引起的,如圆柏、红松的种子种皮坚硬,又含有单宁物质,不透气、不透水,同时,胚及胚乳内还含有抑制剂。

3. 苗圃整地的作用

通过整地可以产生以下效果:①翻动圃地表层土壤,加深土层,熟化深层土壤,增加土壤孔隙度;②改善土壤的理化性质,促进土壤团粒结构的形成;③增加土壤的透水性,提高蓄水保墒和抗旱防涝的能力;④增强土壤的通气性,有利于苗木根系的呼吸,促进养分的吸收和根系的生长发育;⑤促进土壤微生物的活动,加快土壤有机质的分解。

因此,通过整地能有效地改善土壤中水、肥、气、热的关系,促进苗木的生长,也可以消灭杂草和病虫害,同时结合施肥,为种子的萌发和根系的生长提供良好的环境。

4. 苗木的密度

苗木密度是指单位面积(或单位长度的播种行)上苗木的数量。苗木丰产是指在保证苗木个体质量的前提下,获得最大的群体。但个体与群体之间是相互联系、相互制约的。要处理好个体与群体之间的关系,就是要确定合理的苗木密度。密度过大或密度过小都不利于提高苗木的产量和质量。

密度过大时会造成以下问题:①苗木相互拥挤,营养面积不足;②通风不良,光照不足,光合作用降低,高径比值大,苗木细弱;③叶量少,顶芽不饱满,根系不发达,根幅小,侧根少,干物质积累少,易受病虫危害。最终,尽管单位面积的产苗量有所增加,但合格苗的数量减少。

密度过小,单位面积产苗量少,土地利用率低,不能有效地利用光能和养分,且易滋生杂草,增加土壤水分和养分的消耗,土壤容易干燥,抚育困难。

要得到良种壮苗,密度必须合理。确定合理的密度要掌握以下原则:①应根据园林植物的生物学特性确定苗木密度,生长快、冠幅大的植物密度宜小,如山桃、泡桐、枫杨等,反之则宜大;②苗木密度与播种后原地培育的年限有关,对于播种后在原地要经过多年培育的花灌木,密度要小,在原地培育时间短的,可适当密植;③育苗目的不同,密度也不同,播种后翌年要移植的苗木可以适当密些,直接用于嫁接的砧木的苗木可以稀一些,以便于操作;④同种

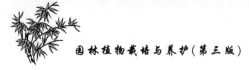

植物的苗木因苗圃的环境条件不同,密度也不同,育苗地土壤水肥条件、气候条件好,有利于培育优质壮苗,密度宜小,反之宜大;⑤苗木密度与经营管理水平有关,集约化程度高时,苗木间的矛盾在一定程度上可以通过人为的调节得到缓和,密度可大些,反之宜小;⑥苗木密度与育苗方式有关,一般苗床育苗的密度比垄作育苗的密度大。此外,确定密度还要考虑苗期管理所使用的机具,以便于管理。

5.播种苗年生长发育规律及育苗技术要点

5.1 一年生播种苗生长发育规律及育苗技术要点

播种苗从播种开始,到当年生长结束进入休眠期为止,在不同时期的生长发育特点,以及对环境条件的要求各不相同。一般将其分为出苗期、幼苗期、速生期、苗木硬化期四个阶段。

5.1.1 出苗期

从播种开始到幼苗出土,地上部分出现真叶,地下部分出现侧根为止,这个时期称为出苗期。其生长发育的特点表现为:①种子吸水膨胀萌发;②幼苗不能自行制造营养物质,其生长所需营养均来自种子储藏物质;③地上部分生长较慢,而根生长较快。

这个时期为了促进种子的迅速萌发,使出苗早而齐、均匀而健壮,需供给适宜的水分、温度和通透性较好的土壤条件。为此,要选择适宜的播种期,同时要注意以下几点:①适时早播,覆土厚度均匀;②做好种子催芽,均匀播种;③春夏两季播种时,土壤水分要充足,如需灌水,要注意与提高地温相结合;④干旱缺水地区可使用地膜覆盖土壤表面,以达到保温保湿的效果;⑤为防高温危害,必要时可进行遮阴;⑥为防止病虫、鸟兽危害,播种前应对种子、土壤进行消毒。

5.1.2 幼苗期

从幼苗地上部分出现真叶,地下部分生出侧根,幼苗能自行制造营养物质开始,到幼苗的高生长量大幅度上升为止,这个时期称为幼苗期。

幼苗期的生长发育特点表现为以下几点:①幼苗出现真叶,开始进行光合作用,并开始制造营养物质;②前期高生长缓慢,根系生长快,长出多层侧根,主要根系分布深度达到数厘米至十余厘米;③地上部分的叶片逐渐增多,叶片面积逐渐增大,其生长速度也开始由慢变快;④幼苗个体明显增大,对水分、养分的需求增多。

幼苗期养护的主要技术措施有以下几个方面:①防低温、高温、干旱、水涝和病虫害,并促进根系生长;②适量施氮肥、磷肥,保证苗木对于氮、磷的需要量,这对提高苗木质量和合格苗的产量意义极大;③生长快的苗木,应及时间苗、定苗;④生长慢的苗木(如针叶树),如果生长过密,也应在这一时期间苗。

5.1.3 速生期

从苗木高生长量大幅度上升开始,到苗木高生长量大幅度下降为止,是苗木生长最旺盛的时期,这个时期称为速生期。

这个时期的生长特点是苗木的地上部分和根系的生长量都达到最大,苗木生物量的增长迅速加快;其根系发达,枝叶逐渐增加,已形成了较为完整的营养器官,根系能吸收较多的水分和各种营养元素,地上部分能制造大量的碳水化合物。这段时间的生长,基本上决定了一年生苗木的质量,大部分苗木的速生期从 6 月中旬开始至 8 月底、9 月初结束,一般为 70

天左右。

这个阶段是苗木生物量增长最快的时期,也是需要水、肥量最多的时期,要加强水、肥管理,适时适量为苗木提供水、肥,促进苗木的生长发育,提高苗木质量,注意追肥和灌溉要以速生期前期为主,可追肥1~2次,到后期应及时停止施用氮肥并控制水分,防止苗木徒长从而影响苗木的硬化,造成其越冬困难。为了保证苗木根系的生长,要结合锄草进行中耕松土,为根系创造良好的通气条件。

5.1.4 苗木硬化期

苗木硬化期是从苗木的高生长量大幅度下降开始,到苗木根系生长停止为止,这段时间苗木的地上部分和根系充分木质化,而开始进入休眠时期。

这个时期苗木的生长特点是:①苗木高生长速度迅速下降,不久高生长便停止,继而出现冬芽;②直径和根系继续生长并可出现一个小的生长高峰,而后停止;③苗木的含水量逐渐下降,干物质逐渐增加;④营养物质转入储藏状态,苗木的地上部分和地下部分逐渐达到完全木质化;⑤苗木对低温和干旱的抗性增强,落叶树种苗木的叶柄形成离层而脱落,苗木开始进入休眠期。

这个时期育苗技术的要点是:①促进苗木木质化,防止苗木徒长,提高苗木对低温和干旱的抗性,故要停止一切能促进苗木生长的措施;②在其前期可适当施用有利于苗木木质化的磷肥、钾肥等。

5.2 留床苗的年生长发育规律及育苗技术要点

留床苗是在上年的育苗地继续培育的苗木。它们的年生长可分为生长初期、速生期和苗木硬化期。根据留床苗高生长期长短的不同,可分为前期生长型和全期生长型。

5.2.1 前期生长型

前期生长型的高生长特点是生长期短,春季气温回暖时开始生长,经过极短的缓慢生长期,很快进入速生期。速生期也较短,速生期过后其高生长很快就停止。其后主要是叶片生长,新生的幼嫩新梢逐渐木质化并出现冬芽。根系和直径继续生长,充实冬芽并积累营养物质。因此,前期生长型苗木是在短期内完成枝干的高生长和侧枝的延长生长,所用的营养物质主要是在上一年硬化期积累下来的。苗木的高生长多在5—6月份,少数植物延长到7月份。每年的高生长持续的时间,北方植物一般为1~2个月,南方植物可达2~3个月。属于此类型的植物有油松、白皮松、樟子松、红松、华山松、云南松、马尾松、赤松、黑松、油杉、云杉属、冷杉属、银杏、白蜡、栓皮栎、槲栎、臭椿、漆树、核桃、板栗和梨树等。前期生长型苗木,在水肥条件好、气候适宜的情况下,有时会出现二次生长的现象,即当年形成的顶芽,在夏季或早秋又开始萌发新枝,如油松、红松、白蜡、核桃和银杏等苗木有这种现象。二次生长对某些苗木有利,如分布在云南的思茅松出现二次生长能提高其生长量,但对多数苗木是不利的,如在冬季寒冷和春季干旱的地区,二次生长出来的新梢因为其木质化程度低,抗逆性差,故越冬困难。

前期生长型幼苗速生期短,所有促进生长的抚育管理措施如施肥、松土、除草、灌溉等一定要迅速、及时,如果错过了速生期,将影响苗木全年的生长。幼苗木质化前,要及时控制水肥,以防枝条的二次生长。

5.2.2 全期生长型

全期生长型的高生长特点是苗木的高生长在全生长季节中都在进行。叶片、新生枝条边生长边木质化,到秋季达到充分木质化,以便越冬。属于这一类型的苗木,北方树种的生长期为 3～6 个月,南方树种的生长期为 7～8 个月,有的可达 9 个月以上。全期生长型苗木的高生长速度,在年生长周期中不是直线上升,一般至少要出现一次生长暂缓期,即苗木的高生长速度明显减慢,有的植物甚至出现停滞状态。因此,苗木的高生长中有相对速生和相对缓生的交替现象,如柳树、榆树、刺槐、槐树、紫穗槐、悬铃木、泡桐、山杏、桉树、柳杉、圆柏、罗汉柏、杨树等的幼苗都属于此类。全期生长型苗木,必须施足基肥,以满足地上部分和根系生长的养分需要,如果需要追肥,则应在生长高峰期之前及时施用。具体管理措施可参照一年生播种苗的抚育管理。

6.苗圃常用的肥料及其性质

苗圃常用的肥料种类较多,按发挥肥效的快慢可分为速效性肥料和迟效性肥料。凡是施入土壤中的肥料能立即或很快被作物吸收利用的都属于速效性肥料,如大多数的化学肥料。凡是不能立即或很快被作物吸收利用,而需要经过一段时间的分解或转化才能被作物吸收利用的肥料都属于迟效性肥料,如绝大多数的有机肥、磷矿粉等。

按有机物的有无可将肥料分为有机肥和无机肥。将有机肥与无机肥进行科学的搭配,不仅能防止有效成分的挥发流失,而且可以使肥效大大地提高。如人粪尿与硫酸亚铁搭配(100 kg 人粪尿中加入 500～600 g 硫酸亚铁),可使人粪尿中的碳酸铵转变成性质稳定的硫酸铵,起到保肥除臭,防止氮素挥发流失的作用。将草木灰与过磷酸钙搭配(6 kg 草木灰兑水 30 kg 浸泡,再加入过磷酸钙 2 kg,6 小时后再加入 100 kg 水拌匀,静置沉淀后取清液喷施),可获得与磷酸二氢钾相同的肥效。厩肥与过磷酸钙搭配(用厩肥加入 20％的过磷酸钙溶液拌匀),堆放 20 天后,不仅可以防止厩肥中氮素养分的挥发流失,而且能加速厩肥的腐熟过程,增加有效磷的含量。

按化学反应可将肥料分为酸性肥料、中性肥料、碱性肥料。酸性肥料包括化学酸性肥料和生理酸性肥料。化学酸性肥料是指其本身的化学性质呈酸性,施用后会使土壤的 pH 值降低的肥料,如过磷酸钙、重过磷酸钙等。生理酸性肥料是指其本身呈中性,施到土壤中后离解成阳离子和阴离子,由于作物吸收其中的阳离子多于阴离子而在土壤中残留较多的酸根离子,从而使土壤(或土壤溶液)的酸度升高的肥料,如硫酸铵、氯化铵等都是生理酸性肥料。中性肥料是指其本身呈中性,施入土壤经作物吸收养分后其残留部分不改变土壤酸碱度的肥料,如尿素等。碱性肥料包括化学碱性肥料和生理碱性肥料。化学碱性肥料是指其本身的化学性质呈碱性,施用后会使土壤的 pH 值升高的肥料,如氢氧化钾、石灰等。生理碱性肥料是指其本身呈中性,施入土壤后,由于作物吸收其中的阴离子多于阳离子而在土壤中残留较多的阳离子,使土壤碱性升高的肥料,如硝酸钠等。

7.苗木低温危害产生的原因

7.1 低温

园林植物苗木在 0 ℃以下的温度环境中或遇到持续长时间的低温使其组织内部结冰引起的伤害,通常称为冻害。这是由于幼嫩苗木的组织木质化程度不高,含水量高,一旦遇到持续的低温环境,细胞的原生质就会脱水而冻结,细胞被损坏,苗木不能进行正常的生理活动,甚至死亡。另外,一些原产于热带、亚热带的园林植物,当遇到高于冰点的低温时,植物的组织结构也会受到严重伤害甚至坏死,这种现象称为寒害。

7.2 生理干旱

北方地区的冬季至早春时期苗木容易遭受生理干旱(又叫冻旱、冷旱或冬旱)。这是由于北方地区的冬季或早春时期土温较低,根系不能从土壤中吸收水分,此时如遇大风,苗木的水分会被大量蒸腾掉,从而导致苗木的水分供不应求,进而出现干梢、死亡的现象。

7.3 土壤冻结

冬季发生冰冻后,苗木的根系因土壤冻结膨胀而被拔出土面或被拉断,之后又遭受风吹日晒,最终造成苗木的死亡。

任务考核标准

序 号	考核内容	考核标准	参考分值
1	情感态度	学习积极主动,态度端正,听从安排	15
2	种子消毒	根据种子的特性正确选用消毒的方法,消毒药剂使用的浓度、处理时间与方法得当	25
3	种子催芽	根据种子的特性和需要正确选用催芽的方法,催芽操作规范,管理到位	25
4	整地、作床	整地质量符合要求,作床较标准	20
5	播种	能根据植物种类、种子质量及播种的面积计算出播种量,做到适时播种,播种方法正确	10
6	苗圃管理	苗圃的各种管理措施应用得当,苗木生长健壮	3
7	工作记录和总结	有完成工作任务的记录,总结报告及时、正确	2
	合　计		100

自测训练

1.知识训练

◆名词解释

低温层积催芽　　种子休眠

◆填空题

(1)为了使种子发芽齐而快,播种前要对种子进行处理,处理的内容包括(　　)、(　　　)、(　　　)等。

(2)种子催芽常用的方法有(　　　)、(　　　)、(　　　)、(　　　)、(　　)、(　　)。

(3)苗圃整地的基本环节包括(　　)、(　　　)、(　　　)、(　　　)、(　　　)。

(4)土壤消毒的方法主要有(　　　)、(　　　)两种。

◆简答题

(1)种子消毒的方法有哪些?

(2)简述低温层积催芽的方法。

（3）种子生理休眠的原因有哪些？

（4）苗床有哪几种？它们各适用于什么条件？

（5）播种的方法有哪些？它们各有何特点？

（6）播种后苗木出土前的管理措施有哪些？

（7）寒害产生的原因是什么？防寒的措施有哪些？

（8）简述一年生播种苗生长发育规律及育苗技术要点。

2. 技能训练

实训1　苗圃整地

◆实训目的

使学生熟悉苗圃整地的过程，掌握耕作各个环节的技术要点。

◆实训内容

指导老师结合本地特点和学校圃地规模的现状，安排学生进行一定面积的整地实训。建议以3~4人为一个小组，完成1~2个苗床的耕地、耙地、镇压、苗床（种类由指导老师确定）制作、土壤处理（消毒材料由指导老师确定）等整个圃地的耕作过程，并建议将已完成的苗床用于后续教学内容的学生实训操作（如播种、扦插等）。

◆结果评价

要求学生独立完成，并根据整地的质量要求进行评定。1——优秀：操作规范，安全生产，地平土碎，作床整齐，床面平整；2——良好：操作规范，安全生产，土不够碎，作床较整齐；3——合格：注意安全生产，操作尚规范，土不够碎，作床不够整齐；4——不合格：不注意安全生产，作床不整齐，土不碎。

◆作业

学生完成实训后，书写实训报告。

实训2　园林植物的播种

◆实训目的

掌握园林植物种子的处理方法和露地播种技术。

◆材料用具

（1）材料：当地常见的园林植物种子。

（2）用具：铁锹（或锄头）、浸种容器、育苗床、耙子、细筛、镇压板、水桶、喷水壶、塑料薄膜或草帘等。

◆实训内容

（1）催芽方法：根据种子发芽、出苗特性，选择合适的种子催芽处理方法。

（2）处理：严格控制浸种的水温、时间和药物处理时的用药浓度及处理时间。

（3）播前准备：整地作床。

（4）确定播种量和播种方法：一般细小粒种子采用撒播法，中粒种子采用条播法，大粒种子采用点播法。

（5）覆土：覆土厚度一般为种子直径的2~3倍。

（6）浇水：用喷水壶浇水，反复多次，直至浇透。

(7)覆盖:根据实际情况决定是否覆盖。

◆作业

将种子处理及播种过程记录整理成报告。

实训 3 苗床管理与幼苗移栽

◆实训目的

掌握播种地苗和容器苗管理技术。掌握幼苗移植的操作技术。

◆材料用具

(1)材料:地苗、盆苗、肥料、农药等,针阔叶树种的播种苗或扦插苗等。

(2)用具:铁锹(或锄头)、移植铲、修枝剪、斧头、盛苗器、测绳或皮尺、钢卷尺、麻绳、草绳、水桶、喷水壶等。

◆实训内容

(1)苗床管理:撤除覆盖物,遮阴,松土除草,间苗与补苗,追肥,灌溉与排水,病虫害防治。

(2)幼苗移栽:①起苗,将准备移植的苗木起出,尽量不要损伤苗根和枝干,保留一定根幅;②修剪,根据需要适当修根剪枝,并按苗木的大小进行分级;③移植,先确定株行距,再根据苗木大小、根系状况和圃地情况等分别采用缝植、沟植或穴植等方法进行移植,注意植苗深度要适宜,并应做到栽正、踩实;④管理,栽后适时灌溉,必要时遮阴,成活后进行中耕除草、灌溉、施肥、病虫害防治、整形修剪和防寒等管理。

◆作业

观察管理措施的实施效果,调查幼苗移栽成活率,写出跟踪调查实训报告。幼苗的移栽生长情况登记,见表3-3。

表 3-3 幼苗移植生长情况登记表

树种	移植苗木					移植前后苗木处理	移植				成活苗木							成活率/(%)	发育状况	抚育经过
	面积或行数	年龄	平均高度/cm	平均地径/cm	株数		时间	方法	行距/cm	株距/cm	月日		月日		月日					
											株数	平均高度/cm	株数	平均高度/cm	株数	平均高度/cm				

项目 2 扦插苗繁育

 项目导入

扦插是一项传统的植物无性繁殖技术。早在三四千年前,我们的祖先就探索了扦插技术。其后随着技术的改进,扦插已广泛地应用于农林生产,成为植物无性繁殖的重要手段。

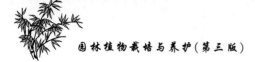

扦插繁殖利用了植物营养器官的再生能力，切取植株的营养器官（如根、茎、叶等）的一部分，插入适宜的基质（如土壤、河沙、蛭石、珍珠岩、砻糠灰和锯末等）中，在适宜的条件下，利用其再生能力，使之生根抽枝，发育成为一个完整新植株。按取用器官的不同，扦插又有枝插、根插、芽叶插和叶插之分。通过扦插法繁育的苗木称为扦插苗，用于扦插繁殖的植物材料（植株营养器官）称为插穗。

任务 1　硬枝扦插技术

用已经木质化的成熟枝条作为插穗进行扦插育苗的方法称为硬枝扦插。如葡萄、石榴、无花果、悬铃木、月季、木槿、女贞、黄杨、红叶石楠、栀子等园林植物常用此法繁殖。

1. 扦插时期

硬枝扦插在春秋两季均可进行，一般以春季为主。春季扦插以从土壤解冻后至芽萌动前这段时间进行为宜。秋季扦插则一般在植物生长已停止但还未进入休眠时进行，并且在早上进行为宜，从而利用秋季较高的气温和地温，促进插穗生根和扦插苗的生长；在气候干燥或温度不能满足插穗生根的地区，可配合塑料小棚、阳畦等设施，以保证温度和湿度，同时，还可以保证秋季扦插苗的安全越冬；另外，对于难以生根的植物，为了提高成活率，可在温室进行扦插。

2. 插穗的采集

用于采穗的母株，应是发育阶段较年轻的幼龄植株，同时还应根据植物种类和培植目的进行选择。如乔木树种应选择生长迅速、干形通直圆满、没有病虫害的优良品种的植株作采穗母本；花灌木则要求选择色彩丰富、花大色艳、香味浓郁、观赏期长的植株作为采穗母本；绿篱植物要求选择分枝力强、耐修剪、易更新的植株作为采穗母本；草本植物则需根据其花色、花形、叶形、植株形态等选择采穗母本。然后在已选定的母株上采集一年生、生活力旺盛、树冠外围、分枝级数低、发育充实的枝条。

落叶树种在春季进行硬枝扦插时，采穗应从树木落叶后开始，至翌年树液开始流动前为止。常绿树种在春季扦插时，一般在芽萌动前采穗较好。秋季扦插一般选择在植物生长停止至休眠之间随采随插。

3. 插穗的储藏

树木落叶后采集的插穗，如果不立即扦插，可储藏在地窖中。其方法是在地面上铺一层 5～10 cm 厚的湿沙，将捆扎好的插穗直立码放在沙子上，码一层插穗铺一层沙，最后一层用沙覆盖。地窖要求干净、卫生，沙子的含水量以 50％～60％ 为宜，地窖的温度保持在 5 ℃ 左右。也可像储藏种子一样对插穗进行室外沟藏或室内堆藏。

4. 插穗的剪截

插穗采集后应立即进行剪穗。截取插穗原则上要保证上部第一个芽发育良好，组织充实。插穗的长度一般为 10～15 cm，粗枝稍短，细梢稍长。剪口要平滑，以利愈合。插穗的上部切口剪成平口，这样其伤口面积小，水分蒸发少，有利于维持插穗的水分平衡。剪口距上部第一个芽 1 cm 左右，如果过高，则上芽所处的位置较低，没有顶端优势，不利愈合，易造成死桩；如果过低，上部易干枯，则会导致上芽死亡（如图 3-4 所示）。下剪口最好紧靠节下

（距节 0.5～1.0 cm），因为在节附近储藏的营养丰富，薄壁细胞多，易于形成愈伤组织和生根。根据生根的难易，插穗下部可进行平剪、斜马蹄形剪、双马蹄形剪、踵状剪、槌形剪等。一般平剪口生根分布均匀（如图 3-5 所示），适用于易生根的园林植物。其他形状的剪口，适用于较难生根的园林植物，但斜马蹄形剪口易产生偏根现象。

插穗剪制时要特别注意：剪口要平滑，防止撕裂；保护好芽，尤其是上芽。

5. 插穗的催根处理

5.1 浸水处理

扦插前将插穗置于水中浸泡，最好是流水，浸泡时间一般可以为数小时至数天（因植物种类而异），这样不仅能使插穗吸足水分，增强插穗自身的抗旱能力，还能降解插穗内的生根抑制物质，插后可促进根的原始体形成，提高扦插成活率。对含有脂类物质的园林植物，可将插穗下端浸于 30～35 ℃ 的温水中 2 小时，使脂类物质溶解，有利于剪口愈合生根。

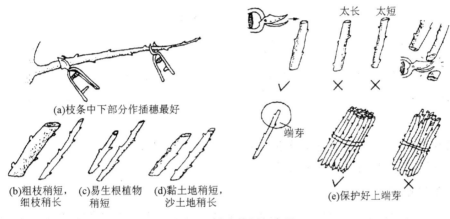

(a)枝条中下部分作插穗最好

(b)粗枝稍短，细枝稍长   (c)易生根植物稍短   (d)黏土地稍短，沙土地稍长

(e)保护好上端芽

图 3-4　插穗剪制示意图

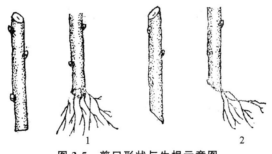

图 3-5　剪口形状与生根示意图
1—下剪口平剪；2—下剪口斜剪

5.2 机械处理

5.2.1 环剥、环割、绞缢

环剥是指在采集插穗之前将母株上准备采用的枝条基部剥去宽 1.5 cm 左右的一圈树皮（如图 3-6 所示），在其环剥口长出愈合组织而又未完全愈合时，即可剪下进行扦插。环割是指在枝条基部的光滑部位割断一圈或几圈皮层。绞缢是指用细铁丝或麻绳在枝条基部紧扎一圈。通过环剥、环割、绞缢能将枝端叶片合成的生长素等有机物质的向下输送通道切断，使这些物质积累在处理口上端，形成一个相对的高浓度区。由于其木质部又与母株相

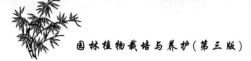

连,所以这一区域能继续得到源源不断的水分和矿物质营养的供给。扦插时将处理的枝条从基部剪下进行扦插,能显著促进其生根。

图 3-6　环剥示意图

5.2.2　剥皮

对于木栓组织比较发达的园林植物(如葡萄等)枝条,扦插前可将表皮的木栓层剥去(勿伤及韧皮部),对促进生根有效。剥皮后能增强插穗皮部的吸水能力,幼根也容易长出。

5.2.3　纵伤

插穗剪截后,用利刀或手锯在插穗基部一两节的节间处刻画五六道纵切口,切口应深达木质部,可促进节部和茎部断口周围发根。

5.3　黄化处理

对于不易生根的园林植物,将准备作插穗的枝条,在其生长初期用黑纸、黑布或黑色塑料薄膜等裹罩,遮住光线。这样能使叶绿素消失,组织黄化,延缓衰老,皮层增厚,薄壁细胞增多,生长素积累,减少被认为有抑制生根作用的物质的产生,有利于根原体的分化和生根。

5.4　加温催根处理

人为地提高插穗下端生根部位的温度,使插穗下端的温度高于上端 3～5 ℃,这样有利于插穗先生根后发芽,从而提高插穗生根成活率。常用的加温催根方法有如下几种。

5.4.1　阳畦催根

春季扦插前 1 个月左右先建阳畦,其方法是:在背风向阳、排水良好的地方挖出深度为25～30 cm,宽为 1.0～1.4 m,长为 10 m 左右的床(或槽),底部垫 15～20 cm 厚洁净的河沙,然后,将处理过的插穗捆成捆,倒置于床内(下切口朝上),再在插穗上面覆盖上洁净的河沙,使插穗全部被掩埋(如图3-7所示)。随即洒水,每平方米洒水 0.01 m³ 左右。温床表面用塑料薄膜严密覆盖,夜晚要覆盖草帘等保温,利用早春气温上升快、土温较低的特点进行催根。催根过程中,应经常检查温度、湿度,当畦温高于 30 ℃时应喷水降温。一般 20 天左右即可出现根原始体,待多数插穗出现根原始体后,及时起出插穗进行扦插。

5.4.2　酿热物温床催根

利用酿热物制造升温条件,促进生根。其方法为:在地面挖出深度为 30～40 cm 的床

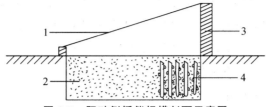

图 3-7　阳畦倒插催根横剖面示意图

1—塑料棚膜;2—河沙;3—阳畦的墙壁;4—插穗

坑,使坑底中间略高,四周略低,随后装入 20～30 cm 厚的马粪,踏实,洒水使之湿润。然后盖上塑料膜,促使马粪发酵生热。数天后当温度达到 30～40 ℃时,在马粪上盖一层 5 cm 厚的河沙。马粪在发酵过程中产生了热量,提高了地温。待温度稳定在 30 ℃时,将插穗基部向下整齐竖放在河沙上面,枝条间填入湿沙,但使顶芽露出表面,进行催根。在催根期间,保持沙土湿度,控制床面气温不超过 10 ℃,防止芽眼过早萌发。

5.4.3　火炕催根

先制作一个火炕苗床(如图 3-8 所示),火炕上放上 5 cm 厚的锯木屑(或湿沙),竖放插穗于其上,将枝条间隙塞满锯木屑(或湿沙),顶芽外露,喷湿,点火加温后,使下部发根处温度保持在 22～28 ℃。经过 15～20 天的处理,大部分插穗即可产生愈伤组织,然后停止加温,锻炼 3～5 天后即可起出插穗进行扦插。

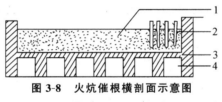

图 3-8　火炕催根横剖面示意图

1—河沙;2—插穗;3—火炕壁及火道壁;4—火道

5.4.4　电热温床催根

在温室或温床内,在地面上先铺 10 cm 厚的细沙,其上铺地膜(或 10～15 cm 厚的秸秆或碎草作为隔热层,以减少热量的向下传递),地膜上均匀打孔,以利于渗水,膜上铺细土 5 cm,整平,铺上电热线并设控温仪,电热线间距 5 cm,其上铺 15 cm 厚的湿河沙等基质。将插穗插入基质中或成捆摆放,其缝隙间填满河沙,顶芽露出(如图 3-9 所示)。将控温仪调到 25 ℃的位置,通电加温经过 15～20 天即可出现愈伤组织和幼根。

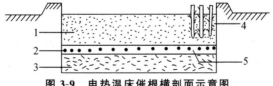

图 3-9　电热温床催根横剖面示意图

1—河沙;2—电热线;3—隔热层;4—插穗;5—散热层

5.4.5　热水温床催根

以小锅炉送温水为热源,在催根床下部铺水管,水管长度与苗床长度相当,形成加温床。管间距为 20～30 cm,管道之间和上部铺湿沙,沙层厚约 5 cm,耙平,上面竖直放上插穗,使

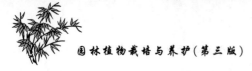

插穗之间均填满河沙,最顶端露出插穗顶芽即可。河沙湿度以手握成团、松开即散为宜。然后给锅炉点火加热,使水温维持在 50 ℃左右,沙温维持在 25～28 ℃,以沙温 25 ℃为基准,随时调节锅炉水温。由于管内温水与锅炉内水循环使用,水温基本稳定,所以经过 15～20 天,插穗基部即可生出愈伤组织和幼根。

5.5 植物生长调节剂处理

应用人工合成的各种植物生长调节剂对插穗进行扦插前处理,不仅生根率、生根数和根的粗度及长度都有显著提高,而且苗木的生根期缩短,生根整齐。常用的植物生长调节剂有吲哚丁酸(IBA)、吲哚乙酸(IAA)、萘乙酸(NAA)、2,4-D、ABT 生根粉、维生素 B_2 等,各自的用途见表3-4。应用植物生长调节剂处理插穗的方法有水剂处理和粉剂处理两种。

表 3-4 常用植物生长调节剂的主要用途

名　称		用　途
ABT 生根粉	ABT 1 号	主要用于难生根植物,促进插穗生根,如银杏、松、柏、落叶松、榆树、枣、梨、杏、山楂、苹果等
	ABT 2 号	主要用于扦插生根不太困难的植物,如香椿、花椒、刺槐、白蜡、紫穗槐、杨、柳等
	ABT 3 号	主要用于苗木移栽,促进苗木伤根后的愈合,提高移栽的成活率;同时可用于播种育苗,能有效地促进难发芽种子的萌发
	ABT 6 号	广泛用于扦插育苗、播种育苗、园林树木的栽植
	ABT 7 号	主要用于扦插育苗、园林树木的栽植
萘乙酸(NAA)		刺激插穗生根,种子萌发,提高幼苗移植成活率等;用于嫁接时,用 50 mg/L 的药液速蘸切削面效果较好
2,4-D		用于刺激插穗和幼苗生根
吲哚乙酸(IAA)		促进细胞扩大,增强新陈代谢和光合作用;用于硬枝扦插时,可用 1 000～1 500 mg/L 的溶液速浸(速浸时间为 10～15 s)
吲哚丁酸(IBA)		主要用于促进形成层细胞分裂和生根;用于硬枝扦插时,可用 1 000～1 500 mg/L 的溶液速浸(速浸时间为 10～15 s)

5.5.1 水剂处理

目前市场上出售的植物生长调节剂一般不溶于水,使用前需要先用少量的酒精或 70 ℃的热水将其溶解,然后加水配制成处理溶液,装在干净的容器内,再将捆扎成捆的插穗的下剪口浸泡在溶液中至规定的时间,浸泡深度为 2 cm 左右。处理时可采取低浓度(20 mg/L～200 mg/L)、长时间(12～24 h)浸泡的方法,也可采取高浓度(500～10 000 mg/L)、短时间(2～10 s)速蘸的方法。草本植物所需浓度可以更低些,一般为 5～10 mg/L,浸泡 2～24 h。

5.5.2 粉剂处理

粉剂处理是将 1 gABT 生根粉用少量的酒精或 70 ℃的热水溶解后,加入适量水与 1

000 g 滑石粉搅拌成糊状,然后烘干碾碎成粉剂,将插穗下剪口浸湿 2 cm,蘸上配好的粉剂即插。一般 1 g ABT 生根粉能处理插穗 4 000～6 000 根,扦插时注意不要擦掉粉剂。

5.6　化学药剂处理

用化学药剂处理插穗,能显著增强其新陈代谢作用,促进插穗生根。常用的化学药剂有酒精、高锰酸钾、蔗糖、醋酸、二氧化锰、硫酸镁、磷酸等。如用 0.1% 的醋酸水溶液浸泡卫矛、丁香等的枝条,能显著促进生根;用 1%～3% 的酒精或者用 1% 的酒精和 1% 的乙醚混合液,能有效地除去杜鹃类植物插穗中的生长抑制物质,大大提高生根率;用 5%～10% 的蔗糖溶液浸泡水杉、龙柏、雪松等插穗 12～24 h,可直接补充插穗所需的营养,有效地促进生根。各种化学药剂的浓度和处理时间见表 3-5。

表 3-5　插穗化学药剂处理方法

处理药剂名称	浓度/(%)	处理时间/h
酒精	1～3	6
酒精＋乙醚	各 1	2～6
高锰酸钾	0.1～1	12～24
硝酸银	0.05～0.1	12～24
消石灰	2～5	12～24
蔗糖	2～10	12～24
醋酸	0.1	12～24

6. 扦插技术

6.1　插床基质

易于生根的园林植物如葡萄、杨、柳等对基质要求不高,一般壤土即可。生根慢的种类及嫩枝扦插时,对基质有严格的要求,常用蛭石、珍珠岩、泥炭、河沙、苔藓、林下腐殖土、炉渣灰、火山灰、木炭粉等作为基质。用过的基质应在火烧、熏蒸或杀菌剂消毒后再使用。

6.2　扦插密度

对于插穗生根比较困难的植物,可在沙床或温床上密集扦插,以便于精细管理,插穗生根后再移栽到大田苗床或容器里;对于插穗生根比较容易的植物,直接插到大田苗床或容器里。在苗床上扦插,一般株距为 20～30 cm,行距为 30～60 cm。

6.3　扦插深度与角度

扦插深度要适宜,露地硬枝如果插得过深,则会有地温低、氧气供应不足等问题;插得过浅易使插条失水。一般硬枝春季扦插时上顶芽与地面平齐,夏季扦插或盐碱地扦插时使顶芽露出地表,干旱地区扦插时插穗顶芽与地面平齐或稍低于地面。扦插可以用直插,也可以用斜插。插穗短、生根较易、土壤疏松的情况下应直插;插穗长、生根困难、土壤紧实的情况下可斜插或直插,斜插时其倾斜角度不宜超过 45°。

6.4　扦插的方法

6.4.1　直接插入法

在土壤疏松、插穗已催根处理但没有长出不定根的情况下,可以直接将插穗插入苗床。

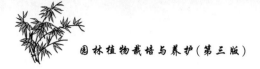

6.4.2 开缝或锥孔插入法

在土壤黏重或插穗已经产生愈伤组织,或已经长出不定根时,要先用钢锹开缝或用木棒开孔,然后插入插穗。

6.4.3 开沟浅插封垄法

该方法适用于较细或已生根的插穗。先在苗床上按行距开沟,沟深 10 cm、宽 15 cm,然后在沟内浅插插穗,再填平、踏实,最后封土成垄。

不管采用哪种方法进行扦插育苗,最重要的是要保证插穗与基质能够紧密地结合。插后应及时压实、灌水,保持苗床的湿润。北方地区,扦插后可覆盖塑料薄膜,以提高地温、保水及控制杂草生长。扦插时还要注意插穗的极性,切勿上下颠倒。

7. 扦插苗管理

7.1 浇水

扦插后应立即浇透水一次,以后应保持苗床或大田的插壤湿度和空气湿度,以免因土壤干燥使插穗失水而影响成活,并促使插穗与土壤紧密接触,以促进生根。如果未生根之前插穗地上部分展叶,则应摘去部分叶片,减少水分、养分消耗,保证生根的水分和营养供给。

7.2 移栽

多数扦插基质本身所含养分较少,而扦插初期插穗的密度较大,所以扦插成活后,为保证幼苗的正常生长,当根系半木质化时应及时起苗移栽。移栽时最好要带宿土,移植后的最初几天,要注意遮阴、保湿。利用塑料大棚或温室等设施进行扦插的苗木,从移栽前的 10～15 天开始,要进行炼苗,主要是通过控制水分和温度,使其逐渐适应大田环境。

7.3 除萌、摘心、抹芽

为了培育具有明显主干的园林植物苗木,当新萌芽的苗木长到 15～30 cm 时,应选留一个生长健壮、直立的新梢,将其余的萌芽条除掉,即为除萌。如培育无主干的园林植物苗木,应选留 3～5 个萌芽条,除掉多余的萌芽条;如果萌芽条较少,可在苗高 30 cm 左右时,采取摘心的措施,来增加苗木枝条量,以达到不同的育苗要求。苗期若出现花芽应及时抹除,以减少养分的消耗。

7.4 中耕除草

插穗未生根以前,一般不进行中耕除草,以免影响生根成活。一般阔叶树地上部分长到 10 cm 左右时,可进行中耕。一般生长季可中耕除草 2～3 次,具体视苗木的生长、土壤及灌溉的情况来确定。

7.5 施肥

在扦插苗生根发芽成活后,插穗内的养分已基本耗尽,此时根系已具备吸收功能,则需要进行施肥,施肥时浓度不宜过高。大田育苗在生长期内一般追肥 2 次,第一次追肥在苗木开始明显生长后,每 667 m^2 施尿素 10～15 kg;第二次追肥与第一次间隔 3～4 周,每 667 m^2 施入复合肥 15～20 kg。在南方生长季节较长的地区,可追肥 3 次,也可将速效肥稀释后随浇水分次施入苗床。必要时,可以采取叶面喷肥的办法,每隔 1～2 周喷洒 0.1%～0.3% 的氮磷钾复合肥。

7.6　病虫害防治

当发现病虫危害时要及时采取措施,消除病虫害对苗木生长的影响,提高苗木生长的质量。

任务 2　嫩枝扦插技术

嫩枝扦插是在生长期中应用半木质化或未木质化的插穗进行扦插育苗的方法。该方法适用于硬枝扦插不易成活的植物、常绿树、草本植物和一些半常绿的木本观花植物。

1. 扦插时期

嫩枝扦插一般在生长季节进行,只要当年生新茎(或枝)长到一定程度即可进行。不同园林植物的生长期有差异,适宜扦插的时间也不同,例如,桂花宜在 5 月中旬至 7 月中旬和 9 月中旬至 10 月中旬进行,樱花宜在 6 月中上旬至 9 月中上旬进行,雪松一般在 7 月至 8 月进行,木槿宜在 7 月中旬进行,月季宜在 4 月至 5 月或 9 月至 10 月进行。

2. 采条

由于生长季节一般气温较高,蒸发量大,因此采集插穗应在阴天无风或早晚气温低、光照不很强烈的时间进行。草本植物的插穗应选择枝梢部分,硬度适中的茎条。若茎过于柔嫩,则易腐烂;过老则生根缓慢。如菊花、香石竹、一串红、彩叶草等就属于这种情况。木本园林植物应选择生长健壮、无病虫害的植株上发育充实的半木质化枝条,若枝条顶端过嫩则扦插时不易成活,应剪去不用,然后视剪去顶端后的枝条长短剪制成若干个插穗。

3. 插穗的处理

枝条采集后,最重要的是要保证枝条不失水,所以要时刻注意保湿。并将枝条截成插穗,做到随时采条,随时剪截,随时扦插。嫩枝插穗的长度取决于园林植物本身的特性和枝条节间的长短。一般长度以 1 至 4 个节间和 5～20 cm 长为宜。插穗上端的叶应适当保留,以便进行光合作用,制造营养物质和植物激素,促进插穗的生根、发芽和生长。一般来说,阔叶树留 1～3 片叶,叶片较大的园林植物,要把所保留的叶片剪去 1/2 至 1/3(见图 3-10),以减少蒸腾作用。插穗上端要在芽上 1 cm 处平剪,插穗下端在叶片或腋芽之下,剪成马耳形斜切口。

图 3-10　嫩枝扦插的插穗处理

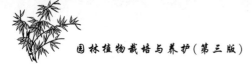

在采条、制穗期间,注意用湿润物覆盖嫩枝,以免其失水萎蔫。

为了促进插穗生根,扦插前可用 ABT 生根粉、吲哚乙酸、萘乙酸等植物生长调节剂对嫩枝进行处理,可以大大提高扦插成活率。生产上常用的是萘乙酸,其使用方法与硬枝扦插基本相同,但使用的浓度稍低、处理的时间稍短。如一般使用 2～25 mg/L 的萘乙酸药液浸泡插穗 12～24 h,或使用 20～100 mg/L 的萘乙酸药液浸泡插穗 6～8 h。

4. 扦插技术

每个插床在扦插前都要浇足底水,这一点非常重要,目的是使沙子中含有充足的水分,且底水宜多不宜少,底水浇完以后便可以开始扦插。扦插的密度根据树种、插条大小的不同而有所区别。扦插的深度一般为插穗长度的 1/2～2/3,大约为 3～5 cm。密度要适宜,一般针叶树为(3～5) cm×(5～10) cm,阔叶树略稀,扦插密度以叶间不重叠为宜。

5. 扦插苗管理

5.1 保湿与遮阳

扦插后,立即浇透水,既可使插壤与剪口密接,又可提高土壤湿度。在大棚或拱棚上覆盖塑料薄膜并加盖遮阳棚,在棚内喷雾或喷水以提高空气湿度。喷水量不宜太大,尤其是插壤内不能积水,否则易导致插条下端死亡或腐烂。当棚膜内无水珠且床土较干燥时,应喷水保湿。喷水频度一般以每天 2～3 次为宜,高温时可喷 3～4 次。在气温过高、日照过强的天气,中午可在塑料薄膜上喷水降温,以免伤害幼嫩的插穗。遮阳棚早盖晚揭,棚内相对湿度应保持在 85% 以上,温度应控制在 18～30 ℃。插穗生根后,撤去塑料薄膜,并保证每天浇水一次。

5.2 喷药与松土

结合喷水,每隔 7 天喷洒多菌灵 2 000 倍液 1 次,以防插穗感染病菌而造成皮层腐烂。同时要经常松土,以保持插床的通透性,防止插穗幼根因缺氧而腐烂。

5.3 抹芽与施肥

应及时抹去插穗基部的萌芽,以减少养分消耗。结合喷水,每隔 10 天喷施浓度 0.2% 的尿素溶液或磷酸二氢钾溶液 1 次,以促进插穗根系和新梢的生长。

5.4 炼苗与移栽

插穗生根后,要逐渐增加透光强度和通风时间来进行炼苗,使插穗逐步适应外部环境。扦插生根早或生根后生长快的苗木,可在休眠前进行移栽;扦插生根晚、生根后生长慢或不耐寒的苗木,可在苗床上越冬,翌年春移栽;草本植物扦插苗生长迅速,生根后应及时移栽。

任务 3 其他扦插技术

1. 根插(埋根)

根插(或埋根)育苗是利用根的再生和发生不定芽的能力,将其插入土壤中繁殖成苗的方法。凡根蘖性强的植物,如泡桐、天蓝绣球、秋牡丹、香椿、迎春花、玫瑰、黄刺玫、蜡梅、樱花、紫藤、紫薇等均可用此法育苗。

根穗应在植物休眠时从青、壮年母本植物的周围挖取,也可利用苗木出圃时修剪下来的和残留在圃地中的根段。根穗粗度为 0.5～2.5 cm，长度为 10～20 cm。为区别根穗上下剪口，在剪穗时可将上剪口剪成平口，下剪口剪成斜口。将剪好的根穗按粗度分级打捆，储藏备用（储藏方法见硬枝扦插的相关内容）。

根插（或埋根）育苗多用低床，也可用高垄。因根穗柔软，不易插入土中，通常先在床内开沟，将根穗垂直或倾斜埋入土中，上面覆土 1～2 cm。扦插时应注意不要上下端颠倒，防止倒插。对于不易分清上下端的插穗可进行横埋（如图 3-11 所示）。插后镇压，随即灌水，并保持土壤湿度适宜，一般经 15～20 天即可发芽出土。泡桐的根系多汁，插后容易腐烂，应在扦插前将其在阴凉通风处存放 1～2 天，待根穗稍微失水萎蔫后再插。插后需适当灌水，但不宜太湿。有些植物的细短根段，可采用播根的方法，即将根段撒入苗床中，再覆土镇压，灌水保湿。

(a)细根平置法扦插　　　　　　　(b)粗根斜插法扦插

图 3-11　根插育苗

2. 叶插

叶插是利用叶脉处人为造成的伤口部分产生愈伤组织，然后萌发不定根和不定芽，从而形成一株新的植株的方法。该方法适用于叶脉发达或叶片肥厚、切伤后易生根的植物。叶插时期一般在高温高湿的 6—8 月。

2.1　全叶插

全叶插即以整个叶片作为插穗。可采用叶片平置插法（如图 3-12(a)所示），即切去叶柄和叶缘，将叶片平铺于基质上，用铁针或竹针固定，使叶片下部与基质紧密接触。在叶缘侧脉伤口或主脉刻断处可发生不定根和不定芽。如落地生根、紫叶秋海棠等可用此法。对于一些叶柄基部易产生不定根的植物，可采用带叶柄斜插的方法（如图 3-12(b)所示），即将叶柄插入基质中，叶片直立或斜向一方，叶柄基部发生不定根和不定芽。如非洲紫罗兰、大岩桐、苦苣苔、菊花等可采用此法。

2.2　片叶插

将植物叶片分成数块或数段分别进行扦插，使每块叶片上形成一个新植株。如虎尾兰、豆瓣绿、秋海棠等均可用此法。豆瓣绿的叶厚而小，可沿中脉分切成左右两块，下端插入基质中，自主脉处形成幼株。虎尾兰的叶片较长，夏季将叶片切成 5 cm 长的小段，插于砂质壤土内（如图 3-13 所示），1 个月可生根。大岩桐可将主脉切断，每块叶含一对对称的

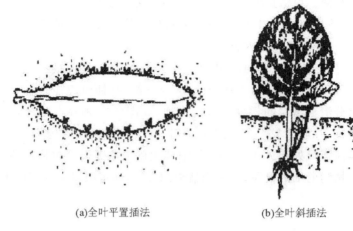

(a)全叶平置插法　　　　　　(b)全叶斜插法

图 3-12　叶插

侧脉，扦插即可。椒草类植物可沿中脉将叶片分成左右两块，下部插入砂床中，自主脉伤处形成幼株。

图 3-13　虎尾兰片叶插

3. 芽叶插

芽叶插时插穗仅有 1 芽附 1 片叶，芽下部带有盾形茎部 1 片或 1 小段茎，插入沙床中，使叶芽尖端露出沙面。插后盖上薄膜，防止水分过量蒸发。叶插不易产生不定芽的植物种类，宜采用此法，如菊花、绣球、山茶、橡皮树、桂花、天竺葵、宿根福禄考等（如图 3-14 所示）。

4. 鳞片扦插

一些无法用枝条、叶片扦插的鳞茎花卉，如百合、贝母、朱顶红等可以直接剥取肉质鳞叶（鳞片）进行扦插育苗。如百合可取一个中等大小的百合鳞茎，其中约有 50 片鳞片，80％能发根和发生小鳞茎。7 月开花后，选取其中成熟的大鳞茎，阴干数日后，将肥大健壮的鳞片剥下，插于基质中，6～8 周后可产生小鳞茎。朱顶红鳞片扦插方法是先将鳞茎纵切成若干等份，带茎盘，扦插于泥炭与河沙等量混合的基质中，并加入少许草木灰（pH＝8），然后浇水，一个月后产生若干小鳞茎。

(a)虎尾兰　　　　　　　　(b)菊花　　　　　　　　(c)山茶

图 3-14　芽叶插

5.全光照弥雾扦插

全光照弥雾扦插是国外近来发展最快、应用最为广泛的育苗新技术。其方法是采用先进的自动间歇喷雾装置,于植物的生长季节,在室外用带叶嫩枝扦插,使插穗的光合作用与生根同时进行,用自己的叶片制造营养,供应自身生根和生长需要。这样明显地提高了扦插的生根率和成活率,尤其是对难生根的园林植物,效果更为明显。

 知识探究

1.扦插繁殖的特点

扦插苗的变异性较小,能保持母株的优良性状和特性,避免播种繁殖产生的性状分离。其幼年期短,结果早,投产快,且繁殖方法简单,成苗迅速,故为园林植物育苗的重要材料。但扦插苗与播种苗相比寿命较短,易早衰,抗性弱,繁殖系数小,母株量较少时会影响其生产量;在同一母株上采穗过多时,还会损伤母株。一些植物扦插生根较难,不能用于生产。

2.扦插繁殖的生根机理

2.1　植物细胞的全能性

植物体的每个细胞都包含着产生一个完整有机体的全部基因,在适当的条件下,一个细胞具备形成一个完整的新植物体的潜在能力,称为植物细胞的全能性。在不经过两性细胞融合的情况下,高等植物细胞的分化过程都能保留它们遗传上的任何一个潜在能力,这就使得植物的扦插繁殖有了理论依据,能使通过扦插培育出来的植株与母体有完全相同的遗传信息。

2.2　不定根发生机理

扦插繁殖首要的任务就是生根。插穗种类不同,成活的原理也不同。由于枝插应用最为广泛,我们就重点介绍枝插生根的原理。中国林业科学院王涛研究员在《植物扦插繁殖技术》一书中,根据枝插时不定根生成的部位,将植物插穗生根类型分为皮部生根型、潜伏不定根原始体生根型、侧芽(或潜伏芽)基部分生组织生根型及愈伤组织生根型四种。

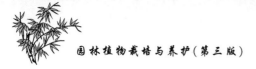

2.2.1 皮部生根型

这是一种易生根的类型。属于这种生根类型的植物在正常情况下,随着枝条的生长,其形成层进行细胞分裂,形成许多位于髓射线与形成层的交叉点上的特殊薄壁细胞群,使相连的髓射线逐渐增粗,向内穿过木质部通向髓部,从髓细胞中取得养分,向外分化逐渐形成钝圆锥形的薄壁细胞群。这些薄壁细胞群称为根原始体,其外端通向皮孔。枝条的根原始体形成后,进行剪制插穗,在适宜的环境条件下,经过一定的时间,就能从皮孔中萌发出不定根(如图3-15(b)所示)。因为在剪制插穗前其根原始体已经形成,故扦插容易成活。如杨、柳、紫穗槐及油橄榄中的一部分即属于这种生根类型。

(a)酸橙,愈伤组织生根　　(b)佛手,皮部生根

图3-15　插穗的生根位置

2.2.2 潜伏不定根原始体生根型

这是一种最易生根的类型,也可以说是枝条再生能力最强的一种类型。属于这种类型的植物的枝条,在脱离母体之前,形成层区域的细胞即分化成为排列对称、向外伸展的分生组织(群集细胞团),其先端接近表皮时停止生长、进行休眠,这种分生组织就是潜伏不定根原始体。潜伏不定根原始体在脱离母体前已经形成,只要给予适宜的生根条件,根原始体就可萌发生成不定根。如榕树、柏类植物、柳属植物、杨属植物等扦插都可形成潜伏不定根原始体。

2.2.3 侧芽(或潜伏芽)基部分生组织生根型

很多种植物普遍属于这种生根型,不过有的非常明显,如葡萄等;有的则不是很明显。插穗侧芽或节上潜伏芽基部的分生组织在一定的条件下,都能产生不定根。如果在剪制插穗时,下剪口能通过侧芽(或潜伏芽)的基部,使侧芽分生组织都集中在切面上,则可与愈伤组织生根同时进行,更有利于形成不定根。

2.2.4 愈伤组织生根型

任何植物在局部受伤时,受伤部位都有保护伤口免受外界不良环境影响、吸收水分养分继续分生形成愈伤组织的能力。与伤口直接接触的薄壁细胞(活的薄壁细胞)在适宜的条件下迅速分裂,产生半透明的不规则瘤状突起物,这就是初生愈伤组织。愈伤组织及其附近的活细胞(以形成层、韧皮部、髓射线、髓等部位及邻近的活细胞为主且最为活跃)在生根过程中,由于激素的刺激非常活跃,从生长点或形成层中分化产生大量的根原始体,最终形成不定根。这种由愈伤组织中产生不定根的生根类型叫愈伤组织生根型。将属愈伤组织生根型的植物剪制的插穗置于适宜的温度、湿度等条件下,在下剪口处首先形成初生愈伤组织,一方面保护插穗的剪口使其免受外界不良因素的影响,另一方面继续分化,逐渐形成与插穗相应组织发生联系的木质部、形成层、韧皮部等组织,而后充分愈合,并逐渐形成根原始体,进而萌发形成不定根(如图 3-15(a)所示)。例如悬铃木、雪松、桧柏等就属于这种生根类型。对于这种生根类型的植物,插穗愈伤组织的形成是生根的先决条件。愈伤组织形成后能否进行根原始体的分化,形成不定根,还要看其外界环境因素和激素水平。有些植物在较长的愈合组织形成和分化成根的过程中,常因外界条件不利,如温度、湿度不适宜或病菌等,其插穗在扦插期间难以从愈伤组织中分化出根,导致中途死亡,因此使得这类植物的扦插繁殖变得较为困难,如雪松、柏类和部分月季品种。与前几种生根类型相比较,这种生根类型所需时间更长,生根更加困难。

2.2.5　嫩枝插穗的生根

嫩枝扦插的插穗,在扦插前插穗本身还没有形成根原始体,其形成不定根的过程与木质化程度较高的插穗有所不同。当嫩枝剪取后,剪口处的细胞破裂,流出的细胞液被空气氧化,在伤口外形成一层很薄的保护膜,再由保护膜内的新生细胞形成愈伤组织,并进一步分化形成输导组织和形成层,逐渐分化出生长点并形成根系。

一种植物的生根类型并不限于一种,有时候会出现几种生根类型并存于一种植物上的情况。例如黑杨、柳等,它们前四种生根类型全都具有,这样的植物就容易生根。而只具有一种生根类型的植物,尤其是如果只具有愈伤组织生根型,则其生根就具有局限性。

3.影响插穗生根的因素

扦插的生根过程是一个复杂的生理过程,其影响因素不同,成活难易程度也会不同。不同植物、同一植物的不同品种、同一品种的不同个体,生根情况也会有差异。同时生根情况也与外界环境条件有关。

3.1　影响插穗生根的内因

3.1.1　植物的遗传特性

扦插成活的难易程度与植物的遗传特性有关,不同植物其遗传特性不同。从茎的解剖结构看,髓射线密而细、韧皮部厚的植物不易形成根原基,因而不能形成不定根。有些植物含有抑制物质,故插穗在受伤的情况下产生的植物生长激素被插穗产生的抑制物质所抵消,导致插穗难以生根。根据植物插穗的生根难易程度,可将植物分为以下四类。

(1)极易生根的植物:黑杨派、青杨派、柽柳、旱柳、沙柳、白柳、北京杨、紫穗槐、葡萄、无花果、石榴、迎春花、沙地柏、珊瑚树、沙棘、连翘、木槿、常春藤、扶芳藤、金银花、卫矛、红叶小檗、黄杨、金银木、紫薇、龙吐珠、瑞香、爬山虎等。

(2)易生根的植物:毛白杨、新疆杨、山杨、小叶女贞、石楠、水蜡树、猕猴桃、珍珠梅、金缕梅、泡桐、国槐、刺楸、悬铃木、侧柏、扁柏、花柏、铅笔柏、罗汉柏、罗汉松、五加、接骨木、花椒、茶花、杜鹃、野蔷薇、夹竹桃、绣线菊、菊花、相思树、一串红等。

(3)较难生根的植物:大叶桉、槭树、榉树、梧桐、苦楝、臭椿、枣树、日本五针松、美国五针松、日本白松、君迁子、米兰、香木兰、树莓等。

(4)极难生根的植物:柿树、杨梅、核桃、棕榈、木兰、榆树、樟树、桦木、赤松、黑松、广玉兰、日本栗、苹果、梨、栎类树木、鹅掌楸、朴树、板栗等。

3.1.2　母株及枝条的年龄

对于同一种植物,其新陈代谢作用和生活力随年龄的增加而递减,而抑制物质的含量随年龄的增加而递增。因此,在采集插穗时,最好选择年幼的母株。如水杉、池杉、意杨等可用一年生母株的干作插穗。但对于大多数的园林植物来说,如果母株的年龄太小,叶面积小,则养分的积累不充分,一般以2~5年生母株为宜。如柳杉一般选2~5年生的母株,雪松一般选4~5年生的母株,珙桐可选4~5年生的母株。

枝条年龄愈大,其再生能力愈弱,生根率愈低。对于绝大多数植物而言,一年生枝的再生能力最强,二年生枝次之,多年生枝条因其组织较老化,再生能力较低,但具体年龄也因植物种类而异。如杨树类、葡萄等大多数植物用一年生枝条扦插成活率高,二年生枝条扦插则成活率低;而柳树属、柽柳属植物用1~2年生枝条都可以;罗汉松用2~3年生的枝条扦插成活率高;对那些一年生枝条比较细弱的木本植物进行扦插,为了保证成活,插穗可以用一年生枝条带一部分二、三年生的枝条(如圆柏、柏、雪松等)来进行扦插。

3.1.3 枝条着生的位置及生长发育情况

同一母株上枝条的着生部位和同一枝条的不同部位,都不同程度地影响着插穗成活率的大小。

同一株母株上的枝条,由于着生部位不同,生活力的强弱也不同。一般向阳面的枝条生长健壮,组织充实,比背阴面的枝条生根能力强;枝条年龄相同时,分枝级数低的好,表现为着生在根颈处的萌条生根能力最强,着生在主干上的枝条比树冠上的枝条生根能力强。因此,生产上,采集幼壮龄母株位于树冠中下部尤其是根颈处的萌条作为插穗有利于提高成活率,应尽量避免用树冠上部枝条。

同一枝条的部位及生长发育的情况不同,其生根能力也不同。大多数植物以枝条中下部位置作为插穗生根成活率较高,因为枝条中下部叶片成熟较早,枝条发育时间较长,枝条较粗壮,芽体饱满,营养物质较丰富,为根原始体的形成和生根提供了物质基础;枝条上部由于叶片较小,枝条本身生长时间短,发育不充实,组织幼嫩,芽体不饱满,营养物质含量较低,因而不利于生根。但进行嫩枝扦插时,一般以半木质化的新生梢部的生根成活率最高。用池杉不同时期枝条的不同部位进行扦插的结果如下(见表3-6)。

表3-6 池杉枝条不同部位扦插生根情况

植 物 种 类	基 段	中 段	梢 段	结 论
池杉(嫩枝扦插)	80	86	89	梢段好
池杉(硬枝扦插)	91.3	84	69.2	基段好

3.1.4 插穗长度及留叶数

插穗长短及留叶数量也影响着插穗的生根。一般长插穗本身储藏的营养物质多,耐消耗,能提高生根成活的数量,利于苗木生长。但是,插穗过长,势必会增加扦插深度,进而影响其下剪口的通气条件和温度环境,导致其呼吸作用受阻,生根困难甚至死亡。另外,采用长插穗时需用的繁殖材料较多,枝条利用不经济,同时长插穗还增加了扦插操作的难度。目前,在园林植物扦插育苗时,一般落叶树种硬枝扦插时的插穗长度为15~20 cm,嫩枝扦插时的插穗长度一般为10~15 cm,常绿树种扦插时的插穗长度一般为10~35 cm,草本植物扦插时的插穗较短,通常为5~10 cm。

插穗上带叶能进行光合作用,补充碳素营养,供给根系生长发育所需要的养分和生长激素,促进愈合生根。但如果插穗上叶片过多,插穗的新根系尚未形成,插穗会因为蒸腾量过大而失水枯死。不同植物的留叶数量不同,一般阔叶植物留2~3片(对)叶,叶片宽大的可留半叶,剪除其先端部分。若有喷雾保湿设施,可适当多保留叶片。对于不同植物种类在不同的环境条件下,应用此方法时,应视具体情况而定。

3.2　影响插穗生根的外界环境条件

影响插穗生根的外界环境条件主要是温度、湿度、通气情况、光照和扦插基质等。各种条件之间又相互影响、相互制约。为了保证扦插成活,需要合理协调各种环境条件,满足插穗生根及发芽的要求,培养优质壮苗。

3.2.1　温度

插穗生根需要一定的温度,适宜的温度因植物的不同而有差异。多数植物生根的温度在 15～25 ℃。来自不同气候带的植物,其扦插生根要求的温度也不同,原产于热带地区的植物和常绿植物比原产于温带地区的植物要求的适温高。通常在一个地区内,春季萌芽较早的植物生根要求的温度低,萌芽晚的植物则要求的温度较高,如小叶杨、柳树的萌芽在 7 ℃左右,而毛白杨的萌芽则在 12 ℃以上。

不同时期扦插对生根温度的要求不同,休眠状态的硬枝扦插对温度的要求偏低,因为此时插穗生根消耗的营养物质来源于插穗自身,过高的温度则会加速插穗内的养分消耗,导致扦插失败。生长季的嫩枝扦插成活前消耗的养分和生根促进物质,主要由插穗上叶片的光合作用制造,较高温度有利于光合作用,因此,对嫩枝扦插是有利的。但是,过高的温度(如超过 30 ℃),则会加剧蒸腾作用,抑制光合作用,对扦插生根也不利。另外,扦插繁殖时,土壤温度略高于气温 3～5 ℃对插穗生根有利。

3.2.2　湿度

湿度包括两方面,一是基质含水量,二是空气相对湿度。在插穗愈合生根期间,适宜的空气相对湿度和基质含水量对保持插穗水分的平衡至关重要。空气干燥(即相对湿度小),基质的含水量低,会加速插穗的水分蒸发和蒸腾,使插穗内水分失去平衡,不利于其成活;空气相对湿度大且基质中水分含量适宜,会减少插穗本身的水分蒸发和蒸腾,有利于其成活。但是,过高的基质含水量,会导致插床透气性差,不利于插穗呼吸作用的进行,易使插穗腐烂甚至死亡,不利于其成活。所以,插床附近的小气候应保持较高的空气相对湿度,尤其是嫩枝扦插时,空气相对湿度应保持在 80%～90%,当空气相对湿度低于 65% 时植物就容易枯萎死亡。扦插基质的湿度不宜过大,一般应保持在田间最大持水量的 50%～70%,这样有利于扦插成活。

3.2.3　通气情况

插穗在形成愈伤组织和成活的过程中,进行着强烈的呼吸作用,这一过程需要足够的氧气。因此疏松、透气性好的基质对插穗生根具有促进作用;透气性差的黏重土壤或浇水过多的基质,通气不良,容易缺氧,造成插穗窒息腐烂,不利于生根或发芽。不同插床含氧量下的生根率见表 3-7。理想的扦插基质既能保持湿润,又满足插穗的通气需求。不同植物对基质中氧气的需求量不同,如杨、柳对氧气的需求较少,插入较深仍能成活。而蔷薇、常春藤则要求较多的氧气,并要求疏松透气的基质,故扦插深度较浅,有利于其生根,扦插过深则易造成其通气不良而抑制生根。因此,对于蔷薇、常春藤等扦插时多选用通气状况好、保水能力强的蛭石、珍珠岩作扦插基质。

表 3-7　插床含氧量与生根率

含氧量/（%）	插穗数/根	生根率/（%）	平均根重		平均根数/条	平均根长/cm
			鲜重/mg	干重/mg		
标准区	8	100	51.5	11.3	5.3	16.6
10	8	87.5	23.3	5.4	2.5	8.2
5	8	50	17.3	3.1	0.8	2.8
2	8	25	1.4	0.4	0.4	0.7
0	8	0	—	—	—	—

3.2.4　光照

充足的光照能提高插床温度和空气的相对湿度，也是带叶嫩枝扦插或常绿植物扦插生根不可缺少的因素。因为光合作用所产生的碳素营养物质和植物生长激素对插穗生根具有促进作用，可以缩短生根时间，提高成活率。但光照强度应适宜。过大的光照强度，会增加基质水分的蒸发量和插穗水分的蒸腾量，导致插穗水分失去平衡，严重的可能会引起枝条干枯或灼伤，降低成活率。因此，扦插育苗以散射光为好，光照过强时应适当遮阴，最好使用间歇喷雾法，既保证了供水，又不影响光照。

3.2.5　扦插基质

不同的扦插基质对插穗成活的影响是不同的。扦插基质对插穗生根的影响主要表现在基质的保水性和透气性两方面。不管采用什么基质，只要干净、卫生，没有病虫害，不含有害物质，能满足插穗对水分和氧气的需求，都有利于插穗生根。目前扦插繁殖中所用基质有以下几种。

1）土壤

圃地大田扦插育苗均以土壤为基质，但以通气、保水性能好的沙壤土为佳。容易生根的植物一般都采用土壤作为扦插基质。

2）河沙

河沙是常用的扦插基质。其优点是通气性好，干净，但保水性差，温度变化较大。常辅以其他措施，如喷水等来解决基质保水的问题。

3）蛭石

蛭石为云母类矿物，经 800～1 100 ℃的高温烧制而成，因而不带病虫害，保水和透气性好。其吸水量为自重的 2 倍，具有良好的缓冲性，不溶于水，并含有可被园林苗木吸收利用的镁和钾。因其吸水量大，最好与其他基质混用。

4）珍珠岩

珍珠岩为硅质火山岩在 1 200 ℃的高温下燃烧膨胀而成，呈酸性，也是扦插育苗的好基质。它和泥炭、河沙混合使用，效果会更好。如用珍珠岩 1 份、蛭石 1 份、细河沙 2 份按比例混合，作为栀子花的无土扦插育苗基质，能迅速使插穗生根。

5）腐殖质土

腐殖质土的质地疏松，有机质多，保水和透气性均好。使用前用筛子除去其中的枯枝、叶梗和石粒等杂物,并在阳光下暴晒 2～3 日以杀死其中的多种腐生病菌。

6)泥炭

泥炭又名草炭,是植物残体在水分过多、空气不足的条件下,分解不充分形成的半分解有机物。泥炭呈酸性,吸水性和排水性好,单用宜用于扦插草本植物,也常将松树皮与泥炭按 3:1 的比例混合,作为山茶花的扦插育苗基质。

7)黄心土

用 50～100 cm 以下土层的黄心土作基质,其质地较为疏松,吸水保水性能较好,污染少,无土壤病虫害,扦插育苗易生根,发根多且壮。黄心土是山茶花、桂花、含笑、月季、天女花、紫玉兰等植物扦插育苗的理想基质。

任务考核标准

序 号	考 核 内 容	考 核 标 准	参 考 分 值
1	情感态度	学习认真,方法灵活,服从安排,不无故缺勤	10
2	采穗	采穗母树选择合理	15
3	制穗	能正确进行插穗制作	15
4	作床	能根据需要准备好扦插床	15
5	扦插	在准备好的扦插床上进行扦插,扦插深度和间距合理	15
6	扦插后管理	扦插后,浇水的方法和浇水量符合要求	20
7	工作记录和总结	有完成工作任务的记录,总结报告及时、正确	10
合　计			100

自测训练

1. 知识训练

◆名词解释

扦插　　硬枝扦插　　嫩枝扦插

◆填空题

(1)一般来说,幼年母株上采集的插穗生根能力(　　)于老年母株;同一母株上,枝条的年龄越大,其生根能力越(　　);硬枝扦插时,对同一枝条来说,枝条的(　　)部枝段较好。

(2)在进行嫩枝扦插时,可保留适当叶片,因其能进行(　　),为插穗生根提供(　　)。

(3)插穗生根对基质的要求主要体现在基质的(　　)性和(　　)性两方面。

(4)促进插穗生根的方法主要有(　　)、(　　)、(　　)、(　　)、(　　)、(　　)等。

◆简答题

(1)常用的扦插方法有哪几种?

(2)影响扦插成活的因素有哪些?

(3)如何提高扦插育苗的成活率?

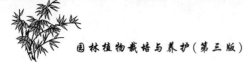

（4）简述硬枝扦插的技术要点。

2.技能训练

扦 插 繁 殖

◆实训目的

掌握插穗的选取、截制、处理，扦插及扦插后的管理技术。

◆材料用具

插穗、插穗处理药剂、枝剪、喷壶、利刀、遮阴材料等。

◆实训内容

（1）采穗：选择生长健壮、无病虫害的树木，剪取树冠外围中上部的一年生枝作插穗。

（2）插穗制作：硬枝插穗长度15～25 cm，嫩枝插穗长度6～15 cm。根据植物生根难易采用不同的处理方法。

（3）扦插：在准备好的扦插床上进行扦插，注意扦插深度和间距，插后浇透水。

（4）管理：根据扦插方法和扦插季节制定养护管理措施，有条件的可采用全光照自动喷雾。

◆作业

（1）将扦插全过程记录并整理成报告。

（2）调查成活率，并加以评价。

项目 3　嫁接苗繁育

项目导入

嫁接是将准备繁殖的具有人们所需求的优良性状的植物体的营养器官，接在另一株植物体的茎（或枝）、根上，使两者愈合生长，形成新的独立植株的方法。嫁接所用的优良植物的营养器官称为接穗，承受接穗的植物体称为砧木，用嫁接的方法培育出的苗木称为嫁接苗。

学习任务

任务 1　嫁接方法

嫁接时，要根据嫁接植物的种类、接穗与砧木的情况、育苗目的、季节等，选择适当的嫁接方法。生产中常用的嫁接方法，根据接穗的种类可分为枝接和芽接两种；根据砧木上嫁接位置的不同，可分为茎接、根接、芽苗（子苗）接等。不同的嫁接方法都有与之相适应的嫁接时期和技术要求。

1.枝接

枝接是以枝为接穗的嫁接繁殖法。

1.1　劈接

劈接是将砧木劈开一个嫁接口，将接穗削成楔形，插入劈口内的一种嫁接方法（如图3-16所示）。劈接法通常在砧木较粗、接穗较细时使用。

（1）削接穗 从接穗种条上,选取中段较光滑充实,并有健壮芽的部位,截成 5～6 cm 长作接穗,每穗应留 2～3 个芽。然后将下芽 3 cm 左右处两侧削成楔形斜面。如砧木粗则削成偏楔形,使一侧较厚,另一侧稍薄些;若砧穗粗细相当,可削成正楔形。削面长 2.5～3 cm,平整光滑。

（2）劈砧木 距地面一定高度截断砧木,截口要平滑,以利于其愈合。在砧木横断面的中心通过髓心垂直向下劈出一个深 2～3 cm 的切口。若砧木较粗,也可在断面的 1/3 处偏劈。

（3）插入接穗 用劈接刀的楔部轻轻撬开劈口,把接穗缓缓插入其内,使砧穗的形成层准确对接。如果接穗较细,只需将偏楔形的宽面与砧木劈口的形成层对准即可。插入接穗时,使接穗削面露出 0.2～0.3 cm,这样形成层的接触面大,有利于分生组织的形成,促进愈合。较粗的砧木可以在砧木劈口两侧各插入一个接穗(如图 3-16(c)所示)。

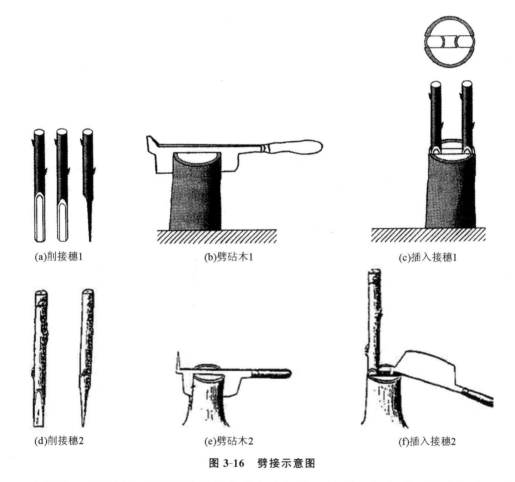

(a)削接穗1   (b)劈砧木1   (c)插入接穗1

(d)削接穗2   (e)劈砧木2   (f)插入接穗2

图 3-16 劈接示意图

（4）绑扎 接穗插入后用塑料薄膜条或麻皮把接口绑紧。注意不要触动接穗,以防止形成层错位。接穗没有进行蜡封的,应将接穗顶端包严,或将接穗部分用松土培埋,以利于其成活时发芽。

1.2 切接

切接法一般用于直径为 2 cm 左右的小砧木,是枝接中最常用的一种方法(如图 3-17 所示)。

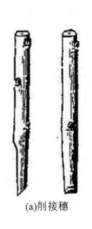

(a)削接穗　　　　(b)稍带木质部纵切砧木　　　　(c)砧穗结合

图 3-17　切接示意图

(1)削接穗　削接穗时,接穗上要保留2～3个完整饱满的芽,将接穗从下芽背面起,用切接刀向内切一个深达木质部但不超过髓心的长切面,长2～3 cm。再于该切面的背面末端削一个长0.8～1 cm的小斜面。削面必须平滑,最好是一刀削成。

(2)切砧木　砧木宜选用2 cm粗的幼苗,稍粗些也可以。在距地面5～10 cm处或适宜高度处断砧,削平断面,选较平滑的一侧,用切接刀垂直向下切(切的位置略达木质部,或在横断面上直径的1/4～1/3处),深度为2～3 cm。

(3)插接穗　将接穗切面插入砧木切口中,使长切面向内,并使砧穗的形成层对齐、靠紧(至少对准一边)。其绑扎等工序与劈接相同。

1.3　插皮接

插皮接一般在砧木较粗、皮层易剥离的情况下采用,方法如图3-18所示。

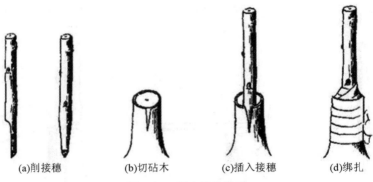

(a)削接穗　　　(b)切砧木　　　(c)插入接穗　　　(d)绑扎

图 3-18　插皮接示意图

(1)削接穗　在接穗光滑处顺刀削一个长2～3 cm的斜面,再在其背面下端削一个长0.6 cm左右的小斜面,使之露出皮层与形成层。

(2)切砧木　一般在距地面5～8 cm处剪断砧木,用快刀削平断面。选皮层光滑处,将砧木皮层由上而下垂直划一刀,深达木质部,长约3 cm,顺刀口用刀尖向左右挑开皮层。

(3)插接穗　将接穗的长削面朝内,插入砧木皮层与木质部之间,露白0.3～0.5 cm。然后用塑料薄膜条包严接口。

1.4　舌接

舌接(如图3-19所示)适用于砧木和接穗的直径为1～2 cm,且粗细相差不大时的嫁接。

舌接砧穗间接触面积大、结合牢固、成活率高。在园林苗木生产上此法既可用于高接也可用于低接。

（1）削接穗　在接穗平滑处削 3 cm 长的斜面,再在斜面的下 1/3 处顺穗往上劈一刀,使劈口长约 1 cm,成舌状。

（2）削砧木　在砧木的上端削一个 3 cm 左右的斜面,再在斜面上 1/3 处顺砧干向下劈一刀,长约 1 cm,形成一个与接穗相吻合的舌状纵切口。

（3）插接穗　将削好的切穗舌部与砧木舌部相对插入,使舌部交叉,互相靠紧,然后绑缚。

1.5　靠接

靠接主要用于培育一般嫁接难以成活的珍贵植物,要求砧木与接穗均为自养植株,且粗度相近,在嫁接前还应将两者移植到一起。其方法如图 3-20 所示。

（1）削切口　在生长季节,将作砧木和接穗的植物靠近,然后在砧木和接穗相邻的光滑部位选择无节且方便操作的地方,各削一块长、宽相等的削面,长 3～6 cm,深达木质部,露出形成层。

（2）靠砧穗　使砧木、接穗的切口靠紧、密接,让双方的形成层对齐,用塑料薄膜绑缚紧,勿使其错位。待愈合成活后,将砧木从接口的上方剪去,接穗从接口的下方剪去,即形成一株嫁接苗。这种方法的砧木与接穗均有根,不存在接穗离体失水的问题,故易成活。

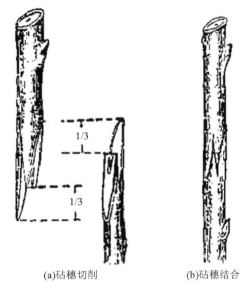

(a)砧穗切削　　(b)砧穗结合

图 3-19　舌接示意图

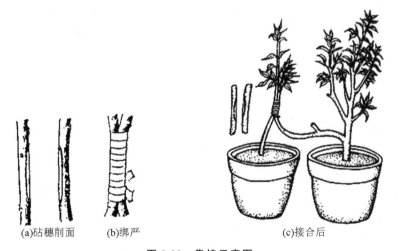

(a)砧穗削面　　(b)绑严　　　　(c)接合后

图 3-20　靠接示意图

1.6　腹接

腹接时砧木不断砧,在砧木的腹部进行嫁接。腹接可分为普通腹接和皮下腹接(如图 3-21 所示)。

1.6.1　普通腹接

普通腹接中将接穗削成偏楔形,长削面的长为 3 cm 左右,削面要平而渐斜,背面削成长为

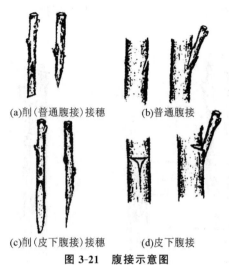

(a)削(普通腹接)接穗　　(b)普通腹接

(c)削(皮下腹接)接穗　　(d)皮下腹接

图 3-21　腹接示意图

2.0～2.5 cm 的短削面。砧木切削应在适当的高度,选择平滑的一面,自上而下斜切一个切口,切口深入木质部,但切口下端不宜超过髓心,切口长度与接穗的长削面长度相当。将接穗的长削面朝里插入切口,注意形成层对齐,接后绑扎保湿。

1.6.2　皮下腹接

皮下腹接即砧木切口不伤及木质部,将砧木横切一刀,再竖切一刀,呈"T"字形切口,接穗的长削面平直斜削,背面下部两侧向尖端各削一刀,以露白为度。撬开皮层插入接穗(长削面向内),使接穗削面露出 0.2～0.3 cm,然后绑扎即可。

1.7　其他嫁接方法

1.7.1　根接

用根作砧木进行枝接称为根接。可以用劈接、切接、靠接等方法。

1.7.2　芽苗砧嫁接

芽苗砧嫁接是用刚发芽、尚未展叶的胚苗作砧木进行的嫁接。主要用于油茶、板栗、核桃、银杏、文冠果、香榧等大粒种子树种的嫁接。此法的优点是可以大大缩短培育嫁接苗的时间。

1.7.3　桥接

桥接是用插皮接的方法,在早春树木刚开始进行生长活动,韧皮部易剥离时进行嫁接。用亲和力强的种类或同种植物作接穗。常用于大树或古树伤口的修补。

2. 芽接

用芽作为接穗进行的嫁接称为芽接。芽接的优点是节省接穗,一个芽就能繁殖成一个新植株。芽接多在夏季进行。

2.1　"T"字形芽接

"T"字形芽接是目前应用最广的一种芽接方法。它适用于砧木和接穗均离皮的情况。其方法如图 3-22 所示。

(1) 取接芽　在已去掉叶片仅留叶柄的接穗枝条上,选择健壮饱满的芽。在芽上方的 0.5～1.0 cm 处先横切一刀,深达木质部,再从芽下 1.5 cm 左右处,从下往上斜切入木质部,使刀口与横切的刀口相交,用手取下盾形芽片。如果接芽内带有少量木质部,应用芽接刀的刀尖将其仔细地取出。

(2) 切砧木　在砧木距离地面 7～15 cm 处或满足生产要求的一定高度处,选择光滑部位,用芽接刀先横切一刀,深达木质部,再从横切刀口往下垂直纵切一刀,长 1～1.5 cm,形成一个"T"字形切口。

(3) 插接穗　用芽接刀的骨柄轻轻地挑开砧木切口,将接芽插入挑开的"T"字形切口内,压住接芽叶柄往下推,使接芽的上部与砧木上的横切口对齐。手压接芽叶柄,用塑料条绑扎紧,芽与叶柄可以外露也可以不外露。

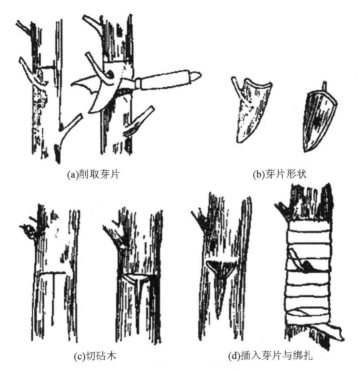

(a)削取芽片   (b)芽片形状

(c)切砧木   (d)插入芽片与绑扎

图 3-22 "T"字形芽接

2.2 嵌芽接

此种方法不受树木离皮与否的限制,方法如图 3-23 所示。

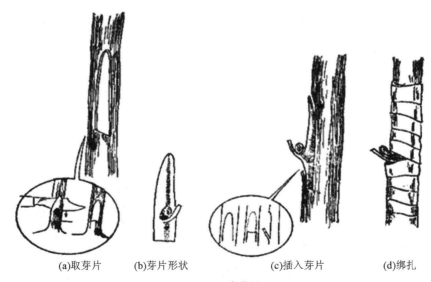

(a)取芽片   (b)芽片形状   (c)插入芽片   (d)绑扎

图 3-23 嵌芽接

(1)取接芽 接穗上的芽,自上而下切取。先从芽的上方 1.0～1.5 cm 处稍带木质部向下斜切一刀,然后在芽的下方 0.5～1.0 cm 处约成 30°角斜切一刀,使两刀口相交,取下芽片。

(2)切砧木 在砧木适宜的位置,从上向下稍带木质部削一个与接芽片长、宽相适应的切口。

（3）插接穗　将芽片嵌入切口,使两者的形成层对齐,然后用塑料条将芽片和接口包严即可。

2.3　方块芽接

此法所取接芽片大,与砧木形成层接触面积大,成活率较高,多用于柿、核桃等较难成活的树种。因其操作较费工,工效较低,一般树种多不采用。其具体方法是取长方形芽片,再按芽片大小在砧木上切开皮层,嵌入芽片,如图 3-24 所示。

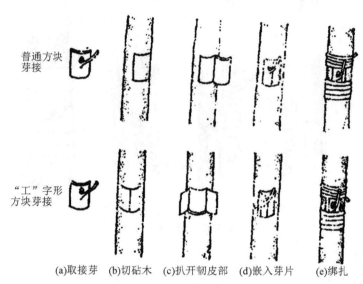

(a)取接芽　(b)切砧木　(c)扒开韧皮部　(d)嵌入芽片　(e)绑扎

图 3-24　方块芽接

2.4　套芽接

套芽接又称环状芽接。此法接芽与砧木形成层接触面积大,易于成活。主要用于皮部易于剥离的园林树种,一般在春季树液流动后进行。具体方法是从接穗枝条芽的上方 1 cm 左右处剪断枝条,再从芽的下方 1 cm 左右处用刀环切,深达木质部,然后用手轻轻扭动,使树皮与木质部脱离,抽出管状芽套。再选粗细与芽套相当的砧木,剪去其上部,呈条状剥离其树皮。随即把芽套套在木质部上,对齐砧木切口,再将砧木上的皮层向上包合,盖住砧木与接芽的接合部,用塑料薄膜条绑扎即可(如图 3-25 所示)。

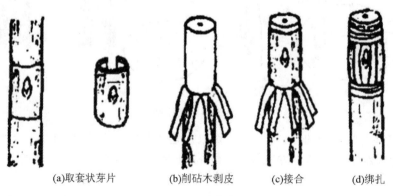

(a)取套状芽片　　(b)削砧木剥皮　(c)接合　　(d)绑扎

图 3-25　套芽接

任务 2 嫁接后管理

1. 检查成活率

对于生长季的芽接,在嫁接后的 10～15 天即可检查其成活情况。凡接芽新鲜,叶柄一碰即落的,表示已成活;若叶柄干枯不落或已发黑,表示嫁接未成活。秋季或早春的芽接,接后不立即萌芽的,检查成活率的工作可以稍晚进行。

枝接或根接,一般在嫁接后的 20～30 天或更长的时间检查其成活率。若接穗保持新鲜,嫁接口愈合良好,或接穗上的芽已经萌发生长,表示嫁接成活。

2. 解除绑扎物

春、夏生长季节嫁接后很快萌发的芽接和嫩枝接,应结合检查成活率的工作及时解除绑扎物,以免接穗发育受到抑制。

枝接由于接穗较大,愈伤组织虽然已经形成,但砧木和接穗的结合常常不牢固,解除绑扎物不可过早,以防止因其愈合不牢而自行裂开死亡。秋季嫁接成活后很快停止生长的植物,可到翌年萌发时解除绑扎物,以利于绑扎物保护接穗越冬。

3. 剪砧

剪砧是指在嫁接成活后,剪除接穗上方砧木部分的一项措施。嫁接后立即萌发的,如 7—8 月以前进行的"T"字形芽接、方块芽接等,剪砧要早,一般在嫁接后立即进行,不必等成活后再进行。如果嫁接部位以下没有叶片,可以采用折砧法,即将砧木的木质部大部分折断,仅留一小部分韧皮部与下部相连接,等接穗芽萌发后,长至 10 cm 左右时再剪砧。剪砧可以一次完成,也可以分两次完成。一次完成的,剪砧的位置一般在接穗芽上方 1 cm 左右,过高不利于接穗芽的萌发,过低容易造成接穗芽的失水死亡。分两次完成的,剪砧的位置第一次可以稍高些,在接穗上方 2～3 cm 处;第二次在正常位置剪砧。秋季嫁接时,当年不需萌发而要在翌春才萌发的,应在萌芽前及时剪砧。

4. 抹芽和除蘖

剪砧后,砧木上会萌发许多蘖芽,它们与接穗同时生长或者提前萌生。蘖芽会与接穗争夺并消耗大量的养分,不利于接穗的成活和生长。为了集中养分供给接穗生长,要及时抹除砧木上的萌芽和萌条。抹芽和除蘖一般要反复进行。

5. 补接

嫁接失败后,应抓紧时间进行补接。如芽接应在检查发现未成活后及时补接,已错过芽接时间的,可以进行枝接补接;枝接失败未成活的,可利用已储藏的而仍处于休眠状态的接穗补接;不能及时补接的,可在其萌条中选留一个生长健壮的进行培养,待到夏、秋季节,再用芽接法或枝接法补接。

6. 立支柱

嫁接苗长出新梢后,遇到大风易造成接口处或接穗新梢的风折和弯曲,应在新梢生长至 30～40 cm 时,紧贴砧木立一个支柱。将砧木以"∞"形绑在支柱上,以防止其被风吹倒或吹折新梢。其方法如图 3-26 所示。

7. 常规田间管理

当嫁接成活后,根据苗木的生长状况及生长规律,应加强肥水管理,适时灌水、施肥、除

图 3-26 立支柱示意图

草松土、防治病虫害,促进苗木生长。具体措施可参照实生苗的抚育管理。

知识探究

1.嫁接的作用

嫁接繁殖是园林植物育苗生产中一种很重要的方法,它除具有一般营养繁殖的优点外,还具有其他营养繁殖所不具备的长处。通过嫁接能保持接穗母本植物的优良特性,提高观赏价值;选择适宜的砧木能增加嫁接苗的抗性和适应性;嫁接能使观花观果园林植物提早开花结果;并且可以克服一些园林植物品种没有种子,或极少种子,或结实过晚、扦插繁殖困难,或扦插后发育不良等现象;通过嫁接还能起到改变树形、恢复树势、更新品种等作用。但是嫁接繁殖也有一定的局限性和不足之处。例如,嫁接繁殖一般受亲缘关系的限制,要求砧木和接穗有较强的亲和力,因而有些植物不能用嫁接的方法进行繁殖,此外,嫁接苗寿命较短,并且嫁接繁殖在操作上也较繁杂,技术要求较高,有的还需要先培养砧木,在人力、物力上投入较大等。

2.嫁接成活原理

植物嫁接能否成活,主要取决于砧木和接穗的组织能否愈合,愈合的主要标志是维管组织可以系统地联结。嫁接能够成活,主要依靠砧木、接穗之间的亲和力以及结合部位细胞生长、分裂和形成层的再生能力。嫁接后,砧木和接穗的结合部位各自形成层的薄壁细胞进行分裂,形成愈伤组织,并逐渐充填砧穗之间的空隙,使接穗与砧木的新生细胞紧密相接,形成共同的形成层,随着形成层细胞的分裂,向外产生韧皮部,向内产生木质部,两个异质部分从此结合为一体。这样,砧穗输导组织互相沟通,使两者的营养物质得以交流,进而长成一株整苗。

3.影响嫁接成活的因素

影响植物嫁接成活的主要因素有砧穗亲和力、砧穗结合部位形成层的再生能力、嫁接技术水平及环境条件。

3.1 亲和力

嫁接亲和力是指接穗与砧木经嫁接后能愈合生长的能力。也就是接穗和砧木在形态、结构、生理和遗传性等方面彼此相同或相近,并能够互相结合进行统一代谢的能力。嫁接亲和力的大小,表现在形态和结构上,是彼此形成层和薄壁细胞的体积、结构等相似度的大小;表现在生理和遗传性上,是形成层或其他组织细胞的生长速率、彼此代谢作用所需的原料和产物的相似度的大小。

亲和力的强弱与砧穗间亲缘关系的远近有关。一般规律是亲缘关系越近,亲和力越强。所以同品种间嫁接最易成活,种间次之,不同属之间又次之,不同科之间则较困难。但亲缘关系的远近与亲和力的强弱之间的关系也不是绝对呈正相关的。例如,中国板栗接在日本板栗上,西洋梨接在褐梨上,中国梨接在西洋梨上等,虽然它们的亲缘关系近但表现不亲和;核桃接于枫杨上,桂花接于小叶女贞上,虽然它们是不同属的植物,可是亲和力较好,已为生产所采用。

3.2 形成层细胞的再生能力

对于有亲和力的植物,嫁接的成活,主要是依靠砧木和接穗形成层细胞的再生能力。一般来说,砧、穗生长健壮,营养器官发育充实,体内营养物质丰富,生长旺盛,形成层细胞分裂活跃,嫁接就容易成活。所以砧木要选择生长健壮、发育良好的植株,接穗也要从健壮母树的树冠外围选择发育充实的枝条。

3.3 植物的生物学特性

嫁接成活与否与砧木及接穗母本植物的生物学特性有关。如果砧木萌动比接穗稍早,可及时供应接穗所需的养分和水分,促使嫁接苗成活;但如果接穗萌动太晚,砧木溢出的液体太多,又可能"淹死"接穗;如果接穗萌动比砧木早,则可能会导致接穗因得不到砧木供应的水分和养分"饥饿"而死;有些种类,如柿、核桃等富含单宁物质,切面易形成单宁物质的氧化隔离层,阻碍愈合;此外,当砧木和接穗的生长速度不同时,常形成"大脚"和"小脚"现象。

3.4 嫁接技术水平

嫁接技术水平也是影响嫁接成活的一个重要因素,体现在嫁接技术的正确性和熟练程度两个方面。主要包括:接穗的削面是否平滑;接穗和砧木两者的形成层是否对准并密接;接穗削面及砧木切口的斜度和长度是否适当;嫁接时操作是否熟练。

3.5 外界环境因素

嫁接成活的外界环境因素主要是温度、湿度、空气和光照。在适宜的温度、湿度,良好的通气条件和黑暗环境下进行嫁接,有利于嫁接成活和苗木的生长发育。

3.5.1 温度

温度对愈伤组织的形成和嫁接成活有很大的影响。在适宜的温度条件下,愈伤组织形成快,嫁接易成活;温度过高或过低,都不利于愈伤组织的形成。一般情况下,在一定的温度范围内(4~30 ℃),随温度的升高愈伤组织的形成加快。大部分植物在25 ℃左右嫁接较适宜。但同一地区不同物候期的植物,对温度的要求也不一样。物候期早的比物候期迟的嫁接适温要低,如桃、杏在20~25 ℃时最适宜,葡萄在24~27 ℃时最适宜,而山茶则在26~30 ℃时最适宜。春季进行枝接时,各种植物安排嫁接的时间次序,主要以此来确定。

3.5.2 湿度

湿度包括空气湿度和土壤水分两个方面。空气湿度对嫁接成活的影响很大,接口部位愈伤组织的形成需要有较高的空气湿度,保持接穗的活力也需要一定的空气湿度,大气干燥则会影响愈伤组织的形成并造成接穗失水干枯。土壤水分的供给也很重要,若土壤干旱缺水,会影响砧木对接穗的水分供应。因此,干旱时,应先灌水增加土壤湿度,一般土壤含水量在14%~17%时最适宜。

3.5.3 空气

空气是愈伤组织生长的一个必要因素。砧木与接穗接口处的薄壁细胞增殖、愈合,需要有充足的氧气。且随愈伤组织生长,代谢作用加强,呼吸作用也明显加大,如果空气供给不足,代谢作用受到抑制,愈伤组织则不能生长。因此嫁接用培土保持湿度时,土壤含水量大于25%时就会造成空气不足,影响愈伤组织的生长,嫁接难以成活。空气中氧的含量低于12%时会妨碍愈合。

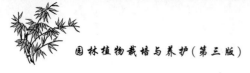

3.5.4 光照

光照对愈伤组织的生长起着抑制作用。黑暗的环境有利于愈伤组织的形成。因此在生产中,嫁接后应创造黑暗条件,以利于愈伤组织的生长,促进嫁接成活。

4. 砧木的选择与培育

砧木是嫁接的基础,砧木的生长势及其与接穗的亲和力都会影响嫁接的成活,一般情况下,砧木都要在苗圃中进行培育。

4.1 砧木的选择

砧木的选择适当与否,不仅影响嫁接的成活率,还对嫁接苗以后的生长有重要的影响。而且同一种接穗可供选取的砧木种类不止一种,在选择时应因地、因时制宜,选择的砧木应具备以下条件:①与接穗亲和力强,对接穗的生长、开花、结果、寿命能产生积极的影响,嫁接后接穗母株的优良特性在嫁接苗中能得到充分体现;②能适应栽培地区的环境条件,如毛桃耐湿性强,但抗寒性较弱,而山桃则相反,因此,在选用梅花砧木时,南方则选用毛桃,北方多选用山桃;③繁殖材料来源充足,繁殖方法简便,抗逆性强;④在生产上能满足园林植物的特殊需要,如乔化、矮化等,如嫁接碧桃用于盆栽观赏,则必须用寿星桃作砧木,因寿星桃能使嫁接苗矮化,可满足需要。

4.2 砧木的培育

砧木可通过无性或有性繁殖进行培育。生产中多以播种苗作砧木,这是因为实生苗对外界不良环境条件的抵抗力强、寿命长、便于大量繁殖。具体方法可参照实生苗或扦插苗的培育。

5. 接穗的采集与储藏

5.1 接穗的采集

接穗的采集,必须从栽培目的出发,选择品质优良纯正、生长健壮、无病虫害的壮年期优良植株为采穗母株。在采穗母株上选取生长健壮、发育充实、芽体饱满的一年生的枝条作为接穗。但有些园林植物,二年生或年龄更大些的枝条也能取得较高的嫁接成活率,如无花果、油橄榄等。春季嫁接应在休眠期(从落叶后到翌春萌芽前)采集接穗并适当储藏。常绿树木、草本植物、多浆植物及其他需生长季节嫁接的植物,接穗宜随采随接。

5.2 接穗的储藏

春季嫁接用的接穗,一般在休眠期结合冬季修剪将接穗采回,分品种按一定数量捆成小捆(一般100根一捆),附上标签,标明植物名称或品种、采穗日期、数量等,在适宜的低温下储藏。一般采用湿沙埋藏法:在排水良好、阴凉的地方挖沟,沟宽约100 cm,深约100 cm,长度可按接穗的数量而定,数量多时则挖长些。底部铺10～20 cm厚的湿沙,再将捆好的接穗铺于沟内,上面用湿沙或疏松潮湿的土埋起来(接穗捆的高度最好低于当地冻土层的高度)。在埋沙时,每隔1米竖放一小捆高粱秆,其下端通到接穗处,以利于通气,特别是让冷空气进入,热空气上升,使沟内保持适当的低温和适宜的湿度,以保证接穗的新鲜,防止失水、发霉。在早春气温回升时需及时调节温度,防止接穗的芽体膨大,影响嫁接效果。

在生长期采集的接穗,最好随采随接。枝条采下后要立即把它的叶子剪掉,只留下一小段叶柄,而后用湿布包好,放入塑料袋中,备用。如果接穗当天用不完,可将接穗进行短期储藏,储存时可将其放在阴凉的地窖中,或放在篮子里,吊在井中的水面上。采用这种方法储存接穗,一般可保存 2～3 天。

任务考核标准

序　　号	考核内容	考核标准	参考分值
1	情感态度	学习认真,方法灵活,服从安排,不无故缺勤	10
2	选母树	采穗母树选择合理	10
3	切砧木	能正确切削砧木,切口大小与接穗削面相当	15
4	削接穗	能正确切削接穗,削面要光滑,长度适当,速度快	15
5	插接穗	接入时砧木与接穗的形成层对齐、密接	15
6	绑扎	绑扎方法符合要求	10
7	接后管理	管理技术符合要求	15
8	工作记录和总结	有完成工作任务的记录,总结报告及时、正确	10
	合　　计		100

自测训练

1. 知识训练

◆名词解释

嫁接　　接穗　　砧木　　嫁接苗　　嫁接亲和力

◆填空题

(1) 植物嫁接能否成活,主要取决于(　　)、(　　)、(　　)及(　　)。

(2) 枝接常用的方法有(　　)、(　　)、(　　)、(　　)、(　　)、(　　)等,其中(　　)法要求砧木必须离皮。

◆简答题

(1) 如何采集和保存接穗?

(2) 如何选择适宜的砧木?

(3) 嫁接苗有何特点?

(4) 怎样提高嫁接的成活率?

2. 技能训练

嫁接繁殖(枝接)

◆实训目的

掌握园林植物常用的枝接方法及枝接后的管理技术措施。

◆材料用具

接穗、供嫁接用的砧木苗或树木、枝剪、嫁接刀、嫁接膜(塑料条)等。

◆实训内容

根据实习基地条件,选择适宜的嫁接季节,重点操作切接、劈接、靠接等方法。

(1) 削接穗:削面要光滑,长度适当,速度快。

(2) 切砧木:切口大小与接穗削面相当。

(3) 接入:砧木与接穗的形成层对齐、密接。

（4）绑扎：封严接口，松紧适度。

（5）嫁接苗的管理：浇水、成活率检查、松绑、立支柱、除蘖等。

◆作业

将枝接全过程记录并整理成报告。

项目4 压条、埋条及分株育苗

 **项目导入**

压条育苗是指将未脱离母株的部分枝条压埋入土（基质）中，待其生根后切离母体，使之成为一株独立的新植株的方法。埋条育苗是指将整个一年生发育健壮的枝条或带根的苗木横埋入土中，使其生根成苗的方法。埋条生根的原理与插条相同，是扦插育苗的一种特殊形式。分株育苗是对一些易形成根蘖、茎蘖的园林树木和宿根、球根类园林花卉植物进行分离栽植以获得新个体的方法。

 **学习任务**

任务1　压条育苗

1.压条的方法

压条法育苗，其被压枝条生根过程中的水分、养分均由母体供给，管理容易，多用于扦插难以生根的园林植物，如桂花、蔷薇、玉兰、白兰花、樱桃、桧柏等。压条的方法可分低压法和高压法（空中压条）两类，低压法又可分为普通压条、水平压条、波状压条、直立压条。

1.1　普通压条

普通压条（曲枝压条）适用于枝条离地面近且容易弯曲的植物种类。其方法是：选择靠近地面而向外开展的1～2年生枝条，在地面适宜的位置，挖一个深、宽各10～20 cm的沟或穴。挖穴时，离母株近的一面挖斜面，另一面成垂直，使枝条压入穴中时做到"缓入急出"，即枝条入穴的角度较缓（缓入），出穴的角度较陡（急出）。为防止枝条弹出，可在枝条的下弯部分插入小木叉固定，再盖土压紧（如图3-27所示）。生根后切割分离而成为一个独立的植株。绝大多数的花灌木都可采用此法。

1.2　水平压条

水平压条适用于枝条较长或具藤蔓性的园林植物，如紫藤、连翘、葡萄等。压条时选择生长健壮的1～2年生枝条，开沟将整个长枝条埋入沟内并固定（如图3-28所示）。被埋枝条的每个芽节处生根发芽后，将两株之间的地下相连部分切断，使之各自形成独立的新植株。水平压条一般宜在早春进行。

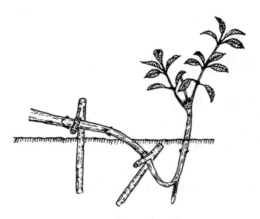

图3-27　普通压条示意图

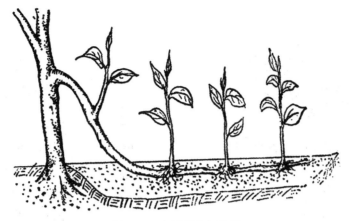

图 3-28　水平压条示意图

1.3　波状压条

波状压条适用于地锦、常春藤等枝条较长而柔韧性强的蔓性植物。压条时将枝条呈波浪状压埋入土中,枝条弯曲的波谷压入土中,波峰露出地面,待其地上部分发出新枝,地下部分生根后,再切断相连的波状枝,使其形成各自独立的新植株,如图 3-29 所示。

图 3-29　波状压条示意图

1.4　堆土压条

堆土压条(直立压条)主要用于萌蘖性强和丛生性的花灌木,如贴梗海棠、杜鹃、无花果、玫瑰、黄刺玫等。其方法是首先在早春萌芽前对母株进行重剪或平茬,促其萌发多个分枝。在夏季生长季节(新梢长到 30～40 cm 时)对枝条基部进行刻伤,随即堆土。第二年早春将母株挖出,剪取已生根的压条枝,即形成独立的植株。如图 3-30 所示。

1.5　空中压条

空中压条主要用于枝条坚硬不易弯曲、部位较高不能压到地面的枝条。空中压条应选择发育充实的 1～3 年生枝条并选择适当的压条部位,其时间一般选择在 4—5 月的生长季节。压条的方法是在离地较高的枝条基部 5～6 cm 处给予刻伤等处理后,包套上塑料袋、竹筒、瓦盆等容器,内装基质,并经常保持基

图 3-30　堆土压条示意图

质湿润,待其生根后切离下来成为新植株(如图 3-31 所示)。此方法适用于桂花、山茶、杜

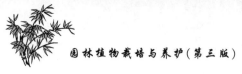
鹃等植物。

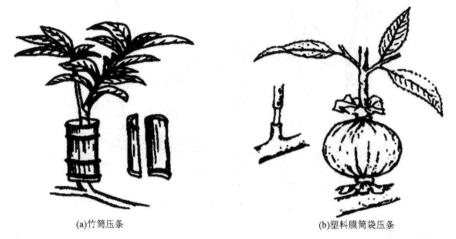

(a)竹筒压条   (b)塑料膜筒袋压条

图 3-31 空中压条示意图

2.压条后的管理

压条之后,应注意保持土壤或基质的湿度,及时调节土壤或基质的通气状况和温度。在初始阶段,还要注意埋入土壤中的枝条是否有弹出地面的现象,如果有,要及时将其埋入土壤中。

3.促进压条生根的措施

为了促进压条生根,生产上一般采取以下措施:在生根部位进行环剥、环割等机械处理;与扦插一样使用吲哚丁酸、吲哚乙酸、萘乙酸等植物生长调节剂处理,促进压条生根,但是因为其枝条连接母株,所以不能使用浸渍的方法,只能使用涂抹法进行处理。

任务 2 埋条育苗

1.埋条的方法

埋条育苗由于所用枝条长,所含营养物质多,故有利于生根和生长,且一处生根即可保证全条成活,能同时生长出若干株苗木。对于某些扦插不易生根的园林植物,如毛白杨、泡桐等,用埋条育苗的方法效果良好。但埋条育苗因枝条不同部位的芽的质量不一样,出土的先后次序不一,苗木的粗细、高低不同,因此分化现象较明显。其具体方法如下。

1.1 不带根埋条

埋条时,将整好的苗床顺行开沟,深 2～3 cm,宽 5～6 cm 为宜,沟距根据所育苗木要求的密度而定。开沟后一边将枝条平放于沟内,一边覆土。覆土厚度随植物的种类、季节和土壤条件的不同而异,一般在 2 cm 左右。然后顺行踩实、灌水,保持苗床湿润。

1.2 带根埋条

带根埋条适用于干旱地区。将带根的一年生苗,整株平埋入苗床内,使根和梢部弯入土中,苗干和土壤全部密贴,然后覆土 2 cm 厚,并稍加镇压。

对于土壤较黏重的地区和萌芽破土能力弱的园林植物,进行埋条育苗时,不再开沟,而直接将种条平放于苗床,在种条发芽处不埋土,使芽暴露,其他地方埋成土堆。土堆高约 10 cm,长 15～20 cm,两土堆之间露芽 2～3 个。将土堆踏实,并经常保持湿润。（如图 3-32 所示。）

图 3-32 带根埋条育苗

2.埋条后的管理

2.1 灌水

埋条后应立即灌足水一次,前期经常浇水,保持土壤湿润。种条生根进入幼苗期和速生期后逐渐增加灌水量并延长灌溉间隔期,生长后期由控制灌水到停止灌水,以促进苗木的木质化。

2.2 覆土

灌溉后或雨后如发现被埋母条外露要及时用土覆盖。

2.3 培土

由于植物极性的原因,埋条后往往母条的基部易生根,而梢部生根较少但易发芽抽梢,造成根上无苗,苗下无根的现象。生产上,当苗高为 10～20 cm 时,为了促进萌条基部的生根,要及时培土。

2.4 间苗

当苗高达到 20～30 cm 时,如苗木密度过大,应进行间苗。间苗可分两次进行,第一次间除过密苗、病虫苗、弱小苗,第二次则按计划产苗量定苗。

2.5 断条

待幼苗长到一定高度能独立生长时,用锋利的铁锹从苗木株间截断埋条,使苗木成单株生长,形成完整独立的植株。

2.6 其他管理

苗木进入幼苗期和速生期后,应予以追肥。根据圃地的土质、土壤养分状况确定施肥的种类和施肥量。生长后期（一般在 7 月中旬以后）要停止施肥,以促进苗木木质化,增强其越冬性能。如苗木发生大量萌蘖,应及时剪除萌蘖,以减少养分的消耗,但除蘖不可过度,以

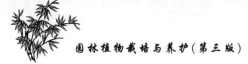

防叶面积过小,影响苗木干茎的生长。此外还应及时中耕除草并加强病虫害防治。

任务3 分株育苗

1.园林树木的分株方法

对园林树木来说,分株方法主要有根蘖分株和茎蘖分株两种。

1.1 根蘖分株

有些园林树种的根上易形成不定芽,从而形成根蘖。如火炬松、臭椿、紫玉兰、石榴、刺槐等。对这些根蘖,可在植物休眠期时将其刨出并切离母体,单独栽植,使之成为一个独立的植株(如图3-33所示)。分离根蘖时,应注意尽量不要损伤母株。

1.2 茎蘖分株

有些园林树种的茎基部芽易萌发形成茎蘖枝,呈丛生状,可进行茎蘖分株。如连翘、迎春、黄刺玫、玫瑰、珍珠梅等。其方法是:在休眠期,将母株根颈部的土挖开,露出根系,用利器将茎蘖株带根挖出另行栽植;或连同母株全部挖出,用利刀将茎蘖从根部分离进行单独栽植(如图3-34所示)。

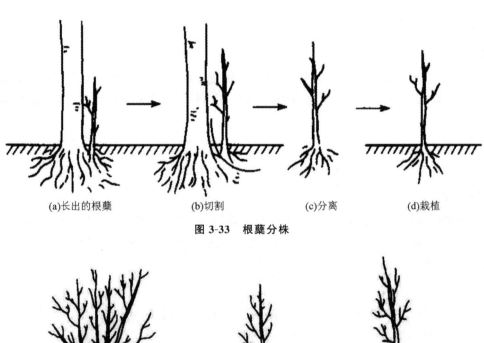

(a)长出的根蘖　　　　(b)切割　　　　(c)分离　　　　(d)栽植

图3-33　根蘖分株

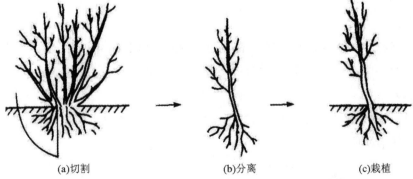

(a)切割　　　　　　　(b)分离　　　　　　(c)栽植

图3-34　茎蘖分株

2. 宿根类植物分株法

宿根类植物能通过宿存在土壤中的根及根茎再生出众多的萌芽、匍匐茎而进行分株育苗。分株主要在春、秋季进行。一般春季开花植物宜在秋季落叶后进行分株,如芍药等;秋、冬季开花植物应在春季萌芽之前进行分株,如菊花等。其分株方法与园林树木的分株方法相同。

3. 球根植物的分球法

3.1 鳞茎类植物的分球法

鳞茎是由肉质的鳞叶、主芽和侧芽、鳞茎盘等部分组成。母鳞茎在发育中期的后期,侧芽生长发育形成多个新球。通常在植株茎叶枯黄以后将母株挖起,分离母株上的新球。此方法适用于百合、郁金香、风信子、朱顶红、水仙、葱兰、红花酢浆草等。

3.2 球茎类植物的分球法

母球栽植后,能形成多个新球,可在茎叶枯黄之后,将整株挖起,把新球从母株上分离,将新球分栽培养1~2年后,即长成大球,如唐菖蒲、球根鸢尾、小苍兰等。

3.3 块茎类植物的分株法

块茎是由地下的根茎顶端膨大发育而形成的,将块茎分切成几个带芽眼的小块栽种,每一小块即长成一个植株,如菊芋、马蹄莲等。

3.4 块根类植物的分株法

块根通常成簇着生于根颈部,不定芽生于块根与茎的交接处,而块根上没有芽,在分生时应从根颈处进行切割,此方法适用于大丽花、花毛茛等。

3.5 根茎类植物的分生育苗

用利器将粗壮的根茎分割成数块,每块带有2~3个芽,另行栽植培育,每块可形成一个独立的植株,此方法适用于美人蕉、鸢尾等。

任务考核标准

序 号	考核内容	考核标准	参考分值
1	情感态度	学习态度端正,方法灵活多样,不缺勤	10
2	压条育苗	能正确选条并压条,压条后管理方法得当	30
3	埋条育苗	选条和埋土方法正确,管理得当	30
4	分株育苗	母株选择得当,分离和栽植方法正确	20
5	工作记录和总结	有完成工作任务的记录,总结报告及时、正确	10
合 计			100

自测训练

1. 知识训练

◆名词解释

压条育苗　　埋条育苗　　分株育苗

◆填空题

(1) 压条的方法可分为( )、( )、( )、( )几种。

(2) 堆土压条适用于( )的园林植物,空中压条适用于( )的园林植物。

(3) 埋条育苗的方法主要有( )和( )两种。

◆简答题

(1) 如何进行普通压条育苗?

(2) 简述埋条后的管理技术措施。

(3) 简述园林树木的分株方法。

2. 技能训练

压条、埋条育苗技术

◆实训目的

通过本次实训进一步熟悉压条、埋条育苗技术的要点,掌握压条育苗和埋条育苗等实际操作技能。

◆材料用具

锹、锄、铲、修枝剪、手锯、生根剂、塑料薄膜、竹筒、绳子、沙壤土或苔藓、木屑等。

◆实训场地

实习林场、实习苗圃、树木园。

◆实训形式

在老师的指导下分小组、分项目进行实训。

◆实训内容

●空中压条育苗

(1) 时间及材料选择:春季选取品质优良的母树,在其上选 2~3 年生的枝条,直径为 1.5~2 cm。

(2) 环状剥皮:在选定的枝条上距基部 10 cm 处环状剥皮,宽度为 3~4 cm。

(3) 涂抹生根剂:可用毛笔沾 3 000 mg/L 的吲哚丁酸溶液涂抹切口。

(4) 包扎生根基质:用湿肥泥、锯末各半相混作基质,湿度以用手捏不出水为宜,用塑料薄膜在环切口下扎成漏斗状后,填入基质并压实,最后扎紧塑料薄膜的上部。

(5) 经过 2~4 个月,薄膜内有大量根系时,便可锯离母株,剪去部分枝叶后移栽。

●埋条育苗

(1) 采集种条:落叶后和发芽前采集种条,秋冬采集的种条要储藏起来,春天萌芽前可随采随埋。

(2) 埋条前将枝条进行浸水催芽处理。

(3) 沿南北方向作成低床,并开挖埋植沟,沟距 30 cm,沟深 4~6 cm。

(4) 将枝条水平放入沟内,随放随覆土,踏实,并浇足水。

●注意事项

高空压条要保持基质有适当的湿度;埋条育苗时要注意种条基部的切口必须与水渠壁相通,以便其吸收水分,不要漫灌,以免土壤板结。

◆作业

学生完成实训操作后,及时书写实训报告,并分析影响压条和埋条生根成活的因素。

学习单元 3 题库

学习单元 4　大苗的培育

学习目标

◆理解苗木移植的作用。

◆能正确选择苗木移植的时期。

◆能够掌握苗木移植的技术。

◆学会移植苗的抚育管理措施。

内容提要

大苗培育是园林苗圃区别于林业苗圃的重要特点。采用大规格苗木在企事业单位、旅游区、风景区、公园、道路等区域中栽植,很快能发挥绿化功能、防护功能并起到美化环境、改善环境的作用。同时绿化环境复杂,人类对园林植物的影响和干扰很大,且栽植地土壤、空气、水源不同程度地被污染或毒化,建筑物密集、拥挤等都极大地影响了园林植物的生长和发育,而选用大苗栽植有利于抵抗这些不良因素的影响。

本单元主要介绍园林苗木的移植技术,包括园林苗木移植的作用、移植的时期、移植的方法及技术要求、移植后的管理措施。

相关知识

项目 1　苗 木 移 植

项目导入

将播种苗或营养繁殖苗从苗床上挖起,扩大株行距进行重新种植,使苗木能更好地生长发育,这种育苗的操作方法称为移植,育苗移植后称移植苗。苗木移植后扩大了株行距,增大了苗木个体的生长空间,淘汰了一些没有发展前途的苗木,因此,苗木移植是培育优质大苗的有效途径。

学习任务

任务 1　移植的时期

中国明代的《种树书》中说到"移树无时惟勿使树知",也就是说,移树没有固定的时间,只要不使苗木受太大的损伤,一年四季都可以进行移植。苗木移植后,根系受到一定的损伤,打破了地下和地上部分的水分供应平衡,要经历一段时间的缓苗期,使根系逐步得以继续生长,增强其吸收水分的功能,才能使苗木恢复正常生长。因此,为了缩短苗木移植的缓苗期,使根系尽快恢复,提高苗木移植的成活率,应根据当地气候和土壤条件的季节变化,以及苗木的特性,确定适宜的移植季节。生产上一般在春季苗木萌芽前或在秋季苗木停止生长后进行移植,有时也在雨季移植。

1.春季移植

春季土壤解冻后直至苗木萌芽时,都是苗木移植的适宜时间。春季土壤解冻后,苗木的芽尚未萌动而根系已开始活动。移植后,根系可先进行生长,吸收水分、矿物质,为地上部分的生长做好准备。同时土壤解冻后至园林植物萌芽前,植株的生命活动较微弱,体内储存的养分还没有大量消耗,移植后易于成活。春季移植时应按苗木萌芽早晚来安排具体的移植时间,早萌芽者早移植,晚萌芽者晚移植。有的地方春季干旱大风,如果不能保证移植后充分供水,则应推迟移植时间或加强保水措施。

2.秋季移植

秋季应在苗木地上部分生长缓慢时或停止生长后进行移植,即落叶树从开始落叶至落完叶为止,常绿树在生长的高峰期过后。这时地温较高,根系还能进行一定时间的生长,移植后根系能得以愈合并长出新根,为来年的生长做好准备。秋季移植一般在秋季温暖湿润,冬季较温暖的地方进行。冬季严寒和冻害严重的地区不宜进行秋季移植。

3.雨季移植(夏季移植)

对于冬春雨水很少,夏季又恰逢雨季的地方,可进行雨季(夏季)移植。此方法多用于北方移植针叶常绿树苗木,南方移植常绿树类苗木,这个季节雨水多、湿度大,苗木的蒸腾量较小,根系生长较快,移植较易成活。

4.冬季移植

南方地区冬季较温暖,苗木没有明显的休眠期,只是生长缓慢,可在冬季进行移植;北方地区冬季气温低,冻结层厚,也可带冰坨移植。

任务 2　移植前的准备工作

1.地块选择

移植苗木的目的是要培养大规格的优质苗木。为了给苗木提供合适的生长条件,所选地块应平坦,光照充足,通风较好且无大风,交通方便,有良好的灌排水设施。同时要考虑土壤肥力、地下水位、土质、土层厚度等因素。为了促使根系良好发育,要选择肥力较好,质地疏松、透气,保水保肥的土壤。土层厚度最好在1.0 m以上,地下水位在1.5 m以下。同时,要根据所移苗木的数量及移植密度确定地块的面积,做到大小合适。

2.规划设计

选定地块后要进行规划设计,确定移植苗木的种植方式、密度、挖坑或沟的数量、规格等。同时也要预计所需劳动力及工作时间。

培育大规格的苗木要经过多年、多次移植。苗木每次移植后需培育时间的长短,取决于该苗木生长的速度和移植的密度。速生苗木培育几个月即可,生长较慢的苗木要培育1～2年,有些园林绿化大苗可能需培育2～10年,对这些培育年龄较大的移植苗,应进行多次移植。

移植苗木的密度取决于苗木的生长速度、苗冠和根系生长的特性、苗木的喜光程度、培育年限、培育目的和抚育管理措施等。一般针叶树苗木的株行距比阔叶树小;速生苗木株行距较大,慢生苗木株行距较小;苗冠开展,侧根、须根发达,培育年限较长者,株行距应大一些,反之应小一些。以机械化进行苗期管理的情况,株行距应大一些,以人工进行苗期管理的情况,株行距可小一些。一般苗木移植的株行距可参考表4-1。

表 4-1　苗木移植株行距

苗木类型	第一次移植		第二次移植		举　例
	株距/cm	行距/cm	株距/cm	行距/cm	
针　叶　树	6～15	10～30	—	—	松、杉
阔　叶　树	12～25	30～40	50～80	80～100	乐昌含笑
花灌木树苗	50～80	80～100	100～120	150～200	丁香、连翘
攀缘类树苗	40～50	60～80	—	—	紫藤、地锦

移植苗的种植方式一般为长方形种植或正方形种植。确定株行距后,根据移植苗的规格采用适当的方式进行整地。如果移植苗木较小,根系较浅,可进行全面整地。在地表均匀地抛撒一层有机肥(农家肥),用量以每 667 m² 施肥 1 500～3 000 kg 为宜,也可结合施农家肥加入适量的化肥,如磷肥等。然后对土地进行深翻,深翻的深度以 30 cm 为宜,深翻后再打碎土块、平整土地,画线定点种植苗木。移植规格较大的苗木时,采用沟状整地或穴状整地。挖沟、挖穴以线或点为中心进行。挖沟一般为南北向,沟深 50～60 cm,沟宽 70～80 cm。挖穴一般深为 50～60 cm,直径为 80 cm 左右。

移植苗木的数量和整地的方式、规格确定后,还要计算移植的工作量,以便进行劳力、资金、时间等的计划安排,做到工作前有准备、工作中有条理、工作后有统计。

任务3　移植方法

1. 裸根移植

裸根移植主要用于落叶阔叶园林树木苗木,一般在苗木休眠时进行移植。移植起苗的前几天对苗木生长的地块要浇水,使土壤相对疏松,便于起苗,同时,使苗木充分吸水,增加苗木的含水量,提高其移植后的抗旱能力。起苗时,依苗木的大小,保留好苗木根系,一般 2～3 年生苗木保留根幅直径为 30～40 cm。在此范围之外下锹,切断周围的根系,再切断主根,提起苗干。起苗时使用的工具要锋利,以防止主根劈裂或撕裂。苗木起苗后,抖去根部宿土,并尽量保留须根。

从起苗后到栽植前,要对苗木进行修枝、修根、浸水、截干、埋土、储存等处理。修枝是将苗木的枝条适当短截。一般对阔叶落叶树进行修枝以减少蒸腾面积,同时除去生长位置不合适且影响树形的枝条为原则。裸根苗起苗后要进行剪根,剪短过长的根系,剪去病虫根或根系中受伤的部分,把起苗时断根后不整齐的伤口剪齐,这样有利于伤口愈合,发出新根。主根过长时应适当剪短主根。针叶树的地上部分一般不进行修剪。萌芽较强的树种也可将地上部分截去,以使其移植后可以生长出更强的主干。修根、修枝后应马上进行栽植,不能及时栽植的苗木,应将其根系泡入水中或埋入土中进行保存。对一些生根、成活较难的苗木,栽植前还可使用根宝、生根粉、保水剂等化学药剂处理根系,使其移植后能更快地成活生长。

苗木经过修枝、修根、浸水等处理后就可以进行栽植了。目前,生产上常用的栽植方法有:穴植法、沟植法、孔植法、缝植法等。

穴植法一般采用人工挖穴栽植,成活率高,生长恢复较快,但工作效率低,适用于大苗移植。在土壤条件允许的情况下,采用挖穴机挖穴可以大大提高工作效率。挖穴时应根据苗木的大小和设计好的株行距,先拉线定点,然后再挖穴,栽植穴的直径和深度应大于苗木的根系幅度。挖穴时将表土与心土分别放置,穴挖好后可在穴底施入适量的有机肥作底肥,再将表土回填作成圆丘状,然后放入苗木,使苗木的根系舒展并使苗木位于穴的正中。填土时,先用细土将根系覆盖至穴深的1/3～1/2时,轻轻提一下苗木,进一步使其根系舒展,再填土,边填土边踩实,填土到地表为止,并浇足水。苗木栽植的深度应等于或略深于原来栽植地径痕迹的深度,一般可略深1～3 cm。较大苗木在栽植后应立支柱支撑,以防止苗木被风吹歪或吹倒。

沟植法先按行距开沟,再将苗木按株距排列于沟中,并对其扶直、填土、踩实。填土时要让土渗到根系中去,浇水时要顺着行向浇。此法一般适用于移植小苗。

孔植法是先按株行距画线定点,然后在点上用打孔器打孔,打孔深度与原栽植深度相同或稍深,把苗放入孔中,再覆土。孔植法如果使用专用的打孔机,可以提高工作效率。

缝植法是先使用铁锹或栽植铲开缝,把苗木放入缝中的适当位置,然后压实土壤。此法适用于小苗或主根长而侧根不发达的苗木的移植。

2.带土坨移植

常绿树及移植不易成活的苗木,移植时可带土坨。其方法是铲除苗木根系周围的表土,然后按一定的土坨规格,顺次挖去规格范围以外的土壤。根据苗木特性和土壤特征来确定是否需要包扎。只带宿土不需要包扎的苗木,可保留根部护心土及根毛集中处的土块。需要包扎的苗木,在四周挖好后,再用草绳进行包扎。包扎完成后再把主根铲断,将带土球的苗木提出坑外。一般2～3年生苗木的土球直径为30～40 cm。规格较大的苗木则要求有较大的土球。

带土坨移植的苗木,从起苗后到栽植前,也要进行修枝、修根、截干、埋土等处理。根据苗木的生长特性和气候特征,对于地上部分可进行剪叶、修枝、截干等不同程度的处理。对于地下部分,土坨外边露出的较大根段的伤口要剪齐,过长的须根也要剪短。苗木在修根、修枝后应马上进行栽植。不能及时栽植的苗木,宜将土坨用湿草帘覆盖或将包扎过的土球用土堆围保存。

带土坨的苗木一般采用穴植法。挖穴的规格要大于土坨的规格,栽植时,先将穴底填上一层疏松的肥土,再将带土坨的苗木放入穴中,经包扎过的苗木要除去包扎物,然后在土球外围填土,土壤要打碎填实,填至土球上方为止。栽植的深度应与原深度一致或比原来略深。栽植时,要注意不损伤树干。

知识探究

移植的作用

苗木移植这项技术措施,在园林植物育苗生产中起着重要的作用。

1.培养高质量苗木

一般的育苗方法,如通过播种、扦插、嫁接等方法培育苗木时,小苗的密度较大。随着苗木的不断生长,株高和冠幅迅速地增加和扩张,枝叶逐渐稠密,故日显拥挤,如不及时移植,会因为营养面积小,生存空间狭窄,苗木之间互相争夺水、肥、光照、空气等,导致苗木细长,枝叶稀疏,株形变差,易感染病虫害。因此必须扩大苗木的株行距。扩大株行距的方法有间苗和移植两种。不过由于间苗会浪费大部分苗木,且留下的苗木也不便对其根系进行修剪,

因此生产上常使用移植的方法来扩大苗木的株行距。

幼苗经过移植，增大了株行距，扩大了生存空间，能使根系充分舒展，叶面充分接受阳光，增强苗木的光合作用、呼吸作用等生理活动，为苗木的健壮生长提供良好的环境。也由于增大了株行距，改善了苗木间的通风透光条件，从而减少了病虫害的滋生。另外，在移植过程中对根系、苗冠进行必要的合理的整形修剪，人为地调节了地上部分与地下部分的生长平衡。同时，移植的过程也是一个淘汰的过程，那些生长差、达不到要求或预期不能发育成优质大苗的劣质苗木会被淘汰，从而提高了苗木质量。移植还为施肥、浇水、修剪、嫁接等日常管理工作提供了方便。

2.节约用地，培养大苗

在苗木生长的不同时期，其体积大小不同，对土地面积的需求也不同。对于园林绿化所需的大苗，在其各个龄期，应根据苗木的体量大小、生长特点及群体特点合理安排密度，最大限度地利用土地，在有限的土地上尽可能多地培育出大规格的优质绿化苗木，使土地效益达到最大化。

3.提高苗木的成活率

未经过移植的苗木根系分布深，侧根、须根少，定植后不易成活，生长势差。苗木经过移植后，由于主根和部分侧根被切断，刺激根部萌发出大量的侧根、须根，可在较大范围的土层内吸收水分和养分，从而使苗木生长旺盛。而且这些新生的侧根、须根都处于根颈附近和土壤的浅层，故将来起苗伤根少，有利于提高栽植的成活率。

4.有利于苗木的分级

苗木移植时，一般要根据苗木体量的大小、个体和群体特点及生长速度，分级栽植，合理安排密度，防止苗木参差不齐。分级移栽后，苗木在高度、大小一致的情况下，其生长较均衡、整齐，分化小，管理比较方便，有利于在有限的苗圃地上培育出质量好、批量大、规格一致的大苗。

任务考核标准

序　号	考核内容	考核标准	参考分值
1	情感态度	学习积极主动，方法多样，认真听课，团结协作	10
2	移植起苗	起苗的方法正确，做到不损伤苗干和苗根	20
3	修剪	能根据需要进行修根剪枝	15
4	苗木分级	能根据苗木的规格进行分级，淘汰弱小苗木	10
5	移植密度	能根据当地的环境条件及苗木特征确定合理的密度	15
6	苗木栽植	能根据苗木状况及苗圃地情况选择适宜的栽植方法	20
7	工作记录和总结	有完成工作任务的记录，总结报告及时、正确	10
合　　计			100

自测训练

1.知识训练

◆名词解释

苗木移植　　裸根起苗　　沟植法

◆简答题

(1) 苗木移植的目的是什么?

(2) 一般在什么时间进行苗木移植?

(3) 苗木移植过程应注意什么?

(4) 苗木移植时,在起苗后栽植前一般应对苗木进行哪些处理?

2.技能训练

苗 木 移 栽

◆实训目的

掌握幼苗移植的操作技术。

◆材料用具

(1) 材料:播种苗或扦插苗等。

(2) 用具:铁锹(或锄头)、移植铲、修枝剪、盛苗器、钢卷尺、水桶、喷水壶等。

◆实训内容

(1) 起苗:将准备移植的苗木挖出,尽量不要损伤苗根和枝干,保留一定的根幅。

(2) 修剪:根据需要适当修根剪枝,并按苗木的大小进行分级。

(3) 移植:先确定株行距,再根据苗木大小、根系状况和苗圃地情况等分别采用缝植法、沟植法或穴植法等方法进行移植,需注意植苗深度要适宜,并应做到栽正、踩实。

(4) 栽后管理:栽后应适时灌溉,必要时遮阴。

◆作业

学生完成实训操作后,及时填写实训报告。

项目 2 移植后的管理

项目导入

移植后的管理是决定能否将移植苗培育成优质大苗的重要环节。管理的任务在于创造优越的环境条件,满足移植苗对水、肥、气、光、热等各方面的要求,以获得较高的成活率和较快的生长速度,尽快地培育出满足园林绿化需要的优质大规格苗木。

学习任务

任务 1 移植后成活前的管理

1.浇水

苗木移植后,应马上进行浇水。苗圃地一般采用漫灌的方法浇水。对于大规格苗木也可以进行单株树盘灌。第一次浇水必须浇透,使坑内或沟内的水不再下渗为止。第一次浇水后,如遇干旱天气,应隔 2～3 天再浇一次水,连续进行 3～4 次,以保证苗木的成活。浇水一般在早上或傍晚进行为好。

2.覆盖

浇水后待水下渗完,苗圃地里能劳作时,在苗下覆盖塑料薄膜或覆草。覆盖塑料薄膜

时,要将薄膜剪成方块,薄膜的中心穿过苗干,用土将薄膜的中心和四周压实,以防止空气流通。覆膜可提高地温,促进苗木的生长,同时也可防止水分散失,减少浇水量,提高成活率。覆草是使用秸秆覆盖苗木生长的地面,厚度为 5~10 cm。覆草可保持水分,增加土壤的有机质,夏季可降低地温,冬天则可提高地温,促进苗木的生长。但覆草可能会加重病虫害。如果不进行覆盖,待水渗下后地表开裂时,应覆盖一层干土,堵住裂缝,防止水分的散失。

3. 扶正

移植苗在第一次浇水或降雨后,容易发生倒伏并露出根系。因此移植后要经常到田间观察,发现倒伏要及时扶正、培土踩实,不然会出现偏冠甚至死亡的现象。扶苗时应视情况挖开土壤扶正,不能硬扶,以免损伤树体或根系。扶正后,需整理好地面,培土、踏实并立即浇水。对容易倒伏的苗木,在移植后应立支架,待苗木根系长好后,不易倒伏时再撤掉支架。

4. 补植

苗木移植后,会有少量的苗木不能成活,因此移植后要定期检查苗木的成活情况,将不能成活的植株挖走,重新补植苗木,以有效地利用土地。

任务2　移植苗的一般管理措施

1. 苗木施肥

1.1　苗木的施肥量

苗圃合理的施肥量应以苗木在不同时期需要从土壤中吸收的肥料数量为基准,但迄今为止国内外在这方面的研究并不多。在理论上通常用下面的公式计算:

$$A = \frac{B-C}{D}$$

式中　A——合理施肥量(kg);

　　　B——苗木对某元素所需的量(kg);

　　　C——苗木从土壤中能吸收的某元素的量(kg);

　　　D——肥料的利用率(%)。

上式是从理论上获得的计算公式,实际生产中要准确测得以上数据比较困难,加之肥料施入土壤中后,各种元素之间的相互作用较复杂,影响着苗木对肥料的吸收。因此,生产上常通过田间试验结合生产经验来确定适宜的施肥量及其比例。

1.2　施肥方式与方法

施肥方式可分为土壤施肥和根外追肥两种。

1.2.1　土壤施肥

根据大苗培育的特点,土壤施肥的方法可分为沟施、撒施或浇施、穴施等。

1) 沟施

在苗床行间开沟,将肥料施在沟中,沟施时,可采用液体肥料浇施或者干施的方法。液体追肥时,先将肥料溶于水,再浇在沟中;干施时为了保证撒肥均匀,可用数倍或几十倍的干细土与肥料混合后再撒施于沟中,然后用土将肥料覆盖住,以防肥效损失。施肥后是否覆土对肥效的影响很大。如氨水、碳酸氢铵等肥料,施肥后,如不盖土,肥分的损失很大。

2）撒施或浇施

这种方法是将肥料溶于水后浇在苗床地面,或将肥料直接(也可将肥料与干土混合)均匀撒在苗床地面并浇水使之溶解渗入土壤。撒施肥料时,尽量避免撒到苗木叶面上,否则会灼伤苗木。

3）穴施

经过多次移植的大规格苗木,株行距较大,可进行穴施。其方法是在树冠投影圈内,按一定的距离挖穴,穴的数量依树冠的大小而定,穴的大小一般为 30 cm 左右,深度视苗木根系的深度而定,将肥料施入穴内,覆土填平。

1.2.2　根外追肥

根外追肥是将速效肥溶于水后,直接喷洒在叶面上,故又名叶面追肥(其具体方法详见学习单元 3)。

2.中耕除草

中耕必须及时,每逢灌溉或降雨后,当土壤湿度适宜时就要及时进行中耕,以减少水分的蒸发,避免土壤出现板结和龟裂现象。中耕的深度对中耕的效果影响较大,中耕过浅效果不佳,中耕过深易损伤苗木根系,具体深度需根据苗木大小及根系深浅而定。除草时应尽量将草根挖出,以达到根治的效果(详见学习单元 3)。

3.灌水与排水

水分既是植物的重要组成成分又是植物生存最重要的环境因子之一。苗木生长所需的水分,主要来自灌溉。

3.1　灌溉方法

灌溉应综合考虑苗木的生长特性、土壤特点和气候条件等因素,确定适宜的灌溉时间、灌溉量和灌溉方法。根据培育大苗的特点,灌溉方法主要有以下几类。

3.1.1　侧方灌溉

侧方灌溉也即沟灌,主要用于高床高垄的灌溉。采用此法灌溉苗床,床面不会板结,但用水量大,当床宽时,灌水不易均匀。

3.1.2　漫灌

漫灌也即洼灌,主要用于低床。这种方法较沟灌节水,但床面易板结,易造成土壤通气不良。

3.1.3　喷灌

喷灌时喷水均匀,能节约用水,灌溉效果好,但需要较多的投资,并且大风时使用不方便。

3.1.4　滴灌

滴灌比喷灌更节约水,但需要较多的配套设施,国内使用不普遍。

3.1.5　盘灌

盘灌适用于经过多年培育的大规格苗木。以干基为圆心,在树冠投影范围以内的地面筑埂围堰,形似圆盘,在盘内灌水。盘灌用水经济,但浸湿土壤的范围较小,由于大苗的根系可能比冠幅大,因此离干基较远的根系,难以得到水分的供应,同时盘灌还有破坏土壤结构、

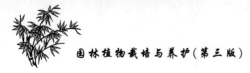

使表土板结等缺点。

3.1.6 穴灌

穴灌适用于经过多年培育的大规格苗木。在树冠投影范围外侧挖穴，将水灌入穴中。穴的数量依苗木冠幅的大小而定，穴深以不伤粗根为准，灌后将土还原。这种方法用水经济，不会引起土壤板结，适用于水源缺乏的地区。

3.2 排水

排水也是水分管理的重要环节（具体方法详见学习单元3）。

4.苗木防寒及防暑

4.1 常用的防寒措施

具体方法详见学习单元3。

4.2 常用的防暑技术措施

苗木在异常高温的影响下，其生长速度会下降甚至会受到伤害。这实际上是在高温和阳光的强烈照射下，苗木所发生的一种暑害，这种现象在仲夏和初秋最为常见。防止高温对苗木造成伤害，可采取以下措施。

4.2.1 加强灌溉

灌溉使土壤水分的含量提高，增强了蒸腾和蒸发作用，从而降低了苗木体的温度。

4.2.2 移植前进行抗性锻炼

保护地中的苗木，在移植前应加强抗高温锻炼，逐渐疏开树冠和增加光照，以便其适应新环境。

4.2.3 保持移植苗较完整的根系

移植时应尽量减少根系的损伤，并使土壤与根系密接，以便移植苗顺利吸水。

4.2.4 加强综合管理，促进根系生长，增强抗性

生长季节要特别注意防止干旱，避免各种原因造成的叶片损伤，防止病虫危害，合理施肥，增强苗木的抗性。

4.2.5 加强受害苗木的管理

对于已经遭受伤害的苗木应进行适当的修剪，去掉受害枯死的枝叶。适时灌溉和合理施肥，特别是增施钾肥，有助于苗木生活力的恢复。

任务考核标准

序　号	考核内容	考核标准	参考分值
1	情感态度	听从指挥，服从安排，具备团队合作精神	10
2	施肥	了解各种肥料的性质，正确使用肥料种类及施肥量	20
3	灌溉与排水	正确掌握灌溉的时间和灌溉量，做到适时排水	20
4	中耕除草	掌握中耕除草的方法	20
5	防寒、防暑	了解寒害、暑害的类型，掌握防治的方法	15
6	总结报告	写出实习报告，上交及时	15
		合　计	100

自测训练

1. 知 识 训 练

◆填空题

(1) 苗木移植后成活前的管理措施有(　　)、(　　)、(　　)、(　　)等。

(2) 苗木的一般管理措施有(　　)、(　　)、(　　)、(　　)等。

◆简答题

(1) 移植苗常用的施肥方法有哪些?

(2) 移植苗常用的灌溉方法有哪些?

(3) 移植苗应采取哪些措施进行防暑?

2. 技 能 训 练

苗 木 施 肥

◆实训目的

通过本次实训理解苗木施肥的重要意义;熟悉肥料的分类;学会苗木的营养诊断;掌握苗圃的施肥方法及操作技能技巧。

◆材料用具

苗床、各种肥料、喷雾器、量筒、水桶、瓢、锄头、镐、桶等。

◆实训场地

学校苗圃、种苗实训基地或附近的种苗生产企业。

◆实训形式

在教师的指导下进行苗木的营养诊断、认识肥料种类、施基肥和追肥。

◆实训内容

(1) 根据苗木外形、色泽对植物进行营养诊断。

(2) 施基肥:一般是在耕地前将肥料全面撒于苗圃地,耕地时把肥料翻入土层中,深度应在 $15\sim17$ cm。

(3) 追肥:①撒施,在下小雨时把尿素、碳酸氢铵等肥料均匀地撒在苗床上;②条施,在苗木行间开沟,把肥料施入后盖土,开沟的深度以达到根吸收最多肥料的层次为宜,即表土以下 $5\sim20$ cm,特别是追施磷肥、钾肥时;③浇施,把经过腐熟的人粪尿或畜粪尿稀释后,均匀地撒施在苗床上,或将 0.5% 的尿素水溶液撒施在苗床上;④根外追肥,需追施的磷肥、钾肥浓度为 1%,其中磷、钾比例为 $3:1$;尿素浓度为 $0.2\%\sim0.5\%$,用喷雾器均匀地喷洒在叶片上。

(4) 注意事项:注意施肥的浓度不能过高,否则易烧叶、烧根;特别注意化肥中的硝铵不能用铁器敲击,否则容易引发燃烧或爆炸;根外追肥时叶片的正反两面都要喷洒均匀。

◆作业

写出各种施肥操作过程及技术要点,着重指出实训中要注意的问题。

知识测验

学习单元5 苗木出圃

◆了解苗木的质量标准。
◆掌握园林苗木调查的方法。
◆熟练掌握苗木出圃程序。
◆掌握苗木挖掘、假植的方法。

项目1 苗木出圃的调查

通过对苗木的调查,能全面了解全圃各种苗木的产量与质量,以便制定苗木的出圃计划和下一年度的生产计划,并可通过调查,进一步掌握各种苗木的生长发育状况,科学地总结育苗经验,为今后的生产提供科学依据。

任务1 确定苗木调查的时间

苗木调查主要是对在圃苗木进行产量和质量的调查,调查一般在秋季苗木停止生长之后至出圃前进行。在苗木调查前,应首先查阅育苗技术档案中记载的各种苗木的培育技术措施,并到各生产区踏查,以便划分调查区和确定调查方法。凡是苗木种类或品种、苗龄、育苗的方式方法及主要育苗技术措施等都相同的苗木,可划分为一个调查区。根据调查区的面积确定抽样面积,在样地上逐株调查苗木的质量指标和苗木数量,最后根据样地面积和调查区面积,换算出调查区的总产苗量,进而统计出全圃各类苗木的产量和质量。

任务2 掌握苗木调查的方法

1.标准地法

标准地法用于苗床育苗、播种育苗的小苗。可以以面积为标准,在调查区内采取随机抽样的方式选取 1 m² 的标准地若干,在标准地上逐株测量苗高、地径、冠幅等质量指标,计算出每平方米苗木的平均数量和质量指标,进而推算出整个育苗区苗木的产量和质量。

2.标准行法

标准行法适用于移植区、扦插苗区、点播苗区等。首先,在要调查的苗木生产区中,每隔一定的行数(如5的倍数)选一行或一垄作为标准行。在标准行上选出有代表性的一定长度的地段作为标准段,一般标准段长 1 m 或 2 m,大苗可稍长一些,样本数量应符合统计抽样的要求。在选定的标准段上进行每株苗高、地径、冠幅等苗木质量指标以及苗木数量的调查,再根据标准段的调查结果计算每米苗行上相关数据的平均值。最后,计算出每公顷及全生产区的苗木数量和质量指标。

应用标准行或标准地进行调查时,一定要从数量和质量上选择有代表性的地段进行苗木调查,否则调查的结果不能代表整个生产区的情况。标准地或标准行的面积一般占总面积的 2%～4%。

3. 计数统计法

计数统计法适用于珍贵园林植物的苗木和大规格苗木。其方法是对苗木进行逐株点数,并抽样测量苗高、地径或胸径、冠幅等,计算出其平均值,以掌握苗木的数量和质量状况。生产上有时还对准备出圃的大规格苗木进行逐株清点、测量,并在苗木上做上规格标志,方便了出圃工作的进行。

任务 3　学会苗龄的表示方法

苗龄是苗木的年龄,一般以苗木主干的年生长周期为计算单位。即每年以地上部分开始生长到生长结束为止,完成一个生长周期为 1 龄,称为一年生,完成 2 个生长周期的为二年生,依此类推。移植苗的年龄包括移植前的年龄。

苗龄用一组阿拉伯数字表示,第一个数字表示播种苗或营养繁殖苗在原栽植地的年龄;第二个数字表示第一次移植后培育的年限;第三个数字表示第二次移植后培育的年限,数字间用短横线间隔,各数字之和表示苗木的年龄。如:

(1) 1-0,表示一年生苗木,未经移植;

(2) 2-0,表示二年生苗木,未经移植;

(3) 2-1,表示三年生移植苗,移植一次,移植后培育了一年;

(4) 2-2-1,表示五年生移植苗,移植两次,第一次移植后培育了两年,第二次移植后培育了一年;

(5) 0.2-0.8,表示一年生移植苗,移植一次,原地生长 1/5 年生长周期后移植培育了 4/5 年周期;

(6) 1(1)-0,表示一年干两年根,未经移植的苗木;

(7) 1(2)-1,表示两年干三年根,移植一次的苗木。

> **知识探究**

1. 苗木调查的意义

为了全面了解苗圃中各种苗木的产量和质量,需在每个生长季节中苗木的地上部分停止生长后,按植物的种类或品种、育苗方法、苗木年龄及用途分别调查苗木产量、质量,为下一阶段合理调整安排生产、调拨、供销计划提供依据。同时,通过苗木调查,可掌握苗木的生长发育状况,科学地总结育苗成功经验,吸取失败的教训,提高生产管理水平。

2. 出圃苗木的质量标准

出圃苗木有一定的质量标准。对于不同种类、不同规格、不同绿化层次及某些特殊环境、特殊用途等的苗木,有不同的质量标准要求。

一般苗木的质量主要由根系、茎高、干径和冠幅等因素决定。高质量的苗木应具备如下

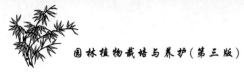
的条件。

(1) 出圃苗木应生长健壮,体形、骨架基础良好。

(2) 根系发育良好,有较多的侧根和须根。

(3) 苗木的径根比适当、高径比适宜。径根比是指苗木地上部分的鲜重与根系的鲜重之比。径根比过大的苗木,根系少,根系与地上部分的比例失调,苗木质量差;径根比过小的苗木,地上部分生长小而弱,质量也不好。各种苗木的径根比依植物种类的不同而不同,如一年生播种苗的径根比,落叶松多为 1.4~3.0,柳杉多为 1.5~2.5;二年生油松以不超过 3 为好。高径比是指苗高与地际的直径之比,它反映了苗木高度与苗粗之间的关系。高径比适宜的苗木生长匀称,质量好;高径比过大或过小,表明苗木过于细高或过于粗矮,都不好。例如,二年生松苗以(34~40):1 为好。另外,苗木的全株重量反映了苗木的生物量。同一种苗木,在相同的条件下栽培,重量大的苗木一般生长健壮,根系发达,品质优良。

(4) 苗木无病虫害和机械损伤,有严重病虫害及机械损伤的苗木应禁止出圃。园林树木的顶芽一旦受损,就不能形成完整的树冠,影响绿化效果。

(5) 经过移植的苗木根系发达,移植后成活率高。五年生以下的苗木一般要移植一次,五年生以上的苗木要移植两次以上。野生苗和山地苗应在苗圃地培育三年以上才能应用。另外,萌芽力弱的针叶树苗木,要有饱满的顶芽。

目前,国外还根据苗木的含水量、苗木根系的再生能力、苗木的抗逆性等生理指标来评定苗木质量的优劣。

3. 苗木出圃的规格要求

苗木出圃的规格,需根据各地的自然条件和绿化任务的不同来确定。如行道树、庭荫树,苗木的规格要求就高一些,而一般绿化植物或花灌木的苗木规格要求可低一些。随着城乡建设的发展,人们急切追求绿化美化效益,对苗木的规格要求有逐渐增高的趋势。有关苗木规格,各地有不同的规定,现将华中地区正在执行的标准细列如下,仅供参考。

(1) 大中型落叶乔木,如银杏、栾树、梧桐、水杉、枫杨、合欢等树种,要求树形良好,树干通直,分枝点为 2~3 m。胸高直径(也称胸径)在 5 cm 以上(行道树苗胸径要求在 6 cm 以上)为出圃苗木的最低标准。其中,干径每增加 0.5 cm,规格就要提高一个等级。

(2) 有主干的果树、单干式的灌木和小型落叶乔木,如枇杷、垂柳、榆叶梅、碧桃、紫叶李、海棠等,要求树冠丰满,枝条分布匀称,不能缺枝或偏冠。根颈的直径在 2.5 cm 以上为最低出圃规格。在此基础上,根颈直径每提高 0.5 cm,就要提高一个规格等级。

(3) 多干式灌木,要求根颈分枝处有 3 个以上分布均匀的主枝。但由于灌木的种类很多,树型差异较大,故又可分为大型、中型和小型。各型规格要求如下:①大型灌木类,如结香、大叶黄杨、海桐等,出圃高度要求在 80 cm 以上,在此基础上,高度每增加 10 cm,即提高一个规格等级;②中型灌木类,如木槿、紫薇、紫荆等,出圃高度要求在 50 cm 以上,在此基础上,苗木高度每提高 10 cm,即提高一个规格等级;③小型灌木类,如月季、南天竹、杜鹃、小檗等,出圃高度要求在 25 cm 以上,在此基础上,苗木高度每提高 10 cm,即提高一个规格等级。

(4) 绿篱苗木,要求苗木的生长势旺盛,分枝多,全株成丛,基部枝叶丰满。灌丛直径大于 20 cm,苗木高度在 20 cm 以上,为出圃最低标准。在此基础上,苗木高度每增加 10 cm,即提高一个规格等级。如小叶黄杨、花叶女贞、杜鹃等树种。

（5）常绿乔木，要求苗木树型丰满，保持各树种特有的冠形，苗干下部树叶不出现脱落，主枝顶芽发达。苗木高度在 2.5 m 以上，或胸径在 4 cm 以上，为最低出圃规格。高度每提高 0.5 m，或冠幅每增加 1 m，即提高一个规格等级。如香樟、桂花、红果冬青、深山含笑、广玉兰等树种。

（6）攀缘类苗木，要求生长旺盛，枝蔓发育充实，腋芽饱满，根系发达。此类苗木由于不易计算等级规格，故以苗龄确定出圃规格为宜，但苗木必须有 2～3 个主蔓。如爬山虎、常春藤、紫藤等树种。

（7）人工造型苗木，如黄杨、龙柏、海桐、小叶女贞等植物，出圃规格可按不同的要求和目的而灵活掌握，但是造型必须完整、丰满、不空缺和不秃裸。

（8）桩景。桩景正日益受到人们青睐，加之经济效益可观，所以在苗圃中所占的比例也日益增加。如银杏、榔榆、三角枫、对节白蜡等树种。以自然资源作为培养材料，要求其根、茎等具有一定的艺术特色，其造型方法类似于盆景制作，出圃标准由造型效果与市场需求而定。

任务考核标准

序　号	考核内容	考核标准	参考分值
1	情感态度	准备充分，认真对待	15
2	苗木调查	苗木调查时间合理，方法正确	35
3	苗龄表示方法	能正确书写各种苗木的年龄	35
4	工作记录和总结	有完成工作任务的记录，总结报告及时、正确	15
		合　计	100

自测训练

1. 知识训练

（1）如何确定苗木调查的时间？

（2）苗木出圃前的调查方法有哪些？

（3）苗木出圃的质量要求有哪些？

2. 技能训练

苗木出圃前调查

◆实训目的

掌握苗木调查的方法，查明苗木的产量和质量，作好苗木的供应计划与生产计划，为生产及经营提供依据。

◆材料用具

（1）材料：生产苗圃的苗木。

（2）用具：皮尺、游标卡尺、直尺、记录夹、表格、计算器、苗木育苗档案。

◆实训场地

苗圃地。

◆实训形式

在苗圃地现场分组进行调查。

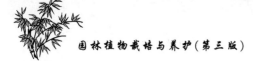

◆实训内容

(1)三种调查方法可分组同时进行,调查统计结束后,各组同学分别汇报调查结果和遇到的问题,教师引导同学总结出几种方法的优缺点及其适宜的应用场所。

(2)调查前,了解所要测量的各项指标的测量方法,分组调查时,教师对所选标准行或标准地的代表性进行确认,尽量避免人为误差。

◆作业

将苗木调查的结果填入苗木调查统计表(见表 5-1),写出苗木质量分析报告。

表 5-1　苗木调查统计表

作业区号	树种	苗龄	面积	质　　　量					株　　数
				苗高/cm	胸径(地径)/cm	冠幅/cm	主根长/cm	侧根数	

项目 2　苗木起苗、分级与假植

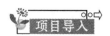

起苗又称掘苗。起苗操作技术的好坏,对苗木的质量影响很大,也影响到苗木的栽植成活率以及生产、经营效益。为了提高绿化的质量,避免将不合格的苗木用于绿化,减少绿化点园林植物生长出现的分化现象,生产上要对培育的苗木进行分级。

1. 起苗

1.1　起苗季节

1.1.1　春季起苗

一般要在春季树液开始流动前起苗,春季起苗主要适用于不宜冬季假植的常绿园林树木或假植不便的大规格苗木。春季移苗时,应在起苗的同时进行栽植。大部分绿化苗木可在春季起苗。

1.1.2　秋季起苗

秋季起苗应在秋季苗木停止生长、叶片基本脱落、土壤封冻之前进行。此时,根系仍在缓慢生长,起苗后应及时栽植,有利于根系伤口愈合,也有利于苗圃地的冬耕和因苗木带走土球造成苗床出现大穴而必须回填土壤等苗圃地的整地工作。秋季起苗适用于大部分园林树木,尤其是春季开始生长较早的一些种类,如春梅、落叶松、水杉等。在过于严寒的北方地区,对于不宜露地越冬的苗木,也应在秋季起苗,将掘起的苗木进行假植防寒。

1.1.3 雨季起苗

对于我国许多季节性干旱地区,春秋两季降雨较少,土壤含水量低,不利于园林植物栽植的成活,因此,对一些常绿园林树木常进行雨季起苗,一般带土球随起随栽,如樟树、油松、侧柏等。

1.1.4 冬季起苗

冬季起苗主要用于冬季土壤没有冻结现象的南方,起苗后应立即进行栽植。北方严寒地区常进行冬季破冻土带冰坨起苗。

1.2 起苗方法

1.2.1 裸根起苗

大多数落叶园林树木和栽植容易成活的其他小苗均可采用裸根起苗。大苗裸根起苗时应单株挖掘。挖苗前应先将树冠拢起,防止碰断侧枝和主梢,然后以树干为中心画圆,在圆圈外挖沟,垂直下挖至一定深度,切断侧根,然后于一侧向内深挖,并将粗根切断。如遇到难以切断的粗根,应把粗根四周的土挖空后,用手锯锯断粗根。切忌强按树干或硬劈粗根,这样易造成根系劈裂。根系全部切断后,将苗取出,对病、伤、劈裂及过长的主根及时进行修剪。

起小苗时,沿苗行方向距苗木一定距离(根据带根系的幅度确定)挖一道沟,沟深与主要根系的深度相同,并在沟壁苗方一侧挖一个斜槽,根据要求的根系长度截断根系,再从苗的另一侧垂直下锹,轻轻放倒苗木并打碎根部泥土,尽量保留须根,挖好的苗木立即打泥浆。苗木如不能及时运走,应放在阴凉通风处假植。起苗前如果天气干燥,应提前2～3天对起苗地灌水,使苗木充分吸水,并使土质变软,便于操作。

1.2.2 带土球起苗

一般常绿树苗木、珍贵树种苗木和较大的花灌木,为了提高栽植成活率,需要带土球起苗,以达到少伤根、缩短缓苗期、提高成活率的目的。这种方法的优点是栽植成活率高,但其施工费用较高。在裸根栽植能成活的情况下,尽量不用带土球起苗。

土球的大小视植物的种类、苗木的大小、根系的分布、栽植成活的难易、土壤的质地以及运输条件来确定。一般土球直径为根颈直径的8～10倍,土球高度约为土球直径的2/3,土球中应包括大部分的根系。灌木的土球大小以其冠幅的1/4～1/2为标准。在天气干旱时,为防止土球松散,可于挖前1～2天灌水,以增加土壤的黏结力。

起苗前,应将树冠捆扎好,少数珍贵大苗,还要将根颈以上1 m的主干用草绳或稻草包扎,防止施工时或运输过程中损伤。起苗时,应先把苗干周围地表的松土铲去,然后在确定的土球尺寸的外围挖一条操作沟,沟壁垂直,沟深与土球高度相当,沟宽以方便作业为度。用铁锹斩断侧根和须根,遇到粗根,应用枝剪剪断或用手锯锯断,不要震散土球。挖至规定深度后,用铁锹将土球表面及周围修平,使土球呈上大下小的苹果形。土球修好后,立即用蒲包和草绳进行打包,打包的形式和草绳捆扎的密度视土球的大小、土壤的质地和运输的距离确定。土球大、土壤质地疏松、运输距离远的,应采用牢固包扎的形式,草绳捆扎密度应大一些;土球小、土壤不易松散、运输距离较近的,包扎可简单些,草绳捆扎密度可小一些。如

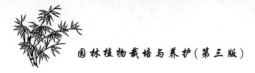

果土球底部松散,必须及时填塞泥土和干草,并包扎结实。

1.2.3　机械起苗

目前起苗已逐渐由人工向机械作业过渡。机械起苗效率高,节省劳力,劳动强度轻,成本低。但机械起苗只能完成切断苗根,翻松土壤的过程,不能完成全部的起苗作业。常用的起苗机械有国产 XML-1-126 型悬挂式起苗犁,适用于 1～2 年生床作的针叶、阔叶苗;DQ-40 型起苗机,适用于 3～4 年生苗木,可用于高度在 4 m 以上的大苗。

2. 苗木分级

起苗后应根据一定的质量标准把苗木分成若干等级。园林苗木的种类繁多,规格要求不同,目前各地尚无统一的分级标准。一般根据苗木的主要质量指标(苗高、地径、根系、病虫害和机械损伤等),将苗木分成为成苗(合格苗)、幼苗(未达出圃规格,需继续培育)和废苗三级。其中成苗又可分为两级,即Ⅰ级和Ⅱ级苗。成苗中的Ⅰ级苗一般应具备以下条件:苗干粗壮端直,具有一定高度,充分木质化无徒长现象,枝叶繁茂,色泽正常;根系发达,主根粗壮,具有一定长度,侧、须根较多,根幅大;具有饱满的顶芽;苗木重量大,冠根比值小,无病虫害和机械损伤。

除了上述要求外,一些特种整形的园林观赏树种的苗木,还有一些特殊的规格要求,如行道树要求分枝点有一定高度;果树苗则要求骨架牢固,主枝分枝角度大,嫁接口愈合牢靠,品种优良等。

苗木的分级工作应在背阴避风处进行或在搭设的阴棚下进行,并做到随起苗、随分级、随栽植(或假植),以防风吹日晒后苗木失水过多。

3. 苗木假植

将苗木的根系用湿润的土壤暂时培埋起来,防止根系干燥的方法,称为假植。根据假植时间的长短,可分为临时假植和越冬假植(长期假植)。

3.1　临时假植

起苗后不能及时运出,或是运到施工地不能及时栽植时,为防止苗木失水暂时用湿润土壤培埋根系的方法为临时假植。其方法是在苗圃地的一侧,或在绿化施工地的附近,选择地势较高、排水良好、避风的地方,挖一条深为 20～30 cm,宽 20～30 cm 的沟,将苗木沿斜坡逐个放置(小苗也可成捆排列),然后用下一排沟挖掘时翻出的土埋好第一排苗木的根系,同时挖好第二排沟,再按第一排苗木的方法埋好第二排苗木,依此类推,将苗木全部假植完。这种方法时间不宜太长,一般为 5～10 天,时间过长易造成苗木失水,影响其成活。如果遇大风或日照强、空气干燥的情况,应适当喷水。

3.2　越冬假植

秋季起苗后,当年不栽植,而将需要越冬的苗木进行假植的方法,称为越冬假植。由于假植的时间长,故也称长期假植。越冬假植要求选择背风向阳、排水良好、土壤湿润的地方挖假植沟。沟的方向与当地冬季的主风方向垂直,沟的规格因苗木大小而异,一般宽 35～45 cm,深约为苗木高度的一半,长度视苗木数量而定。沟挖好后将苗木逐个整齐地排列在斜坡上,然后填土踏实,使苗干下部和根系与土壤紧密结合,如果土壤过干,假植后应适量灌水,但切忌灌水过多,以免苗根腐烂。在寒冷的地区,可用稻草、秸秆等将苗木的地上部分加以覆盖,假植期间要经常检查,发现覆土下沉时要及时培土。

任务考核标准

序 号	考核内容	考 核 标 准	参 考 分 值
1	情感态度	操作认真规范,有团队精神	10
2	准备工具	工具准备齐全	10
3	起苗操作	操作规范,起苗质量高	25
4	分级方法	根据苗木的年龄、高度、粗度、冠幅、主侧根,选择适宜的分级方法	20
5	操作过程	挖沟、放苗和埋土操作过程规范、正确	25
6	创新总结	操作过程中能发现问题并积极思考解决问题	10
	合　　计		100

自测训练

1.知识训练

(1)起苗的方法有哪些?

(2)什么是苗木假植?苗木假植的方法有哪些?

2.技能训练

苗木起苗技术

◆实训目的

了解苗木掘取的时期,掌握苗木掘取及带土球起苗和包扎的方法与技术。

◆材料用具

(1)材料:待出圃苗木。

(2)用具:草绳、蒲包、铁锹、锯、修枝剪、卷尺等。

◆实训内容

(1)土球包扎方法的训练:可先用线绳及球形物模拟训练,现场操作可由教师示范后分组进行。

(2)对于裸根阔叶树大苗,为减少水分的损失,可先适当疏枝、短截。

◆作业

写出苗木掘取及带土球起苗和包扎的方法与技术的步骤及要点,并总结经验,写出体会。

项目3　苗木检疫、包装与运输

项目导入

为了防止危险性病虫害随着苗木的调运而传播蔓延,将病虫害限制在最小范围内,对输出和输入苗木的检疫工作十分必要。随着贸易全球化进程的加快,种苗的异地交流更为频繁,因而病虫害传播的危险性也越来越大,所以在苗木经营中,要做好病虫害的检疫工作。为了防止苗木根系失水,提高栽植成活率,在苗木运输时,应将苗木进行细致的包装。

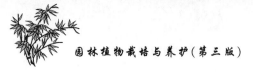

1. 苗木消毒与检疫

1.1 苗木消毒

苗木除在生长阶段用农药进行杀虫灭菌外,出圃时也应进行消毒。药剂消毒可用石硫合剂、波尔多液、升汞、硫酸铜等,分别对地上部分进行喷洒消毒和对根系进行浸根处理。石硫合剂一般用 4～5 波美度的水溶液浸苗根 10～20 min,再用清水冲洗一次。波尔多液用 1∶1∶100 式液浸苗根 10～20 min,再用清水冲洗一次,但对李属植物要慎重使用,尤其是早春萌芽季节更应慎重,以防药害。升汞用 0.1％浓度的水溶液浸苗 20 min,再用清水冲洗 1～2 次。可在升汞水中溶液加入醋酸、盐酸,这样杀菌的效力更大。硫酸铜用 0.1％～1.0％的水溶液,浸苗根 5 min,然后将苗根浸在清水中洗净,可用于休眠期苗木根系的消毒。

1.2 苗木检疫

苗木检疫是国家或地方政府通过颁布法令,设立专门机构,采取一系列措施,对种苗等繁殖材料的调运进行管理、控制和检验,其目的是防止危害苗木的各类病虫害、杂草随同苗木在销售和交流的过程中传播蔓延。因此,在苗木出圃前,应由国家植物检疫部门进行产地检疫。运往外地或从外地引进的苗木,应按国家和相关地区的规定对重点的病虫害进行调运检疫,如发现检疫对象,应停止调运并进行彻底消毒或销毁,避免病虫害检疫对象等的蔓延与传播。所谓检疫对象,是指危害严重、难以防治、在一定区域发生,并由国家权威部门公布的危险性病毒、害虫及杂草。

检疫时,高风险进境植物苗木应全部检查,中、低风险及出境苗木按其总量的 5％～20％随机抽检,如有需要可加大抽检比例。对珍贵苗木、大规格苗木和有特殊规格质量要求的苗木要逐株进行检疫。如需外运或进行国际交换,涉及出圃苗木的产品进出国境的检验时,应事先与国家口岸植物检疫主管部门和其他有关主管部门联系,按照有关规定,履行植物进出境的检验手续,通过检验取得有关合格证明并经批准,方可调运苗木。

2. 苗木包装

苗木在长途运输或储藏时,必须进行细致包装。其目的是防止苗木失水,避免机械损伤,同时包装整齐的苗木也便于搬运、装卸。常用的包装材料有聚乙烯编织袋、草包、麻袋、纸箱、纸袋、布袋、蒲包等。

包装方法可采用机械包装或手工包装,我国目前大多采用手工包装。对于裸根大苗,一般采用单株包装,包装时先将湿润物放在包装材料上,然后将苗木根放在上面,并在根间加入一些湿润物(如苔藓、湿稻草、湿麦秸等);或者将苗木的根部蘸满泥浆,用绳子捆扎。裸根小苗可用同样的方法将苗木按适当的数量成捆包装。带土球的苗木,为了防止土球碎散,挖出土球后要立即用塑料膜、蒲包、草包和草绳等进行包装;对有特殊需要的珍贵大苗有时用木箱包装。包装时一定要注意在外面附上标签,在标签上注明苗木的名称、苗龄,苗木的数量、等级、生产单位等。

3. 苗木运输

对于裸根苗木,运输时装车不宜过高或过重,不宜压得太紧,以免压伤枝梢和根系;枝梢不准拖地,必要时用绳子围拦将其吊拢起来,绳子与苗身接触的部分,要用蒲包垫好,以防损伤干皮。卡车的后厢板上应铺垫草袋、蒲包等物,以免擦伤苗木,装裸根大苗时应苗根朝前,枝梢向后,顺序排码。长途运苗最好用苫布将苗木盖严,以减少失水。对于带土球苗木,装

运时,土球朝前,苗梢向后,并立支架将苗木支稳,土球之间要码紧,必要时用木块、砖块支垫,以免行车时苗木晃摇,造成散坨。运输时土球上不准站人或压放重物,以防压伤土球。

运输过程中,要经常检查湿度和温度,以免湿度和温度不适,而降低苗木的生命力。如温度过高,要打开包装,适当通风,并更换湿润物以免发热,若发现湿度不够,要适当喷水。

 **任务考核标准**

序 号	考核内容	考核标准	参考分值
1	情感态度	实训积极主动,方法多样,听从安排	10
2	检疫与消毒	根据情况正确选择检疫与消毒的方法	30
3	包装	整齐有序,包装过程符合技术要求	30
4	运输	运输工具选择合理,苗木处理得当	20
5	工作记录和总结	有完成工作任务的记录,总结报告及时、正确	10
合　计			100

 **自测训练**

1. 知识训练

(1)苗木包装的方法有哪些?

(2)苗木运输过程中要注意什么?

2. 技能训练

苗木的假植

◆实训目的

通过本次实训,学会苗木假植的操作方法。

◆材料用具

(1)材料:待假植苗木、消毒药剂。

(2)用具:铁锹、修枝剪、喷雾器、标牌。

◆实训形式

以小组为单位,在教师的指导下进行实训操作。

◆实训内容

假植地点可根据实际生产情况确定,教师主要让学生掌握苗木假植技能,并对其他方法进行讲解或演示。

◆作业

提交苗木假植操作实习报告一份。

 **知识测验**

学习单元5题库

学习单元 6　园林植物的栽植

学习目标

　　◆理解园林植物栽植的基本理论知识。

　　◆掌握园林植物的露地栽植、保护地栽培、容器栽培、无土栽培以及屋顶花园植物栽植的基本技术。

　　◆能够从事园林植物栽植应用的相关工作。

　　◆学会园林植物栽培应用及园林绿地施工的基本技术。

　　◆熟练掌握常见园林植物的栽培应用技术。

内容提要

　　园林植物的栽植是园林植物应用的基本技术，栽植技术的好坏直接影响园林植物应用的成本、效益及美化效果。本单元主要从园林植物的露地栽植以及园林植物的保护地栽培、容器栽培、无土栽培和屋顶花园植物的栽植等方面介绍了园林植物栽植的基本理论、方法与技术。

相关知识

项目 1　园林植物的露地栽植

项目导入

　　园林植物的栽植是指按园林设计的要求，根据园林植物的生长发育规律和生态环境条件，将苗木移栽定植在园林绿地中的技术。栽植质量对园林植物的健康状况、发根生长的能力、抵抗各种灾害的能力、景观效果及养护成本等都有极其重要的影响，只有通过精细栽植，才能保证园林植物的成活，减少养护成本。

　　园林植物的露地栽植是指园林植物主要生长期的生长发育过程在露地自然条件下进行的栽培类型。露地栽植的园林植物包括在露地直播的植物和育苗后移栽到露地栽植的植物，其生长周期与露地自然条件的变化周期基本一致，主要包括各种木本植物，一、二年生草本植物，宿根草本植物，球根草本植物以及水生园林植物等，它们一般适应性强、栽培管理方便、省时省工、所需设备简单、生产程序简便、成本低，是园林绿化美化的主要栽植种类。

学习任务

任务 1　木本园林植物的露地栽植

1.栽植前的准备

　　园林树木露地栽植的准备工作的充分与否，直接影响到栽植的进度、质量、成活率及其生长发育。其准备工作一般包括以下几个方面。

1.1　了解设计意图与工程概况

栽植园林树木前应向设计人员了解设计思想、目的或意境,以及施工完成后近期所要达到的效果,并通过设计单位和工程主管部门了解工程概况,包括:①园林植物的栽植及土方、道路、给排水、山石、园林设施等工程施工的范围和工程量;②施工期限,应保证园林树木在当地最适栽植期内进行栽植;③工程投资,即施工预算;④施工现场的地物及处理要求、地下管线的分布与走向情况,以及定点放线的依据;⑤工程材料的来源和运输条件,尤其是苗木出圃的地点、时间、质量和规格要求等。

1.2　现场踏勘与调查

在了解设计意图和工程概况之后,负责施工的主要人员必须亲自到现场进行细致的踏勘与调查,应了解的情况有:①需要保留的各种房屋、原有树木、市政或农田设施以及需保护的古树名木等地物,拆迁的有关手续的办理与处理办法;②现场内外的交通、水源、电源等情况,如何使用机械车辆或开辟新线路;③施工期间的食堂、厕所、宿舍等生活设施的安排;④施工地段的土壤调查,以确定是否换土或改土,并估算客土量及其来源等。

1.3　编制施工方案

园林工程属于综合性工程,为保证园林树木栽植与其他各项施工项目的合理衔接,做到快、好、省地完成施工任务,实现设计意图,方便日后养护,在施工前都必须制订好施工方案。大型的园林施工方案一般由经验丰富的人员负责编写,内容包括:①工程概况,包括工程名称、地点、施工单位、设计意图与工程意义、工程内容与特点、有利和不利的条件等;②施工进度,应分单项与总进度,规定起、止日期;③施工方法,包括机械、人工及主要环节等的具体施工方法;④施工现场的平面布置,包括交通线路、材料存放、囤苗处、水源、电源、放线基点、生活区等的位置;⑤施工组织机构,包括单位和负责人,应设立生产和技术指挥、劳动工资、后勤供应和政工、安全、质量检验等职能部门;⑥施工预算,结合工程实际质量要求和当时当地市场价格进行预算。方案制订后应广泛征求意见,反复修改并报批后执行。

1.4　施工现场清理

在园林树木栽植前,对现场有碍施工的障碍物进行拆迁和清理,然后按照设计图进行地形整理。

1.5　选择苗木

园林树木的种类、苗龄与规格,应根据设计图纸和说明书进行选定并加以编号。苗木质量的好坏直接影响栽植后苗木能否成活和以后绿化效果的好坏,所以园林树木栽植前要对提供的苗木的质量状况进行评价(详见学习单元5,苗木出圃中的苗木质量标准与规格要求)。

1.6　定点放线

园林树木栽植时一般应在栽植前完成定点放线工作,但也可以在放线的同时进行挖穴。定点放线的常用方法如下。

(1)绳尺徒手定点放线法　一般在种植精度要求不高或栽植面积不大、不利于使用仪器放线的情况下采用。放线时应先选取图纸上保留下来的、最近的固定性建筑或植物作为依据,并在图纸和实地上量出它们之间的距离,由近到远逐步定点放线。这种方法误差较大,仅适合于要求不高的绿地施工。在定点时,对于片状灌木或丛林,若树种配置单调且没有特殊要求,可单一放出林缘线,再利用皮尺或测绳,按株行距定出单株或树丛的位置,然后用白灰或标桩加以标明。

(2)平板仪定点法 一般在绿地范围较大且测量基点准确时采用。依据基点,将单株位点及片林的范围线按设计要求依次定出,并钉木桩标明。此方法相对误差较小。

(3)网格放线法 适合于面积较大且地势平坦的绿地。可以在图纸上以一定的边长画出 5 m、10 m、20 m 的等距方格网,再把方格网按比例采用经纬仪等来放桩并设置在施工现场,再在每个方格内按照图纸上的相对位置,进行绳尺定点。此方法相对误差较小。

(4)交会法 适用于范围较小、现场建筑物或其他标记与设计图相符的绿地。以建筑物的两个固定位置为依据,根据设计图上与该两点的连线相交的位置,定出植树位置并做好标志。孤立树可钉木桩,写明树种、挖穴规格、穴号;树丛则需用白灰线划分范围,线圈内钉上木桩,写明树种、数量、穴号,然后用目测的方法定出单株小点,并用灰点标明。

(5)支距法 适用范围更小、就近具有明显标志物的现场,是一种常见的简单易行的方法。如树木中心点到道路中心线或路牙线的垂直距离,用皮尺拉直角即可完成。在精度要求不高的施工及较粗放的作业中都可用此法。

(6)全站仪定位法 全站仪是现在比较常用的测量定位仪器。相对于以上几种方法,全站仪定位法更为准确、简单、快捷,适用于各类工程施工定位放线,是利用大地坐标精确定位的一种方式,误差较小。我们可以根据施工图纸获取各个节点的坐标数据,利用全站仪中设置的大地坐标系,在施工过程中准确找到栽植点。

1.7 挖栽植穴

(1)挖穴的时间 有条件的工地一般应在运取苗木前的 1～2 天将栽植穴挖好,这样可以节省栽树工作的人力投入,但应注意天气的变化,在比较干燥的季节应避免过早暴露土壤而导致大量失水,而在雨季施工则应注意防止栽植穴积水。另外,在施工任务紧迫的工地上也可随挖随栽,但需要更多的人力。

(2)挖穴的大小 栽植穴的大小应根据苗木规格而定,一般应在施工计划中事先排定。挖穴尺寸应稍大于苗木的土球或根群的直径,而对于有杂物或是土块硬结的土壤挖穴尺寸应稍大,以利于更换新土。在实际栽植中苗木的规格常常不一致,应根据根系、土球大小、土质情况以及树种根系类别来确定栽植穴的大小。对于品种适应性强的树种,栽植穴可以略小,而适应性差的树种栽植穴则应稍大。对于干径超过 10 cm 以上的大规格苗木则均应加大栽植穴。常见园林植物的栽植穴规格如表 6-1、表 6-2、表 6-3 和表 6-4 所示。

表 6-1　常绿乔木的栽植穴规格

树高/cm	土球直径/cm	栽植穴深度/cm	栽植穴直径/cm
150	40～50	50～60	80～90
150～250	70～80	80～90	100～110
250～400	80～100	90～110	120～130
400 以上	140 以上	120 以上	180 以上

表 6-2　落叶乔木的栽植穴规格

胸径/cm	栽植穴深度/cm	栽植穴直径/cm	胸径/cm	栽植穴深度/cm	栽植穴直径/cm
2～3	30～40	40～60	5～6	60～70	80～90
3～4	40～50	60～70	6～8	70～80	90～100
4～5	50～60	70～80	8～10	80～90	100～110

表 6-3　花灌木的栽植穴规格

冠径/cm	栽植穴深度/cm	栽植穴直径/cm
100	60～70	70～90
200	70～90	90～110

表 6-4　绿篱类沟槽式栽植穴规格

种植高度/cm	单行式/cm²	双行式/cm²
30～50	30×40	40×60
50～80	40×40	40×60
100～120	50×50	50×70
120～150	60×60	60×80

（3）挖穴的形状　栽植穴的形状一般为圆形，为了开挖方便也可采用多边形，对大树的栽植则需采用方形穴，栽植穴的口径应上下一致，以免植树时根系不能舒展。

（4）挖穴的方法　栽植穴的开挖方法主要有两种：一是人工操作，以定点标记为圆心，根据规定的挖穴半径先在地面上画圆，沿圆的四周向下垂直挖掘到规定的深度，然后将坑里的土挖松，若栽植裸根苗还需在中央堆个小土丘以利树根舒展；二是机械操作，常用的机械挖穴机也叫穴状整地机，主要用于栽植乔木、灌木，以及大苗移植，也可用于挖施肥穴，埋设电线杆、桩柱等，挖穴机挖穴速度快，整体质量也较好。

挖穴时要注意：①位置准确；②规格适当；③挖出的表土与底土应分开堆放于坑边，行道树挖穴时为避免影响栽树瞄直的视线还需将土堆于一侧，表土的有机质含量较高，栽树培土时应先将表土填于坑下部，底土填于上部和作围土用，如土质不好则需换土；④在斜坡上挖穴时应先将斜坡整成小平台，然后在平台上挖穴，穴的深度从坡的下沿开始计算；⑤当土质不好时应加大坑的规格，遇到石灰渣、炉渣、沥清、混凝土等杂质时还需要将其清运干净，换上新土；⑥挖坑时若发现电缆、管道等时，应停止操作，及时找有关部门配合解决；⑦绿篱、花带或花径等可采用开沟槽法挖穴。

1.8　掘苗（起苗）

起掘苗木的质量，直接影响树木栽植成活与否和以后的绿化效果。起掘苗木的质量既与原有苗木的质量密切相关，又与起掘的操作直接相关，拙劣的起掘操作可能导致原本优质的苗木伤根过多而降级，甚至不能使用。起掘苗木的质量还与土壤干湿、工具的锋利程度有关，此外，还应考虑如何节约人工、包装材料和减少运输等经济因素。苗木的起掘应具体根据不同园林植物的种类，采用合适的方法（具体技术详见学习单元 5 苗木出圃中的苗木起苗部分）。

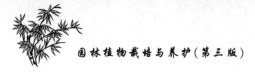

1.9　运苗与假植

苗木的运输与假植的质量,也是影响栽植成活的重要因素。"随掘、随运、随栽"对保障栽植成活率有重要作用,即苗木从挖掘到栽好,应争取在最短的时间内完成,这样可以减少苗根在空气中的暴露时间,对苗木栽植的成活有利。

苗木运到现场后,未能及时栽种或未栽完的,应视离栽种时间长短分别采取"假植"措施。对裸根苗,临时放置可用苫布或草袋盖好。干旱多风地区应在栽植地附近挖浅沟,将苗呈稍斜放置,挖土埋根,依次一排排假植好。如需较长时间假植,应选不影响施工的附近地点挖一宽1.5~2 m、深300~500 mm的假植沟。按树种或品种分别集中假植,并做好标记。树梢须顺应当地风向,斜放一排苗木于沟中,然后覆细土于根部,依次一层层假植好。在此期间,若土壤过干应适量浇水。

2. 栽植的方法

2.1　栽植前修剪

为提高树木栽植的成活率并形成完美的树形,减少自然伤害,无论在出圃时是否进行过修剪,栽植时均需重新修剪,修剪量依据树种及景观要求的不同而异,一般首先应修剪在运输过程中不慎造成的断枝、断根,并在不影响整体树形的情况下,进行疏剪枝叶,以减少水分的消耗,维持地上部分的枝叶与地下部分的根系之间的水分平衡,提高栽植的成活率。

树木修剪完后一般应采用伤口涂补剂涂刷伤口,伤口涂补剂中一般含有能消毒并能促进伤口愈合的物质,同时能将伤口彻底与空气隔绝,可以防止病虫害侵染,促进伤口愈合。

2.2　散苗

散苗也叫配苗,是将苗木按设计图要求,散放于栽植穴边,主要应注意以下事项。

(1) 必须保证位置准确,按图散苗。将苗木放置于穴边或穴内,对有特殊规格要求的苗木,应按规定对号入座,避免弄错。配苗后还需及时核对设计图,检查调整。

(2) 要爱护苗木,轻拿轻放,不得损伤树根、树皮、枝干或土球。

(3) 散苗速度应与栽苗速度相适应,边散边栽,散毕栽完,尽量减少根系的暴露时间。

(4) 假植沟内剩余苗木露出的根系,应随时用土埋严。

(5) 用作行道树、绿篱的苗木散苗前应量好高度,按大小进一步分级排列,以保证栽植后整齐美观。

2.3　栽苗

2.3.1　裸根苗的栽植

栽植时最好每两人组成一个作业小组,其中一人负责扶树并把握深度,另一人负责填土。栽植时一般首先在穴中填入松土至适当的深度,将树苗放入坑中扶直,并先填入坑边表土,待填至大约穴深的一半时,将苗木轻轻提起,使根系自然向下呈舒展状态,避免曲根和转根,并用脚踏实或用木棒夯实土壤,然后继续填土直到比穴边稍高一些,用力踏实或夯实,保持踩后的土壤与树穴相平或略超过苗木根际原土痕1 cm左右,最后培土至原土印以上1~3 cm,为保墒可不再踩实。此方法也称为"三埋二踩一提苗栽植"法,栽植大苗时一般需要按此方法操作,栽植小苗时则可适当简化。

2.3.2　带土球苗的栽植

栽植带土球苗时,首先应量好穴的深度与土球的高度是否一致,若有差别应及时深挖或填土,以避免盲目入穴造成土球的来回搬动。土球入穴后应先在土球的底部四周垫少量细土将土球固定,并使树干直立,然后将包装材料剪开,除易腐烂的包装物外,包装材料应尽量取出,即使不能全部取出也应尽量松绑,以保证新根的生长。然后填入表土至半穴,踩实或夯实后再继续用土填满穴,并夯实,夯实时注意不要砸碎土球。

对于原来带土球但土球不完整而失水的苗木,可以将苗木的根系进行蘸浆处理,蘸根浆一般采用2%的磷酸二氢钾、2%的白砂糖、1%的维生素 B_{12} 针剂和95%的黄泥浆制成,对于难生根的苗木也可在泥浆中加入适量的生根剂或在苗木根系上直接喷洒生根剂,再进行浆根处理。栽植时还可以在填土中添加磷肥和腐熟的有机肥等,以促进栽植树木的根系生长,提高栽植成活率。栽苗时还应注意以下事项:①埋土前再次仔细核对设计图,保证栽植的树种、规格、平面位置和高度符合设计要求;②栽植时一般应将树形最好的一面朝向主要观赏面,而且树身上下应垂直,孤植树若树干有弯曲则应弯向当地主风向;③行列式栽植必须保持整齐美观,相邻树木不要相差太大,一般要求每隔开10~20株先栽植对齐的"标干树",再以标干树为标准栽植其他树木,树木若有弯曲则要求弯向行内;④栽植深度一般应与原土痕平齐或稍低于地面3~5 cm,裸根乔木苗栽植深度一般较原根颈土痕深1~3 cm,带土球苗木栽植深度一般较原根颈土痕深2~3 cm,灌木栽植深度一般则可与原土痕平齐;⑤栽植完毕后将捆拢树冠的草绳解开后取下,使枝条舒展。

2.4　开堰浇水

树木栽植后应在略大于种植穴直径的周围,筑成高20~25 cm的灌水土堰,并用脚将堰踩实,以防漏水,如图6-1所示。新植的树木应在当日栽植完成后浇第一遍水,浇水时水量要足,速度要慢,并且一次浇透,以后应根据当地的情况及时补水。北方地区栽植后浇水一般不少于三遍,干旱地区或遇干旱天气时,应增加浇水次数;干热风季节,除浇水外还应对新发芽放叶的树冠喷雾,宜在上午10点前和下午3点后进行;黏性土壤,宜适量浇水;根系不发达树种,浇水量宜较多;肉质根系的树种,浇水量不宜过多,以防止根系腐烂。浇水时可放置木板或石块,让水落在木板或石块上之后再流入土壤,以减少水对土壤的冲刷。浇水后若出现土壤沉陷、树木倾斜,应及时扶正、培土;浇水完成后,应及时用围堰土封树穴。

图 6-1　开堰浇水

3. 大树移植

大树一般是指胸径在15 cm以上的落叶乔木和胸径在10 cm以上的常绿乔木,也泛指胸径在10 cm以上的其他树木。大树移植是城市绿化建设中的一项重要技术手段,可以迅速达到绿化美化园林的效果,也是在城市改建扩建工程中,保护古树名木和各种成年树木的有效手段。大树移植一般条件较复杂,要求较高。

3.1　大树移植的特点

(1) 大树的根系扩展范围大,一般超过树冠水平投影范围,根系入土层较深,深根系地下分布一般在 80 cm 以上,浅根系则在 40 cm 以上,黏重土壤中的根系相对于松散质地土壤的根系浅些,湿润多雨地区的根系相对于干旱地区的根系要浅些。大树的有效吸收根一般处于土壤深层和树冠投影范围附近。

（2）大树的年龄较大,细胞的再生能力一般较弱,在挖掘和栽植过程中损伤的根系恢复较慢,新根的发生能力较差。

（3）为使大树保持原有的优美姿态,尽早发挥绿化效果,移植前后一般不宜进行高强度剪截,因为大树移植后一般难以建立地上、地下部分的水分平衡。

（4）大树树体高大,枝叶繁茂,移植过程中极易受到损伤,影响成活。

3.2 大树移植前的准备与处理

3.2.1 树种及规格选择

根据园林绿化施工的要求和适地适树原则,确定好树种、品种和规格,如胸径、树高、冠幅、树形和树势等。树种不同,移植难易度也不同,一般灌木比乔木移植容易,落叶树比常绿树移植容易,经多次移植、须根发达的树比未经移植、直根性和肉质根类的树木移植容易,叶型细小比叶少而大者移植容易,树龄小比树龄大的移植容易,故一般优先选用经过移栽和人工培育的乡土树种。确定好树种、品种和规格后,通过多渠道联系实地考察并进行成本分析确定好树种的来源,并落实到具体树木。尽量选择生长在地形平坦、便于挖掘和方便包装运输地段的树木,同时做好移栽前的各项准备工作,包括大树处理、人员配备以及准运证和检疫证的办理等。

3.2.2 定植穴确定

根据绿化工程要求绘出详细的树种规划图并确定好定植点,根据移植大树的规格挖好定植穴。

3.2.3 运输线路的勘测及设备准备

根据大树运输的要求,提早考察运输线路,如考察路面宽度、路面质量、横空线路、桥梁负荷以及人流量等,做好应对计划,准备好运输相关的设备,如汽车、吊车、绑缚和包装材料等。

3.2.4 大树移栽技术及相关人员培训

根据大树移植的要求,制定好相关移植技术规程并进行人员培训,明确分工和责任,协调联动,确保移植工作准确有序地进行。

3.2.5 大树移植时间的确定

树木移栽只要管理细致,终年均可以进行。但在实际操作中,为提高栽植的成活率,降低移植的成本,应依据树种特性和气候条件确定移植时间,最好选择在树木休眠期,即树木开始生长前和生长结束时进行移植,这样树木最容易成活。北方移植的最佳时期是早春,因为这时树液开始流动并开始生长、发芽,挖掘时损伤的根系容易愈合和再生,移植后经过从早春到晚秋的生长,树木移植时受伤的部分逐步复原,给树木顺利越冬创造了有利条件。但在冬季无严重冻害的情况下,从落叶后至土壤封冻前的深秋,树木上部处于休眠状态,也可进行大树移植。另外,带土球移栽的大树可在冬季土壤封冻时带冻土移栽,但栽植时要加强保护和防风防寒。南方地区尤其是冬季气温较高的地区,一年四季均可移栽;落叶树还可裸根移栽,但最好选择秋季停止生长后至春季萌芽前或在雨季移植。城市改建扩建工程中的大树移植,移植季节难以人为选择,但盛夏季节树木蒸腾量大,移植时应错过生长旺盛期,并且加大土球,加强修剪、遮阴和保湿,一般费用会有所加大,故最好选择在连阴天或降雨前后移植。

常绿树的移植,在一年四季均可进行,但一般以春季最佳;针叶树类应早移植;喜温暖的树种如柿、香樟等,则应在芽开始萌动时移植,才易于成活。

3.2.6　大树的修剪

大树移植前必须做好树体的处理,修剪时必须遵循树势平衡原理,即树木的地上部分和地下部分必须保持平衡。合理的修剪可以促进树体树势的恢复与快速成型,对大树的成活与成景具有重要的意义。落叶乔木应根据树形的要求进行树冠重剪,一般剪掉全部枝叶的$1/3 \sim 1/2$,对生长快、树冠容易恢复的槐、枫、榆、柳等甚至可进行去冠重剪。带土球移栽的大树只用对土球外露的受伤根系进行修剪,裸根移栽的树木则应尽量多保留根系,并对根系进行整理,剪掉断根、枯根、烂根,截短无细根的主根,并加大树冠的修剪量,一般树冠越大、伤根越多、移栽季节越不适宜,越应加重修剪,以尽量减少树冠的蒸腾面积。带土球移植的常绿乔木则应尽量保持树冠的完整,只对一些枯死枝、过密枝和树干上的裙枝进行适当处理。

3.2.7　清理现场及安排运输

在起树前,还应把树干周围$2 \sim 3$ m内的碎石、瓦砾、灌木丛等清除干净,并将地面大致整平。成批大树移植时,还需要对树木进行编号和定向。编号是把栽植穴及要移栽的大树编上号码,以便移植时对号入座,使施工有计划地顺利进行;定向是在树干上标定南北方向,使其移栽后仍能保持原方位,以满足大树光照的需求。然后按树木移植的先后次序,合理安排运输工具及次序,保证大树的顺利运出。

3.2.8　大树的预掘

为了保证树木移植后能很好地成活,可在移植前采取一些措施来促进树木须根的生长。常采用下列方法。

(1)多次移植。该方法适用于专门培养大规格树木的苗圃,对于速生树种的苗木可以在开始几年每隔$1 \sim 2$年移植一次,待胸径达到6 cm以上时,再每隔$3 \sim 4$年移植一次;而慢生树种待其胸径达到3 cm以上时,每隔$3 \sim 4$年移植一次,长到6 cm以上时,则每隔$5 \sim 8$年移植一次。树木经过多次移植及根系修剪,大部分的须根聚生在一定的范围内,因而定植时可缩小土球的尺寸,减少对根部的损伤。

(2)预先断根法,也称为回根法。该方法适用于一些野生大树或一些具有较高观赏价值树木的移植,一般是在移植前$1 \sim 3$年的春季或秋季,以树干为中心、以$2.5 \sim 3$倍胸径为半径或略小于移植时土球尺寸为半径画一个圆,再在相对的两面向外挖$30 \sim 50$ cm宽的沟,深度一般为$60 \sim 100$ cm,遇根用锹斩断,对较粗的根应用锋利的锯或剪刀沿内壁切齐,然后将松软的沃土填入沟内,分层踩实,定期浇水,促进植株长出须根。到第二年的春季或秋季再以同样的方法挖掘另外相对的两面。两次各断根一半。到第三年,四周沟中均长满了须根时便可移走树木。断根的时间可按各地气候条件及各树种根系生长的时间有所不同。

(3)根部环状剥皮法。同上法挖沟,但不切断大根,而是采取环状剥皮的方法剥去根皮,宽度为$10 \sim 15$ cm,也可促进须根的生长,而且由于大根未断,树身稳固,可不加支柱。

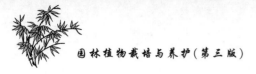

3.2.9　支柱与捆扎

为防止在挖掘时由于树身不稳而倒伏引起工伤事故和损坏树木,在挖掘前应对所需移植的大树进行支撑处理,一般采用3根条木分立在树冠分支点下方,条木规格根据树木的大小而定,再用粗绳将3根条木和树干一起捆紧,条木底脚应牢固支撑在地面,与地面成60°左右的角。支撑时应使3根条木受力均匀,条木长度不定,但底脚应立在挖掘范围以外,以免妨碍挖掘工作。

3.2.10　大树的挖掘、装卸与运输

大树的挖掘包括裸根挖掘、带土球挖掘等(详见3.3节大树的移植方法)。大树在起运前,应先用草绳、麻布或草包将树干、树枝包好,同时还应注意遮阴和补水保湿,以减少在运输途中树木自身水分的蒸腾。苗木在装卸车时应轻吊轻放,不得损伤树木。带土球苗木装车时,应采用大型运输车辆,并按车辆行驶的方向,将土球向前、树冠向后码放整齐,装车后应将树干捆牢,并加垫层防止树干磨损,保持树木平稳,防止其滚动,同时保护土球完整、不散坨。

3.3　大树移植的方法

根据树木品种和移植时间的不同,移植一般分为裸根移植和带土球移植两种。带土球移植又分为软包装土球移植和硬包装木箱移植。一般休眠期落叶树均可裸根或带少量护心土移植,而常绿树和落叶树在非休眠期移植或需较长时间假植的树木则应采取带土球移植。

3.3.1　裸根移植

裸根移植省工,操作简单,主要用于萌芽力强、根系恢复能力强、移植成活率高的乡土树种,多用于落叶树木。裸根移植挖掘应视根系的分布而定,一般挖掘范围为 1.3 m 处干径的8～10 倍。挖掘时沿所留根幅外垂直下挖操作沟,一般沟宽为 60～80 cm,沟深为 80～120 cm,以挖至不见侧根为准。挖掘过程中所有预留根系外的根系应全部切断,遇到粗根时应用手锯锯断,伤口要平滑不劈裂。挖掘时从所留根系深度的 1/2 处以下,可逐渐向内部掏挖,切断所有主侧根后,即可打碎土台,仅保留护心土,推倒树木,如有特殊要求还需包扎根部。裸根移植成活的关键是尽量缩短根部暴露的时间,在根系掘出后可喷保湿剂或蘸泥浆,用湿草包裹以保持根系湿润。裸根移植可在树倒后进行重剪,去除全冠的 1/2～2/3 或保留几个主枝分杈,以保持冠和根的树势平衡。

3.3.2　带土球移植

带土球移植适用于根系伤害后恢复困难、萌芽及发根能力弱的树木。移植树木的土球直径一般为树木 1.3 m 处干径的8～10 倍,土球高为土球直径的 2/3 左右。挖掘前以树干为中心,按规定尺寸画出圆圈,在圈外挖 60～80 cm 宽的操作沟至规定深度,挖掘时先去表土,再行下挖,挖掘时遇粗根必须用锯将其锯断再削平,以免造成散坨。修坨时用铁锹将所留土坨修成上大下小呈截头圆锥形的土球,收底时土球底部不应留得过大,一般为土球直径的 1/3 左右。

挖掘时多采用经水浸泡的蒲包、草绳包装,以加强土坨的机械强度和保持土坨内根系的水分,一般先围内腰绳,方法是:用浸好水的草绳,将土球腰部缠绕紧,边绕边拍打勒紧,腰绳宽度视土球而定,一般为土球直径的 1/5 左右。围好内腰绳后再开底沟,在土球底部向内挖一圈 5～6 cm 宽的底沟,以利于打包时兜绕底部,防止草绳松脱。然后用包装物如蒲包、麻

(a)橘子式包扎示意图

(b)井字式包扎示意图

(c)五角式包扎示意图

图 6-2 土球草绳包扎

片等将土球包严,用草绳围接固定。打包时要将绳收紧,边绕边敲打,用双股或四股草绳以树干为起点,稍倾斜,从上往下绕到土球底,沿沟内再由另一面返到土球上面,再绕树干顺时针方向缠绕,应先形成两层或四股草绳,第二层与第一层交叉压花。草绳一般间隔 8~10 cm缠绕,并注意双股绳应排好理顺。最后围外腰绳,在打好包的土球腰部用草绳横绕 20~30 cm宽的腰绳。草绳应缠紧,边绕边用木槌敲打,围好后将腰绳上下用草绳斜拉绑紧,避免脱落。土球的草绳包扎法如图 6-2 所示。

完成打包后,将树木按预定的方向推倒,遇到直根则应锯断,随后用麻袋片将底部包严,用草绳与土球上的草绳相串联。土球挖掘时应保证土球完好,对于高大的乔木或冠幅较大的树木应预先立好支柱,支稳树木后挖掘。

3.3.3 带土方木箱移植

带土方木箱移植也称大箱板移植,可以比带土球移植更有效地保护吸收根,且机械强度更大、安全系数更高,适合于干径超过 15~20 cm、土球直径超过 1.5~1.8 m 的大树移植。带土方木箱移植大树的挖掘方法与带土球移植相类似,但一般修整成具四个侧壁、中间略微突出且下端每边比上端略小 5 cm 左右的土台。装箱时先将土台的四个角用蒲包片包好,再将四块侧板围在土台四面,注意两块箱板的端部不要顶上,以免影响收紧,如图 6-3 所示。用木棍将箱板临时顶住,要使箱板上下左右都放得合适,保证每块箱板的中心都与树干处于同一条线上,箱板的上边低于土台 1 cm 左右,作为吊运土台的下沉系数。经检查合格的钢丝绳在距离箱板上下两边各 15~20 cm 处,分上下两道缠绕在箱板外面,采用紧线器收

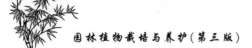

紧。然后在两块箱板相交处,即土台的四个角上钉铁皮,每个角的最上一个和最下一个铁皮,距箱板的上下两个边各 5 cm 之间钉上数道铁皮。最后进行掏底并上底板和盖板,掏底时应注意用方木先将木箱板四个侧面的上部支撑住,以防土台和大树歪倒;上底板时注意用木墩顶紧,并用油压千斤顶顶起后固定;上盖板时先将土壤填严拍实,在土台表面铺一层蒲包片后再钉盖板。

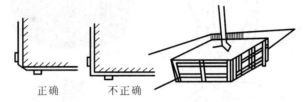

正确　　　　不正确

图 6-3　箱板与紧线器的安装方法

3.4　大树的定植

大树运到场地后必须尽快定植。首先按照施工设计的要求,将大树轻轻斜吊于定植穴内,撤除缠扎树冠的绳子,配合吊车,将树木立起扶正,仔细审视树形和环境,移动和调整树冠方位,将观赏面朝向视线来源方向,并尽量符合原栽植点的朝向,定植深度要适宜,然后撤除土球外包扎的绳包或箱板,分层夯实,并做好支撑,最后开堰浇水。

4. 反季节移植技术

随着现代城市建设的高速发展,人们对城市建设中的园林绿化也提出了新的要求,尤其是在很多重大市政建设工程的配套绿化工程中,出于特殊时限的需要,需要打破季节限制、克服不利条件进行反季节移植施工。

4.1　移植材料的选择

由于非种植季节的气候环境不利于植物移植的成活,反季节移植对植物本身的要求更高,在选材上应尽可能挑选长势旺盛、植株健壮、根系发达、无病虫害、规格及形态均符合设计要求的苗木。

4.2　移植前的土壤处理

反季节移植要求移植地土壤深厚、土质肥沃疏松、透气性和排水性良好,栽植前还应对该地区的土壤理化性质进行分析,采取相应的消毒、施肥和添加客土等措施。

4.3　移植前的苗木处理

在反季节移植中,常用容器移苗法,一般提前创造条件使苗木在休眠期断根,种植时在容器中养护,到生长季节再按施工要求进行栽植。

4.3.1　大木箱囤苗

大木箱囤苗适合于大规格的乔木,按照施工计划及场地条件,在苗木发芽前将其栽植于木箱中,原地或异地囤苗应加强养护管理至绿化栽植时带叶进入施工现场。

4.3.2　柳筐囤苗

柳筐囤苗适合于干径 7～8 cm 的落叶乔木和树高 1.8～2 m 的落叶灌木,一般于 4 月中旬将苗木植于直径 60 cm 左右的柳筐中,养护管理至条件适宜后带筐移植,移植后去除柳筐上部 1/2。

4.3.3 盆栽苗木

盆栽苗木适合于小型苗木,可将其栽植于 30 cm 左右的花盆中,按盆花栽培的方法进行养护管理,待绿化时去掉花盆,带土移植。

4.3.4 大规格常绿乔木

对于大规格的常绿乔木,一般应采取大土坨麻包打包的方式进行移植,并采取以下一系列的特殊措施:①夏季高温移植时容易失水,应以早、晚移植为主,雨天时加大施工量,晴天时加大喷水次数和喷水量,从而保证植株蒸腾所需的水分充足;②所有移植的大苗均经过了断根和修枝的损伤,为了恢复原来的树势,应采取一定的促根生长措施,一般采用浓度约为 1 g/kg 的 ABT 3 号生根粉,施工后在土坨周围用硬器打洞施入,施后灌水;③用毛竹或钢管搭成井字架,在井字架上盖上遮阳网搭建遮阳棚,注意保持网和栽植树木之间的距离,以便空气流通。

除了做好假植工作以外,反季节移植中苗木的运输也要合乎规范。

4.4 挖栽植穴

在反季节栽植苗木时,栽植穴尺寸要超过围苗容器的规格。对含有建筑垃圾、有害物质的场地还必须放大栽植穴,清除废土,更换种植土,挖穴后应施入腐熟的有机肥作为基肥,在土层干燥地区还应于栽植前浸穴,以保证栽植的成活率。

4.5 移植前修剪

反季节移植的苗木种植前应加大修剪量,以减少叶面呼吸和蒸腾作用,修剪方法与一般情况移植前苗木的修剪相同,注意在修剪直径 2 cm 以上的大枝及粗根时,截口必须削平并涂防腐剂,在截短枝条时则保留外芽以扩展树冠。

4.6 苗木定植

在反季节移植时,定植技术与一般情况带土球移植相似,但修剪的强度应大些,栽植时,应根据容器材料降解的快慢,确定是否取下容器。在夏季移植时进行搭棚遮阴、树冠喷雾和树干保湿,在冬季移植时注意防风防寒。

5. 移植后的管理

树木移植后的精心养护,是确保移植成活和树木健壮生长的重要环节之一,主要包括以下内容。

5.1 树体支撑

树木尤其是大树移植后必须进行树体支撑,以防被风吹歪斜或吹倒,同时还能固定根系以利于根系的恢复生长。一般大树采用三柱支架固定法,而小树则可简化支撑,一般一年之后树木根系恢复好即可撤除支撑。

5.2 水肥管理

树木移栽后应立即灌一次水,水要浇透,以保证树根与土壤紧密结合,促进根系发育,以后根据天气和土质状况灌水 3~4 次,灌水后及时用细土封树盘或覆盖地膜保墒并防止表土开裂透风,之后根据土壤墒情变化注意浇水,浇水的原则为"不干不浇,浇则浇透"。在夏季还需对地面和树冠喷水,以增加环境湿度,降低蒸腾量。在南方的多雨季节还应注意抗涝,以避免树木因积水致死。

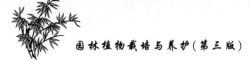

树木移栽后一般要求第一年根系恢复后追施肥料一次,第二年早春和秋季也各施2～3次速效肥,以提高树体的营养水平,促进树体健壮生长。

5.3 生根剂处理

树木移栽后为了促发新根,可结合浇水加入生根剂、土壤杀菌剂,灌根以促进根系提早快速发育。

5.4 包裹树干

树木移栽后为了保持树干湿度和防寒越冬,可采用浸湿的草绳从树干基部密密缠绕至主干上部,再将调制的黏土泥浆糊满草绳。

5.5 根系保护

在冬季寒冷的地区,当年移栽的树木容易受冻,可采用泥炭土、腐殖土或树叶、秸秆以及地膜等对定植穴树盘进行土面保温,但早春气温回升后,要及时把保温材料撤除,以利于土壤解冻,从而提高地温并促进根系生长。

此外,在大树移栽后的两年内应配备专门人员进行修剪、抹芽、浇水、排水、设风障、防病虫等一系列养护管理,在确认大树真正成活后,再进行正常的日常管理。

任务2　草本园林植物的露地栽植

1. 一、二年生花卉的栽植

在露地栽植的园林植物中,一、二年生花卉对管理条件要求比较严格,在花圃中一般应占用土壤、灌溉和管理条件优越的地段,其栽植一般包括以下环节。

1.1 整地

一、二年生花卉的露地栽植应选择光照充足、土壤深厚肥沃、pH值适宜、供水方便和排水良好的地块。在选定的地块上进行整地。整地可以改进土壤的物理性质,增强土壤通透性,促进种子顺利发芽,有利于幼苗的根系生长;疏松土壤有利于增强土壤的蓄水能力,可以促进土壤风化和有益微生物的活动,增加可溶性养分的含量;有利于消灭杂草和病虫害。一般秋季耕地,春季作畦,整地深度要适宜,一般为20～30 cm,其中砂质土壤宜浅,而黏质土壤则宜深。整地应在土壤干湿适度时进行,以防过干时土块难以破碎或过湿时土壤容易板结。大面积整地可采用机械操作,小面积则可采用人工操作。翻耕时应清除石块、瓦片、残根、断茎和杂草等,若土壤过于疏松还需采用滚筒或木板等适当镇压。新开垦的土地宜深耕,并施入大量的有机肥以改良土质;土地使用多年后可将心土翻上、表土翻下,并施入堆肥或厩肥等基肥,以保证花卉生长的营养供应。

1.2 作畦

一、二年生花卉栽植多采用畦栽的方式,根据地区和地势的不同有高畦或低畦栽植之分。畦向、畦宽和畦高可根据种植地点、地势、栽培目的、花卉的种类与习性、当地的雨量多少及雨量的季节分布来决定。在山坡地带畦向一般与等高线一致,畦宽一般为1.0 m左右,不超过1.6 m;高畦一般多用于南方多雨地区及低湿地,畦面高出地面,便于排水,畦面两侧为排水沟,一般畦高为20～30 cm;低畦多用于北方干旱地区,畦面两侧有畦埂,以保留雨水和便于灌溉,畦面宽度一般为1.0 m左右,埂高15～20 cm,可种植1～4行。作畦时一般要求畦面平整、坚实和一致,并顺水源方向形成微坡,以便灌溉和排水,但在采用喷灌或滴灌时对畦面要求则不同。

1.3　种苗准备

一、二年生花卉多采用播种繁殖,可育苗后移植,也可直播繁殖。一年生花卉在南方一般在 2 月下旬至 3 月上旬播种,在北方一般在 4 月上旬或中旬播种;二年生花卉在南方一般 9 月下旬至 11 月上旬播种,在北方一般在 9 月上、中旬播种,具体也因品种及需求的不同而异。

1.4　移植

一、二年生花卉的移植可加大株间距离、扩大幼苗的营养面积、改善群体的通风透光条件、促进幼苗生长健壮,也可通过切断主根促进侧根的发生,提高幼苗的移植成活率,抑制幼苗徒长,使幼苗生长充实、株型紧凑,提高观赏效果。一、二年生花卉的移植一般应在幼苗具 5～6枚真叶、水分蒸腾量极低时进行,一般以春季发芽前为佳,在无风的阴天或降雨前移植较好。移植方式可分为裸根移植和带土移植两类,裸根移植一般适合小苗和易成活的大苗,带土移植主要适合大苗;栽植方法可分为沟植法、孔植法和穴植法(具体方法见学习单元 4)。

2. 宿根花卉的栽植

宿根花卉的栽植与一、二年生花卉相似,但宿根花卉生长更强健,根系更强大,入土较深,抗旱和适应不良环境的能力更强,在栽培时应深翻土壤,并施入大量肥料。栽植后最好在春季抽芽前施一次肥,花前和花后各施一次肥,秋季叶枯时再施一次肥,以保证植株的正常生长。

3. 球根花卉的栽植

球根花卉对土壤和肥料的要求更严格,一般应选择排水良好的土壤,施足基肥,尤其是磷肥和钾肥,并适当深耕(35～45 cm)。球根花卉的栽植深度一般为球高的 3 倍,若为了繁殖而多生子球宜浅植,若需开花大而多且球根大可深植。球根花卉栽植时还应注意以下几点。

(1)球根花卉栽植时应分离侧面的子球另行栽植,以免消耗营养,影响开花与观赏。

(2)球根花卉的多数种类吸收根少而脆嫩,损伤后难以再生新根,故球根花卉一经栽植,在生长期一般不宜移植。

(3)球根花卉大多叶片较少,在栽植中应注意保护叶片,避免损伤。在采集切花时,也应尽量多保留植株的叶片,否则影响养分的合成,不利于开花和新球的成长,也有碍观赏。

(4)花后应及时剪除残花,以免结实消耗养分,影响新球的发育。作为球根生产栽培时,通常应及时除去花蕾;但对于枝叶稀少的球根花卉,则应保留绿色花梗以合成养分供新球生长。同时,花后需要加强水肥管理,以保证地下新球的膨大充实。

(5)春植冬眠球根在寒冷地区为防冬季冻害,需于秋季采收储藏越冬;秋植夏眠球根夏季休眠时容易腐烂,也需采收储藏。采收后,可按大小优劣进行分级,以便于合理繁殖和栽培管理。

(6)新球或子球增殖较多时,应及时采收分离,否则常因拥挤而生长不良,并因养分分散而不易开花。对发育不够充实的球根,在采收后置于干燥通风处,可促使其后熟,否则在土壤中容易腐烂死亡。

(7)采收后可将土地翻耕,加施基肥,有利于下一季的栽培,也可在球根休眠期内种植其他作物,以充分利用土地。

球根的采收应在其生长停止、茎叶枯黄而尚未脱落时进行,采收后应除尽附土及杂物,剔除病残的个体,部分易受病害侵染的球根还需进行消毒再阴干储藏。球根的储藏方法因种类不同而异,一般对于通风要求不高、需保持一定湿度的种类,如大丽花、美人蕉等,可采

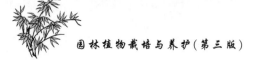

用埋藏法或堆藏法;对于要求通风良好、充分干燥的种类,如唐菖蒲、郁金香等,则可在室内搭架,铺以透气而不漏的席箔、苇帘等摊放储藏。储藏时应注意保持适宜的温度、湿度和通风条件,并注意防止鼠害和病虫害。

4.草坪的建植

草坪是经过人工种植或改造后形成的具有观赏效果、能供人适度活动的坪状草地,一般按功能可分为观赏草坪、游憩草坪、运动草坪和护坡护岸草坪,按草坪草的生长适温可分为冷季型草坪和暖季型草坪,按设计可分为规则式草坪和自然式草坪等。草坪的建植通常包括以下内容。

(1) 草坪草的选择　应根据草坪的用途、当地的气候特点、土壤条件、技术水平及经济状况选择适宜的草种。一般树荫下可选择耐阴性强的草种;土质差的情况可选择综合抗性强的草种;北方寒冷的气候环境下可选用冷季型草种;南方温暖的气候环境下可选择暖季型草种;装饰性观赏草坪可选用变化效果好、需精细管理的草种,如剪股颖类;运动草坪可选用耐践踏、恢复力强的草种,如结缕草;以简单覆盖、护土护坡为主的草坪可选用耐粗放管理的草种,如野牛草。

(2) 土地整理,即坪床准备　草坪要求良好的土壤通气条件、水分和营养条件,在建立之初应按各种草坪的要求对地形进行整理,选好草坪地后通常深耕 20～25 cm,若土质太差可深耕至 30 cm 以上,在整地的同时清除表层土壤中的碎石、杂草并施入基肥,调整好土壤的 pH 值。

(3) 草坪的建植　草坪的建植方法很多,一般采用播种建坪的方法。也可采用直铺草皮、栽植草块、撒播匍匐茎和根茎等方式建坪,但首先要进行草坪植物的繁殖,具体技术有:①铺设法,直铺草皮可以迅速形成草坪,见效快,常采用密铺法、间铺法、条铺法和点铺法进行建植;②分栽法,将草皮掘起后,仔细松开株丛,按一定距离穴栽或条栽均可;③播茎法,适合易发生匍匐茎的草种,如狗牙根、地毯草等,将草皮掘起后抖落根部附土,然后撕开根株或剪成 5～10 cm 长的小段,每段至少具有 1 节,将小段草皮均匀撒布于土壤上,然后覆盖约 1 cm 厚的细土,稍事镇压,立即喷水即可。

5.栽植后的管理

草本园林植物栽植后的管理与木本园林植物移栽后管理和播种苗苗期管理相类似,包括遮阴、覆盖保墒、灌溉与排水、施肥、松土除草、病虫害防治和防寒越冬等(具体技术详见学习单元 3,苗木繁育技术中播种苗的抚育管理)。一、二年生花卉开花结实后应注意留种,宿根花卉和球根花卉深耕时应逐年加深并施入基肥,草坪的养护管理则应注意修剪,以控制草坪植物的生长高度、增加草坪的密度和平整度,使草坪经常保持平整美观,以满足观赏的需要。

任务 3　水生园林植物的栽植

1.栽植的方法

水生园林植物多采用分生繁殖(分栽),有时也采用播种繁殖。分栽一般在春季进行,适应性强的种类在初夏亦可分栽。水生园林植物种子成熟后应立即播种,或储存在水中,因为它们的种子干燥后极易丧失发芽能力。荷花、香蒲和水生鸢尾等少数种类的种子也可干藏。

水生园林植物一般栽植于池塘或盆、缸中。栽植水生植物的池塘最好池底有丰富的腐草烂叶沉积,并以黏质土壤为宜。在新挖掘的池塘栽植时,必须先施入大量的肥料,如堆肥、厩肥等。盆、缸栽植用土应以塘泥等富含腐殖质土为宜。

耐寒的水生园林植物直接栽在深浅合适的水边和池中,冬季不需保护。休眠期间对水的深浅要求不严。半耐寒的水生园林植物栽在池中时,应在初冬结冰前提高水位,使根丛位于冰冻层以下,即可安全越冬。少量栽植时,也可掘起储藏,或在春季用缸沉入池中栽植,秋末连缸取出,倒除积水,冬天保持缸中土壤不干,放在没有冰冻的地方防寒。不耐寒的种类通常都进行盆栽,沉到池中,也可直接栽到池中,秋冬掘出储藏。

有地下根茎的水生园林植物,一般须在池塘内建造种植池栽植,以防根茎四处蔓延影响设计效果。漂浮类水生园林植物常随风移动,栽植时要根据当地的实际情况处理。如需固定,可加拦网。

2. 栽植后的管理

2.1　除草

由于大多数水景植物在幼苗期生长较慢,所以不论是露地还是缸、盆栽种,都要注意经常除草,尤其是清除水绵的危害。

2.2　追肥

水生园林植物的追肥一般在植物生长发育的中后期进行,可使用浸泡腐熟后的人粪、鸡粪、饼肥,一般追肥 2~3 次。

2.3　水位调节

水生园林植物除浮水植物外,对其影响最大的生态因子是水的深度,它直接影响到水生园林植物的生存。许多水生园林植物种植后大面积死亡,达不到预期效果的很重要原因是水位控制问题。可见,水位线是水生园林植物的生命线。

水生园林植物在不同的生长季节所需水量不同,调节水位时应把握由浅入深、再由深到浅的原则。分栽时,保持 5~10 cm 的水位,随着立叶或浮叶的生长,根据植物的需水量,将水位逐步提高至 30~80 cm,到休眠期再降低水位。

2.4　防风

水生园林植物的木质化程度一般较低,纤维素含量少,抗风能力差,栽植时一般在东南方向设置防护林。

2.5　遮阴

水生园林植物中的阴生性种类不适合强光照射,栽培时需要搭设阴棚进行遮阴,遮光率一般控制在 50%~60%。遮阴多采用黑色或绿色的遮阳网,可根据各种植物的需求选择不同遮光率的产品。

2.6　消毒

为了减少水生园林植物在栽植中的病虫害,一般需要对各种土壤和用品进行消毒处理,一般采用 0.1% 的乐果、敌百虫灭扫利等作为杀虫剂,采用多菌灵、甲基托布津等作为杀菌剂。

2.7　修剪

若栽植的水生园林植物生长迅速,为防止其在整个水池中蔓延,破坏水面景观并影响开

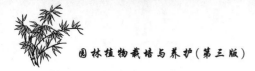

花,每隔一段时间就需要修剪枝条以限制其生长。剪枝一般很简单,只需把多余的枝条剪下来,留下茎部即可。最适合剪枝的时间一般为盛夏至夏末之间。

**知识探究**

1.园林植物栽植成活的原理

在未移植之前,正常生长的园林植物在一定的环境条件下其地上部分与地下部分存在着一定比例的平衡关系,尤其是根系与土壤的密切结合,保证了植株体的养分和水分代谢的平衡。但是在移植过程中,植株经挖掘,根系受到了大量的损伤,并且全部或部分脱离了原有的协调的土壤环境,还受到了风吹日晒和搬运损伤等影响,从而打破了原有的地上部分和地下部分的水分和养分的供需平衡。植株本身虽有气孔关闭等减少蒸腾的自动调节能力,但作用有限,根损伤后,在适宜的条件下都具有一定的再生能力,但新根的大量发生仍需经过一定的时间,才能使植株真正达到新的平衡。因此,维持和尽快恢复植物体以水分代谢为主的平衡是栽植成活的关键。若这种平衡不能迅速恢复,苗木就有失水死亡的危险。因此,植物在移植过程中应尽量少损伤根系和减少体内的水分消耗,并促使其迅速发生新根,与新的环境建立起良好的联系。这就需要减少树冠的枝叶量以降低蒸腾作用,并保证充足的水分供应或较高的空气湿度,才能维持植株体的水分平衡。此外,植株的栽植还应与起苗、搬运、栽后管理结合起来,使各项工作密切配合,尽量缩短从起苗到栽植的时间,最好随起、随运、随栽并及时管理,形成流水作业,并严格执行操作技术规范。

2.园林植物栽植的季节

园林植物的栽植季节一般应选在根系再生能力强和枝叶蒸腾量小的时期。在四季分明的温带地区,一般以秋冬落叶后至春季萌芽前的休眠时期为宜,而以晚秋和早春为最好。晚秋时植物的地上部分进入休眠,而根系仍能继续生长;早春时土壤刚解冻,气温回升,根系已开始生长,而枝芽尚未萌发。园林植物在这两个时期内栽植,树体内储藏的营养丰富,土温适合根系生长,地上部分已停止生长或还未生长,蒸腾量较少,容易保持和恢复以水分代谢为主的平衡。一般冬季寒冷地区或不耐寒的园林植物宜春栽,而冬季较温暖地区或耐寒的园林植物宜秋栽。对于抗寒性很强的园林植物,在土壤冻结较深的地区还可采用"冻土球移植法"栽培。夏季一般气温较高,植株的生命活动旺盛,不适合移植,但对于夏季正值雨季的地区,水分充足、根系容易再生的地区,也可以进行移植,但必须选择春梢停长的园林树木,抓紧连绵阴雨期进行,或者配合其他减少蒸腾的措施如遮阴等才能保证其成活。

我国地域辽阔,园林植物的种类繁多,自然条件相差悬殊,各地区具体的植树季节,应根据当地的气候特点、树种类别、任务要求以及技术力量等而定,如西南地区冬、春为旱季,夏、秋为雨季,落叶树可以春栽,但宜尽早进行并具备充分的灌水条件,而常绿树则只能利用夏秋的雨季进行栽植。

任务考核标准

序　号	考核内容	考核标准	参考分值
1	情感态度	学习积极主动、精力集中、方法多样	5
2	木本园林植物的露地栽植	掌握栽植前的准备工作、栽植的方法技术、大树移植技术、反季节移植技术、移植后的管理	35

序　号	考核内容	考核标准	参考分值
3	草本园林植物的露地栽植	掌握一、二年生花卉,宿根花卉,球根花卉的栽植和草坪的建植与栽植后的管理	20
4	水生园林植物的栽植	掌握水生植物的栽植与栽植后的管理	20
5	园林植物栽植的基本理论	熟悉园林植物栽植成活的原理,把握园林植物栽植的季节	20
合　　计			100

自测训练

1.知识训练

(1) 树木栽植前需要做好哪些准备工作?

(2) 树木带土球栽植有什么好处?

(3) 园林树木栽植的主要技术环节有哪些?

(4) 大树移植时应注意哪些问题?

(5) 反季节移植时应注意哪些问题?

(6) 一、二年生花卉栽植的技术要点有哪些?

(7) 球根花卉栽植的技术要点有哪些?

(8) 如何进行草坪的建植?

(9) 水生园林植物的栽植应注意哪些问题?

(10) 简述园林植物栽植成活的原理。

(11) 如何确定园林植物栽植的季节?

2.技能训练

园林树木起苗、包扎、运输

◆实训目的

熟悉树木起苗、包扎、运输方法,掌握树木栽植技术。

◆材料用具

(1) 材料:校园内需移植的树木或绿化工程中待移植的树木。

(2) 用具:铁锹、镐、手锯、修枝剪、支柱、绳索、蒲包片等。

◆实训内容

(1) 栽植前的准备。根据计划,按操作规范起苗。裸根苗的根部用湿布包裹,蘸泥浆;带土球苗用蒲团、草绳包裹、绑缚。苗木按大小分级。按设计要求定点挖穴,穴的直径一般比根的幅度与深度或土球直径大 20～40 cm,或大 1 倍。

(2) 栽植。

①裸根苗的栽植,先在穴底填些表土,堆成小丘状,放苗入穴,比试根幅与穴的大小和深浅是否合适,如不合适则进行适当的调整修理。两人一组,一人扶正苗木,另一人填入拍碎的湿润表土。当填土达穴深的1/2时,轻提苗木使根自然向下舒展,然后将土用木棒捣实或用脚踩实,继续填土,满后再捣实或踩实一次,最后盖上一层土与地相平,使填土与原根颈痕相平或略高3～5 cm。苗木栽好后,用剩下的底土在穴外缘筑灌水堰。

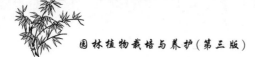

②带土球苗栽植,先测量或目测已挖树穴的深度与土球的高度是否一致,对树穴适当填挖调整后,再放苗入穴。在土球四周下部垫入少量土,使树苗直立稳定,然后剪开包装材料,将不易腐烂的材料一律取出。为防止栽后灌水时土塌树斜,填土一半时,用木棒将土球四周捣实,再填土到满穴并捣实,筑好灌水堰,最后把捆缚树冠的绳索解开取下。

(3)栽后管理。树苗栽好后,立即灌水,浇透水,使土壤吸足水分,让根系与土壤密接,提高成活率。

◆作业

写实习报告,总结树木栽植的技术要点。

项目 2　园林植物的保护地栽培

项目导入

园林植物的保护地栽培是在人工设施的保护下所进行的一种栽培方式。这种栽植方式人为控制园林植物生长的环境,如温度、水分、土壤、光照等,创造植物生长的小气候环境,打破植物生长的季节限制和地域限制,达到园林植物的全年均衡供应,以满足市场的需要。园林植物保护地栽培的方式主要包括温室栽培、塑料大棚栽培、冷床栽培、温床栽培等。

学习任务

任务 1　了解保护地栽培设施

1. 温室

温室是园林植物保护地栽培中重要的栽培设施,能够对环境因子进行有效调节和控制。温室内的温度、湿度、光照等可自动调节,灌溉、播种、施肥等操作也可实行高度的机械化、自动化,现今温室的大型化、现代化、工厂化生产已成为国内外园林植物栽培的发展方向。

1.1　温室类型

1.1.1　根据温室用途分类

根据用途温室可分为观赏性温室、生产性温室和试验研究性温室。观赏性温室一般专供陈列、展览、普及科学知识之用,设于公园和植物园内,要求外形美观、高大,便于游人游览、观赏、学习等。生产性温室一般以生产为目的,以满足植物生长发育的需要和经济实用为原则,外形简单、低矮,热能消耗较少,室内生产面积利用充分,有利于降低生产成本。

1.1.2　根据温室结构分类

根据温室结构,可将温室分为单栋温室和连栋温室,如图 6-4 所示。单栋温室根据屋面形式又分为:①单屋面温室,由透光且单坡朝南的屋面和采用砖墙、土墙或复合墙体挡风、保温的北墙构成,在屋面上还可设苇、蒲等保温帘,其采光性能、保温性能、防风性能均较好;②双屋面温室,一般由两个采光屋面构成,包括等屋面温室、不等屋面温室和拱形屋面温室等,室内采光均匀,栽培管理、耕作方便,但其保温性能较差。连栋温室由两栋以上的单栋温室连接而成,加大了温室的规模,适合于大面积、工厂化生产,具有保温性能好、单位面积建造价格低、总土地利用率高的优点,而且便于经营管理和机械化操作,但是其光照和通风

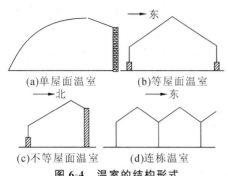

(a)单屋面温室　　　(b)等屋面温室

(c)不等屋面温室　　　(d)连栋温室

图6-4　温室的结构形式

不如单栋温室好,在多雪地区还应安装除雪装置,否则会有被雪压塌的危险。

1.1.3　根据建筑材料分类

根据建筑材料,温室可分为土结构温室、木结构温室、钢结构温室、钢木混合结构温室、铝合金结构温室和钢铝混合结构温室等。土结构温室的墙壁、屋顶主要采用泥土构建,其他部分则采用木材支架,造价低廉,但仅限于北方冬季少雨季节使用。木结构温室的屋架及门窗等均为木制,结构简单、造价低且使用年限较长,一般为15～20年。钢结构温室的柱、屋架、门窗均采用钢材制成,优点是遮光面小、能充分利用日光,便于建造大面积温室,缺点是易生锈、造价高、易热胀冷缩,使用年限一般为20～25年。钢木混合结构温室的中柱、桁条、屋架为钢制,其他为木制,可相对降低成本。铝合金结构温室的材料全部为铝合金,为国际现代化温室的主要类型之一,优点是结构轻、强度大、适于建造大型温室,缺点是造价高。钢铝混合结构温室的柱、架为钢制,门窗等其他构件采用铝合金制成,其优点是造价较铝合金温室低且使用寿命较长,为现代化温室的理想类型。

1.1.4　根据屋面覆盖材料分类

根据屋面覆盖材料的不同,温室可分为玻璃温室和塑料温室。玻璃温室的采光面采用玻璃覆盖,玻璃一般较重而且易碎。塑料温室的采光面采用塑料薄膜覆盖,常作为临时性温室,一般造价较低,但易被污染且易老化,影响光照及使用年限,需要定期更换。现代化温室多采用玻璃钢覆盖。

1.1.5　根据温室热源分类

根据温室热源的不同可将温室分为日光温室和现代化温室。日光温室是我国特有的一种南向采光温室,大多以塑料薄膜作为采光覆盖材料,以太阳辐射为热源,依靠最大限度的采光、加厚的墙体和后坡、防寒沟、保温材料以及防寒保温设备等来最大限度地吸收热能、减少散热,一般不需人工加温,防寒保温性能好,适合于在我国北方使用,如图6-5所示。常见的类型主要有山东寿光式日光温室、北方通用型日光温室和全日光温室。山东寿光式日光温室一般前坡较长、后坡较短,采光面大,增温效果好,适合于园林植物的延迟或提前栽培。北方通用型日光温室一般不设中柱,前柱拱杠用圆钢或镀锌钢管制成,后屋面多采用水泥盖板,适用于喜温的园林植物的栽培。全日光温室又称钢拱式日光温室、节能日光温室,采用钢筋骨架,后墙用砖砌成,后屋面可铺泡沫板和水泥板,抹草泥封盖防寒,多为永久性建筑,坚固耐用,采光性好,通风方便,易操作,但造价较高,适合于喜光盆花的栽培养护及鲜切花的生产。

现代化温室,也称为智能温室,是园林植物栽培设施中较高级的类型,设施的内环境采用计算机自动控制,可自动调节温度、湿度、二氧化碳浓度和光照等,还配备有自动化的作业机具,如土壤和基质消毒机、喷雾机械、采摘机械和授粉机械等,如图6-6所示。一般针对不同的气候目标参数,可采用不同的控制设备。现代化温室内环境基本不受自然气候条件的影响,能终年全天候进行园林植物的栽培,适于工厂化生产,特别是鲜切花和名特优盆花的栽培养护。现代化温室按屋面特点的不同主要分为屋脊型和拱圆型两类,屋脊型温室以玻璃作为透明覆盖材料,主要应用于欧洲,如荷兰的芬洛型温室;拱圆型温室以塑料薄膜作为透明覆盖材料,主要应用于法国、以色列、美国、西班牙和韩国等,我国目前自行设计建造的现代化温室也多为拱圆型。

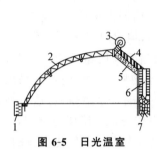

图 6-5　日光温室

1—防寒沟;2—钢结构桁架;3—保温被;
4—板皮;5—水泥板;6—心墙;7—保温材料

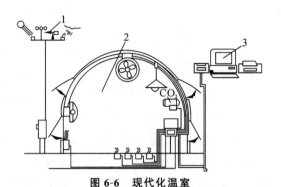

图 6-6　现代化温室

1—小型气象台;2—温室(含加温、调湿、补光、二氧化碳调节等装置);3—计算机

1.2　温室的建造与规划

1.2.1　温室设计的基本要求

温室设计的基本依据是栽培植物的生态要求,如室内温度、湿度、光照和水分等要最大限度地满足栽培植物的生态要求。因此,温室设计时应对计划栽植的各类园林植物的生长发育规律和它们在不同生长发育阶段对环境的要求有深入的了解,并且充分结合当地的气候条件,运用建筑工程学等学科原理和技术,才能设计出结构良好、投资少、经济适用的温室。

1.2.2　建造场地的选择

温室一般一次建造、多年使用,因此必须慎重选择场地。温室的建造一般要求选择向阳避风、地势高、排水良好、无污染,且水源丰富清洁、用电和交通方便的地点,有大风危害的地方还应考虑设置防风设施,以保证生产的正常进行。

1.2.3　温室的排列

在进行规模化生产时,温室一般要求连片配置、集中管理,对于温室群的排列以及冷床、温床、阴棚等附属设备的设置应有全面的规划。规划时应首先考虑避免温室之间的相互遮阴,温室间的合理间距取决于温室的高度及各地的纬度。当温室为东西向延长时,南北两排温室间的距离通常为温室高度的 2 倍;当温室为南北向延长时,东西两排温室之间的距离通常为温室高度的 2/3;当温室高度不等时,一般高的温室应设置在北面,矮的温室设置在南面。同时,温室排列时还应考虑采光与通风。一般在高纬度地区宜采用东西向,温室坐北朝南;在低纬度地区宜采用南北向,有利于利用光能,充分利用土地资源。

1.2.4　屋面的倾斜度

太阳辐射是温室的基本热源之一,吸收太阳辐射的多少取决于太阳高度角和采光屋面的倾斜度。太阳光线与采光屋面越接近垂直,光能的利用率就越高,一般以冬至中午的太阳高度角来确定温室屋面的倾斜度。不同地区的纬度不同,太阳高度角不同,可根据各地区冬

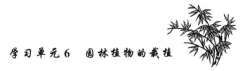

至中午太阳的投射角来确定温室屋面的倾斜角度,以获得最大的太阳辐射热。

1.3　温室的附属设施

1.3.1　温室温度调节系统

1)温室加温系统

温室加温的方法主要有烟道加温、热水加温、蒸汽加温、热风加温、温泉地热加温和酿热物发酵加温等。烟道加温一般设置较容易、费用少且燃料消耗少,但温度不易调节且分布不均,热力供应量小,仅适合在较小温室中采用。热水加温多采用重力循环法,通过热水管加温,可借助自动调节器来调节温度,并且室内温度均匀、湿度较高,适合于植物的生长发育,但是升温速度较慢,且热力不及蒸汽大,一般适用于 $300\ m^2$ 以下的温室。蒸汽加温可用于大面积温室,一般加温较容易,但室内温度分布不均,靠近蒸汽管处的植物易受到损伤,另外蒸汽加温装置费用较高、蒸汽压力较大,要求操作者有熟练的加温技术。热风加温系统由加热器、风机和送风管组成,一般在现代化大型温室中使用,并且主要应用于低纬度地区温室的临时加温,其缺点是室温冷热不均,温度容易剧升骤降,需要安装温度自动控制器。温泉地热加温适用于在温泉或地热深井附近建造的温室,可将热水直接泵入温室用以加温,是一种极为经济的加温方法。酿热物发酵加温一般是将有机物质埋于培养土下层,利用微生物的发酵来提供热能加温,温度可通过改变有机物质的配比和厚度来控制,控制精度不高,但发酵后的有机物可用来作肥料,而且材料来源广泛、成本低廉。

2)温室降温系统

南方的温室夏季需要有降温设施,通常采用自然和机械降温两种方式。自然降温一般采取遮阴、通风、屋顶喷水或屋顶涂白相结合的方法,效果比较显著,也经济实用,如遮阴即可使温室降温 $2\sim3\ ℃$。机械降温一般有两种方式:第一种是压缩式冷冻机制冷,降温效果较好,但是耗能大、费用高,而且制冷面积有限,一般只用于试验研究性温室;第二种是湿帘降温系统,一般在现代化大型温室中常用,在温室的北墙安装湿帘、南墙安装排风扇,使用时冷水不断淋过湿帘并开动排风扇,随着水的蒸发吸热及流动而起到降温的作用,但是在空气相对湿度较高的地方水分蒸发困难,故降温效果较差。

1.3.2　温室光照调节系统

温室内一般要求光照充足且分布均匀,在必要时还需补光和遮光。主要采用人工光照,通过控制光源及其密度来控制光质及光强,可用于增加或减少光照时数和光照强度,也可用于调节光周期,以满足植物花卉的需求或用于调节花期、达到终年生产的目的。在温室内安装照明设备时,应采用封闭式灯罩,灯头和开关也应选用防水性能好的材料,以防因室内潮湿而漏电。

1.3.3　温室湿度调节系统

温室内湿度的调节主要包括空气湿度调节和土壤湿度调节两个方面。温室内降低空气湿度一般采用通风法,即打开门窗通过空气的流动来降湿,但在雨季室外也处于高温高湿的环境时,则需要用排气扇进行强制通风;温室内要提高空气湿度可采取室内修建储水池、安装人工喷雾设备、室内人工降雨等方法。温室内土壤湿度可通过控制灌溉量来调节。

1.3.4　温室的附属设备及附属建筑

温室的附属设备主要包括室内通道、水池、种植槽、台架、繁殖床、自动控制系统和温度及湿度监测仪等。观赏性温室的通道一般应适当加宽，为 1.8～2.0 m，路面可用水泥、方砖或花纹卵石来铺设；生产性温室的通道则不宜太宽，以免占地过多，一般为 0.8～1.2 m，多用土路，但永久性温室的路面可适当铺装。水池可储存灌溉用水并增加室内湿度，一般可建筑在种植台下，深度不超过 50 cm，若在观赏温室内则可将水池建成观赏性的，为其配置假山、喷泉和水生植物，并可放养一些观赏用水生动物，以提高观赏性。种植槽在观赏性温室中用得较多，一般用于栽植高大的植物，可限制其营养面积和植物根的伸展，以控制其高度。台架则可以更经济地利用空间，主要用其来摆设盆栽植物，结构可为木制、钢筋混凝土或铝合金制，一般观赏性温室的台架为固定式，而生产性温室的台架多为活动式。繁殖床主要是为在温室内进行扦插、播种和育苗等繁殖工作而修建，多采用水泥结构，并常配有自动控温、自动间歇弥雾等装置。温室的附属建筑则包括工作房、种子房、晒场和工具材料仓库等。

2. 塑料大棚

塑料大棚是采用薄膜覆盖的简易栽培设施，一般造价低、搭设简便，适用于不甚耐寒园林植物的越冬栽培，在夏季还可拆掉薄膜作露地栽培场或覆盖遮光网作阴棚使用。

2.1 塑料大棚的规格和类型

塑料大棚的面积一般在 300 m² 以上，宽 10～20 m，长 30～50 m，中高 1.8～2.5 m，边高 1.0～1.5 m，目前多用角钢或圆钢焊接做骨架，并用螺栓连接在钢管或钢筋混凝土柱上，也可采用竹、木、铝合金或水泥架做骨架。

2.1.1 根据屋顶形状分类

根据屋顶形状的不同可将塑料大棚分为拱圆形塑料大棚和屋脊形塑料大棚两种。其中拱圆形塑料大棚面积可大可小，可单栋也可连栋，搬迁方便，成本较低；屋脊形塑料大棚多为连栋式，且一般为固定式大棚，可长年使用。如图 6-7 所示。

2.1.2 根据大棚结构分类

塑料大棚根据其结构可分为单栋式大棚和连栋式大棚，其建造及应用与温室相类似。

2.1.3 根据骨架材料分类

塑料大棚根据建筑材料的不同可分为竹木结构、钢架混凝土柱结构、钢架结构、钢竹混合结构等。

2.1.4 根据耐久性分类

塑料大棚根据耐久性可分为固定式塑料大棚和简易式塑料大棚，其中固定式塑料大棚多采用钢管作为骨架，可连续使用多年，且一般面积较大，适用于切花、盆花等的规模化生产；简易式大棚一般采用竹、木、圆钢、铝合金等轻便材料做骨架，搬迁方便，多用于园林植物的扦插繁殖、促成栽培和越冬防寒等。

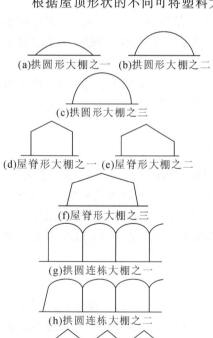

(a)拱圆形大棚之一　(b)拱圆形大棚之二

(c)拱圆形大棚之三

(d)屋脊形大棚之一　(e)屋脊形大棚之二

(f)屋脊形大棚之三

(g)拱圆连栋大棚之一

(h)拱圆连栋大棚之二

(i)等屋面连栋大棚

图 6-7　塑料大棚类型

2.1.5　覆盖材料

塑料大棚的覆盖材料一般可分为聚氯乙烯薄膜、聚乙烯薄膜和醋酸乙烯薄膜等,其中聚氯乙烯薄膜具有透光性好、夜间保温性好、耐高温日晒和耐老化的优点,但吸尘较严重、不耐清洗,一般适用于长期覆盖栽培;聚乙烯薄膜具有透光性好、吸尘少、耐低温和价格低等优点,但夜间保温性差、不耐日晒易老化,一般只能使用 4～6 个月,适合于春季园林植物的提早栽培;醋酸乙烯薄膜具有扩张力强、耐污染、无毒、耐日晒、抗老化等优点,是比较理想的覆盖材料,但价格相对较高。在生产中应根据需要选择合适的覆盖材料。

2.2　塑料大棚的建造与覆盖

塑料大棚的建造与温室相类似,其塑料薄膜的覆盖方式主要包括以下几种。

（1）四块薄膜拼接　四块薄膜拼接方便通风换气,主要采用两块裙膜和两块棚膜,一般裙膜宽约 1.5 m,先在其上部卷入一条绳子并焊接成筒,固定于大棚四周,覆盖在拱架或山墙立柱外侧的下部,下端埋入土中;棚膜上端用同样的方法,固定于大棚顶部,一般上端重合约 10 cm,下端与裙膜重合约 30 cm。

（2）三块薄膜拼接　采用两块裙膜和一块棚膜,拼接方法同上,适用于比较高的大棚。

（3）一块薄膜满盖　适合于较小的拱棚,一般覆盖方便,但通风及管理不善。

3. 阴　棚

3.1　阴棚的作用

阴棚是用于遮光栽培的设施。其主要作用为:养护阴性和半阴性观赏植物及一些中性植物;养护刚刚上盆的或翻盆的苗木和老株;养护嫩枝扦插的观赏植物;栽培部分露地切花;用于夏季花卉栽培的遮阴降温。

3.2　阴棚的类型

阴棚的形式多样,大致可分为永久性阴棚和临时性阴棚两类,阴棚的构造如图 6-8 所示。

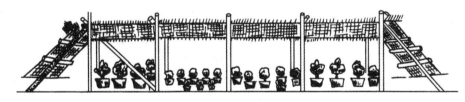

图 6-8　阴棚的构造

3.2.1　永久性阴棚

永久性阴棚多设于温室近旁,用于温室花卉的夏季遮阴,也用于杜鹃、兰花等喜阴性植物的栽培。永久性阴棚要求选择不积水且通风良好的地方建造,一般高 2～3 m、宽 6～7 m,用钢管或水泥柱构成,棚架过去多用苇帘、竹帘等覆盖,现多采用遮阳网覆盖,也可采用葡萄、凌霄、蔷薇等攀缘植物遮阴,这样既实用又有自然情趣,但需经常管理和修剪,以调整遮光率,其遮光率应视栽培植物的种类而定。盆花栽培时应置于花架或倒扣的花盆上,若放置

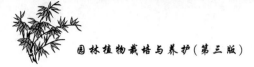

于地面上,则应铺以陶粒、炉渣或粗沙,以利排水,并防止下雨时污水溅污枝叶及花盆。

3.2.2 临时性阴棚

临时性阴棚多用于露地繁殖床和切花栽培,一般较低矮,高度为50～100 cm,上可覆盖2～3层遮阳网。栽培时一般应逐渐减少覆盖,增强光照,以促进植物的生长发育。

3.3 阴棚的建造

阴棚的建造与塑料大棚相类似,一般应选在地势高、通风和排水良好的地段,以保证雨季棚内不积水,有时还需在棚的四周开小型排水沟。

4. 其他栽培设施

4.1 小拱棚

小拱棚是利用塑料薄膜和竹竿、毛竹片等易弯成弓形的支架材料做成的低矮保护设施,一般高约1 m,长宽视栽培需要而定。小拱棚一般结构简单、体形较小、取材方便、负载轻、搬迁方便,棚内温度随环境温度的变化而变化,且变化幅度较大,多用作临时性栽培的简单保护设施。

4.2 冷库

冷库是指人为地调低温度以储存种子、球根、鲜花等花卉产品的设施,通常保持0～5 ℃的低温,或按需要调节温度,多用于花卉的促成和抑制栽培,也用于鲜切花的保鲜。冷库的大小可视生产规模和应用目的而定,最好设内外两间。内间为低温储藏间,保持0～5 ℃;外间为缓冲间,保持10 ℃左右。这样花卉出入时可避免温度骤变的伤害,同时也可用于催延花期。

4.3 地窖

地窖又称冷窖,是园林植物冬季防寒越冬的临时性保护场所,在我国北方地区应用较多。地窖具有保温性能较好、建造简便易行的特点,常用于不能露地越冬的宿根、球根、水生及木本花卉等的保护越冬。

地窖通常深1～1.5 m,宽约2 m,一般应设于避风向阳、光照充足、土层深厚、地下水位较低的地段,根据其与地表的相对位置,可分为地下式和半地下式两类。地下式地窖窖顶与地面齐平,其保温性能较好,但地下水位过高地区不宜采用,通常建成不设出口的死窖;半地下式地窖窖顶高出地面,通常建成一端具出入口的活窖。窖顶有人字式、平顶式和单坡式等三种形式,通常采用木料做支架,上覆高粱秆或玉米秸、稻草等,厚度10～15 cm,再覆土封顶,一般开始时覆土宜薄,随气温降低应逐渐加厚,大雪后应注意及时清扫。地窖最低温度一般应高于0 ℃,园林植物在出入地窖前应进行适应性锻炼,以免因窖内外环境差别过大而对植物造成伤害。

4.4 风障

风障是我国北方地区常用的简易保护设施之一,可降低风速、使风障前近地层气流比较稳定,同时能充分利用太阳辐射能提高风障保护区的地表温度和气温,并能保持风障前的温度。一般在有风晴天增温效果最明显,无风晴天次之,阴天不明显,距离风障愈近,温度越高。风障还有减少水分蒸发和降低相对湿度的作用,从而相对改善植物的生长环境,常用于二年生花卉的越冬或一年生花卉的露地栽种,也可对新栽植的园林植物进行挡风,以提高移栽成活率。

风障主要由基埂、篱笆和披风三部分组成。篱笆是风障的主要部分,一般高 2.5～3.5 m,通常采用芦苇、高粱秆、玉米秸和细竹等制成,以芦苇最好。设置时先在地面沿东西向挖宽约 30 cm 的长沟,栽入篱笆,向南倾斜,与地面成 75°～80°角,填土压实后在距地面 1.8 m 处扎一横杆,形成篱笆;基埂是风障北侧基部培起来的土埂,通常高约 20 cm,既可固定篱笆,又能增强保温效果;披风是附在篱笆北面的柴草层,用来增强防风、保温的功能,常以稻草、玉米秸为宜,其基部与篱笆基部一并埋入土中,中部用横杆缚于篱笆上,高度 1.3～1.7 m。两风障之间的距离一般以风障高度的 2 倍为宜,由多个风障组成的风障区,则需在风障区的东、南、西三面设围篱,以增强其防护功能。

4.5 冷床

冷床又称阳畦,无须人工加温,直接利用太阳能,在风障的基础上增加了床框及床面覆盖物,保温效果更好。多用于秋播花卉的越冬及春播花卉的提早栽培,如图 6-9 所示。

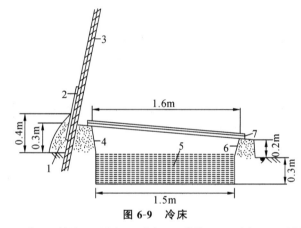

图 6-9 冷床

1—土背;2—披风;3—风障;4—北帮;5—培养土;6—南帮;7—覆盖物

4.6 温床

温床在冷床的基础上增加了人工加温设施,多用于温室花卉繁殖,一、二年生草花的提前播种和耐寒性花卉的促成栽培。温床有单面式、双面式和不等式三种。单面式温床最常见,由床框、床孔及玻璃窗组成,床框一般宽 1.3～1.5 m,长约 4 m,前框高 20～25 cm,后框高 30～50 cm,可做成拆卸式的;床孔是在床框下挖出的空间,大小与床框一致,深度依床内所需温度及酿热物填充量而定;玻璃窗用以覆盖床框,床框及玻璃窗框均应刷以油漆或桐油防腐,也可采用塑料薄膜代替玻璃覆盖。

温床常借助酿热物发酵产生的热量来提高床土温度,如图 6-10 所示。但是现在多采用电热加温,电热加温具有调节灵敏、发热迅速、加热均匀、使用方便等优点,不加热时,可作冷床使用。电热加温的加热线要选用电阻适中、外包以耐高温塑料绝缘的专用加热线,铺设前先在床底填 10～15 cm 厚的炉渣,其上覆以 5 cm 厚的沙,整平后铺设加热线,然后装置自动调节器,以维持所需的温度,若不能达到所要求的温度,床面上还可加覆盖以保温。

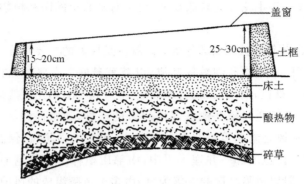

15~20cm

25~30cm

盖窗

土框

床土

酿热物

碎草

图 6-10　半地下式土框酿热温床

任务 2　保护地环境调控技术

1. 温度调节

1.1　加温

保护地栽培时既可以通过采用透光好的棚膜或玻璃来充分利用太阳辐射,也可采用烟道、暖气道、热风等进行人工加温,详见温室的加温系统。

1.2　保温

保护地栽培时主要依靠苇帘、棉帘、纸帘、无纺布等覆盖保温,可根据季节的变化与植物对温度的需求来决定覆盖和揭除的时间。

1.3　降温

保护地栽培时主要通过通风、遮光、喷雾和水帘降温系统来降温,具体详见温室的降温系统。

2. 光照调节

2.1　光照强度

保护地栽培时一般可应用遮阳网来削弱和降低光照强度,通过人工照明来补充光照强度,详见温室的光照调节系统。此外,在设施墙面涂白或北墙内侧设置反光幕、反射板、反射膜等也可增加室内光照、改盖温室内的光照分布,并提高气温和地温。

2.2　光照时数

保护地栽培时可通过人工补光或遮光的方式来延长或缩短光照时数,以满足园林植物生长与发育的需求,具体详见温室的光照调节系统。此外,还可利用人工光照或遮光来改变昼夜的时序,改变植物开花的时间,如昙花等。

2.3　光质

保护地栽培时一般通过选择不同的光源或择光膜来保证不同花卉在不同时期的光质要求。

3. 湿度调节

保护地栽培时可通过喷水、喷雾、二次覆盖的方法来增加空气湿度,通过通风的方式来降低空气湿度,通过灌溉的方式来增加土壤湿度,详见温室的湿度调节系统。

4.二氧化碳浓度的调节

由于栽培设施内易出现二氧化碳亏损,栽培时一般需要人为地补充二氧化碳,其具体方法有如下几种:①进行通风,依靠空气流动来补充二氧化碳的不足;②经常施有机肥,通过有机肥的分解释放二氧化碳;③应用二氧化碳发生器,可通过煤油、天然气、石蜡等燃烧产生二氧化碳,或利用化学物质之间的作用产生二氧化碳,如盐酸与石灰石、硝酸与石灰石、碳酸氢铵与硫酸等,也可使用固体干冰产生二氧化碳;④施入二氧化碳固体颗粒肥。

任务3　保护地栽植管理技术

1.园林植物种类的选择

园林植物的保护地栽培成本相对较高,选择合适的栽培种类是确定生产方式、保证生产效益的首要问题,主要应注意以下原则。

1.1　适地适栽

适地适栽就是要求栽培植物的生态习性与保护地的条件相适应,只有这样才能充分发挥生产潜力,使植物在栽培设施内健壮地生长发育,并达到应有的产量和质量,还可最大限度地降低生产成本。

1.2　按需选择

选择栽培植物时必须以市场为导向,按市场需求来确定栽培的种类:①依市场行情选择市场容量大的植物种类,如国际上流行的四大切花、我国传统名花的盆栽等;②依生产规模选择有特色的植物种类,种类宜少而精,不宜大而全;③选择有发展潜力的植物种类,如肉质植物、观叶植物等;④选择反季节生产性能好的植物种类,可进行花期调控,保证终年生产;⑤选择容易形成规模的植物种类,可保证大幅度地提高生产效益;⑥生产种类确定后,还应选择优良品种,以保证生产效益。

2.保护地栽培技术

园林植物的保护地栽培与露地栽培相类似,主要包括精选苗木、精选地段、土壤消毒、整地作畦和适时栽植等。

1.设施内的小气候特点

1.1　温度

1.1.1　气温的季节变化

设施内的温度一般在夏季、冬季时均比室外高,冬季可进行保护地栽培,夏季则一般需要将园林植物移出温室、转入阴棚中栽培。

1.1.2　气温的变化

设施内的热源为太阳光的辐射,白天阳光照射,温度升高,夜间由于覆盖物的阻挡,减少了热量的散失,所以设施内的温度高于设施外。但设施内外白天温差大,晚间温差小,导致设施内昼夜温差大,而且晴天比阴天表现明显。

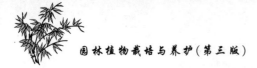

1.1.3　温度的逆转现象

设施内一般温度较高,但变化快,若无覆盖,日落后降温比露地快,易出现设施内温度比设施外温度低的逆转现象。

1.1.4　温度的分布

设施内的温度一般分布不均匀,晴天白天一般上部温度高于下部、中部温度高于四周,夜间一般北侧温度高于南侧。一般情况下,设施的面积越小,低温区比例越大。

1.1.5　地温的变化

与气温相比,设施内地温的季节性变化和日变化均较小。

1.2　光照

1.2.1　光照分布不均

设施内光照的分布易受设施结构、材料、屋面角度及设置方位的影响,整体变化较大。一般水平分布表现为上午东面光照略强,下午西面光照略强。垂直分布表现为离玻璃或薄膜愈近,光照愈强。

1.2.2　光照强度减弱

栽培设施加上覆盖材料后,可导致部分光被反射和吸收,使透光率下降50%～80%,同时,由于覆盖材料的老化、污染、结露等,会进一步降低透光率,减弱光照,影响植物的生长。

1.3　湿度

由于栽培设施多为相对封闭的空间,设施内土壤的蒸发、植物的蒸腾及通风条件等均会影响空气的湿度,一般设施内的湿度高于外界,容易引发病害。

1.4　二氧化碳浓度

由于栽培设施的相对封闭,以及植物光合作用的消耗,设施内一般早上二氧化碳浓度较高,日出后二氧化碳浓度逐步下降,易出现二氧化碳缺少的现象,从而影响植物的生长,所以一般需要人为补充二氧化碳气肥。

2.保护地栽培设施的选择

保护地栽培设施的选择应根据园林植物的栽培需求、当地的气候条件以及资金投入等来确定。一般温室投资最大,但能有效地调控环境条件,为园林植物提供最适宜的生长环境,适用于各种园林植物的栽培;大棚相对投资较少,一般仅为温室的1/10左右,但调控环境条件的性能相对较差,多用于生产,应用范围较广泛;阴棚投资也较少,但调控环境条件的性能较差,多用于园林植物的越夏栽培以及喜阴植物、新栽植植物的栽培养护;其他栽培设施如小拱棚、冷库、地窖、风障、冷床和温床等则多根据具体需要而设定,其应用范围更狭窄。

任务考核标准

序　号	考核内容	考核标准	参考分值
1	情感态度	学习认真,方法灵活,团结合作	10
2	保护地栽培设施	熟悉保护地栽培设施的类型及其应用特点,掌握温室的类型、建造以及附属设施等基本知识	30

续表

序　　号	考核内容	考核标准	参考分值
3	保护地环境调控技术	掌握保护地光、温、水、气等环境条件的特点及其调控技术	30
4	保护地栽培管理技术	掌握保护地栽植植物种类的选择与栽培技术	30
合　　计			100

自测训练

1. 知识训练

(1) 简述园林植物保护地的意义。

(2) 常见的保护地栽培设施主要有哪些？各有何特点？

(3) 列举温室的常见类型。

(4) 温室加温、保温和降温的措施主要有哪些？

(5) 温室光照调节的措施主要有哪些？

(6) 温室湿度调节的措施主要有哪些？

(7) 简要说明塑料大棚的特点及其覆盖方法。

(8) 简述阴棚在保护地栽培中的作用。

(9) 简述保护地栽培设施内环境的特点及其调控措施。

(10) 如何进行保护地栽培园林植物种类的选择？

2. 技能训练

园林植物栽培设施内小气候的观测

◆实训目的

进一步掌握保护地设施小气候的一般变化规律及其对园林植物生长发育的影响，并学会保护地设施小气候的观测方法。

◆材料用具

(1) 材料：温室或大棚。

(2) 用具：通风干湿球温度计或普通棒状温度计、遥测通风干湿球温度计、照度计、最高最低温度表、套管地温表。

◆实训内容

保护地设施内的小气候观测内容，因研究目的的不同而异，本次实训重点为测定温室或大棚内温度、光照、湿度的分布特点及其日变化规律。

(1) 温度、湿度分布　在温室(或大棚)中选一个纵剖面，从南到北竖立数根标杆，温室内第一标杆距离南侧(大棚东西两侧标杆距离棚边)0.5 m，其他各相距 1 m，每根标杆的垂直方向上每 0.5 m 设一个观测点。

在温室(大棚)1 m 的高处选一个横断面。按东、中、西和南、中、北设置 9 个观测点。根据需要还可增加观测点的数目。

每次观测，注意读数准确。每一个观测点的温度要取两次读数的平均值，以消除时间上的误差。纵剖面第一次由南到北，每根标杆由上而下读数；第二次由北到南，每根标杆由下而上读数。横剖面按同理进行，同时在露地应于等高位置设置对照观测点。每日观测时间

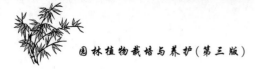

为 8:00 与 13:00。

（2）光照分布　观测点、测定顺序和观测时间同温度、湿度分布的观测。

（3）温度、湿度日变化的测定　观测温室（大棚）内中部和露地对照区 1 m 高处的温度、湿度变化情况，记载 2:00、6:00、10:00、14:00、18:00、22:00 的温度、湿度。

（4）地温分布及日变化测定　在温室（大棚）内水平面上，于东西向和南北向中线，从外向内，每 0.5～1 m 设一个观测点。测定 10 cm 地温的分布情况。并在中部一点和对照区观测 0 cm、10 cm、20 cm 的地温日变化，观察时间同温度日变化观测。

◆作业

根据观测数据，绘出温室（大棚）和露地温度、湿度及光照分布图，温度、湿度及地温日变化曲线图。

项目 3　园林植物的容器栽培

园林植物的容器栽培是指利用某种材料做成各种形状的容器，盛装营养土，直接将园林植物栽培在容器里的栽培方法。栽植于各类容器中的园林植物统称为盆栽植物，简称盆花或盆栽。容器栽培相对于直接地栽而言具有管理方便、运输便利和应用灵活的特点，可进行特殊的栽培管理与应用，实现终年生产。

任务 1　容器栽培基质及配制

1. 栽培基质

容器栽培基质又叫营养土、培养土、盆土或花土，是人工配制的、营养丰富、结构良好的人工基质。基质的肥力、保水性、排水性、透气性以及酸碱度等，都直接影响植物的生长发育，而盆栽容器的容量有限，限制了根系的伸展，影响了排水透气，对基质的要求更为严格，所以容器栽培时必须根据园林植物的特性，精心配制营养土，以满足盆栽植物的生长需求。

1.1　盆栽基质的基本要求

盆栽基质的基本要求可以概括为宜、洁、轻、易、廉五个字，只有这样的基质才有利于花卉的生长。"宜"是指选用的基质要适宜于植物的生长发育，必须具有良好的排水、保水、保肥和透气性能，以及适宜的酸碱度和营养条件等。"洁"是指选用的基质必须清洁卫生，不含病菌与害虫，也不能散发异味。"轻"是指基质的质量要轻，以便于盆花的更换搬动。"易"是指基质应该取材方便，容易配制。"廉"是指基质应该价格便宜，成本低，容易获得。

1.2　配制基质时常用的材料

1.2.1　园土

园土是配制基质的主要原料，多采用壤土，最好是菜园土或种过豆科植物的土壤。园土一般肥力较高，结构良好，但在干旱时土表容易板结，其湿润透水性、透气性较差，所以不能单独使用，需要配合其他的疏松材料使用。

1.2.2 腐叶土

腐叶土是配制基质最广泛使用的材料,主要由阔叶树的落叶堆积腐熟而成,包括天然腐叶土和人工腐叶土两种。天然腐叶土是在阔叶林下自然堆积的腐叶土,也称天然腐殖土,由枯枝落叶常年累积、分解而成,一般呈褐色,微酸性,富含腐殖质,松软透气,排水、保水性好,是植物栽培非常优良的材料。人工腐叶土是人工收集落叶后堆制而成的,一般需拌以少量的有机肥和水,与园土分层堆积,待其发酵腐熟后,过筛消毒即可使用。人工腐叶土一般需要经过一年以上的时间才能充分腐熟,形成的培养土含有丰富的腐殖质,土质疏松透气,排水良好,适合于栽种秋海棠、仙客来、大岩桐、天南星科观叶植物以及地生兰、蕨类植物等。

1.2.3 河沙

河沙质地疏松,有利于水分渗透和空气流通,以便于根部呼吸。河沙可单独用于仙人掌及多肉植物的栽培,也广泛用作扦插的基质,但在栽培其他园林植物时一般需要配合使用其他基质。栽培中最好使用颗粒直径在 1~2 mm 的清洁河沙。

1.2.4 堆肥土

堆肥土一般是利用农家肥如猪粪、牛粪等与园土混合,也可收集杂草、锯末、残枝落叶和菜叶等,先在底层铺放 30 cm,并浇水或浇适量的人粪尿,再盖上一层 10 cm 厚的泥土,如此层层堆积,达 1.5 m 左右后用泥土封顶,在露天条件下堆腐半年左右,干燥后翻倒几遍,捣碎后过筛消毒或混入一定量的疏松填充物后使用。堆肥时要加强管理,避免雨水冲刷造成养分流失。

1.2.5 塘泥

塘泥,即池塘、湖泊中的沉积土,含有丰富的有机质,可在秋冬挖出,经过晾晒、粉碎、过筛后使用,一般需要混入一定量的疏松填充物。

1.2.6 泥炭土

泥炭土是古代低湿湖泽地带的植物被埋藏在地下,在淹水或缺少空气的条件下分解不完全而形成的特殊有机物,多呈黑色或深褐色,对水和养分的吸附能力极强,风干后容易破碎,质地松软,透水透气性及保水性较好,富含腐殖质及各种营养成分,其 pH 值为 4.5~6.5,一般与其他基质配合使用。

1.2.7 蛭石

蛭石是由黑云母和金云母风化而成的片状次生产物,在 1 000 ℃ 左右的高温下加热会膨胀,形成疏松多孔状体,具有质轻,吸水、保水、持肥、吸热和保温性能较强的特点,但是长期使用后会使蜂房状结构遭到破坏而导致透气性下降,常与珍珠岩或泥炭土等混合使用。

1.2.8 珍珠岩

珍珠岩由一种铝硅酸盐火山石经过粉碎、加热至 1 100~1 200 ℃ 煅烧后膨胀而成,具有疏松、透气、吸水、体轻的特点,常与蛭石、泥炭土、河沙等混合使用。

1.2.9 针叶土

针叶土主要由松、杉、柏科针叶树种的落叶残枝和苔藓类植物堆积腐熟而成,质地极为疏松,由云杉、冷杉的落叶形成的针叶土质量较好,松、柏等的落叶形成的针叶土质量较差。针叶土也可以人工堆制,将落叶收集起来后堆成堆,使用覆盖物盖起来,一年翻动 2~3 次,促进其分解，一般经过一年堆积腐熟后即可使用。松针土一般呈灰褐色，腐殖质极为丰富，透气性和排水性良好，呈强酸性，pH 值为 3.5～4.0。一般将其与其他栽培基质配合使用，适合于栽培杜鹃、栀子、茶花等喜强酸性的园林植物。

1.2.10　陶粒

陶粒由黏土发泡烧制而成，质地坚硬而轻，又名"水上漂"，其综合强度、防火、耐风化等各项功能均比较优异，是当今世界上最优良的轻质建材。由于陶粒由表及里具有许多微孔，吸水、透气和持肥能力强，并且具有一定的机械强度，小颗粒垒砌在一起可形成许多空穴，透气透水，不会板结，在干燥状态下没有粉尘，泡水后也不会解体形成泥水，在园林植物栽培中也经常用其代替土壤作栽培基质使用。全营养陶粒植土一般内含氮、磷、钾、钙、镁、硫、硅、铁、硼、锰、锌、铜、钼等多种营养元素，可使植物成活率更高，寿命更长。

1.2.11　炉渣

炉渣不仅是理想的透水、疏松、通气材料，同时其容重较小，含有一定量的石灰质，是君子兰培养土中重要的掺和物，使用时以沸腾炉喷出的碎末为最好，采用普通的炉渣时则应该先打碎，过筛后选用颗粒直径为 2～3 mm 的粗末。

1.2.12　木炭

木炭碎块具有较好的吸水性和透气性，能增强土壤通透性，在干旱时又可使土壤不至于过分干燥，可掺入君子兰培养土中或垫盆底，其木炭末还可用来涂抹植株伤口，防止植株腐烂。

1.2.13　水苔、苔藓、蛇木板、蕨根和树皮块等

它们一般通气性良好，是栽培要求严格的兰花时常用的栽培基质。其中水苔又名泥炭藓，是一种天然的苔藓，生长在海拔较高的山区，以及热带、亚热带的潮湿地或沼泽地。水苔质地柔软且吸水力极强，具有保水时间较长且透气性好的特点，pH 值为 5～6，是兰花种植栽培基质的上等材料之一。

1.2.14　锯末、木屑、稻壳、甘蔗渣和椰子壳等

一般需发酵至黑色，完全腐熟后才能使用。

2. 栽培基质的配制

2.1　栽培基质的配制

容器栽培的基质应根据不同植物的要求，进行科学选择和调制，以使其能更好地提供植物生长的条件。不同基质的理化性状也不同，单独使用一种基质时其性能难免不够全面，一般将多种基质混合使用，以充分发挥各种基质的优点，取长补短。园林植物对栽培基质总的要求是：既要有良好的保水、保肥、排水、透气性，还要酸碱度适宜。根据所选基质种类的不同，配制方法可分为无机复合基质、有机复合基质和无机-有机复合基质三大类。

（1）无机复合基质　采用河沙、陶粒、蛭石、珍珠岩和炉渣等无机基质配制而成，一般不含有机质，肥力水平较低，但通透性好，无病菌孢子及有害虫卵，安全卫生，营养元素均衡，易于调整，实际应用较为广泛。如采用蛭石与珍珠岩为 1∶1 的配比作扦插床基质，采用陶粒与珍珠岩为 2∶1 的配比进行各种粗壮或肉质根系植物的栽植，采用炉渣与河沙为 1∶1 的配比作扦插和栽培基质。

（2）有机复合基质　采用泥炭、锯末、砻糠灰、泥炭土、黏土、沙土、壤土、园土、腐叶土、塘泥等基质配制而成，一般总体有机质含量高，多呈酸性反应，来源丰富，价格低廉，是园林植物栽培中应用较多的一类基质。如腐叶土、黏土、沙土及草炭为 4∶3∶2∶1 的配比可用于杜鹃、茶花、含笑等的栽植；腐叶土、厩肥土及园土为 1∶0.5∶0.5 的配比可用于米兰、茉莉、金橘、栀子等的栽培；腐叶土、园土及河沙为 1∶0.5∶0.5 的配比可用于栽培肉质多浆植物；园土与草炭为 1∶1 配比或园土与砻糠灰为 1∶1 的配比可用作扦插基质。

（3）无机—有机复合基质　采用有机基质和无机基质混合配制而成，一般综合性状优良，有机质含量适中，水汽比例协调，成本较为低廉，应用广泛。如泥炭、蛭石及珍珠岩为 2∶1∶1 的配比可用于观叶植物的栽培；泥炭与珍珠岩为 1∶1 的配比可用作扦插基质或用于栽培大部分盆栽植物；泥炭与珍珠岩为 1∶2 的配比可用作杜鹃等纤细根系花卉的栽植；泥炭与炉渣为 1∶1 的配比可用于盆栽喜酸植物的栽植。

2.2　栽培基质的消毒

为了避免病虫害和杂草滋生，容器栽培的基质最好消毒后使用。其中珍珠岩、蛭石已经过高温消毒，一般不带菌；河沙一般也比较清洁，只需稍经冲洗即可；腐叶土、园土和泥炭土等常带有一些危害植物的细菌、真菌和虫卵，还有线虫、蜗牛之类的病虫，因此需要进行消毒；木屑等则需堆积发酵一段时间后，再进行消毒。基质消毒的目的是尽可能保存有益的微生物、杀灭有害的微生物与害虫，同时除去杂草种子。消毒的方法有烧土消毒、蒸汽消毒和药品消毒等，与苗圃地消毒相类似。

2.3　营养土的酸碱度与其调节

每种园林植物均有生长所需的适宜酸碱度范围，配制好的容器栽培基质在使用之前一般还必须调节酸碱度。土壤的酸碱度一般采用 pH 试纸或酸度计测定，若偏酸可采用石灰粉、石膏和草木灰等混合中和，若偏碱则可采用硫黄粉、硫酸亚铁等混合中和。

任务 2　容器栽培技术

容器栽培主要包括上盆、换盆的基本操作技术以及倒盆、转盆、松盆土、浇水和施肥等管理技术。

1. 上盆

将园林苗木栽植于容器中的过程叫做上盆。上盆一般在春秋两季进行，其步骤如下。

1.1　垫片

花苗上盆时一般先采用 2～3 块碎盆片盖在盆底排水孔洞的上方，搭成人字形或品字形，使盆土不能堵塞洞口，以保证多余水分的流出，防止涝害。对紫砂盆、瓷盆等还应在盖片上再加一些碎砖和碎瓦片，以便排水，并增加盆土的透气性。

1.2　加培养基质

添加培养基质时一般先加一层粗培养土，然后加上基肥，其上再铺上一层细培养土，避免园林植物的根与基肥直接接触，以防止肥害。

1.3　栽植

栽植时一般先将苗木立于盆中央，掌握好种植深度，一般根颈处距盆口沿约 2 cm。栽

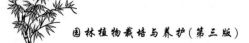

植时一手扶苗,一手从四周加入细培养土,当加到半盆时,振动花盆并用手指轻压紧培养土,使根与土紧密结合后再加细培养土,直到距盆口约 4 cm 处,再在面上稍加一层粗培养土,以便浇水施肥,并防止板结。对于只有基生叶而无明显主茎的植株,上盆时应注意"上不埋心、下不露根"。

1.4 养护

苗木上盆后应及时浇透水,并移至荫蔽处养护一周左右,待苗木生根成活后,再进行常规管理。

2. 换盆

随着盆栽植株的生长,当原来的花盆已经限制其生长,或是原有的基质养分已经消耗殆尽、盆土的理化性质变劣、植株根系部分腐烂老化时,需要将小盆换成同植株大小相称的大盆或是更换新盆土。将植株由小盆移换到另一个大盆中的操作过程,称为换盆。将盆栽的植株从盆中取出,经分株或换土后,再栽入盆中的过程,称为翻盆。一般苗木由小长大需要经过 2~3 次换盆才能定植于大盆中,多年生花木每年或每 2~3 年也要定期换盆并更新基质。盆栽换盆时一般依次由小号盆移栽到中号盆、大号盆中,或是从普通土盆移植到紫砂盆、带釉瓷盆等,具体方法如下。

2.1 换盆的时期

容器栽培必须选择好换盆时机,才能保证植株对新环境的适应。多数情况下换盆最好在休眠期进行,尽量避开开花期,其中以春季最佳;如果原来的花盆够大,则应尽量不要更换。

2.2 换盆次数

一般一、二年生花卉每年换盆 2~3 次,宿根花卉每年换盆 1 次,木本花卉每 2~3 年换盆 1 次。

2.3 换盆的程序

换盆的程序一般包括选盆、"退火"消毒、垫片、填底、控水收边、脱盆、切削与修剪根系、定植和养护等。

(1)选盆:应根据花木植株的大小选择相应口径的花盆。

(2)"退火"消毒:使用新盆前应"退火"、去碱,即在栽植前先放在清水中浸一昼夜,刷洗、晾干后再使用,以去其燥性;新盆使用前应先刷洗干净并进行杀菌、消毒,以杀灭其带有的病虫害。

(3)垫片与填底:同上盆。

(4)控水收边:换盆前对于原盆应暂停浇水 2~3 天,使盆土干缩"收边",若迟迟不收边则可用花铲紧贴盆的内壁依次插一圈,使土与盆壁分开。

(5)脱盆:一般右手托花盆,左手拍打盆壁,使土团松动,再用左手拇指插入盆底孔洞,顶出土团,或将植株连同土团一起倒出来。

(6)切削与修剪根系:可先剥去植株土团表面褐色的网状老根,再用花铲或竹签削去或剔除土团面上的、周边的和底部的土,修剪去枯根和过长的根,兰花、君子兰等肉质根系的花卉还应采用竹签剔土,并在断根伤口沾草木灰或炭粉以防腐烂。

（7）定植：同上盆，对于不带土坨的花木，当加到一半土时可将苗轻轻向上悬提一下，然后一边加土一边把土轻轻压紧，直到距盆沿2～3 cm，但种植兰花时加土可以至盆口，以利于兰花生长。

（8）养护：植株换好盆后应一次浇透水，然后放置在室外荫蔽处养护半个月左右，等花木逐步恢复生机、适应盆土环境后再进行正常护理。

3.容器栽培的其他管理技术

3.1　倒盆

倒盆是为使盆栽苗木生长均匀一致，经常调动花盆的位置，将生长旺盛的植株移到条件较差的位置，而将生长较差的盆栽苗木移到条件较好的位置，调整其生长的做法。通常倒盆与转盆同时进行。

3.2　转盆

转盆是为了防止苗木偏向一边生长，破坏匀称圆整的株型，每隔一定时间，转换花盆方向的做法。在单面温室中或室内近窗口处摆放的容器苗木、排放密度较大的边缘盆栽苗木，如果摆放时间过长，植株会偏向光线投入的方向而向一侧倾斜。因此，为防止苗木偏向生长，造成苗木偏冠生长，应每隔一定时间将苗木做180°的转向。

3.3　扦盆

盆栽植物在生长过程中，由于浇水以及植物根系生长等的影响，容易导致土壤板结，必须经常扦松盆土，改善水、气状况才能保证植株的正常生长。

3.4　其他常规管理

主要包括施肥、浇水和除草等，同园林植物的露地栽培。

1.容器栽培的特点

容器栽培一般具有以下特点：盆栽植物一般小巧玲珑，枝叶紧凑，有利于搬移，可随时布置于室内外进行装饰；盆栽一般能及时地调节市场，各地之间可相互流通，提高市场的占有率；盆栽一般对温度、光照要求严格，在北方冬季需保护栽培，夏季需遮阳栽培；盆栽花盆一般体积较小，盆土及营养面积有限，必须配制专门的基质进行栽培，栽培成本相对较高；盆栽条件一般可人为控制，要求栽培技术严格、细致，有利于进行促成栽培和抑制栽培。

2.容器的类型与选择

园林植物容器栽培所使用的容器也称花盆，为了满足盆栽植物在生产、观赏和陈设时的不同需要，花盆的外形、质地和大小等有许多种不同的类型，在生产时应注意选择。

2.1　根据质地分类

按质地花盆一般可分为以下几种类型。

（1）素烧盆，俗称瓦盆，以黏土烧制，有红盆和灰盆两种，通常为圆形，盆底或两侧留有小洞孔，以排除多余的水分，而且通气性能良好，价格便宜，是园林植物生产中常用的容器。但是其制作较为粗糙，易生青苔，色泽不佳，欠美观，易碎，运输不便，不适于栽植大型花木。

（2）陶瓷盆，由高岭土烧制而成，外形多样，上釉者称为瓷盆，不上釉者称为陶盆，多为紫褐色或赭紫色，具有一定的排水、通气性。陶瓷盆的盆底或侧面通常留有小洞，以利排水；但进行水培则无洞。一般带有彩色绘画，外形美观，但通气透水性不良，不适用于植物栽培，一般作套盆或短期观赏用，适用于室内装饰及展览。

（3）木盆或木桶，由木料与金属箍、竹箍或藤箍圈制而成，其形状一般上大下小，以圆形为主，也可制成方形。盆的两侧一般设把手，以便搬动；盆下设短脚，或垫以砖块或木块，以免盆底直接着地而腐烂；用材宜选择质坚硬而又不易腐烂的红松、杉木、柏木等；外部刷油漆，内面用防腐剂涂刷；盆底设排水孔。多用于栽植高大、浅根性观赏植物，如棕榈、南洋杉、橡皮树、桂花等，但木质易腐烂，使用年限较短。

（4）紫砂盆，其形式多样，有圆形、正方形、长方形、椭圆形、六角形、梅花形等；质地有紫砂、红砂、白砂、乌砂、春砂、梨皮砂等种类。一般造型美观，外部常有刻字装饰，古朴大方，色彩调和，但是透气性能稍差，多用来养护室内名贵盆花以及栽植盆景。

（5）塑料盆，一般形状各异，色彩多样，外形美观，轻便耐用，携带方便，但是排水透气性不良，在生产中可通过改善培养土的物理性状，使之疏松通气来克服。塑料花盆一般为圆形，高腰、矮三脚或无脚，底部或侧面留有孔眼，以利于浇灌吸水及排水，也可不留孔作水培或套盆用。在家庭或展览会上，可在底部加一托盘，承接溢出水，也可用塑料花盆种植花卉，吊挂在室内作装饰，或在苗圃中制成不同规格的育苗塑料盘，也称为穴盘，适用于花卉种苗的工厂化生产。

（6）纸盆，一般仅供培养幼苗时用，特别适合于不耐移栽的花卉育苗，如香豌豆、香矢车菊等，在定植时可直接移栽。

（7）金属盆和玻璃盆，多用于水培、种植水生花卉植物或实验室栽培。

2.2　根据使用目的分类

主要包括以下几种类型。

（1）水养盆，专门用于水生花卉或水培花卉的栽培。一般盆底无排水孔，盆面阔大而较浅，球根水养多采用陶制或瓷制的浅盆。

（2）兰盆，专门用于气生兰以及附生蕨类植物的栽培，一般盆壁有各种形状的孔洞，以便空气流通，也常采用各种形状的竹篮或竹框代替。

（3）盆景盆，主要分为树桩盆景盆和水石盆两类。树桩盆景盆底部有排水孔，形状多样，有正方形、长方形、圆形、椭圆形、八角形、扇形、梅花形、菱形等，一般色彩丰富，古朴大方；水石盆底部无孔，一般为浅口盆，形状以长方形和椭圆形为主。盆景盆的质地除了泥、瓷、釉和紫砂外，还有水泥、石质等。石质盆以洁白、质细的汉白玉和大理石为上品，多制成长方形、椭圆形浅盆，适合于水石盆景使用。

（4）控根容器盆，聚乙烯材料制作，由侧壁、插杆（或螺栓）和底盘3个部件组成。使用时将各部件组装起来即可，在大规格苗木生产实践中，一般情况下不使用底盘。底盘为筛状构造，独特的设计形式有防止根腐病和主根的盘绕的独特功能。侧壁为凹凸相间状，外侧顶端有小孔。当苗木根系向外生长时，由于"空气修剪"作用，促使根尖后部萌发更多新根继续向外向下生长，极大地增加了侧根数量。移栽时不伤根，不受季节限制，管理程序简便，植物成活率高，生长速度快。

**任务考核标准**

序　号	考核内容	考核标准	参考分值
1	情感态度	学习积极主动,方法灵活多样	10
2	容器栽培的基质	熟悉容器栽培的基质类型与特点,掌握栽培基质的配制技术	35
3	容器栽培	掌握容器栽培的上盆、换盆以及其他管理技术	35
4	容器栽培的特点与容器的选择	了解容器栽培的特点,熟悉栽培容器的类型与特点,掌握栽培容器的选择方法	20
	合　　计		100

自测训练

1.知识训练

(1)简要列举容器栽培的基质类型及其特点。

(2)简要说明栽培基质的配制技术。

(3)简述盆花上盆的基本步骤。

(4)盆栽园林植物为什么要换盆? 如何进行换盆?

(5)盆栽园林植物的日常管理应注意哪些问题?

(6)简述容器栽培的特点。

(7)简述栽培容器的类型及其特点。

(8)如何进行栽培容器的选择?

2.技能训练

实训1　盆栽技术

◆实训目的

熟练掌握上盆、换盆技术。

◆材料用具

(1)材料:花盆、盆栽园林植物、碎瓦片、营养土等。

(2)用具:花铲、浇水壶等。

◆实训内容

(1)上盆。用碎瓦片覆盖在盆底的泄水孔上,装入盆高1/2左右的培养土。一只手持苗扶正植株立于盆的中央,掌握好栽植深度,另一只手向盆内添加培养土,填满桶的四周,直到盆土填到低于盆口1~2 cm为止,振动花盆,用手压紧基质。

(2)换盆。选择合适的花盆,用碎瓦片覆盖泄水孔。对于小苗,将原花盆倒置,用左手托住并转动花盆,用右手轻轻敲击盆边,使土坨与盆壁分离,即可取出花木;对于大苗,可将原花盆侧放在地上,用双手拢住植株冠部,转动花盆,用右脚轻端花盆边,即可取出花木。

(3)上盆、换盆后,立即浇水,一般浇两遍,用喷壶浇,见水从盆底排出即可。

◆作业

记录上盆、换盆的操作过程,分析二者的不同之处。

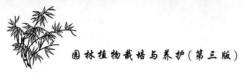
实训 2　培养土的配制

◆实训目的

熟悉培养土的要求，掌握培养土的配制技术及培养土的消毒技术。

◆材料用具

(1) 材料：有机肥、田土、腐叶土、草炭、炉渣、河沙、珍珠岩、稻壳等。

(2) 用具：铁锹、土筐、花盆、喷壶、筛子等。

◆实训内容

(1) 准备土料：熟悉各类土料，将各种土料粉碎、过筛后备用。

(2) 配制：按要求配制普通培养土、加肥培养土、酸性培养土。

(3) 测量：测定培养土的酸碱度。

(4) 消毒：用化学药剂对培养土消毒。

◆作业

记录各类培养土配制过程及其酸碱度的测定结果。

项目 4　园林植物无土栽培技术

项目导入

无土栽培技术是指不用天然土壤，而用营养液或固体基质加营养液栽培植物的方法，它可以克服土壤栽培的局限，实现植物的高效设施栽培。我国园林植物的无土栽培技术近年来发展迅猛，主要用于生产高档鲜切花、盆花和苗木。而且随着人们生活水平的提高和居住条件的改善，无土栽培技术正在不断被应用于室内、屋顶和城市空地的绿化中。园林植物的无土栽培技术在生产上主要采用水培和基质栽培的栽培形式，鲜切花的生产多采用水培，一般采用营养液膜技术(NFT)栽培，而大多数花卉则以基质栽培为主，栽培形式有槽培、袋培和钵培等。

学习任务

任务 1　园林植物水培

水培是指定植后植物的根系直接与营养液接触的栽培方法，根据营养液层的深浅，可分为深液流水培和浅液流水培技术。水培的特点是管理方便，无须浇水，不必松土、除草、换土、施肥；水培植物清洁卫生、病虫害少等；栽培中，不仅能观赏植物的地上部分，还能观赏到植物根系；水培设施、营养液的配方和配制技术、自动化和计算机控制技术都比较完善。但一次性投资大，生产成本高。

1. 水培床的建立

园林植物的水培床要求不漏水，多采用混凝土做成或用砖砌成槽或池，一般宽 1.2～1.5 m，长度视规模而定。水培床最好建成阶梯式，以利于水的流动，增加水中氧气的含量。水培床一般要求在床底铺设给水加温的电热线，并通过控制仪器控制水温。水培植物时，还需每天定期用水泵抽水循环，以保证水中的氧气充足。为了使植物的苗木保持稳定，还可在床底部放入洁净的沙、在苯乙烯泡沫塑料板上钻孔或在水面上架设网格进行固定。

2. 水培营养液的配制

园林植物水培以水作为介质,水中一般不含植物生长所需的营养元素,因此必须配制必要的营养液,以供植物生长所需。不同的植物其营养液的配方有所不同,针对不同植物进行营养液配方的选择是水培成功的关键。

2.1　营养液的配制要求

水培营养液的配制要求包括以下几方面:①营养液必须营养全面,应含有园林植物所需的各种大量元素、中量元素和微量元素等,并且营养元素的种类、浓度及配比也应恰当,以保证植物的正常生长;②配制营养液应采用易于溶解的盐类,矿物质营养元素一般应控制在4‰以内,并防止沉淀的产生;③营养液的 pH 值要满足栽培植物的要求,一般在 5.5～8.0 之间;④营养液一般为缓冲液,要求具有一定的缓冲能力,并需要及时测定和保持其 pH 值和营养水平;⑤水源要求清洁,不含杂质,一般以 10 ℃以下的软水为宜,若使用自来水则要进行处理,以防水中氯化物、硫化物和重碳酸盐等对植物造成伤害,一般应加入少量的乙二胺四乙酸钠或腐殖酸盐化合物来处理水中的氯化物和硫化物,但如果采用泥炭作栽培基质则可以消除以上缺点。

2.2　营养液的配制程序

营养液的配制程序有以下几个步骤。

(1) 分别称取各种营养成分,置于干净容器、塑料薄膜袋内或平摊于塑料薄膜袋上待用。

(2) 混合和溶解各营养成分时,应严格注意顺序,以免产生沉淀。营养液配制时一般将其浓缩配制为 A、B 两种储备液,A 液以钙盐为主,一般先用温水溶解硫酸亚铁,然后溶解硝酸钙,要求边加水边搅拌直至溶解均匀;B 液以磷酸盐为主,一般先用水溶解硫酸镁,再依次加入磷酸二氢铵和硝酸钾,加水搅拌至完全溶解,硼酸则一般需要用温水溶解后再加入,然后分别加入其余的微量元素。

(3) 使用营养液时,一般应先按比例取 A 液溶于水中,再按比例在此水中加入 B 液,混合均匀后即可使用。配制营养液时,一般忌用金属容器,更不能用金属容器来存放营养液,最好使用玻璃、搪瓷或陶瓷器皿。

2.3　营养液酸碱度的调整

园林植物的生长均要求适宜的酸碱度,营养液的酸碱度直接影响营养液中养分的存在状态、转化和有效性。如磷酸盐在碱性溶液中易发生沉淀,锰、铁等在碱性溶液中溶解度也会降低,易导致植物缺素症的发生,所以必须进行营养液酸碱度,即 pH 值的调整。pH 值的测定一般采用混合指示剂比色法,根据指示剂在不同 pH 值的营养液中显示不同颜色的特性来判断营养液的 pH 值。若营养液的 pH 值不符合要求,一般采用强酸、强碱加水稀释后进行调整,营养液偏碱时多采用磷酸或硫酸来中和,偏酸时多采用氢氧化钠来中和,在调整时应将中和剂逐滴加入到营养液中,同时不断用 pH 试纸测定,直至符合要求为止。

2.4　常用的营养液配方

园林植物无土栽培所需的营养液配方,一般根据植物种类及其生长发育期和环境条件而定,常用配方有以下几种。

(1) 世界通用的莫拉德营养液配方:A 液为硝酸钙 125 g、硫酸亚铁 12 g 与 1 kg 水混合

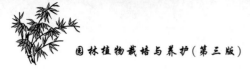

而成；B液为硫酸镁 37 g、磷酸二氢铵 28 g、硝酸钾 41 g、硼酸 0.6 g、硫酸锰 0.4 g、硫酸铜 0.004 g、硫酸锌 0.004 g 与 1 kg 的水混合而成。

（2）我国北方通用的配方为：磷酸铵 0.22 g、硝酸钾 1.05 g、硫酸铵 0.16 g、硝酸铵 0.16 g、硫酸亚铁 0.01 g 与 1 kg 水混合而成。

（3）我国南方通用的配方为：硝酸钙 0.94 g、硝酸钾 0.58 g、磷酸二氢钾 0.36 g、硫酸镁 0.49 g、硫酸亚铁 0.01 g 与 1 kg 的水混合而成。

此外，还有如日本园试营养液、荷兰花卉研究所研制的适用于多种花卉岩棉滴灌的营养液和法国国家农业研究院研制的适用于喜酸作物的营养液配方等，专用配方如月季专用营养液、杜鹃专用营养液、菊花专用营养液、观叶植物营养液配方等，在进行不同园林植物无土栽培的生产中可参考运用。

3. 水培园林植物的选择

水培园林植物多选择适合于室内栽培的阴性和中性植物，如香石竹、文竹、非洲菊、郁金香、风信子、菊花、马蹄莲、大岩桐、仙客来、月季、唐菖蒲、兰花、万年青、曼丽榕、巴西木、绿巨人、鹅掌柴、福建茶、九里香、龟背竹、米兰、君子兰、茶花、茉莉、杜鹃、紫罗兰、蝴蝶兰、倒挂金钟、五针松、喜树蕉、橡胶榕、秋海棠类、蕨类植物和棕榈科植物等，以及各种观叶植物如天南星科的丛生春芋、银包芋、火鹤花、广东吊兰、银边万年青，景天科的莲花掌、芙蓉掌和其他如兜兰、蟹爪兰、富贵竹、吊凤梨、银叶菊、常春藤、彩叶草等。

4. 水培园林植物的栽植

园林植物水培栽植时，为了降低成本，一般直接采用普通土培苗，通过驯化后移植到水培盆或水培床中进行栽培，其具体内容下。

4.1 种苗的驯化

园林植物中除了少数水生植物及球根植物外，多数陆生植物均不适合于直接水培，在进行水培之前需要逐步增加水量进行驯化，待植物根系适应水生环境后再进行栽植。

4.2 种苗的定植

（1）脱盆：同容器栽培，要求去除根部基质。

（2）水洗：将粘在根上的泥土或基质用水冲洗干净。

（3）剪定植篮处理：如果植株头部太大，而定植篮的孔径太小则需将定植篮孔加大，以方便种植。

（4）加营养液：将配制好的营养液加入容器。

（5）定植：将植物的根系从定植篮中穿插出来，小心伤根。

（6）固定：用海绵、麻石或雨花石等固定植株。

4.3 营养液的勾兑

园林植物水培时可根据配方自己配制营养液，也可直接购买商品营养液，按比例加水稀释后即可使用。

4.4 水位的调节

园林植物在水培时一定要注意控制水位，一般宜低不宜高，刚开始时保持根到水中即可，以后再逐渐增加水量。在水培过程中，当花卉叶尖出现水珠时，需要适当降低水位，并且开始时要避免阳光直射。

4.5 水培园林植物的管理

园林植物在水培过程中,若营养液pH值不适宜或营养元素缺乏就会产生生理障碍,影响其生长、发育和开花,严重的甚至导致植物的死亡。可根据园林植物的根色来判断其生长状态,一般光线、温度和营养液浓度恰当时全根或根尖为白色。应注意严禁营养液过量和缩短添加营养液的时间间隔,要及时对营养液进行pH值和养分调整。一般情况下,栽培容器中的营养液过1个月即需要更换一次,更换时最好洗根洗叶,可直接采用自来水,但注意要将自来水放置一段时间再用,使水温和气温达到平衡,以保持根系温度的稳定。

5.常用的园林植物水培技术

5.1 营养液膜技术 (NFT)

营养液膜技术为浅液流水培技术,可解决深液流水培技术中生产设施笨重、造价昂贵、供氧不良等问题,但是存在技术要求严格、耐用性差、稳定性差和运行费用高等问题。营养液膜系统主要由营养液储液池、泵、栽培槽、管道系统和调控系统构成,营养液在泵的驱动下以0.5～1.0 cm厚的营养液薄层从储液池流出经过根系,又回到储液池内,形成循环式供液体系,如图6-11所示。根据栽培需要又可以分为连续性供液和间歇式供液两种类型。连续性供液是指一天24小时内连续不断地供液,一般能耗较高;间歇式供液则在连续供液系统的基础上加入定时器装置,按一定的时间间隔进行供液,可以节约能源,也可以控制植株的生长发育,解决根系供氧和供液的矛盾。营养液膜系统具有设施结构简单、容易建造、较深液流水培技术投资少、便于实现生产自动化的特点,但是因为营养液少、缓冲能力差,植株生长易受停电的不良影响。

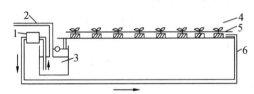

图6-11 NFT基本装置

1—泵;2—添液管;3—储液池;4—植物;5—栽培槽;6—代液管

5.2 深液流水培技术(DFT)

深液流水培技术也叫深液流循环栽培技术,栽培方式与营养液膜技术(NFT)相类似,只是流动的营养液层较深,植株大部分根系浸泡在营养液中,其根系的通气主要依靠向营养液中加氧来解决,一般根系环境条件稳定、液温变化小,具有缓冲能力强的特点,不怕因临时停电而影响营养液的供给,可有效地克服NFT系统的缺点。深液流水培系统的基本设施主要包括营养液栽培槽、储液池、水泵、营养液自动循环系统和控制系统以及植株固定装置等部分,常用方法如下。

(1)动态浮根法(DRF)。栽培植物在栽培床内进行营养液灌溉时,其根系可随着营养液的液位变化而上下左右波动。动态浮根系统一般在栽培床内安装自动排液器,当营养液达一定水层后就自动排出,水位下降时上部根系可暴露在空气中吸氧,下部根系则浸在营养液中吸收水分和养料。

(2)浮板毛管法(FCH)。浮板毛管法在深液流法的基础上增加了聚苯乙烯泡沫浮板,根系可在浮板上生长,解决植株养分与氧气的供应问题,而且设施造价较便宜,适合于在经

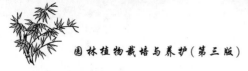

济实力不强的地区应用。

（3）鲁 SC 水培系统,也称基质水培法。其在循环液流的基础上增加了 10 cm 左右厚度的栽培槽底基质,可以固定植株并提高整个系统的稳定性,整体栽培效果较好,但是一次性投资较大。

（4）M 式水培。无储液池,种植槽的营养液通过泵直接循环。种植槽为预先生产定型的近"M"形泡沫塑料槽,水泵开启时直接将种植槽内的营养液抽出流经空气混入器,增加溶氧量后再从供液管上的小孔喷射回种植槽中,主要用于栽培观叶植物。

（5）协和式水培。其种植槽采用塑料拼装,拆迁、安装较简单。整个栽培系统可分成各个栽培床,每个栽培床分别设置供液、排液装置,采用连续供液法来提高栽培系统的稳定性,但是栽培结束时种植槽的清洗、消毒不方便。

（6）日本神园式水培。其种植槽由水泥预制件拼装而成,槽底衬垫 1~2 层塑料薄膜,在换茬时可更换、清洗。营养液以喷雾形式提供,溶氧量较高,但同时也提供一层较深的流动营养液,以提高整个系统的稳定性。

（7）新和等量交换式水培。整个系统不设储液池,种植槽为预先生产定型的近"U"形聚苯乙烯泡沫塑料,使用时拼接成分 A、B 两部分的栽培槽,营养液可在栽培槽之间的连接槽间,依靠安在每个槽上的水泵进行等量交换,从而促进营养液的循环流动,根系的氧气补给既可在营养液中进行,也可在空气中进行。

任务 2 园林植物的基质栽培

基质栽培是指采用非土壤的固体基质材料固定植物根系、吸附营养液和氧气,并通过浇灌营养液或补充固态肥和清水来供给植物所需水分和养分的栽培方式,是我国大部分地区最主要的无土栽培方式。基质栽培一般不需要特殊的供养设施,与水培相比设施简单,成本较低;而且由于基质有缓冲的作用,养分、水分等环境的变化较缓和,也不需要特殊的栽培技术,容易掌握。但是基质栽培需要大量基质材料,而且对基质的理化性质有一定要求,必须经过基质处理、消毒、更换等作业,相对比较费工。

1. 栽培基质的选择与使用

1.1 基质的选择标准

无土栽培所用基质的选择,各地可因地制宜,就地取材。其总体要求为:①具有良好的物理性状,结构和通气性良好,且不容易散碎;②具有较强的吸水和保水能力,一般基质颗粒越小,其表面积和孔隙度越大,保水性也就越好,但是也应避免使用过细的基质,否则通气不良;③价格低廉,来源丰富,且调制和配制简单;④无杂质,无病、虫、杂草危害,无异味;⑤有良好的化学性质,具有较好的缓冲能力和适量的可溶性盐。

1.2 基质的种类

无土栽培的基质可分为无机基质和有机基质两大类,在栽培中应根据基质的特性和植物的生长需要来选择单独使用或混合使用,具体技术同容器栽培。无机基质如蛭石、岩棉、珍珠岩、沙砾、陶粒、炉渣等,一般所含营养成分比较少,需要补充成分较完全的营养液。有机基质如泥炭、树皮、锯末、刨花、炭化稻壳、棉籽皮、甘蔗渣、酒糟、松树针叶、腐叶、椰子壳以及其他农副产品的下脚料等,一般具有一定的营养成分,可根据具体情况补充相应的营养。

1.3 基质的使用

无土栽培的基质若长期使用,特别是连作,易使病菌聚集滋生,故每次种植后应对基质进行消毒处理,以便重新利用,其消毒方法同土壤消毒。

2. 常用的园林植物基质栽培技术

园林植物基质栽培的常用技术包括钵培、槽培、袋培、岩棉培、沙培和有机生态型栽培等,其供水方式有滴灌、上方灌水和下方滴水等,但以滴灌最常用。

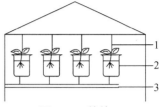

图 6-12 钵培
1—供液管;2—基质层;3—排液管

2.1 钵培

钵培是在花盆、塑料桶等容器中填充基质后栽培植物的方法。一般上部供应营养液,下部安装排液管,具体技术同容器栽培,如图 6-12 所示。

2.2 槽培

槽培是指将栽培用的固体基质装入一个种植槽中以栽培植物的方法。基质通常采用有机基质和容重较大的基质。种植槽则常用砖块或水泥来建造,可永久性使用,但也可以采用半永久性的木板槽、砖槽和竹板槽等。营养液一般结合滴灌进行补充,不能回收,属开放式供液法。

2.3 袋培

袋培是将基质装入特制的塑料袋中,在其上打孔栽培植物的方法。袋子通常选用抗紫外线、耐老化的聚乙烯薄膜制成。在光照较强的地方,选用白色袋为好,以利用其反射光照防止基质升温。在光照较少的地方或在室内,宜选用黑色袋,以利用其冬季吸热特性,保持袋中基质的温度。一般制成直径为 30～35 cm,长度为 35～70 cm 的筒状开口栽培袋,袋内装基质后平置于地面,其上开洞栽培植物,而且一般需要在袋的底部和两侧各开直径 0.5～1.0 cm 的孔洞 2～3 个,以排出积存营养液,防止沤根。也可采用立式袋培:将直径为 15 cm、长为 2 m 的柱状基质袋直立悬挂,以上端供应管供液,在下端设置排液口,在基质袋四周打孔栽种植物(见图 6-13)。

2.4 岩棉培

岩棉培一般先采用小岩棉块播种育苗后再移栽至大的岩棉板上。育苗时需要在岩棉块的外侧四周包裹黑色或黑白双面薄膜,以防水分散失;定植时岩棉板则一般置入塑料袋内,可向一侧倾斜置于地面或放在栽培架上进行栽培。

2.5 沙培

沙培是适合于沙漠地区的一种开放式有基质无土栽培方法。该方法以沙为基质,用其进行钵培、袋培或槽培,并配备适宜的供液管及滴灌装置,一般要求对用后渗出的营养液进行检测,如果总盐量超标则需要采用清水洗沙。

2.6 有机生态型栽培

有机生态型栽培是指采用有机基质和固态有机肥来栽培植物的方法,一般直接灌溉清水,是我国最简易、最节能高效的无土栽培方式。其特点主要体现在以下几个方面:①操作管理简单,免除了营养液配制操作的麻烦,避免了由于供液量不适造成的营养不良症,简化

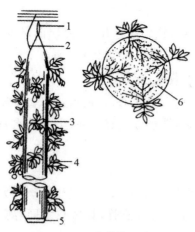

图 6-13 立式袋培示意图

1—挂钩；2—滴管；3—栽培袋；4—植物；5—排液口；6—基质

了供液程序；②营养充足、全面，缓冲能力强；③降低了一次性成本，取消了营养液配制设备、测试系统、定时器、循环系统等设备的资金投入；④节省生产费用，有机生态型栽培主要使用消毒有机固态肥，肥料成本可降低 60%～80%；⑤对产品及环境无污染，有机生态型栽培主要采用消毒有机固态肥，不容易产生过多的硝酸盐等有害无机盐及其他有害化学物质。

1. 园林植物无土栽培的特点与分类

1.1 园林植物无土栽培的特点

（1）产品质量好、观赏价值高。无土栽培中的营养液一般根据植物养分吸收的规律而配制，更有利于植株的生长发育，因而产品大多花多、型大、气味宜人、色艳而且花期长，并能提前开花。

（2）节约养分、水分和劳力。土壤栽培园林植物所施用的养分和水分利用率相对较低，大量营养及水分流失或蒸发，同时在管理上费工费时，而无土栽培则多采用自动化设施栽培，只需定期补充配制好的营养液即可，操作简便，省工省时。

（3）清洁、无杂草、病虫害少。土壤栽培园林植物时一般施用大量的有机肥，除了影响环境之外，也易带来大量病虫害，而无土栽培所用的肥料多采用无机营养元素配制而成，既清洁又卫生，而且也避免了土壤连作障碍。

（4）栽培应用广。无土栽培摆脱了土壤的约束，可在荒山、沙漠、河滩、海岛、盐碱地，以及屋顶、阳台等地方栽培，还可以进行立体栽培，充分利用了土地和空间。

（5）可避免土壤及水质污染的影响，进行无公害生产。

（6）一次性投资大、运行成本高。无土栽培需要一定的设施及设备，而且多采用自动化控制，整体成本较高。

（7）病虫害易流行。无土栽培中营养液的流动性较大，管理不当时，一旦发生病害则极易随营养液快速传播。

（8）技术复杂、要求严格。无土栽培比土壤栽培增加了基质的选择及使用、营养液的选配及管理、机械化和自动化作业操作等技术环节，而且要求严格操作和管理，需要管理人员和操作人员具有较高的文化素质和技术水平,否则一旦管理不当则易出现营养失调及失水状况,影响植物的正常生长。

1.2 无土栽培的类型

无土栽培根据基质的不同可分为固体基质栽培和非固体基质栽培两大类。非固体基质栽培主要包括水培和雾培两种形式,其中水培又可分为营养液膜法和深液流法等,雾培也可分为喷雾培和半喷雾培等。固体基质栽培通常简称基质栽培,主要包括无机基质栽培和有机基质栽培两种形式,具体又可根据基质的种类分为很多类型,如无机基质栽培中的沙培、岩棉培和陶粒培等,有机基质栽培中的泥炭培、锯末屑培和树皮培等。

2.园林植物无土栽培的设施

2.1 水培的必要设备

设备主要包括栽培槽、储液池、营养液循环系统、pH 控制仪和电导仪等,具体同保护地栽培设施。

2.2 基质培的必要设施

设施主要包括栽培槽、栽培袋、储液池(罐)及滴灌系统等,具体同保护地栽培设施。

 **任务考核标准**

序 号	考 核 内 容	考 核 标 准	参考分值
1	情感态度	学习认真,态度端正,方法灵活	10
2	园林植物的水培技术	掌握营养液的配制与常见的园林植物的水培技术	30
3	园林植物的基质栽培技术	掌握基质的选择与常见的园林植物的基质栽培技术	30
4	园林植物无土栽培的特点与类型	掌握园林植物无土栽培的特点与类型	20
5	园林植物无土栽培的设施	熟悉园林植物无土栽培的设施	10
合　　计			100

 **自测训练**

1.知识训练

(1) 如何进行营养液的配制?

(2) 如何进行水培园林植物的栽植?

(3) 简述常用的园林植物水培技术及其特点。

(4) 如何进行栽培基质的选择与使用?

(5) 简述常用的园林植物基质栽培技术。

(6) 园林植物无土栽培有哪些特点?

(7) 无土栽培主要包括哪些类型?

2. 技能训练

水培植物营养液配制技术

◆实训目的

学会水培植物营养液的配制方法；能够正确进行营养液的管理与调整。

◆材料用具

(1) 材料：多种化学物质，其中大量元素化合物有 $Ca(NO_3)_2 \cdot 4H_2O$、KNO_3、$NH_4H_2PO_4$、$MgSO_4 \cdot 7H_2O$ 等，微量元素化合物有 $Na_2Fe—EDTA$、H_3BO_3、$MnSO_4 \cdot 4H_2O$、$ZnSO_4 \cdot 7H_2O$、$CuSO_4 \cdot 5H_2O$、$(NH_4)_6Mo_7O_{24} \cdot 4H_2O$ 等。

(2) 用具：电子天平（感量 0.01 g）、烧杯（100 mL、200 mL 各 1 个）、容量瓶（1000 mL）、玻璃棒、储液瓶（3 个 1 000 mL 棕色瓶）、记号笔、标签纸、储液池（桶）等。

◆实训内容

(1) 母液（浓缩液）种类：分成 A、B、C 三个母液，A 液包括 $Ca(NO_3)_2 \cdot 4H_2O$、KNO_3，浓缩 200 倍；B 液包括 $NH_4H_2PO_4$、$MgSO_4 \cdot 7H_2O$，浓缩 200 倍；C 液包括 $Na_2Fe—EDTA$ 和各微量元素，浓缩 1 000 倍。

(2) 计算各母液化合物用量，按园试配方配制 1 000 mL 母液，经计算各化合物用量如下。

A 液：$Ca(NO_3)_2 \cdot 4H_2O$ 189.00 g、KNO_3 168.80 g。

B 液：$NH_4H_2PO_4$ 30.60 g、$MgSO_4 \cdot 7H_2O$ 98.60 g。

C 液：$Na_2Fe—EDTA$ 20.00 g 和各微量元素 H_3BO_3 2.86 g、$MnSO_4 \cdot 4H_2O$ 2.13 g、$ZnSO_4 \cdot 7H_2O$ 0.22 g、$CuSO_4 \cdot 5H_2O$ 0.08 g、$(NH_4)_6Mo_7O_{24} \cdot 4H_2O$ 0.02 g。

(3) 母液的配制：按上述计算结果，准确称取各化合物用量，按 A、B、C 种类分别溶解，并定容至 1 000 mL，然后装入棕色瓶，并贴上标签，注明 A、B、C 母液。

(4) 工作营养液的配制。用上述母液配制 50 L 的工作营养液。分别量取 A 液和 B 液各 0.5 L，C 液 0.05 L，在加入各母液的过程中，务必防止出现沉淀。方法如下：①在储液池内先放入相当于预配工作营养液体积 40% 的水量，即 20 L 水，再将量好的 A 液倒入其中；②将量好的 B 液慢慢倒入其中，并不断加水稀释，至达到总水量的 80% 为止；③将 C 液加入其中，然后加足水量并不断搅拌。

◆作业

记录营养液的配制过程。

项目 5 屋顶花园植物的栽植

 项目导入

屋顶花园是指在各类建筑物的顶部（包括屋顶、楼顶、露台或阳台）通过栽植花草树木、建造各种园林小品所形成的绿地。屋顶花园能利用有限的空间提高城市绿化率，改善城市的生态环境，为人们提供优美的环境景观和活动空间。此外，屋顶绿化还可改善住宅的室内温度，提高屋面隔热保温效果，保护建筑物免遭高温、紫外线等伤害，而且还可净化空气、调节城市气候、缓解热岛效应等，在城市绿化中应用越来越广泛，成为城市三维立体绿化的重要组成部分。屋顶绿化与地面绿化最大的区别在于其绿化种植的园林工程建于建筑物、构

筑物之上,种植土层不与大地自然土壤相连,一般技术含量高,施工难度大。

 学习任务

任务 1　建造屋顶花园种植区

1.屋顶花园的类型

屋顶花园的类型不同,其种植区的建造也各不相同。屋顶花园可根据不同的分类依据划分为多种类型,常见的分类方法如下。

1.1　根据用途分类

1.1.1　公共游憩型屋顶花园

公共游憩型屋顶花园是国内外屋顶花园的主要形式之一,其主要用途是为工作和生活在该建筑物内的人们提供室外活动的场所。如香港著名的天台花园,国外的凯厦中心屋顶花园、奥克兰博物馆屋顶花园等。

1.1.2　营利型屋顶花园

该类屋顶花园大多建设于宾馆、饭店和酒店等场所,主要用于为顾客增设娱乐和休闲环境,具有设备复杂、功能多、投资大、档次高等特点。如上海的华亭宾馆、广东的东方宾馆、北京的长城饭店等,都设有屋顶花园。

1.1.3　家庭型屋顶花园

该类屋顶花园多见于阶梯式住宅或别墅式住所,主要用作房屋主人及其来宾的休息和娱乐场所,通常以养花种草为主,不设计园林小品等。

1.1.4　科研型屋顶花园

该类屋顶花园主要用于科研和生产,以园艺、园林植物的栽培繁殖试验为主。

1.2　根据建造形式和使用年限分类

1.2.1　长久型屋顶花园

该类屋顶花园一般用于在较大的屋顶空间进行直接的园林植物种植,可长期使用且不轻易变动。

1.2.2　临时型屋顶花园

该类屋顶花园也称容器型屋顶花园,是对屋顶空间进行简易容器绿化,可以随时对绿化内容与形式进行调整。

此外,按照屋顶花园的营造内容与形式,还可以分为屋顶草坪、屋顶菜园、屋顶果园、屋顶稻田、屋顶花架、屋顶运动广场、屋顶盆栽盆景园和屋顶生态型园林等类型。

2.屋顶花园的设计

2.1　屋顶花园的设计原则

屋顶花园营建的关键在于减轻屋顶荷载,改良种植环境,解决排水设施、屋顶结构和植物的种植等问题,设计时必须做到以下几点。

(1)以植物造景为主,把生态功能放在首位。

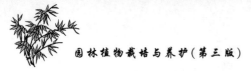

(2)确保营建屋顶花园所增加的荷重不超过建筑结构的承重能力,屋面防水构造能安全使用。

(3)屋顶花园相对于地面的公园、游园等绿地而言,面积较小,必须精心设计,才能取得较为理想的艺术效果。

(4)尽量降低造价,使屋顶花园得到更为广泛的应用。

2.2 屋顶结构设计

屋顶花园设计前,要对屋顶结构进行分析:①应了解屋顶的结构、每平方米的允许载重、屋顶排水和渗漏等情况,并进行精确核算,将花池、种植槽和花盆等重物设置于承重墙或承重柱上;②必须把安全放在首位,采取科学的态度,全面进行重量分析,将荷载控制在允许范围内。另外,屋顶绿化应具有良好的排水防水系统,周边也应设置防护围栏,以防止建筑物漏水和渗水,保证安全。

2.3 植物种植层结构设计

植物种植层是屋顶花园结构中最重要的组成部分,不仅工程量大、造价高,而且也决定着植物的生长好坏。因此种植层结构设计必须创造适合于植物生长的条件,而且还要受屋顶承重、排水和防水等条件的限制,种植层一般由上至下包括土壤层、过滤层、排水层等。

2.4 绿化种植设计

屋顶花园设计一般以植物造景为主,选择适宜的植物后一般进行以下配置。

(1)乔木:配置形式包括自然式和整形式两种,可栽种于木箱或其他种植槽中,也可就地培植。

(2)灌木:一般片植,直接栽植成灌木丛、灌木绿篱,也可栽植于木箱或其他种植槽中形成移植型灌木丛。

(3)攀缘植物:配置形式包括靠墙的或吸附墙壁的攀缘植物、绕树干的缠绕植物、下垂植物和由缠绕植物结成的门圈、花环等。

(4)草皮:配置形式包括修剪草坪、自然生长的草皮和开花的自然生长草皮等。

(5)观花及观叶草本植物:配置形式包括花坛、地毯状花带、混合式花圃以及各种形状的观花或观叶植物群、高株形的花丛和盆景等。

根据屋顶花园的承载力及配置形式的配合和变化,可以使屋顶花园产生不同的特色。如承载力有限的平屋顶,可以种植地被或其他矮型花灌木,如垂盆草、半支莲、爬山虎、紫藤、五叶地锦、凌霄、薜荔等,直接形成绿色的地毯;而条件较好的屋顶,可以设计成开放式的花园,参照园林式的布局方法,可以做成自然式、规则式和混合式等。此外,屋顶绿化的种植设计还要考虑植物搭配的问题,屋顶花园面积一般不大,绿化植物的生长又受屋顶特定环境的限制,可一般以草坪为主,适当搭配灌木、盆景,尽量避免使用高大乔木,同时重视芳香植物和彩色植物的应用,做到高矮疏密错落有致、色彩搭配和谐合理。

3.屋顶花园种植区的建造

屋顶花园种植区的结构主要包括保温隔热层、防水层、排水层、过滤层和土壤层等,如图6-14所示。

3.1 保温隔热层

保温隔热层一般采用聚苯乙烯泡沫板铺设而成,铺设时应注意上下找平密接,以保证隔热效果。

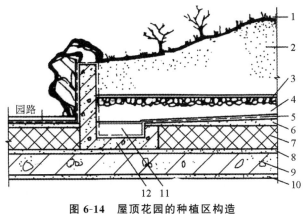

图 6-14　屋顶花园的种植区构造

1—植物;2—种植土;3—过滤层;4—排水层;5—防水层;6—找坡层;7—保温隔热层;
8—找平层;9—楼板;10—抹灰;11—排水道;12—排水沟

3.2　防水层

屋顶花园防水处理的好坏直接影响建筑物能否正常使用,而且防水处理一旦失败,必须将防水层以上的排水层、过滤层、土壤层、各类植物和园林小品等全部取出,才能彻底发现漏水的原因和部位,因此建造时必须确保防水层的质量。

传统屋面的防水材料多采用油毡,但暴露在环境中易使油毡本身、油毡之间及与砂浆垫层之间的黏接发生错动甚至断裂,油毡与沥青本身也会老化并失去弹性,从而降低防水效果。因此最好采用新型防水材料做成复合防水层,并严格保证现场施工的操作,认真处理好防水材料与楼盖上水泥找平层的黏接及防水层本身的接缝,特别是做好平面高低变化处、转角及阴阳角的局部处理。

3.3　排水层

屋顶花园的排水层通常采用轻质骨料材料铺设而成,厚度为 10～20 cm,而且一般设有暗沟或管网,并与原屋顶的雨水管道相连接,以排出过多水分,减轻防水层的负担。暗沟或管网一般要求有较大的管径,以利清除堵塞。排水层的材料应尽量选择轻质材料,以减轻屋顶自重,最好也能起到一定的屋顶保温作用,如砾石、焦渣和陶粒等。

3.4　过滤层

过滤层的材料种类较多,一般稻草铺设需要 3 cm 左右的厚度,粗沙铺设需要 5 cm 左右的厚度,也可采用玻璃纤维布作过滤层,适当加密后使用既能渗漏水分又能隔绝种植土中的细小颗粒,而且耐腐蚀、易施工,造价也较便宜。

3.5　土壤层

屋顶绿化土壤的选择及处理与容器栽培、无土栽培相类似,一般应在满足植物健康生长的前提下,力求容重最小化,以最大限度地减少建筑物的承重负担。通常选用重量轻、持水量大、透气排水性好、营养适中、清洁无毒、材料来源广且价格便宜的种植介质,一般选用种植土、草炭土、膨胀蛭石、膨胀珍珠岩、细砂和经过发酵处理的动物粪便等材料按一定比例混合配制而成。土层的厚度一般应控制在最低限度,一般草皮及草本花卉栽培土深 16 cm 左右,灌木土深 40～50 cm,乔木土深 60～90 cm。

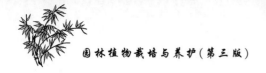

任务 2 屋顶花园植物的栽植技术

1. 屋顶花园植物的栽植

屋顶花园植物可直接栽植于种植区观赏,也可栽植于容器中再进行装饰,具体栽植技术同露地栽植或容器栽植。屋顶造园土层较薄且风力较大,易造成植物的"风倒"现象,一般宜选取适应性强、植株矮小、树冠紧凑、抗风不易倒伏的植物栽植于屋顶花园的背风处。另外,还应考虑周围建筑物对植物的遮挡以及对阳光的反射和聚光,一般在阴影区应配置耐阴或阴生植物,在聚光区注意防止植物的局部灼伤。

栽培基质在屋顶绿化中起的作用和其他无土栽培一样,是营养、水分的来源,其选用和配制也是屋顶绿化关键技术之一。植物在屋顶生长时相对地面环境而言,温度分布不均匀,空气流动比较大,水分散失快,加之屋顶有限的荷载设计,要求基质容重轻、大小孔隙比合适,持水性和通气性协调。理想的基质容重应该在 $0.1 \sim 0.8$ g/cm³,最好为 0.5 g/cm³。屋顶花园的种植土最常用的是改良土,表 6-5 列举了常见改良土的配制比例,以供选配。

表 6-5 常用改良土类型和配制比例参考

基质类型	主要配比材料	配制比例	湿容重/(kg/m³)
改良土	田园土∶轻质骨料	1∶1	1 200
	腐叶土∶蛭石∶沙土	7∶2∶1	780～1 000
	田园土∶草炭∶蛭石和肥料	4∶3∶1	1 100～1 300
	田园土∶草炭∶松针土	3∶4∶3	780～950
	田园土∶草炭∶松针土∶珍珠岩	1∶1∶1∶1	780～1 100
	轻沙壤土∶腐殖土∶珍珠岩∶蛭石	2.5∶5∶2∶0.5	1 100
	轻沙壤土∶腐殖土∶蛭石	5∶3∶2	1 100～1 300

2. 屋顶花园植物的养护

屋顶花园建成后,为了充分发挥其应有的作用,应时刻关注植物的生长状况,当植物生长不良时应及时采取补救措施,并加强水肥管理,经常修剪,及时清理枯枝落叶,及时更新花草,同时注意排水,防止排水系统被堵。此外,屋顶一般风比较大,还需设风障保护,夏季也需要适当遮阴,以保证植物的正常生长。

2.1 浇水除草

由于屋顶花园的特殊环境特点,应经常浇水或者喷水,以保持较高的空气湿度。当基质土面发白即浇,以浇到泄水孔往外排水为准。一般在上午 9 时以前浇水 1 次,下午 4 点以后喷水 1 次。有条件的可在设计施工的时候安装喷灌设施。

发现杂草,及时拔除。

2.2 施肥修剪

屋顶花园的土层较浅,养分相对比较缺乏,一般多采用腐熟有机肥与化肥配合使用,或直接用复合肥,穴施或沟施,还可以适量补充叶面肥。

如发现枯枝、徒长枝等,应及时修剪。

2.3 补充种植土

随着浇水和雨水的冲刷,屋顶花园的种植土不断流失,导致种植土厚度不足,一段时期后应注意补充添加种植土。

2.4 其他管理

除此之外,还要做好防寒、防风的处理以及病虫害防治。要经常检查屋顶情况,包括植物的生长情况和排水设施的情况,尤其是检查落水口是否处于良好的工作状态,必要时应进行疏通和维修。

 知识探究

1. 屋顶花园植物的生长环境特点

与地面栽培相比,屋顶花园植物的生长环境要恶劣得多,一般屋顶距地面越高,绿化条件越差,主要体现在以下几个方面。

1.1 风力较大

屋顶位于高处,四周相对空旷,因此风速比地面大,易导致植物倒伏和水分散失。

1.2 温度变化剧烈,易出现极端高低温

屋顶一般无遮挡,太阳辐射强,建筑本身的保温能力也较差,吸热与散热快,所以屋顶花园的温度变化剧烈,昼夜温差大,而且在夏季容易出现极高温,在冬季容易出现极低温。

1.3 湿度条件差

屋顶风较大,一般容易快速带走水分,空气相对湿度较低,土壤也易干燥,不利于植物的生长,应特别加强水分的管理。

1.4 光照不适宜

屋顶的太阳辐射较强,但也易受周围建筑的影响,形成遮阴或反光与聚光现象,在栽培时应特别注意。

屋顶绿化必须根据屋顶恶劣的环境条件,选择适宜的植物种类、栽培方式与管理方法,才能保证园林植物的成活,达到绿化的目的。

2. 屋顶花园植物的选择原则

2.1 选择耐旱、抗寒性强的矮灌木和草本植物

由于屋顶花园夏季的气温高、风大、土层保湿性能差,冬季则保温性能差,因而应以耐干旱、抗寒性强的植物为主。同时,还应考虑到屋顶的特殊地理环境和承重的要求,应注意多选择矮小的灌木和草本植物,以利于植物的运输、栽种和管理。

2.2 选择阳性、耐瘠薄的浅根性植物

屋顶花园大部分地方为全日照直射,光照较强,应尽量选用阳性植物,但在某些特定的小环境中,如花架下面或靠墙边的地方可适当选用一些半阳性的植物种类,以丰富屋顶花园的植物品种。同时,屋顶的种植层较薄,为了防止根系对屋顶建筑结构的侵蚀,应尽量选择

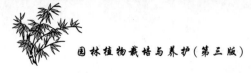

浅根系的植物。此外，施用肥料也会影响周围环境的卫生状况，所以屋顶花园也应尽量种植耐瘠薄的植物种类。

2.3 选择抗风、不易倒伏、耐积水的植物种类

屋顶上空风力一般较地面大，特别是雨季或有台风来临时，风雨交加对植物的生存危害最大，加上屋顶种植层薄，土壤的蓄水性能差，一旦下暴雨，易造成短时积水，故应尽可能选择一些抗风、不易倒伏且耐积水的植物。

2.4 选择以常绿植物为主

营建屋顶花园的目的是增加城市的绿化面积，所以栽种植物应尽可能以常绿植物为主，且多用叶形和株形秀丽的品种。为了使屋顶花园更加绚丽多彩，体现花园的季相变化，也可适当栽植一些彩色叶树种，或布置一些盆栽的时令花卉，使花园四季有花。

2.5 选用乡土植物，适当引种绿化新品种

乡土植物一般对当地的气候有高度的适应性，在环境相对恶劣的屋顶花园选用乡土植物更可靠。同时，考虑到屋顶花园的面积一般较小，为了将其布置得更为精致，也可选用一些观赏价值较高的新品种，以提高屋顶花园的档次。

此外，还应优先选择能耐受、吸收和滞留有害气体或污染物质的植物，以适应城市环境。

3.屋顶花园常用的植物

（1）花灌木：如榆叶梅、迎春花、栀子花、桃花、樱花、贴梗海棠、紫薇、黄桷兰、含笑、石榴、海棠、桂花、茶花、茶梅、红运玉兰、白玉兰、紫玉兰、龙柏球、紫叶李、金枝槐、金橘、竹类、鸡爪槭、红瑞木、紫叶石楠、苏铁、加拿利海枣、梅花、松类、小叶女贞、蚊母、六月雪、月季、桑、无花果、棕榈、大叶黄杨、木槿、茉莉、玫瑰、番石榴、海桐、瓜子黄杨、雀舌黄杨、锦熟黄杨、珊瑚树、巴茅、龙爪槐、紫荆、寿星桃、杜鹃、牡丹、桃叶珊瑚和构骨等，是建造屋顶花园的主体，应尽量实现四季花卉的搭配，并注意季相的变化。

（2）草本花卉：如过路黄、雏菊、芍药、凤尾花、金盏菊、菊花、鸡冠花、常夏石竹、天竺葵、美人蕉、大丽花、百合、百枝莲、枯叶菊、麦冬、葱兰、扁竹叶、地阳花、箬竹、丝兰，以及水生植物如水竹、荷花、睡莲、菱角和凤眼莲等，在栽培中可进行选配。另外，可垂吊栽植的牵牛花、茑萝等可用于立面绿化。

（3）藤本植物：如爬山虎、紫藤、常春藤、凌霄、扶芳藤、爬藤蔷薇、木香和木通等可以多年应用的藤本植物，一般用于立面绿化，以美化墙面。

（4）草坪草和地被植物：如高羊茅、吉祥草、马蹄金、美女樱、太阳花、遍地黄金、马缨丹、红绿草、吊竹梅和凤尾珍珠等，是屋顶花园中应用最广泛的种类。此外，还有很多地被覆盖比较好的宿根植物如天唐红花草、小地榆、富贵草和石竹等，如果草坪或地被植物与其他植物巧妙搭配、合理组织，还可以创造鲜明、活泼的层次空间。

（5）盆栽植物：如盆栽月季、夹竹桃、火棘、桂花、彩叶芋、金橘、一串红、凤仙花、翠菊、百日草、矮牵牛等，可用于屋顶花园的摆放装饰。

（6）果蔬类植物：葡萄、青菜、南瓜、丝瓜、佛手瓜等可用于立面绿化，以美化墙面。

任务考核标准

序　号	考 核 内 容	考 核 标 准	参考分值
1	情感态度	学习态度端正,方法灵活,团结合作	10
2	屋顶花园种植区的建造	了解屋顶花园的类型,熟悉屋顶花园的设计知识,掌握屋顶花园种植区的建造技术	30
3	屋顶花园植物的栽培	掌握屋顶花园植物的栽植与养护技术	30
4	屋顶花园的环境特点与植物选择	了解屋顶花园植物的生长环境特点,掌握屋顶花园植物的选择技术	30
	合　　计		100

自测训练

1. 知识训练

(1) 试列举屋顶花园的常见类型。

(2) 如何进行屋顶花园的设计?

(3) 简述屋顶花园种植区的建造方法。

(4) 屋顶花园植物的栽植与养护中应注意哪些问题?

(5) 简述屋顶花园植物的生长环境特点。

(6) 如何进行屋顶花园植物的选择?

2. 技能训练

屋顶花园植物的选择和配置

◆实训目的

了解屋顶花园营造的原则,掌握屋顶花园植物的选择和配置方法。

◆材料用具

(1) 材料:各种园林植物苗木。

(2) 用具:铁锹(或锄头)、移植铲、修枝剪、盛苗器、水桶、喷水壶等。

◆实训内容

(1) 根据屋顶花园的实际情况,进行合理布局。

(2) 根据屋顶花园的特点和布局,以及当地的气候条件特点,选择适宜的植物种类。

(3) 根据种植层的构造和所选择植物的需要,选择种植土的配置方法和成分。

(4) 移植:根据苗木大小、根系状况和种植土的实际情况,选择适宜的栽植方法,注意植苗深度要适宜,并应做到栽正、踩实。

(5) 栽后管理:栽后适时浇水,必要时遮阴。

◆作业

学生完成实训操作后,及时书写实训报告。

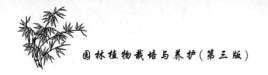

项目6　垂直绿化种植技术

　　垂直绿化是相对于平地绿化而言的，属于立体绿化的范畴，指利用植物材料对建筑物或构筑物的墙面及立面进行绿化和美化。垂直绿化可以丰富园林景观并为游人提供遮阴、休息的场所；可以降低辐射热，减少眩光，增加空气湿度和滞尘隔噪；垂直绿化占地少、见效快、覆盖率高，使环境更加整洁美观，是有效增加绿化面积，改善城市生态环境及景观质量的重要措施。但垂直绿化建设和维护成本高，涉及灌溉系统、构造系统及植物更换。

任务1　常见垂直绿化工艺类型

1.铺贴式墙面绿化

　　铺贴式墙面绿化又称墙面种植，即在墙面直接铺贴植物生长基质或者模块，与植物形成一个墙面种植系统，或者是采用喷播技术在墙面形成一个种植系统。

1.1　铺贴式墙面绿化的特点

　　（1）可以将植物在墙体上自由设计或进行图案组合。

　　（2）种植系统直接附加在墙面，无须另外做钢架。

　　（3）系统总厚度薄，只有10厘米至15厘米。

　　（4）铺贴式种植系统还具有防水阻根功能，有利于保护建筑物。

　　（5）系统可运用自来水和雨水浇灌，降低维护成本。

　　（6）使用寿命长；易施工，效果好等。

1.2　铺贴式墙面绿化的结构组成

　　铺贴式墙面绿化系统主要由防水层、生长基质层、灌溉系统以及植物层组成，如图6-15所示。

1.3　铺贴式墙面绿化的施工方法

　　铺贴式墙面绿化的施工分为以下步骤，施工流程如图6-16所示。

　　（1）在墙面铺设防水层。

　　（2）架设隔板支架。

　　（3）铺设种植介质。

　　（4）穿插安装供营养液/水系统。

　　（5）在墙体表面设计绿墙图案，按照图案颜色材质选择植物。

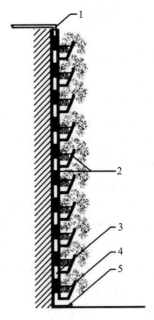

图6-15　铺贴式墙面绿化

（引自：垂直绿化工程技术规程 CJJ/T236—2015）

1—水和营养液输送系统；2—柔性栽培容器；

3—平面浇灌系统；4—栽培基质；5—水槽

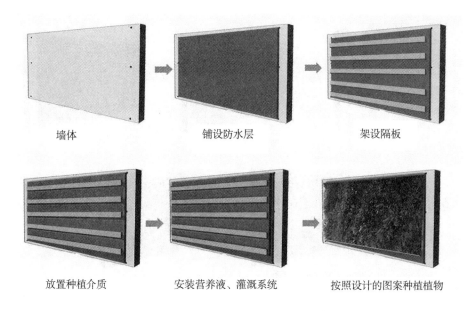

墙体　　　　　　　　　　铺设防水层　　　　　　　　架设隔板

放置种植介质　　　　　安装营养液、灌溉系统　　　按照设计的图案种植植物

图 6-16　铺贴式墙面绿化施工流程图

（6）按设计的图案种植植物。

1.4　其他施工方法

（1）喷播　利用特制喷混机械将土壤、肥料、强吸水性树脂、植物种子、黏合剂、保水剂等混合后加水喷射到岩面或建筑表面上的技术,常用于护坡种植。

（2）种植块　用陶瓷材料烧制或用塑料等其他材料制成空心砖砌墙,砖上留有植生孔,砖体内装有土壤、树胶、肥料和草籽等混合物,还可在砖体内设置微灌系统,利用植物趋光性原理,使砖体内花草从砖面植生孔生长出来从而覆盖墙面。

2. 布袋式墙面绿化

布袋式墙面绿化是在铺贴式墙面绿化系统基础上发展起来的一种更为简易的工艺系统,由直接铺设在防水墙面的软性生长载体和内含植物以及生长介质的布袋组成。

2.1　布袋式墙面绿化的特点

（1）施工简便、造价较低。

（2）透光透气性好。

（3）能充分利用雨水浇灌。

（4）适宜小型的室内装饰,也可以大面积应用。

（5）除建筑墙面绿化,还可以运用于边坡治理及水土保持壁面。

2.2　布袋式墙面绿化的结构组成

布袋式墙面绿化系统主要由防水层、植物生长布袋、灌溉系统以及植物组成。

2.3　布袋式墙面绿化的施工方法

布袋式墙面绿化施工步骤如下,施工流程如图 6-17 所示。

（1）在墙面铺设墙面防水层。

（2）在墙面防水层上直接铺设软性植物种植袋,如毛毡、椰丝纤维、无纺布等。

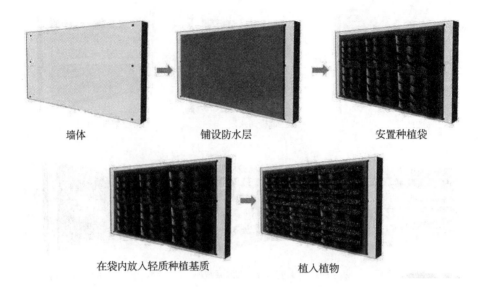

墙体　　　　　　　铺设防水层　　　　　　安置种植袋

在袋内放入轻质种植基质　　　　　　植入植物

图 6-17　布袋式墙面绿化施工流程图

（3）在种植袋内种植植物。

（4）将内装植物及生长基质的布袋缝制在植物生长载体上，也可在布袋基质内混入植物种子实现墙面绿化。

3. 垂吊或攀爬式墙面绿化

垂吊或攀爬式墙面绿化采用特制的植物牵引丝装订在墙面上，引导植物的生长，对植物的生长方向起到控制作用，对墙面的造型起到了很好的补充和装饰作用，与分段式垂直绿化结合使用得较多。

3.1　垂吊或攀爬式墙面绿化的特点

（1）简便易行、变化灵活、造价较低。

（2）透光透气性好。

（3）能利用雨水浇灌。

（4）绿化植物存活时间较长。

（5）管理成本低。

3.2　垂吊或攀爬式墙面绿化的结构组成

垂吊或攀爬式墙面绿化系统（如图 6-18 所示）主要由防水层、垂直或者水平种植槽、灌溉管道以及植物组成。

3.3　垂吊或攀爬式墙面绿化施工方法

垂吊或攀爬式墙面绿化有以下几种施工方法，施工流程如图 6-19 所示。

（1）方法一　在墙底部设置种植池，架设攀缘支架，种植攀缘类植物。

（2）方法二　沿墙面的垂直方向建筑组合式花槽，把包含底槽托架和多单元连体的花槽依次固定在墙上，槽内装栽培基

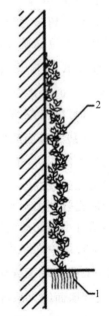

图 6-18　攀爬式垂直绿化

（引自：垂直绿化工程技术规程

CJJ／T236—2015）

1—种植土；2—攀缘植物

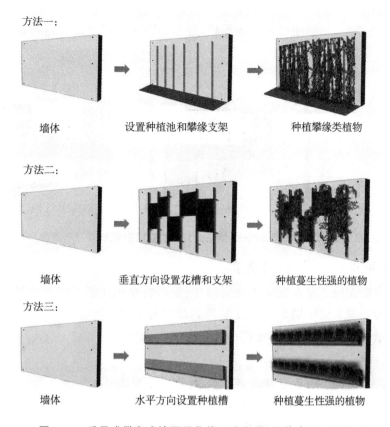

方法一：

墙体　　　　　　设置种植池和攀缘支架　　　　种植攀缘类植物

方法二：

墙体　　　　　　垂直方向设置花槽和支架　　　种植蔓生性强的植物

方法三：

墙体　　　　　　水平方向设置种植槽　　　　种植蔓生性强的植物

图 6-19　垂吊或攀爬式墙面绿化施工流程图(图片来源于网络)

质。选植灌木、花草或者蔓生性强的攀缘植物。

(3)方法三　沿墙面的水平方向镶嵌栽植板形成栽植槽,在墙面上设置好栽植槽后,选植灌木、花草或者蔓生性强的攀缘植物。

4.骨架式墙面绿化(摆花式)

骨架式墙面绿化(摆花式)是在不锈钢、钢筋混凝土或其他材料做成的垂直骨架中安装盆花或直接在建筑墙面上安装人工基盘实现墙面绿化的形式。

4.1　骨架式墙面绿化(摆花式)的特点

(1)拆卸方便。

(2)植物种类选择较多。

(3)适用于临时墙面绿化或立柱式花坛造景。

4.2　骨架式墙面绿化(摆花式)的结构组成

摆花式绿化系统主要由支撑结构、种植容器、滴灌溉管道以及植物组成。

4.3　骨架式墙面绿化(摆花式)的施工方法

与模块化绿化相似,骨架式墙面绿化(摆花式)是一种"缩微"的模块式,安装拆卸方便,人工基盘种类较多。其施工步骤如下,施工流程如图 6-20 所示。

(1)在墙面架设人工支架。

(2)在支架上装入各种各样的栽培基质基盘或者花盆,基盘有卡盆式、包囊式、箱式、嵌

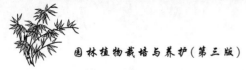

入式等不同种类。

（3）设置灌溉系统，一般使用滴灌或雾喷，通常是在人工基盘接入微灌设施以减轻管护压力。

（4）植物可以预先种植在栽培基盘内，也可以之后植入。

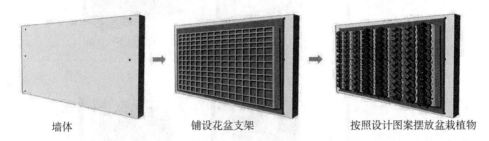

墙体　　　　　　　铺设花盆支架　　　　　　按照设计图案摆放盆栽植物

图 6-20　骨架式墙面绿化（摆花式）施工流程图（图片来源于网络）

5.骨架式墙面绿化（V形板槽式）

V 形板槽式墙面绿化是在摆花式墙面绿化、垂吊或攀爬式墙面绿化的基础上衍生而成的墙面绿化类型。最大的区别是固定的 V 形板槽代替了墙面栽植槽、人工基盘（或花盆）。

5.1　骨架式墙面绿化（V形板槽式）的特点

（1）施工简便灵活，造价低。

（2）植物种类选择较多，可组合栽培灌木、花草以及攀爬型植物。

（3）灌溉方式多样，可浇灌也可微灌。

5.2　骨架式墙面绿化（V形板槽式）的结构组成

V 形板槽式绿化系统主要由支撑结构、V 形种植槽、植物生长基质、滴灌溉管道以及植物组成。

5.3　骨架式墙面绿化（V形板槽式）的施工方法

与摆花式相似，V 形板槽式采用直接固定在支架上的 V 形种植槽代替种植基盘或者花盆。其施工步骤如下，施工流程图如图 6-21 所示。

（1）在墙面架设人工支架。

（2）在支架上按适合的距离安装 V 形板槽。

（3）设置灌溉系统，一般使用滴灌或雾喷。

（4）最后在板槽内放置生长基质，并种植植物。

6.骨架式墙面绿化（种植盒模块式）

骨架式墙面绿化（种植盒模块式）是利用模块化构件种植植物，实现墙面绿化的形式。绿化模块由种植构件（种植盒）、种植基质和植物三部分组成。作为容器的种植构件，需具备植物生长的必备条件，同时满足固定植物的根系、蓄水、排水、空气循环以及和建筑之间的悬挂固定等要求。

6.1　骨架式墙面绿化（种植盒模块式）的特点

（1）绿化植物寿命较长。

（2）适用于大面积、高难度的墙面绿化。

（3）墙面景观营造效果好，可以设计组合多样化图案。

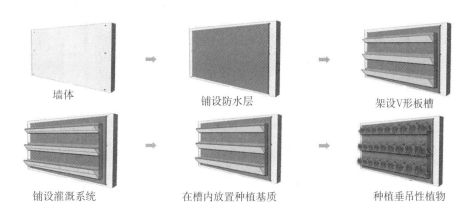

墙体　　　　　　铺设防水层　　　　　　架设V形板槽

铺设灌溉系统　　在槽内放置种植基质　　种植垂吊性植物

图 6-21　骨架式墙面绿化(V 形板槽式)施工流程图

(4)方便维护替换种植模块。

(5)适宜各类灌溉形式。

6.2　骨架式墙面绿化(种植盒模块式)的结构组成

种植盒模块式绿化系统主要由种植盒体、盒体内浇灌通路、固土隔片、种植土、植物、表面固定网片、背部固定悬挂条组成,如图 6-22 所示。

6.3　骨架式墙面绿化(种植盒模块式)的施工方法

骨架式墙面绿化(种植盒模块式)施工步骤如下,施工流程如图 6-23 所示。

(1)材料加工:种植盒体及配件生产;种植盒体组装、编号;植物种植;绿化模块养护成景;种植开始前,先在地面放样(完全按照绿化墙面图案放样);每个绿化模块的种植完全按照编号的图案进行种植;植物种植完成后,按照绿化模块的编号,仔细检查每个绿化模块内植物的图案,直到完全符合图纸。

(2)绿化钢结构制作安装。

(3)浇灌及排水系统安装。

(4)防水处理。

(5)绿化模块安装,绿化模块安装至墙面时再次核对模块的编号,确保景观图案准确。

任务 2　垂直绿化栽植技术

垂直绿化施工必须遵照施工设计图纸和施工技术要求进行。

1.垂直绿化施工前的准备工作

勘察需要进行绿化的建筑物、构筑物的墙面及立面状况,协调好与相关水电设施的关系,制定施工计划及材料进场计划,预订植物和工程材料。

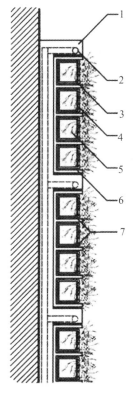

图 6-22　模块式垂直绿化

(引自:垂直绿化工程技术规程
CJJ/T 236—2015)

1—支撑主框架;2—滴灌管线;
3—土壤隔离网;4—单体模块;
5—栽培基质;6—模块框架;
7—模块固定卡扣

1.墙面　　　2.铺设防水层　　3.架设钢结构支架　　4.安装浇灌系统　　5.安装绿化模块

图 6-23　骨架式（种植盒模块式）墙面绿化施工流程图

整修建筑墙面损坏部分，确保建筑外墙开展绿化前墙面的防水良好。在建筑外墙面安装植物支撑材料，如需与墙体连接，不应破坏外墙保温系统和防水层。

植物直接栽植于自然土壤的，种植或播种前应对栽植区域的土壤理化性质进行化验分析，根据化验结果，确定应采取的消毒、施肥和疏松翻耕土壤或客土等土壤改良措施。植物栽植于人工栽培基质的，宜采用保水性强的基质，并按照植物的生长习性配比栽培基质。

2.垂直绿化植物种植施工

栽植前先验收苗木，规格不足、损伤严重、干枯、有病虫害等的植株不得验收，对苗木过长部分进行修剪。栽植工序应紧密衔接，做到随挖、随运、随种、随浇，裸根苗不得长时间搁置，不能立即栽植时应及时假植。

植物栽植前，应向栽植穴和种植槽中的栽培基质施腐熟的有机肥。栽植穴大小应根据苗木的规格而定，宽度一般宜比苗木根系或土球每侧宽 10～20 cm，深度宜比苗木根系或土球深 10 cm。

栽植带土球的树木入穴前，穴底松土必须压实，土球放稳后，应清除不易腐烂的包装物。苗木栽植的深度应以覆土至根茎为准，根系必须舒展，填土应分层压实。

任务 3　垂直绿化养护管理

垂直绿化的养护管理应包括灌溉和排水设施、支撑框架等辅助设施的维修、保养和管理，以及植物的养护管理。

1.垂直绿化设施的养护管理

定期对设备检修，防止上下水设施的老化、损坏及进排水口的堵塞。定期检查修缮支撑框架的主体结构，防止搭接部分、螺钉和螺母的松动；雨季和强风前后、北方冬季过后、植株落叶时应加强检修；随时清理框架角落的枯枝落叶，清除易燃物，杜绝火灾隐患。

2.垂直绿化植物的养护管理

为使植物迅速成型，达到绿化观赏效果，精心管理不可缺少。植物的养护管理包括植物修剪、灌溉、施肥、有害生物防治和补植。

2.1　加强土肥水管理

对种植点的土肥水管理必须高度重视，为快速生长提供条件。根据当地气候特点、垂直绿化工程类型、栽培基质性质、植株需水情况等，适时适量，以适宜的方式浇水。根据植物生长需要和土壤肥力情况，合理进行施肥。

2.2　正确应用修整与补植技术

如在移植时，宜多采用摘叶保枝方法代替截枝蔓的做法，有助于植株成活后的快速成形。植株过密时可进行移植或间伐,对人或构筑物构成危险的植株应去除,对自然死亡的植株应移除后补植。及时有效采用有害生物防治手段,并结合修剪技术剪除病虫枝,及时清理残花落叶和杂草。

2.3　采用保护性栽培措施

在垂直绿化中,人为干扰常常成为阻碍植物正常生长乃至成活的重要问题,为此必须根据实际情况,对新栽植物加以保护,如设立隔离网、护栏等保护措施,待植物成型有一定抵御能力后再行拆除。

总之,园林绿化中,应根据绿化的环境选择适宜的植物种类,采取适当的栽植方式或设置合理的支撑设施,并做到正确的日常养护管理,才能保证垂直绿化预期的生态效益和美化效果。

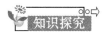　知识探究

1.根据生长环境选择垂直绿化植物

垂直绿化植物的选择必须从建筑墙体的环境出发,首先考虑到满足植物生长的基本要求,然后才能考虑到植物配置艺术。

1.1　选择抗性强和易养护管理的植物

考虑到墙面特殊地理环境和承重的要求,室外垂直绿化大多选择耐热喜阳不耐阴植物,如金丝桃、软枝黄蝉、黄金榕、红花檵木、鸭脚木、龙船花、红桑等。室内垂直绿化大多选择耐阴不喜光的植物,如小春羽、吊兰、孔雀竹芋、银脉凤尾蕨、口红花、金边富贵竹、钮扣蕨等。

1.2　选择浅根系及耐瘠薄的植物

垂直绿化建筑墙体的种植层较薄,为了防止根系对建筑结构的侵蚀,垂直绿化应尽量选择浅根系及耐瘠薄的植物种类。

1.3　尽量选用乡土植物

乡土植物对当地的气候有高度的适应性,在环境相对恶劣的时候,本地植物的适应性明显优于外来的植物。如果不是短期或者临时使用,尽量选择多年生的常绿或者观花植物,避免植物品种频繁更换。

2.根据植物品种选择垂直绿化植物

选择垂直绿化的植物品种时,应根据环境功能、绿化方式和目的等选择合适的品种。

2.1　铺贴式墙面绿化常用植物

铺贴式墙面绿化常用植物以草本植物为主,部分为景天科、蕨类植物。如:天门冬、麦冬、玉龙草、黑麦草、葱兰、韭兰、酢浆草、红花酢浆草、马蹄金、三点金、匍匐剪股颖、细叶结缕草、巴西鸢尾、垂盆草、佛甲草等。

2.2　布袋式墙面绿化常用植物

布袋式墙面绿化常用植物为禾本科植物,部分为景天科、蕨类植物。如:中华结缕草、高羊茅、狗牙根、吊竹梅、彩叶草、白山毛豆、双荚槐、匍匐剪股颖、巴西鸢尾、蔓马缨丹、炮竹红、垂盘草、佛甲草、肾蕨、波斯顿蕨、铁线蕨等。

2.3　垂吊或攀爬式墙面绿化常用植物

垂吊或攀爬式墙面绿化常用植物包括灌木、花草或蔓生性强的攀爬或垂吊植物。如:簕

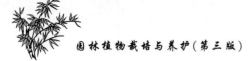

杜鹃、软枝黄蝉、红皱藤、珊瑚藤、龙吐珠、使君子、炮仗花、紫藤、常春藤、铁线蕨、天门冬、巴西鸢尾、蔓马缨丹、炮竹红、连翘、迎春等。

2.4 骨架式墙面绿化(摆花式)常用植物

骨架式墙面绿化(摆花式)常用植物包括木本、草本时花及蕨类植物。如：软枝黄蝉、炮竹红、矮牵牛、非洲凤仙花、三色堇、羽衣甘蓝、一串红、金盏菊、万寿菊、百日菊、千日红、铁线蕨、银脉凤尾蕨、肾蕨、波斯顿蕨、井栏边草等。

2.5 骨架式墙面绿化(V型板槽式)常用植物

骨架式墙面绿化(V型板槽式)常用植物为灌木、花草、蔓生性强的垂吊植物,及蕨类植物。如：牵牛、红绒球、扶桑、栀子花、茑萝、垂盆草、络石、炮仗花、木香、连翘、香花崖豆藤、铁线蕨、天门冬、巴西鸢尾、蔓马缨丹、炮竹红、羽衣甘蓝、一串红等。

2.6 骨架式墙面绿化(种植盒模块式)常用植物

骨架式墙面绿化(种植盒模块式)常用植物以耐旱植物为主,包括草本植物、蕨类植物及灌木类。如：佛甲草、垂盆草、井栏边草、剑叶凤尾蕨、肾蕨、波斯顿蕨、金叶假连翘、红叶石楠、金叶女贞、六道木、莲子草属、巴西鸢尾、蔓马缨丹、炮仗竹等。

任务考核标准

序　号	考核内容	考核标准	参考分值
1	情感态度	学习态度端正,积极主动,团结合作	10
2	常见垂直绿化工艺类型	了解常见垂直绿化工艺类型,熟悉各种类型的施工方法	20
3	垂直绿化栽植技术	能根据垂直绿化施工技术要求进行植物栽植	20
4	垂直绿化植物的选择与管理	了解垂直绿化植物的选择与管理要点,能根据实际需要选择合理的植物	20
5	总结报告	总结报告及时、准确	30
合　　计			100

**自测训练**

1. 知识训练

(1)试列举常见垂直绿化工艺类型。

(2)垂直绿化植物的选择原则是什么？

(3)攀缘式垂直绿化常用植物有哪些？

(4)列举骨架式墙面绿化的优点。

2. 技能训练

垂直绿化现状调查

◆实训目的

了解垂直绿化的工艺类型,掌握不同工艺类型的植物选择要点。

◆材料用具

记录本、皮尺、相机。

◆实训内容

(1)实地了解垂直绿化的类型,调查周边环境、自然条件等。

(2)了解垂直绿化的植物选择及配置方式。

(3)网络搜集典型案例。

(4)小组学习讨论。

◆作业

学生完成实训操作后,及时书写实训报告。

学习单元6题库

学习单元 7　园林植物的养护管理

学习目标

◆理解园林植物生长发育的阶段特征,明确影响植物生长的环境因子。

◆理解植物养护管理工作的长期性和复杂性,掌握乔木、灌木和草本植物等养护管理的特殊性和普遍性。

◆熟悉园林植物观赏要求、树种特性及环境条件,完成具体的养护技术措施。

◆熟悉物联网、互联网技术在园林植物绿化养护中的应用,会操作、调试相关设施设备。

◆熟悉植物生长发育规律和生态要求,编制植物的养护管理工作月历。

内容提要

园林植物以其独特的生态、景观和人文效益造福于城市居民,维护城市的生态平衡,成为城市的绿色屏障和生物观赏资源。园林植物栽植后为了促使其生长良好,保持旺盛的生长量,促使树木的效益能正常而持久地发挥,需要采用一定的技术措施和管理办法,养护工作必须做好做到位才行。

植物的养护包括两种基本过程,即刚成活期养护和成活后日常的维护管理。本单元在实地分析植物生长特性、环境条件和受害程度的基础上,提出具体而明确的措施,能根据技术实施标准进行针对性的养护,确保园林植物的生长环境包括自然环境、植物环境得到改善,确保园林植物各种有益效能稳定发挥。

相关知识

项目 1　露地栽培园林植物的养护管理

项目导入

露地栽培园林植物是指主要的生长发育是在露地自然条件下进行的园林植物,包括露地直播的植物和育苗后移栽到露地的植物,其生长周期与露地自然条件的变化周期基本一致。为了遵循园林植物的年周期和生命周期的变化规律,需要适时、经常、长期地进行养护管理,为各个年龄期的植物生长创造适宜的环境条件,使植物长期维持较好的生长势、预防早衰,延长绿化效果,并发挥其他多种功能效益。

学习任务

任务 1　园林植物养护管理的一般方法

1. 灌溉与排水

1.1　灌溉

水是植物各种器官的重要组成部分,是植物生长发育过程中必不可少的物质,园林植物和其他所有植物一样,整个生命过程都离不开水。因此依据不同的植物种类及其在一年中各个物候期的需水特点、气候特点和土壤的含水量等情况,采用适宜的水源进行适时适量灌溉,是保证植物正常生长发育的重要措施。

1.1.1　灌溉时期

春季随着气温的升高,植物依次进入萌芽期、展叶期、抽枝期,即新梢迅速生长期,此时北方一些地区干旱少雨多风,及时灌溉显得相当重要,不但能补充土壤中水分的不足,使植物地上部分与地下部分的水分保持平衡,也能防止春寒及晚霜对植物造成危害。夏季气温较高,植物生长正处于旺盛时期,开花、花芽分化、结幼果都会消耗大量的水分和养分,因此应结合植物生长阶段的特点及本地同期的降水量,决定是否进行灌溉。对于一些进行花芽分化的花灌木要适当扣水,以抑制枝叶生长,保证花芽的质量。秋季随气温的下降,植物的生长逐渐减慢,应控制浇水以促进植物组织的生长充实和枝梢的充分木质化,防止秋后徒长和延长花期,加强抗寒锻炼。但对于结果植物,在果实膨大时,要加强灌溉。我国北方地区冬季严寒多风,为了防止植物受冻害或因植物过度失水而枯梢,在入冬前,即土壤冻结前应进行适当灌溉(俗称灌"冻水")。随气温的下降,土壤冻结,土壤中的水分结冰放出潜热从而使土壤温度、近地面的气温有所回升,植物的越冬能力也相应提高。

另外,植株移植、定植后的灌溉与成活关系甚大。因移植、定植后根系尚未与土壤充分接触,移植又使一部分根系受损,吸水力减弱,此时如不及时灌水,会使植株因干旱而生长受阻,甚至死亡。一般来说,在少雨季节移植后应间隔数日连灌 2～3 次水。但对新种植大树、大苗灌水不宜过多,以免土壤积水导致根系腐烂。

一天内灌水最好在清晨进行,此时水温与地温相近,对根系生长活动影响小;傍晚灌水,湿叶过夜,易引起病害。但夏季天气高温酷暑,水分蒸发快,灌溉也可在傍晚进行;冬季则因早晚气温较低,灌溉应在中午前后进行。

1.1.2　灌溉量及灌溉次数

植物的类型、种类不同,灌溉量及灌溉次数不同。一、二年生草本花卉及一些球根花卉由于根系较浅,容易干旱,灌溉次数应较宿根花卉为多。木本植物的根系较发达,吸收土壤中水分的能力较强,灌溉的次数可少些。花灌木的灌水量和灌水次数要比一般乔木树种多。耐旱的植物如樟子松、蜡梅、虎刺梅、仙人掌等的灌溉量及灌溉次数可少些,不耐旱的如垂柳、枫杨、蕨类植物、凤梨科植物等灌溉量及灌溉次数要适当增多。每次灌水深入土层的深度,应以植物的主要根系分布层深度作为依据,一般一、二年生草本花卉应达 30～35 cm,一般花灌木应达 45 cm,成年的乔木应达 80～100 cm。

植物栽植年限及生长发育时期不同,灌溉量及灌溉次数也不同。一般刚栽种的植物应连续灌水三次,才能确保其成活。露地栽植的花卉类,一般移植后马上灌水,3 天后灌第二

次水,5~6天后灌第三次水,然后松土;若根系比较强大,土壤墒情较好,也可灌两次水,然后松土保墒;若苗木较弱,移植后恢复正常生长较慢,应在灌第三次水后10天左右灌第四次水,然后松土保墒,以后进行常规的水分管理。已成活的植物,春夏季植物生长旺盛期如枝梢迅速生长期、果实膨大期,如气候干燥,每月可浇水2~3次,阴雨或雨量充沛的天气可少浇或不浇;秋季减少浇水量,如遇天气干燥时,每月浇水1~2次。园林树木栽植后也要间隔5~6天连灌三次水,且三年内加强水分管理,花灌木应达五年。北方地区露地栽培的花木,在初春根系旺盛生长时、萌芽后开花前和开花后、花芽分化期、秋季根系再次旺盛生长时、入冬土壤封冻前都要进行灌溉。

土壤质地、性质不同,灌溉量和灌溉次数也不同。质地轻的土壤如沙地,或表土浅薄、下有黏土盘的土壤,其保水保肥性差,宜少量多次灌溉,以防土壤中的营养物质随重力被水淋失而使土壤更加贫瘠;黏重的土壤,其通气性和排水性不良,对根系的生长不利,灌水次数要适当减少。盐碱地的灌溉量每次不宜过多,以防返碱或返盐。土层深厚的沙质壤土,一次灌水应灌透,待干后再灌。

天气状况不同,灌溉量和灌溉次数也应不同。干旱少雨的天气,应加大灌溉量;降雨集中期,应少浇或不浇。晴天风大时应比阴天无风时多浇。

总之掌握灌溉量及灌溉次数的一个基本原则是保证植物根系的集中分布层处于湿润状态,即根系主要分布层的土壤湿度为田间最大持水量的70%左右。

1.1.3 灌溉方式与方法

一般根据植物的栽植方式来选择。灌溉的方式方法多种多样,在园林绿地中常用的有以下几种方式。

1) 单株灌溉

对于露地栽植的单株乔灌木如行道树、庭荫树等,先在树冠的垂直投影外开堰,对每株树木进行灌溉,待水慢慢渗下后,及时封堰与松土。

2) 漫灌

漫灌适用于在地势较平坦地区群植、林植的植物。这种灌溉方法耗水较多,容易造成土壤板结,注意灌水后及时松土保墒。

3) 沟灌

在列植的植物如绿篱或宽行距栽植的花卉行间开沟灌溉,使水沿沟底流动浸润土壤,直至水分充分渗入周围土壤为止。

4) 喷灌

喷灌是用移动喷灌装置或安装好的固定喷头对草坪、花坛等进行人工或自动控制的灌溉。这种灌溉方法基本上不产生深层渗漏和地表径流,可很好地省水、省工,效率高,且能减免低温、高温、干热风对植物的危害,既可达到生理灌水的目的,又可起到生态灌水的效果,有利于植物的生长发育,能提高植物的绿化效果。

1.1.4 灌溉用水

灌溉用水的质量直接影响了园林植物的生长发育。用水以软水为宜,避免使用硬水。自来水、不含碱质的井水、河水、湖水、池塘水、雨水都可用来浇灌植物,切忌使用工厂排出的废水、污水。在灌溉过程中,应注意灌溉用水的酸碱度对于植物的生长是否适宜。北方地区水质一般偏碱性,用于浇灌某些要求土壤中性偏酸或酸性的植物种类,容易出现缺铁现象,要注意调整。

1.2　排水

不同种类的植物,其耐水力不同。当土壤中水分过多时会导致土壤缺氧,土壤中微生物的活动、有机物的分解、根系的呼吸作用都会受到影响,严重时会造成根系腐烂,植物体死亡,因此须采用适当的方法对不耐水的植物或易积水的栽植区进行排水。

1.2.1　地表径流法

地表径流法是园林绿地常用的排水方法。将地面改造成一定坡度,保证雨水顺畅流走。坡度的降比应合适,过小则排水不畅;过大则易造成水土流失。地面坡度以 0.1%～0.3% 为宜。

1.2.2　明沟排水法

当发生暴雨或阴雨连绵积水很深时,在不易实现地表径流的绿化地段挖一定坡度的明沟来进行排水的方法称明沟排水法。沟底坡度以 0.1%～0.5% 为宜。

1.2.3　暗沟排水法

在绿地下挖暗沟或铺设管道,借以排出积水。

2. 施肥

植物生长所需的营养元素从空气、水及土壤中获得。目前公认的绝大多数植物的必需元素有 18 种:碳(C)、氢(H)、氧(O)、氮(N)、磷(P)、钾(K)、钙(Ca)、镁(Mg)、硫(S)、铁(Fe)、铜(Cu)、锌(Zn)、硼(B)、钼(Mo)、锰(Mn)、氯(Cl)、镍(Ni)、钠(Na)等。这些元素又可分为宏量元素($\geq 0.1\%$DW)和微量元素($\leq 0.01\%$DW)。前九种元素植物需要量较大、含量通常在植物体干重的 0.1% 以上;后九种元素植物需要量极微、含量通常在植物体干重的 0.01% 以下。虽然植物对各种元素的需要量差别很大,但这些元素却不可缺少,不能相互代替。如碳(C)、氢(H)、氧(O)是组成植物的主要元素,能从空气和水中获得;其余各种元素从土壤中获得。植物对氮(N)、磷(P)、钾(K)的需要量比土壤中的供应量要大,必须经常施肥加以补充;其余的各种元素一般条件下土壤可以满足要求。但在南方地区,因雨水多,故钙(Ca)、镁(Mg)容易流失,须适当补充;铁(Fe)在石灰性土壤中,有效性降低,易引起植株黄化,也须适当补充。

2.1　肥料种类

2.1.1　有机肥

有机肥又称全效肥料,即含有氮、磷、钾等多种营养元素和丰富的有机质的肥料,是迟效性肥料,常作基肥用。常用的有堆肥、厩肥、圈肥、人粪尿、饼肥、骨粉、作物秸秆、枯枝、落叶等。有机肥在逐渐分解的过程中,能释放出各种营养元素、大量的二氧化碳等供植物所利用,其作用是任何化肥所不能替代的。所用的有机肥要充分发酵、腐熟和消毒,以防烧坏植物根系、传播病虫害等。

2.1.2　无机肥

无机肥又称矿质肥料,是由化学方法合成的或由天然矿石提炼而成的化学肥料,是速效性肥料,常作追肥用。主要有氮肥(尿素、硫酸铵等)、磷肥(过磷酸钙等)、钾肥(氯化钾、硝酸

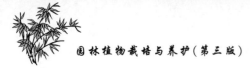

钾)、复合肥(磷酸二氢钾、氮磷钾混合颗粒肥等)。其肥效较快,使用方便卫生,能及时满足植物不同生长发育阶段的要求。

2.1.3 微量元素肥料

主要的营养元素为微量元素,一般由人工合成,属无机肥。

除了上述可用于基肥、追肥的肥料外,喜酸性的花灌木还常用腐殖酸类肥料,即以含腐殖酸较多的泥炭或草炭为原料,加入适当比例的各种无机盐制成的有机、无机混合肥料,其肥效缓慢,性质柔和,呈弱酸性。

在植物施肥的过程中,要做到有机肥与无机肥相结合,提倡施用多元复合肥或专用肥,逐步实行营养诊断平衡施肥。

2.2 施肥依据

2.2.1 施肥要考虑植物的物候期和肥料种类

物候期的进展和养分的分配规律决定着施肥时期和施肥量能否及时满足植物生长发育的需要。早春植物萌芽前,是根系生长的旺盛期,应施一定量的磷肥;萌芽后及花后新梢生长期,应以氮肥为主;花芽分化期、开花期与结果期,应施磷肥、钾肥;秋季,某些植物在落叶后,正值根系生长的高峰期,此时应施磷肥,以后随植物逐渐进入休眠期,应适时增施钾肥,来促进苗木的充分木质化。除此之外,还应增施足够的有机肥,以满足翌年早春植物对养分的需求。

2.2.2 施肥要考虑气候条件

施肥应考虑植物生长时期的温度、降水量等。如低温可使植物吸收养分的功能减弱,其中对磷元素抑制作用最强;干旱可导致植物缺硼、钾和磷;多雨可导致植物缺镁。北方夏季正值植物旺盛生长,开花、花芽分化等时期,可结合下雨进行施肥。

2.2.3 施肥要考虑土壤条件

根据土壤的质地、结构、含水量、酸碱度等来决定施肥。如在土壤水分缺乏时施肥,会导致土壤中肥分水平过高,植物不能吸收利用,甚至发生水分反渗透现象;积水或多雨又易使养分淋失。

2.2.4 施肥要考虑植株的生长状况

植株缺乏不同的营养元素,所表现的生长状况不同。应根据植株不同的表现决定施肥的种类。

2.3 施肥时期

在生产上,施肥常分为基肥和追肥两大类。一般基肥要早,追肥要巧。

基肥是在较长时间内供给植物养分的基本肥料。一般常以厩肥、堆肥、饼肥等有机肥料作基肥。常在整地前翻入土中或埋入栽植穴内,也可在秋季至早春施入土壤。

北方一些地区,园林树木多在早秋施基肥,此时正值根系生长的高峰期,是有机养分积累的时期,能提高树体的营养储备,保证翌年早春土壤中养分的及时供应,以满足春季根系的生长、发芽、开花及新梢生长的需要。也可在早春施用,但效果通常不如早秋施基肥效果好。

追肥是植物在生长期间,土壤养分供给不足时及时补充的肥料。一般以无机肥为主,园林花卉也可用腐熟的粪尿、饼肥等有机肥料。通常花前、花后及花芽分化期要施追肥,对于观花、观果植物,花后追肥更为重要。

一、二年生花卉幼苗期,应主要追施氮肥,生长后期主要追施磷肥、钾肥;多年生花卉追肥,一般 3～4 次,分别为春季开始生长后、花前、花后,秋季叶落后施基肥(厩肥、堆肥)。对花期长的花卉,如美人蕉、大丽菊等也可适当追施一些肥料。对于初栽 2～3 年的园林树木,每年的生长期也要进行 1～2 次追肥。

具体的施肥时间和次数应依植物的种类、各物候期需肥特点、当地的气候条件等情况合理安排,灵活掌握。

2.4　施肥的深度和范围

施肥主要是为了满足植物根系对生长发育所需各种营养元素的吸收和利用。把肥料施在距离根系集中分布层附近且稍远一点的部位,由于肥料溶解后下渗,有利于根系向更深、更广的方向扩展,以便形成强大的根系,扩大吸收面积,提高吸收能力,因此,从某种角度来看,施肥深度和范围对施肥效果有很大影响。

具体施肥的深度和范围,要根据植物的种类、年龄、根系的深度、土质、肥料性质等而定。

木本花卉、小灌木,如茉莉、米兰、连翘、丁香、黄栌等,和高大的乔木相比,施肥相对要浅,范围要小。

幼树根系浅,分布范围小,一般施肥较中、壮龄树浅、范围小。

沙地、坡地和多雨地区,养分易流失,基肥要深施,追肥宜在植物需肥的关键时期及时施入,并少量多次,既可满足植物需要,又减少了肥料的流失。

氮肥在土壤中的移动性较强,适当浅施也可渗透到根系分布层,从而被植物所吸收;钾肥的移动性较差,磷肥的移动性更差,因此,应深施到根系分布最集中处。由于磷在土壤中易被固定,为了充分发挥肥效,施过磷酸钙和骨粉时,应与厩肥、圈肥、人粪尿等混合均匀,堆积腐熟后作为基肥施用,效果更好。

2.5　施肥量

施肥量受植物的种类、土壤的状况、肥料的种类及各物候期需肥状况等多方面的影响。一般喜肥的多施,如梓树、梧桐、牡丹等;耐瘠薄的可少施,如刺槐、悬铃木、山杏等。开花结果多的大树较开花结果少的小树多施。一般胸径在 8～10 cm 的树木,每株施堆肥 25～50 kg 或浓粪尿 12～25 kg;10 cm 以上的树木,每株施浓粪尿 25～50 kg。花灌木可酌情减少。在黏土上一次追肥量可稍大,沙质土壤上应采用少量多次的施肥方式。

2.6　施肥的方法

2.6.1　环状沟施肥法

在树冠投影外缘挖 30～40 cm 宽环状沟,深达密集根层附近,一般深 20～50 cm,将肥料直接或与适量的土壤充分混合后均匀地施入沟内,覆土填平灌水。随树冠的扩大,环状沟每年外移,每年的扩展沟与上年沟之间不要留隔墙。此法多用于幼树施基肥。

2.6.2　放射沟施肥法

以树干为中心,从距树干基部约 1/3 树冠投影半径的地方开始,在树冠四周等距离地向外开挖 6～8 条由浅渐深的沟,沟宽 30～40 cm,沟长视树冠大小而定,一般是沟长的 1/2 在冠内,1/2 在冠外,沟深据根系深度而定,一般为 20～50 cm,将充分腐熟的有机肥与表土混匀后施入沟中,封沟灌水。下次施肥时,更换开沟位置,开沟时要注意避免损伤大根。此法适用于中壮龄树木。

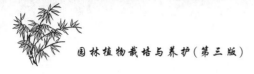

2.6.3　穴施法

在有机物不足的情况下，基肥以集中穴施为宜，即在树冠投影外缘和树盘中，开挖深 20～50 cm，直径 50 cm 左右的穴，其数量视树木的大小、肥量而定，施肥入穴，填土平沟灌水。此法适用于中壮龄树木。

2.6.4　全面撒施法

该法是将肥料均匀地撒在施肥区的地面上的施肥方法。此法适用于群植、林植的乔灌木及草本植物。但必须结合松土或浇水，使肥料进入土层才能获得比较满意的效果，否则易造成肥料的损失或根系的上浮。

2.6.5　灌溉式施肥

灌溉式施肥是结合喷灌、滴灌等形式进行施肥的方法，此法供肥及时，肥分分布均匀，不伤根，不会破坏耕作层的土壤结构，劳动生产率高。

以上为土壤施肥的方法，可根据具体情况选用，且应交替更换不同的施肥方法。

2.6.6　根外追肥

根外追肥又称为叶面追肥。指根据植物生长的需要将各种速效肥水溶液喷洒在叶片、枝条及果实上的追肥方法，是一种临时性的辅助追肥措施。叶面喷肥主要是使肥料通过叶片上的气孔和角质层进入叶片，而后运送到植株体内和各个器官。一般幼叶比老叶吸收快，叶背比叶面吸收快。喷洒时一定要把叶背喷匀，叶片吸收的强度和速率与溶液浓度、气温、湿度、风速等有关。一般根外追肥最适温度为 18～25 ℃，湿度较大时效果好，因而最好的时间应选择无风天气的 10：00 之前和 16：00 以后。

叶面喷肥，简单易行，发挥作用快，可及时满足植物的需要，同时也能避免某些肥料元素在土壤中固定。尤其是缺水季节、缺水地区和不便施肥的地方，都可采用此法。但叶面喷肥浓度低，其施肥量不能满足植物生长发育的需要，因此，它只能作为土壤施肥的一种补充形式，不能代替土壤施肥。

3. 松土除草

3.1　除草

为增强绿化区景观效果，保持绿地的环境卫生，减少病虫害对植物的危害，提高植物对土壤水肥的利用率，需要经常清除杂草。

除草要掌握"除早、除小、除净"的原则。杂草开始滋生时，其根系较浅，植株较矮小，易于除净。对于除草的范围，不同的地段采用不同的方法。风景林、片林及保护自然景观的地区，只要不妨碍游人观瞻都予以保留，以保持田园情调，增添古朴自然的风韵；易发生水土流失的斜坡也无须进行除草，以减少雨水对土表的冲刷。除此之外，一般的绿地尤其是主景区，都不应允许杂草的生长。

3.2　中耕、松土

城区公共绿地土壤被游人反复践踏致使土壤板结，透气性、排水性、透水性极差，不利于好气微生物的活动，影响土壤肥力的发挥，严重束缚植物根系的生长。为了改善土壤的上述状况，应结合除草进行松土。中耕、松土可以切断土壤表层的毛细管，减少土壤水分的蒸发；

在盐碱地上,还可防止土壤返碱;能疏松土壤,改善土壤的通气状况,促进土壤微生物的活动,有利于难溶养分的分解,提高植物对土壤养分的利用率。

中耕、松土是在生长期内对表层土壤进行的浅层耕作,深度和范围视植物的种类和根系的生长状况而定,一般园林树木的中耕、松土范围在树冠投影外 1 m 以内至投影半径的 1/2 以外的环内,深度为 6～10 cm,其中大苗为 6～9 cm,小苗为 2～3 cm。操作中,尽量不要碰伤树皮,对生长在土壤表层的树木须根,可适当截断。

松土可在晴天进行,也可在雨后 1～2 天土壤不过湿时进行。松土的次数,要根据植物的种类、气候、土壤状况而定。一般乔木、大灌木可两年一次;小灌木、草本植物一年多次;主景区、中心区一年多次;边缘区域次数可适当减少。

大面积除草也可以采用化学除草。但由于除草剂选择性的限制,以及对环境的污染,故一般较少在城区园林中使用。

3.3 深翻熟化

对还没有进行绿化的栽植场地,进行全面的深翻,打碎土块,填施有机肥,为树木后期生长奠定基础;对已完成绿化的地段,深翻时结合施肥,即在深翻的同时,把肥料翻入地下。土壤板结严重、地下水位较低的土壤以及深根性树种,深翻深度较深,可达 50～70 cm,相反,则可适当浅些。

3.3.1 栽植前的深翻

针对所栽植的园林植物,根据其根系主要分布深度,对土壤进行深层耕作,经过深挖、细耙、整平三道工序,使土壤适合园林植物的栽植与生长。

3.3.2 定植后的深翻

已定植的园林植物,也应定期进行深翻,方式有两种:环状深翻与行间深翻。环状深翻是在树木树冠边缘,于地面的垂直投影线附近挖取环状深翻沟,有利于树木根系向外扩展;行间深翻是在两排树木的行中间,沿列方向挖取长条形深翻沟,用一条深翻沟达到对两行树木同时深翻的目的,适用于呈行列布置的树木。

4. 越冬、越夏管理

4.1 园林植物的越冬管理

低温致使植物出现落叶、枯梢,甚至死亡的现象,常出现在秋末冬初和早春。植物发生低温危害的原因很复杂,主要有植物本身的原因和环境条件等。

从内因上说,低温危害与植物的种类、年龄、生长势、当年枝条的成熟度与是否休眠等有密切关系。不同的植物,其生物学特性和生态习性不同,所能忍耐的最低温度及低温持续的时间就不一样,如原产于热带、亚热带地区的植物和大陆东岸冷凉型气候的植物比,其抗寒力稍差;植物枝条愈成熟,即木质化程度愈高,含水量愈少,其抗寒能力愈强;处于休眠状态的植物,其抗寒力随着休眠的加深而增强,因此解除休眠的早晚,决定着植物是否易受早春低温的威胁。

从外因上说,低温危害与天气、地势、土壤、坡向等因素分不开。常年同期气温正常条件下不受冻害的植物,若遇秋季持续高温,雨水充沛,使之不能及时转入抗寒锻炼(植物抗寒性的获得是在秋天和初冬期间温度逐渐降低的过程中建立起来的,这个过程称为"抗寒锻炼")

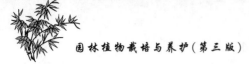

而易受冻。地势、坡向不同,植物的抗寒力不同,如江西赣南地区种在山南面、西南面的油茶、脐橙等植物,由于日夜温差变化较大,在同样的条件下比山北面的受冻重。土层深厚的地方,植物的根扎得深,吸收的水分和养分比较多,长得健壮,受冻相对较轻。因此当冻害可能发生时,要多方面进行分析,找出主要原因以便解决防寒问题。

4.1.1 低温对植物危害的主要表现

1)根系冻害

植物根系的休眠不明显,抗寒的能力较差,靠近地表的根系更是如此。根系的冻害不易被发现,因而它对植物地上部分的影响并未马上表现出来,当发现枝梢由于根系的冻害而出现枯萎时,为时已晚。

2)根颈冻害

根颈秋冬季停止生长进入休眠最晚,而春季解除休眠最早,极易受初冬和早春低温的危害而受冻。受冻害处的表皮局部或成环状变色甚至干枯,对植株的危害很大。

3)主干冻害

生长过旺的幼树主干受冻后,易形成纵裂,一般称为冻裂现象。产生冻裂的主干树皮成块状脱离木质部,或沿裂缝向外卷折,这些受冻伤口极易招来腐朽菌。形成冻裂的原因是初冬和早春期间,昼夜温差大,特别是主干向阳面白天接收光能较多,树干产生热胀,而夜间气温急剧下降,树皮冷却收缩,致使主干组织内外张力不均,因而自外向内开裂或树皮脱离木质部。因此,树干的冻裂常发生在夜间。偶尔的短期冻裂,随着气温的变暖,可逐渐自行愈合。

4)枝杈冻害

枝杈受冻害主要是由于分杈处年轮窄,输导组织不发达,营养积存少,抗寒能力差,分杈处又易于积雪,雪化后浸润树皮使组织柔软,若再经冷冻而易受害。受害面主要是枝条的内侧,表现为树枝表皮变色,坏死凹陷或顺着主干下裂而成为劈枝,有的枝条会因导管破裂而于春季萌发时流胶。

4.1.2 常用的防寒措施

1)覆盖法

在霜冻到来前,覆盖干草、落叶、草席、牛粪等,直至翌年春晚霜过后去除。常用于一些二年生花卉、宿根花卉,以及一些可露地越冬的球根花卉和木本植物的幼年植株。

2)灌水法

北方冬季易发生土壤冻结的地方,在土壤冻结前,利用水热容量大的特点进行冬灌来防止土温下降过快,保护植物不受冻害。但是,灌水的时间不宜过早,否则会影响植物抗寒力,一般以"日化夜冻期"灌水为宜。

3)培土法

结合灌水,在植物根颈处培土堆、壅埋或开沟覆土压埋植物的茎部来进行防寒,待春季萌芽前扒开培土即可。一些花灌木、宿根花卉、藤本植物等多用此法。

4)涂白法

用石灰加石硫合剂对树干涂白,不但能减少树干的水分蒸腾,还可防止因昼夜温差大引起的对植物的危害,并兼有防治病虫害的作用。一些树干易遭冻害和不能埋土防寒的落叶乔木适用此法。

5)卷干法

对一些大型的观赏植物,在冬季气温很低的时候或地方,用稻草绳密密地缠绕树干或用草帘包裹植株,对不耐寒植物在裹干草绳外再绑缚塑料纸,具有较好的防寒效果,但此法在晚霜过后必须及时拆除绑缚物。

6)设风障

对一些耐寒能力较强,但怕寒风的观赏植物,冬季可在植物的来风方向架设风障,可用高粱秆、玉米秆捆扎编织成篱或用竹篱加芦苇席等。风障如果较高,则要用竹竿支撑或用木桩钉住,再用稻草封住漏缝,可减轻因寒冷、干燥大风的吹袭而引起的植物冻旱伤害。

4.2　植物的越夏管理

部分地区由于夏季天气过热,常会引起植物的枯萎,尤以花卉草本、小灌木为多。夏季高温对植物的危害分直接伤害和间接伤害。直接伤害常有根颈灼环、形成层伤害、叶片伤害;间接伤害是高温使光合作用降低,呼吸作用继续增加,消耗养分,蒸腾作用加剧,引起叶片枯萎,气孔关闭,致使植株饥饿失水干化死亡。常用的越夏措施有以下几种。

4.2.1　灌溉淋水

灌溉淋水使土壤中水分含量提高,植物就可能从中吸收更多的水分,使植物由于蒸腾而失去的水分得到补偿。

4.2.2　卷干

雨季绿化施工时,除了苗木应带土球出圃外,种植后可对树干及大枝用稻草绳缠绕,可以减少植物的失水。

4.2.3　修剪枝叶

对刚种植的植物,通过修剪枝叶,减少叶面积,从而减少总的蒸腾量,维持植物体内的水分平衡。

4.2.4　架设遮阳网

通过架设遮阳网,降低光照强度或缩短光照时间,可以控制植物水分的蒸腾。此法多用于新栽植的植物。

4.2.5　喷蒸腾抑制剂

喷蒸腾抑制剂可减少植物的水分蒸腾,此法多用于新定植的常绿园林树木。

4.2.6　叶面喷雾

在高温的条件下,植物根系的吸水能力下降,而蒸腾速率上升,植物出现生理性干旱,为了防止体内过度失水,植物体会自动关闭气孔,以减少水分的蒸腾量。但多数情况下,植物体自身的蒸腾降温调节功能失灵,在管理上则须采用叶面喷雾,增加叶面水分的蒸发量来带走热量,从而降低植株的温度,避免热伤害的发生。

5. 整形修剪

具体内容见本单元项目 3 所述。

任务 2　园林树木树体的保护与修补的方法

树木的主干和骨干枝,往往会因病虫害、冻害、日灼、机械损伤等造成伤口。如不及时保护和修补,经过雨水的侵蚀和病菌的寄生,会导致内部腐烂成树洞。这样不仅影响了树体美观,而且影响了树木的正常生长。因此,应根据树干伤口的部位、轻重等采取不同的治疗和修补措施。

1. 枝干伤口的治疗

对于枝干上因病害、虫害、冻害、日灼或修剪等原因造成的伤口,首先应当用锋利的刀刮净削平四周,使皮层边缘成弧形,然后用药剂(2%～5%硫酸铜溶液、0.1%的升汞溶液或石硫合剂原液)消毒,再涂以保护剂。保护剂要求容易涂抹,黏着性好,受热不融化,不透雨水,不腐蚀树体组织,同时又有防腐消毒的作用,如铅油、接蜡等。大量使用时,可用黏土和鲜牛粪加入少量的石硫合剂涂抹;若用激素涂剂对伤口的愈合更为有利,如用 0.01%～0.1%的 α-萘乙酸膏涂在伤口表面,可促进伤口愈合。

修剪造成的伤口,大伤口应将剪口削平然后涂以保护剂。

由于风使树木枝干折裂,应立即用绳索捆缚加固,然后涂保护剂。也可用两个半弧形的铁圈加固,树皮用棕麻绕垫,用螺栓连接。也可用螺栓旋入树干,起到连接和加紧的作用。

由于雷击使枝干受伤,应将烧伤部位锯除并涂保护剂。

2. 树洞的修补

因各种原因造成的树干上的伤口长久不愈合,长期外露的木质部受雨水浸透逐渐腐烂,形成树洞,使输导组织遭到破坏,影响了树体水分和养分的运输及储存,削弱了树木的生长势,降低了树干的机械强度,缩短了树体寿命。修补树洞的方法有以下三种。

2.1　开放法

此法是将洞内腐烂木质部彻底清除,刮去洞口边缘的死组织,直至露出新的组织为止,用药剂消毒并涂防护剂。同时改变洞形,以利排水,也可以在树洞最下端插入排水口。防护剂每半年左右重涂一次。一般树洞不深时,采用此法;如果树洞很大,其洞形给人以奇特之感,欲留作观赏时也可采用此法。

2.2　封闭法

树洞经刮除消毒处理后,在洞口表面钉上板条,用油灰泥子封闭,再涂以白灰乳胶,用颜料粉面以增加美观度。或在上面压上树皮花纹,或钉上一层真树皮。

2.3　填充法

树洞大,边材受损时,可采用实心填充。即在树洞内立一木桩或水泥柱作支撑物,其周围固定填充物,填充物从底部开始,每 20～25 cm 为一层,用油毡隔开,略向外倾斜,以利于排水;填充物与洞壁之间距离 5 cm 为宜。然后灌入聚氨酯,使填充物与洞壁连成一体,再用聚硫密封剂封闭,外层用石灰、乳胶、颜料粉面涂抹。为了增加美观度,富有真实感,还可在最外面粘贴一层树皮。填充物最好是水泥和小石砾的混合物。如无水泥,也可就地取材。

3. 表皮损伤的治疗

当树干表皮受损时,应先对树皮上的伤疤进行清洗,并用 30 倍的硫酸铜溶液喷涂 2 次(间隔 30 分钟),晾干后用聚硫密封剂封闭伤口。对于及时发现的树表损伤,可将尚未失水的新鲜树皮粘贴回原处,并固定,外用加入消毒剂的泥浆涂抹以保湿,树皮可愈合。

4. 顶枝

大树或古树如有树干倾斜、大枝下垂时，需要设支柱撑好。支柱可采用金属、木桩、钢筋混凝土材料，下端应有坚固的基础，上端与树干连接处应有适当形状的拖杆，并加软垫，以免损伤树皮。设支柱时一定要考虑到与周围环境相适应，协调美观。

任务3　古树名木的养护管理方法

古树有着几百年乃至上千年的树龄，由于各种原因，逐渐衰老。若不及时加强养护管理，就会造成树势衰弱，生长不良，影响其观赏、研究价值，甚至会导致其死亡。因此我们必须非常重视古树名木的复壮与养护管理，避免造成无法弥补的损失。

1. 古树衰老的生理和自然原因

1.1　人为因素

常见人为因素有地面过度践踏，造成土壤通水透气性能降低；地面铺装面过大，影响土壤空气的正常交流；污水随意倾倒，造成土壤理化性质的劣化；不文明行为造成树体伤害；在树木周围使用明火，排放烟气，损伤树体；在树木周围取土，长期堆放杂物，造成树木生长受损；擅自购买树木、移植古树，造成栽植成活率下降等。

1.2　自然因素

暴雨、台风、大雪、雷电等灾害性的天气给古树名木造成伤害，对树木生长产生影响，轻者影响古树树冠，重则造成断枝和倒伏，很难恢复到原来状态。

1.3　病虫危害

古树经历过漫长的岁月，大多数抗病虫害能力较强，但是如果过于衰老或由于其他原因，造成生长势减弱，年生长量较少，就容易遭受病虫危害，特别是虫害的侵入，加快树体衰弱，需要及时防治以保持树体健康生长。

2. 古树名木养护管理办法

2.1　尽可能地保持原有的生长环境

古树在原有的环境条件下生存了几百年甚至几千年，说明了它对当前的环境是十分适应的，因而不能随意改变。若需要在其周围进行其他建设时，应首先考虑是否会对古树的生长环境造成影响。如果对古树的生长有较大的损害，就应该采取保护措施甚至退让。否则，就会较大地改变古树的环境，从而使古树的生长受到伤害，形成千古之恨。

2.2　改善土壤的结构，增强通气保水能力

古树名木是历代陵园、名胜古迹的佳景之一，它们庄重自然，苍劲古雅，姿态奇特，令游客流连忘返。参观者众多，会使周围的土壤异常板结，土壤的透气透水性极差，严重影响了根系的呼吸和对土壤无机养分的吸收。再加上部分根系暴露，皮层受损，植物的生长受到严重的损害。因此应尽快采取措施，在树冠投影外1 m以内至投影半径的1/2以外的环状范围内进行深翻松土，暴露的根系要用土壤重新覆盖。松土过程中不能损伤根系。另外，对重点保护的树木，最好在周围加设护栏，防止游人践踏。

2.3　改善肥水条件

古树长期生长在同一地方，若不进行营养的补给，必然会影响古树的持续生长或复壮，

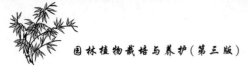

因此应结合松土进行施肥。肥料以长效肥为主，夏季速生期增施速效肥，施肥后要加强淋水，提高肥效。

2.4 病虫害防治

古树年龄大，生长势逐渐衰弱，容易遭受病虫的危害，受害后一般难以恢复。因此，一经发现，应尽快组织防治。

2.5 补洞治伤

由于古树生长势较差，易遭受人为损害、病菌的侵袭、虫害、高温损害、冻害等各种灾害，使部分干茎腐烂蛀空，形成大小不一的树洞。为防止灾害蔓延、提高观赏价值和尽量恢复长势，有必要进行补洞治伤。

2.6 防止自然灾害

古树的树体较高大，树冠的生长不均衡，且树干常被蛀空，易遭雷击、风折、风倒，需要采取安装避雷针、立枝架和截枯枝等特殊防护措施。

2.7 树体喷水

受城市空气浮尘污染，古树树体截留的灰尘极多，会影响观赏和光合作用，可用喷水的方法进行清洗，提高植株的生命力。

2.8 树体复壮

对一些由于根系生长衰退，吸收能力显著减弱的古树，可在其周围种植与之有良好亲和力的同种或同属植物的苗木，待长到一定的高度后，将其与树木进行桥接，利用幼树的根系给老树供给养分，这不失为一种较科学的复壮方法。

2.9 建档立牌

古树名木是有生命的国宝，各省市应组织专人进行细致的系统调查，摸清我国的古树资源分布状况。调查内容主要包括位置、树种、树龄、树高、冠幅、胸围（地围）、生长势、病虫害、立地条件，以及对观赏与研究的作用、保护现状、权属等。同时，还应搜集有关古树的历史及其他资料。

在详细调查的基础上，建立古树的档案、统一编号和挂牌，设立标志，记录其生长、养护管理的情况，定期检查，以利于加强管理和总结经验。

知识探究

1. 园林植物养护管理工作月历的制定

要对园林植物进行科学的年复一年的有效养护管理，必须在植物的不同生长时期、不同季节采取不同的养护管理措施。我国土地辽阔，南北的气候相差甚大，北国千里冰封，南国已是春意正浓，各地的养护管理措施的实施时间差距大，因此各地的养护管理措施会有所不同。

所谓工作月历是当地园林植物养护管理每月工作的主要内容，它对于不熟悉园林植物养护管理的人员来说有指导作用，也是管理部门的年工作计划之一。但是，各类植物的养护管理内容很多，尤其是花卉草本植物，种类多，栽培方式各异，难以统一栽培措施。表 7-1 以哈尔滨、北京、南京、广州每月的园林植物养护管理措施为例，说明一年中园林植物养护管理的作业重点和技术要求。

表 7-1　园林植物养护管理工作月历

月份	哈　尔　滨	北　　京	南　　京	广　　州
1月（小寒、大寒）	◆平均气温−19.7℃，平均降雨量 4.3 mm ◆积肥和储备草炭等 ◆园林树木进行防寒设施的检查	◆平均气温−4.7℃，平均降雨量 2.6 mm ◆进行冬剪，将病虫枝、伤残枝、干枯枝等枝条剪除。对于有伤流和易枯梢的树种，推迟到萌芽前进行 ◆检查防寒设施，发现破损应立即补修 ◆在树木根部堆集不含杂质的雪 ◆利用冬闲时节进行积肥 ◆防治病虫害，在树根下挖越冬虫蛹、虫茧，剪除树上虫包并集中销毁处理	◆平均气温 1.9℃，平均降雨量 31.8 mm ◆冬植抗寒性强的树木，如遇冰冻天气立即停止，对樟树、石楠等喜温树种可先打穴 ◆冬季整形修剪，剪除病虫枝、伤残枝等，挖掘枯死树 ◆大量积肥和沤制堆肥 ◆深施基肥，冬耕 ◆做好防寒工作，遇有大雪，对常绿树、古树名木、竹类要组织打雪 ◆防治越冬虫害 ◆检查防寒措施的完好程度	◆平均气温 13.3℃，平均降雨量 36.9 mm ◆打穴，整理地形，为下月进行种植做准备 ◆对树木进行常规修剪 ◆进行积肥堆肥，深施基肥 ◆对耐寒性较差的树种采取适当的防寒措施 ◆清除杂草和枯萎的乔灌木 ◆防治病虫害，消灭越冬虫卵
2月（立春、雨水）	◆平均气温−15.4℃，平均降雨量 3.9 mm ◆进行松类冻坨移植 ◆利用冬剪进行树冠的更新 ◆继续进行积肥	◆平均气温−1.9℃，平均降雨量 7.7 mm ◆继续进行冬剪，月底结束 ◆检查防寒设施的情况 ◆堆雪，利于防寒、防旱 ◆积肥与沤制堆肥 ◆防治病虫害 ◆进行春季绿化的准备工作	◆平均气温 3.8℃，平均降雨量 53 mm ◆进行一般树木的栽植，本月上旬开始竹类的移植 ◆继续做好积肥工作 ◆继续冬施基肥和冬耕，并对春花植物施花前肥 ◆继续防寒工作和防治越冬害虫	◆平均气温 14.6℃，平均降雨量 80.7 mm ◆个别树木开始萌芽抽叶。开始绿化种植、补植等 ◆撤防寒设施 ◆继续进行积肥堆肥 ◆继续进行树木的修剪 ◆对抽梢的树木施追肥、施花前肥并及时松土
3月（惊蛰、春分）	◆平均气温−5.1℃，平均降雨量 12.5 mm ◆做好春季植树的准备工作 ◆继续进行树木的冬剪 ◆继续积肥	◆平均气温 4.8℃，平均降雨量 9.1 mm，树木结束休眠，开始萌芽展叶 ◆春季植树，应做到随挖、随运、随栽、随养护 ◆春灌以补充土壤水分，缓和春旱 ◆开始进行追肥 ◆根据树木的耐寒能力分批拆除防寒设施 ◆防治病虫害	◆平均气温 8.3℃，平均降雨量 73.6 mm ◆做好植树工作，及时完成并保证成活率 ◆对原有的树木进行浇水和施肥 ◆清除树下杂物、废土等 ◆撤防寒设施	◆平均气温 18.0℃，平均降雨量 80.7 mm ◆绝大多数树木抽梢长叶。绿化种植的主要季节，并进行补植、移植；对新植树木立支撑柱 ◆开始对树木进行造型或继续整形，对树冠过密的树木疏枝 ◆继续施追肥、除草松土 ◆防治病虫害

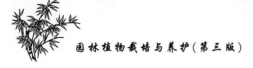

月份	哈尔滨	北京	南京	广州
4月（清明、谷雨）	◆平均气温6.1℃，平均降雨量25.3 mm。树木萌芽，连翘类开花 ◆土壤解冻到40～50 cm时，进行春季植树，并做到"挖、运、栽、浇、管"五及时 ◆撤防寒设施 ◆进行春灌和施肥 ◆对新植树木立支撑柱	◆平均气温13.7℃，平均降雨量22.4 mm ◆继续进行植树，在树木萌芽前完成种植任务 ◆继续进行春灌、施肥 ◆剪除冬春枯梢，开始修剪绿篱 ◆看管维护开花的花灌木 ◆防治病虫害	◆平均气温14.7℃，平均降雨量98.3 mm ◆本月上旬完成落叶树的栽植工作，樟树、石楠等喜温树种此时栽适宜 ◆对新植树木立支撑柱 ◆对各类树木进行灌溉抗旱并除草松土 ◆修剪绿篱，做好剥芽和除萌蘖工作 ◆防治病虫害，对易感染病害的雪松、月季、海棠等每10天喷一次波尔多液	◆平均气温22.1℃，平均降雨量175.0 mm ◆继续进行绿化种植、补植、改植等 ◆修剪绿篱、疏除过密枝、剪去枯死枝和残花 ◆继续对新植的树木立支撑柱、淋水养护 ◆除草松土、施肥 ◆防治病虫害
5月（立夏、小满）	◆平均气温14.3℃，平均降雨量33.8 mm ◆对新植或冬剪的树木进行及时的抹芽和除萌蘖 ◆继续灌溉与追肥 ◆中耕除草 ◆防治病虫害	◆平均气温20.1℃，平均降雨量36.1 mm ◆树木旺盛生长，需大量灌水 ◆结合灌水施速效肥或进行叶面喷肥 ◆除草松土 ◆剪残花，除萌蘖和抹芽 ◆防治病虫害	◆平均气温20℃，平均降雨量97.3 mm ◆对春季开花的灌木进行花后修剪，并追施氮肥和进行中耕除草 ◆新植树木夯实、填土，剥芽去蘖 ◆继续灌水抗旱 ◆及时采收成熟的种子 ◆防治病虫害	◆平均气温25.6℃，平均降雨量293.8 mm ◆继续看管新植的树木 ◆修剪绿篱及花后树木 ◆继续绿化施工种植 ◆加强除草松土、施肥工作 ◆防治病虫害
6月（芒种、夏至）	◆平均气温20℃，平均降雨量77.7 mm ◆进行树木夏季的常规修剪 ◆继续灌溉与追肥 ◆继续松土除草 ◆防治病虫害	◆平均气温24.8℃，平均降雨量70.4 mm ◆继续进行灌水和施肥，保证其充足供应 ◆雨季即将来临，剪除与架空线有矛盾的枝条，特别是行道树的相应枝条 ◆中耕除草 ◆防治病虫害 ◆做好雨季排水工作	◆平均气温24.5℃，平均降雨量145.2 mm ◆加强行道树的修剪，解决树木与架空线路及建筑物间的矛盾 ◆做好防暴风暴雨的工作，及时处理危险树木 ◆做好抗旱、排涝工作，确保树木花草的成活率和保存率 ◆抓紧晴天进行中耕除草和大量追肥，保证树木迅速生长 ◆及时对花灌木进行花后修剪 ◆防治病虫害	◆平均气温27.4℃，平均降雨量287.8 mm ◆继续绿化种植 ◆对新植的树木加强水分管理 ◆对过密树冠进行疏枝，对花后树木进行修剪及植物的整形 ◆继续进行除草松土、施肥工作 ◆防治病虫害

月份	哈尔滨	北京	南京	广州
7月（小暑、大暑）	◆平均气温22.7 ℃,平均降雨量176.5 mm,雨季来临,气温最高 ◆对某些树木进行造型 ◆继续中耕除草 ◆防治病虫害,尤其是杨树的腐烂病 ◆调查春植树木的成活率	◆平均气温26.1 ℃,平均降雨量196.6 mm ◆雨季来临,排水防涝 ◆增施磷肥、钾肥,保证树木安全越夏 ◆中耕除草 ◆移植常绿树种,最好入伏后降过一场透雨后进行 ◆抽稀树冠达到防风目的 ◆防治病虫害 ◆及时扶正被风吹倒、吹斜的树木	◆平均气温28.1 ℃,平均降雨量181.7 mm ◆本月暴风雨多,暴风雨过后及时处理倒伏树木,凹穴填土夯实,排除积水 ◆继续行道树的修剪、剥芽 ◆新栽树木的抗旱、果树施肥及除草松土 ◆防治病虫害	◆平均气温28.4 ℃,平均降雨量212.7 mm ◆继续绿化种植,移植或绿化改造 ◆处理被台风吹倒的树木,修剪易被风折的枝条 ◆加强绿篱等的整形修剪 ◆中耕除草、松土,尤其加强花后树木的施肥 ◆防治病虫害
8月（立秋、处暑）	◆平均气温21.4 ℃,平均降雨量107 mm ◆加强排水,防止洪涝 ◆继续对树木进行修剪,同时修剪绿篱 ◆调查春植树木的保存率 ◆加强对树木的后期管理,及时中耕除草,保证其正常生长 ◆防治病虫害	◆平均气温24.8 ℃,平均降雨量243.5 mm ◆防涝,巡视,抢险 ◆继续移植常绿树种 ◆继续进行中耕除草 ◆防治病虫害 ◆行道树的养护和花木的修剪及绿篱等整形植物的造型	◆平均气温27.9 ℃,平均降雨121.7 mm ◆继续做好抗旱排涝、防洪防汛工作,解决树木枝条与管线、建筑物之间的矛盾 ◆对风吹歪的树木进行扶正 ◆夏季修剪,植物整形 ◆挖除枯树,松土除草和施肥 ◆继续做好病虫害防治工作	◆平均气温28.1 ℃,平均降雨232.5 mm ◆继续进行绿化栽植 ◆做好低洼地段的排水防洪工作 ◆对受台风影响的树木进行清理及扶正修剪等 ◆松土除草施肥,以磷肥、钾肥为主。提高植物的木质化程度 ◆防治病虫害 ◆积肥、花后植物的修剪
9月（白露、秋分）	◆平均气温14.3 ℃,平均降雨量27.7 mm ◆迎国庆,全面整理绿地园容,并对行道树进行涂白 ◆修剪树木,去掉枯死枝、病虫枝,挖除枯死树木 ◆中耕除草继续进行 ◆做好秋季植树的工作 ◆防治病虫害	◆平均气温19.9 ℃,平均降雨量63.9 mm ◆迎国庆,全面整理绿地园容,修剪树枝 ◆对生长较弱,枝梢木质化程度不高的树木追施磷肥、钾肥 ◆中耕除草 ◆防治病虫害	◆平均气温22.9 ℃,平均降雨量101.3 mm ◆准备迎国庆,加强中耕除草、松土与施肥 ◆继续抓好防台风、防暴雨工作,及时扶正吹斜的树木 ◆对绿篱的整形修剪月底完成 ◆防治病虫害,特别是蛀干害虫	◆平均气温27.0 ℃,平均降雨量189.3 mm ◆进行带土球树木的种植 ◆处理被台风影响的树木 ◆继续除草松土、施肥和积肥 ◆对绿篱等进行整形和树形维护 ◆防治病虫害

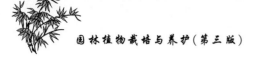

月份	哈 尔 滨	北 京	南 京	广 州
10月（寒露、霜降）	◆ 平均气温5.9 ℃，平均降雨量26.6 mm ◆本月中下旬开始秋季植树 ◆土壤封冻前灌冻水 ◆收集枯枝落叶、杂草，进行积肥，沤肥堆肥 ◆做好树木的防寒工作	◆平均气温12.8 ℃，平均降雨量21.1 mm；随气温下降，树木相继开始休眠 ◆准备秋季植树 ◆收集枯枝落叶进行积肥 ◆本月下旬开始灌冻水 ◆防治病虫害	◆平均气温16.9 ℃，平均降雨量44 mm ◆全面检查新植树木，确定全年植树成活率 ◆出圃常绿树木，供绿化栽植 ◆采收树木种子 ◆防治病虫害	◆平均气温23.7 ℃，平均降雨量69.2 mm ◆继续带土球树木的种植 ◆加强树木的灌水 ◆清理部分一年生花卉，并进行松土除草 ◆防治病虫害
11月（立冬、小雪）	◆ 平均气温−5.8 ℃，平均降雨量16.8 mm ◆土壤封冻前结束树木的栽植工作 ◆继续灌冻水 ◆对树木采取防寒措施 ◆做好冻坨移植的准备工作，在土壤封冻前挖好坑 ◆继续积肥	◆平均气温3.8 ℃，平均降雨量7.9 mm ◆土壤冻结前栽种耐寒树种、完成灌水任务、深翻施基肥 ◆对不耐寒的树种进行防寒，时间不宜太早	◆平均气温10.7 ℃，平均降雨量53.1 mm ◆大多数常绿树的栽植 ◆进行树木的冬剪 ◆冬季施肥，深翻土壤，改良土壤结构 ◆对不耐寒的树木等进行防寒 ◆大量收集枯枝落叶堆集沤制积肥 ◆防治病虫害，消灭越冬虫卵等	◆平均气温19.4 ℃，平均降雨量37.0 mm ◆带土球或容器苗的绿化施工 ◆检查当年绿化种植的成活率 ◆加强灌水，减轻旱情 ◆深翻土壤，施基肥 ◆开始进行冬季修剪 ◆防治病虫害
12月（大雪、冬至）	◆ 平均气温−15.5 ℃，平均降雨量5.7 mm ◆冻坨移植树木 ◆砍伐枯死树木 ◆继续积肥	◆平均气温2.8 ℃，平均降雨量1.6 mm ◆加强防寒工作 ◆开始进行树木的冬剪 ◆防治病虫害，消灭越冬虫卵 ◆继续积肥	◆平均气温4.6 ℃，平均降雨量30.2 mm ◆除雨、雪、冰冻天气外，大部分落叶树可进行移植 ◆继续堆肥、积肥 ◆深翻土壤，施足基肥 ◆继续进行树木的冬剪 ◆继续做防寒工作 ◆防治病虫害	◆平均气温15.2 ℃，平均降雨量24.7 mm ◆加强淋水，改善树木生长环境的缺水状况 ◆继续深施基肥 ◆继续进行冬剪 ◆防治病虫害，杀灭越冬害虫 ◆对不耐寒的树木进行防寒锻炼

2. 古树名木的养护管理

古树名木管理与养护技术标准有中华人民共和国行业标准，也有中华人民共和国工程建设地方标准。2000 年 9 月 1 日，中华人民共和国住房和城乡建设部（以下简称建设部）颁布了《关于印发〈城市古树名木保护管理办法〉的通知》，共二十一条，涉及古树名木的含义、保护等级划分，古树名木保护与养护技术措施，不同等级古树名木的保护与养护管理权限，破坏古树名木的法律责任等内容。

2.1　古树名木的含义与分级

根据建设部 2000 年颁布的《城市古树名木保护管理办法》对古树名木的界定,古树是指树龄在 100 年以上的树木;名木是指国内外稀有的,具有历史价值和纪念意义以及重要科研价值的树木。古树名木分级标准是:凡是树龄在 300 年以上的,或者特别珍贵稀有,具有重要历史价值和纪念意义以及重要科研价值的,为一级古树名木;其余为二级古树名木。也可以参考国务院于 2017 年 3 月 1 日修订实施的《城市绿化条例》中有关古树古木的界定。

2.2　古树名木的分级管理

一级古树名木的档案材料,要抄报国家和省、市、自治区城建部门备案;二级古树名木的档案材料,由所在地城建、园林部门和风景名胜区管理机构保存、管理,并抄报省、市、自治区城建部门备案。各地城建、园林部门和风景名胜区管理机构要对本地区所有古树名木进行挂牌,标明管理编号、树种名、学名、科属、树龄、管理级别及保护单位等。

2.3　术语

1)古树名木 historical tree and famous wood species

古树泛指树龄在 100 年以上的树木;名木泛指珍贵、稀有或具有重要历史、科学、文化价值以及有重要纪念意义的树木,也指历史和现代名人种植的树木,或与历史事件、传说及神话故事有关的树木。

2)古树后续资源 potential resource of old trees

树龄在 80 年以上 100 年以下的树木。

3)古树名木复壮 historical tree and famous wood species rejuvenation

古树名木复壮是指对古树名木采取改善生长环境条件等技术措施,以达到增强树势、促进生长目的。

4)古树名木保护区 conservation spots of old and historical trees

古树名木保护区是指范围不小于树冠垂直投影外 5 m 的区域,古树后续资源保护区是指范围不小于树冠垂直投影外 2 m 的区域。

5)根系分布区 distributing district of tree roots

根系分布区是指树木根系在水平和垂直方向伸展所形成的地下空间区域,它与树木特征和土质环境有关,也与树木周边的其他树种的存在状况有关。

6)土壤有害物质 soil poisonous substance

土壤有害物质是指土壤中含有的过量盐、酸、重金属、苯等对植物生长不利的物质。

7)土壤有机质 soil organic matter

土壤有机质是指土壤中动植物残体、微生物体及其分解和合成的有机物质,是土壤肥力来源的重要物质基础。有机质经过矿质化、腐殖化过程而释放出植物所需的养分,或是合成养分贮藏物质。有机质的转化过程受到土壤环境的影响。单位用 g/kg 表示。

8)土壤容重(土壤密度) soil aeration porosity

土壤容重(土壤密度)是指土壤在自然结构状态下,单位容积内干土重,单位是 g/cm^3 或 10^3 kg/m^3。它由土壤质地、有机质和含水量等状况而定。其值对于树木根系分布和生长具有深刻影响。

9)土壤通气孔隙度 soil aeration porosity

土壤通气孔隙度是指在土壤孔隙中,没有毛管作用,但是通透良好的部分所占的比例,一般指孔隙直径大于 0.1 mm 的孔隙所占的比例,用百分数％表示,它的大小与质地、耕作措施和有机质含量高低有关。

10)观测井 observation well

观测井是指在古树名木保护区附近,人工开挖用于观察或测定地下水位和酸碱度(pH值)的井。一般深度为 120～180 cm,直径为 20～30 cm。

2.4 古树名木的一般养护

(1)严禁在树体上钉钉,缠绕铁丝、绳索,悬挂杂物或作为施工支撑点和固定物,严禁刻划树皮和攀折树枝,发现伤疤和树洞要及时修补。对腐烂部位应按外科方法进行处理。

(2)对 500 年以上的一级古树名木及易受毁坏的二级古树名木设置围栏保护。围栏与树干距离不小于 1.5 m,特殊立地条件无法达到 1.5 m 的,以人手摸不到树干为最低要求。围栏内种植一些地被植物,以保持土壤湿润、透气。

(3)每年应对古树名木的生长情况做调查,并做好记录。发现生长异常,需分析原因,及时采取养护措施并采集标本存档。

(4)根据不同树种对水分的不同要求进行浇水或排水。高温干旱季节,根据土壤含水量的测定结果,确定根系缺水的情况而浇透水或进行叶面喷淋。根系分布范围内须有良好的自然排水系统,不得长期积水。无法沟排的,需增设盲沟与暗井。生长在坡地的古树可在其下方筑水池,扩大吸水和生长范围。

(5)古树名木长时间在同一地点生长,土壤肥力会下降,应在测定微量元素含量的情况下进行施肥。土壤中如缺微量元素,可针对性增施微量元素,施肥方法可采取穴施、放射性沟施和叶面喷施。

(6)修剪古树名木的枯死枝、梢,事先应由主管技术人员制定方案,报主管部门批准后实施。修剪要避开伤流盛期。小枯枝用手锯或铁钩清除。截大枝应做到锯口保持平整,做到不劈裂、不撕皮,过大的粗枝应采取分段截枝法。操作时注意安全,锯口应涂防腐剂,防止水分蒸发、病虫害侵袭。

(7)古树名木树体不稳或粗枝腐朽且严重下垂,均需进行支撑加固,支撑物要注意美观,支撑可采用刚性支撑和弹性支撑。

(8)定期检查古树名木的病虫害情况,采取综合防治措施,认真推广和采用安全、高效、低毒的农药及防治新技术,严禁使用剧毒农药。化学农药应按有关安全操作规程进行作业。

(9)树体高大的古树名木,周围 30 m 之内无高大建筑的应设置避雷装置。

(10)对古树名木要逐年做好养护记录并存档。

2.5 古树名木的特殊养护

古树名木生长在不利的特殊环境,需做特殊养护、进行特殊处理时,需管理部门写出报告,待主管部门批准后实施,施工全过程需要工程技术人员现场指导,并做好影像资料存档。

(1)土壤密实、透水透气不良、土壤含水量大,影响根系的正常生命活动,可结合施肥对土壤进行换土。含水量过高可开挖盲沟与暗井进行排水。

(2)人流密度过大及道路广场范围内的古树名木,可在根系分布范围内(一般为树冠垂直投影外 2 m)进行通气铺装。通气铺装可采用倒梯形砖铺装、架空铺装等方法。

(3)由于土质的变化,引起土壤含水量的变化。对地下积水处如因地下工程漏水引起的,需找到漏点并堵住。因土质含建筑渣土而持水不足,应结合换土,清除渣土并混入适量壤土。

2.6　古树名木管护技术规程(国家林业行业标准,LY/T 3073—2018)

①古树名木保护范围树冠垂直投影外延 5 m。②禁止在保护区域内动土或铺砌不透气材料,土壤板结时宜及时松土,人工深翻 30 cm 保持土壤通气状况良好,对处于坡地的古树名木宜在保护范围内砌筑围堰、堆土、防滑坡。③采用土壤施肥或叶面施肥的方式,根据营养诊断结果按需施肥,合理选择施肥量。土壤施肥于每年 10 月底至 11 月,在树冠投影范围内,采用放射性沟施的方式进行,叶面施肥在生长季进行。④补水量为田间最大持水量的 70%~80%,对处于低洼处或地下水位高的古树名木,雨后 2 小时内应及时排除根部积水。当积水不能及时排除时,宜在树冠投影范围内地下 30 cm 铺设暗管,将水排在保护范围外。⑤严禁攀折、刮蹭、刻划树皮等伤害古树名木的行为。大型枯死枝有保存价值的宜防腐处理后原位保护,对存在安全隐患的枯死枝应及时清除。因机械损伤、雷击等造成的伤口,应及时消毒,涂抹伤口愈合剂。⑥按照"预防为主,综合治理"的方针,加强有害生物监测工作,做好监测记录,发现疫情及时报告主管部门。⑦距树干 3 m 外,可设立围栏、宣传牌,应与古树名木周边景观协调,高大的古树名木,宜安装防雷设施。⑧巡护范围为古树名木保护范围及可能影响生长的外延区域。巡护内容有古树名木生长状况、古树名木附近环境动态。每季度巡视 1 次,处于开发建设区的宜每月巡视 1 次,必要时委派专人驻守管护。⑨古树名木实行一树一档,编号、位置、生长状况按规定记录。档案内容包括:古树名木登记表、古树名木生长状况分级标准、日常养护管理记录表、日常巡查记录表、异常情况报告表。宜建立古树名木数字化信息系统,实行信息动态管理。

相关链接

中国园林绿化网:http://www.yuanlinlvhua.cn/

中华人民共和国住房和城乡建设部:http://www.mohurd.gov.cn/

任务考核标准

序　号	考核内容	考核标准	参考分值
1	任务认知	获取任务相关的专业资料,并记录	10
2	学习态度	学习积极,精神集中	10
3	团队协作	优先考虑团队任务,有较强的协作精神	10
4	养护管理的基本方法	规范进行园林植物养护管理基本操作	20
5	树体保护与修补	正确对枝干、树皮、树洞伤口进行处理	20
6	古树名木养护管理技术	根据具体情况对古树名木进行规范管护操作	10
7	仪器工具使用	能规范使用相关实验实训仪器、工具	10
8	总结报告	总结报告全面,结果正确,上交及时	10
	合　　计		100

自测训练

1. 知识训练

(1) 不耐寒植物秋季灌溉技术有哪些?

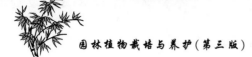

（2）园林绿地中常用的灌溉方法有哪些？

（3）如何做到合理施肥？

（4）大树施肥宜采用何种方法？

（5）园林绿化中常用的越冬防寒措施有哪些？

（6）雷击使树体半边受损,具体处理技术是什么？

（7）古树树体复壮技术有哪些？

2.技能训练

露地园林植物的养护管理

◆实训目的

掌握园林植物土、肥、水的管理方法。

◆材料用具

（1）材料:各种生长的园林植物。

（2）用具:水源、水管、喷壶、铁锹、盛药容器、量筒、重量计量器、防护用具等。

◆实训内容

（1）灌溉 根据植物的生长状况和季节特点确定灌溉的时期。一、二年生草本植物及球根花卉根系较浅,易干旱,灌溉次数宜多;木本植物根系发达,吸收水分能力强,灌溉次数可少些;花灌木比一般树种灌溉次数多;不耐旱植物比耐旱植物灌溉次数多。灌溉深入土层深度与植物根深度有关,其基本原则是保证植物根系集中分布层处于湿润状态。

根据植物在绿化场地配置及密度状况,灌溉方法可分别采用单株灌溉、沟灌、漫灌,有条件的可进行喷灌。

（2）施肥 一、二年生花卉幼苗期,应主要追施氮肥,生长后期主要追施磷肥、钾肥;多年生花卉年追肥次数可适当减少,一般3～4次,分别于春季开始生长后、花前、花后、秋季叶枯后进行;对于初植2～3年的园林树木,每年的生长期也应进行1～2次追肥。施肥的方法一般采用穴施或灌溉式施肥。

（3）松土除草 松土除草的次数要根据气候、植物种类、土壤状况而定。如草本植物可一年多次,乔木可1～2年一次。松土除草时应避免损伤植物的皮、梢、根等。松土的深度和范围应视植物种类及根系的生长发育状况而定,园林树木松土范围一般在树冠投影半径的1/2以外至树冠投影外1.0 m以内的环状范围内,深度为6～10 cm,灌木、草本植物可适当浅一些。

◆作业

对实习操作进行整理总结,写出实习报告。

项目2 保护地栽培植物的养护管理

项目导入

保护地栽培园林植物的养护管理措施与露地栽培园林植物的养护管理措施有很多相似之处,包括施肥、浇水、松土除草和整形修剪等内容,但具体技术差别很大。

任务 1   土壤管理

保护地栽培园林植物的种类繁多,它们对土壤的要求有很大差异;各地的土壤特性也不相同,保护地栽培时需要对土壤进行改良。无论是地栽还是盆栽,由于保护地生产的特殊性,最好使用培养土。若是保护地规模大,配制土壤有一定难度时,也应在园土的基础上,尽量按照培养土的要求进行改良。

1. 培养土的配制

各类园林植物适宜的培养土多种多样,不同生长期的同一种园林植物,对培养土要求也各不相同。定植用培养土要比繁殖用或幼苗期用培养土的腐殖质成分含量要求偏低一些。配制时一般用 4～5 份提供营养和有机质的成分,3～4 份园土和 1～2 份沙、煤渣或蛭石等。有的还需要添加硫酸亚铁以调节 pH 值,加入一些能消毒、增加排水通气性能的成分。在保护地面积较大时,地栽花卉常采用掺入部分沙或大量基肥的方法来改善土壤肥力和结构。

2. 酸碱度调节

当培养土或当地园土 pH 值达不到园林植物的生长要求时,常用人工的方法来调节。

2.1   降低培养土 pH 值的方法

2.1.1   施用硫酸亚铁

盆栽植物用矾肥水的方法来解决 pH 值偏高的问题,具体的做法是:黑矾(硫酸亚铁)2.5～3 kg,油粕或豆饼 5～6 kg,粪肥 10～15 kg,水 200～250 kg 在缸或池内混合后暴晒约 20 多天,待腐熟为黑色液体稀释后结合施肥浇施。每天取其上清液一半稀释使用。一般的酸性植物生长季每月浇 4～5 次,休眠期停止使用,不同 pH 值要求的植物可适当增减。直接用硫酸亚铁水浇施时,浓度依植物种类而变化,一般用农用硫酸亚铁 1:(100～200)的水溶液浇灌。另外,酸性化肥或一部分无毒害的酸性盐可用于调节 pH 值,如硫酸铵、硫酸钾铝等。

2.1.2   施用硫黄

施用硫黄适用于保护地内地栽园林植物,特点是降低 pH 值较慢,但效果持续时间长,一般提前半年施硫黄粉 450 kg/hm^2,pH 值可从 8.0 降至 6.5 左右。盆栽培养土使用前半年,掺入硫黄粉 0.1%,栽培过程中适量浇 1:50 硫酸钾铝,并适量补充磷肥,可达到降低 pH 值的目的。

2.1.3   施用腐肥

施用腐肥要长期多施,调节 pH 值幅度较小。

2.2   提高培养土 pH 值的方法

要提高培养土的 pH 值,施用石灰和石膏较多,也可用一些碱性肥料或无毒的碱性化学物质,如硝酸钙等。在土壤管理方面,近年趋向于用蛭石、珍珠岩作栽培基质,用营养液提供营养物质的无土栽培法。

3. 培养土的消毒

培养基质的消毒方法常见的有物理方法如火焰消毒、蒸汽消毒、日光暴晒或直接加热；化学方法如使用福尔马林、高锰酸钾等。

任务 2　施肥

保护地栽植的植物品质较高，需要不断地补充营养才能达到其生产要求。尤其是盆栽的花卉，生长在空间有限的基质中，更应补充营养。

1. 施肥方式

1.1　基肥

基肥是栽植前直接施入土壤中的肥料。结合培养土的配制或晚秋、早春上盆、换盆时施用。以有机肥为主，与长效化肥结合使用。主要有饼肥、牛粪、鸡粪等。基肥的施入量不要超过盆土总量的 20%，与培养土混匀施入。

1.2　追肥

追肥是园林植物生长发育进程中根据需要而施用的肥料。通常为沤制好的饼肥、油渣、无机化肥和微量元素肥料等。以速效肥为主，本着薄肥勤施的原则，分数次施用不同营养元素的肥料。生长期以氮肥为主，与磷肥、钾肥结合施用，花芽分化期和开花期适量施磷肥、钾肥。

追肥次数因品种而异。盆栽花卉中，施肥与灌水常结合进行，生长季中，每隔 3～5 天，水中加入少量肥料。宿根花卉和花木类可根据开花次数施肥，对一年开多次花的（如月季、香石竹等）花前花后都要施以重肥；生长缓慢的可两周施肥一次，有的可一个月施肥一次；球根类花卉如百合、郁金香等，应多施钾肥；观叶植物应多施氮肥，每隔 6～15 天施一次即可。

在温暖的生长时期施肥次数多些，保护地温度较低时适当减少施肥次数或停施。每次追肥后要立即浇水，并喷洒叶面，以防肥料污染叶面。

2. 施肥方法

2.1　混施

把土壤与肥料混匀作培养土，是保护地内施基肥的主要方法，地栽与盆栽均可用此法。

2.2　撒施

把肥料撒于土面，浇水使肥料渗入土壤，此法肥料利用率较低，保护地内较少采用此方法。

2.3　穴施

以木本植物或植株较大的草花为主，在植株周围挖 3～4 个穴施入肥料，再埋土浇水。

2.4　条施

在保护地栽园林植物的垄间，挖条状浅沟，施入肥料，然后埋土浇水。

2.5　液施

把肥料配成一定浓度的液肥，浇在栽培的土壤中。通常有机肥的浓度不宜超过 5%，无

228

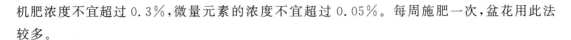

机肥浓度不宜超过 0.3%，微量元素的浓度不宜超过 0.05%。每周施肥一次，盆花用此法较多。

2.6　叶面喷施

当园林植物缺少某种元素，或为了补充根部吸收营养的不足，常以无机肥料或微量元素溶液喷洒在植物叶片上，通过叶片的吸收来达到施肥的目的。但应注意浓度应控制在较低的范围内，一般为 0.1%～1%。

任务 3　浇水

水的管理是保护地园林植物生产十分重要的环节。园林植物生长的好坏，一定程度上取决于浇水的适宜与否。要根据植物的种类、生长发育阶段、本身的生长发育状况、设施的环境条件、培养土的成分及花盆的性质来确定浇水的时间、次数及浇水量。

1. 浇水的原则

1.1　根据保护地栽培植物的特性

盆栽植物的浇水量有其特殊性。首先要确定盆栽植物是否缺水，科学的方法是要进行土壤含水量的测定，但其操作较麻烦。生产中可根据花农多年的栽培经验，用食指按盆土，如下陷 1 cm 说明盆土的湿度适宜；若搬动时盆土变松或用木棒敲击盆边时声音清脆说明应该浇水。浇水时应注意以下几点。

1.1.1　灌饱浇透

从土表到盆底要一致湿润。忌拦腰水——上湿下干；忌窝底水——盆底积水；忌抽空盆心——土壤随水自盆孔流出而掏空盆心。常在上盆、换盆后进行浇水。

1.1.2　间湿间干

盆土干透至灰墒（含水量 5%～12%）时浇透水，做到干透湿透。

1.1.3　适时补水

保护地温度高时，应酌情适量补浇。

1.1.4　放水

在生长发育旺盛期，为发枝或促进生长，应追肥，加大浇水量，保持表土不见白茬，叶不见萎蔫。

1.1.5　勒水

在休眠期及保护地温度较低时，或蹲苗防止徒长，促进花芽分化时，适当控制浇水量，保持土壤潮润即可，并结合松土保墒。

1.1.6　扣水

上盆、换盆植株，因根系损伤，宜用潮润的培养土，在 4～48 小时内不浇水，以加快根系恢复，防止烂根、黄化脱水和植株萎蔫。

1.1.7　旱涝处理

过度干旱，叶片萎蔫，不可立即浇大量的水，宜放置荫蔽处，稍浇水并向叶面喷水，待茎叶挺立，再浇透水。

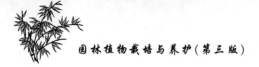

1.2 根据保护地的温度

当温度较高时,浇水的量和次数较多;当温度较低需保温时,应适当控制浇水量。

1.3 根据花卉生长的发育情况

叶片萎蔫经常由缺水引起;花卉徒长则说明水量太大;叶黄而薄多是缺水。植株烂根多是由于水量过多造成,尤其对于球根、肉质多浆类花卉,必须控水。

1.4 根据不同的季节

1.4.1 春季

春季天气转暖,花卉开始快速生长,浇水量应比冬季多些。一般草本植物每隔 1～2 天浇一次水,木本植物每隔 3～4 天浇一次水。

1.4.2 夏季

夏季大多数保护地栽培植物已在室外的阴棚下,要根据天气的状况决定浇水的次数。若天气炎热,应早、晚各浇水一次;若连日阴雨,则应注意盆内不要积水,可在雨前将花盆倾斜放置,雨后再及时扶起。

1.4.3 秋季

秋季天气逐渐转凉,可适当减少浇水次数。每 2～3 天浇水一次。

1.4.4 冬季

冬季浇水则根据温室的温度及园林植物的生长状况来定。低温温室每 4～5 天浇水一次;中温及高温温室每 1～2 天浇水一次。处于相对休眠状态的植株,应减少浇水次数。

2. 浇水方法

2.1 手工灌水

手工灌水是用橡皮管或喷壶浇水于土壤或盆内,常在栽植后直灌。也可用喷壶安装或不安装喷头而采取人工喷淋植株,使叶色新鲜,冲去灰尘,降低气温,增加湿度等,一般在保护地气温较高时进行。

2.2 喷灌系统

以电动压力泵作动力,用固定在保护梁架上的管道来送水,以确定的距离安装喷头,向下或向上喷淋,可定时或定量喷水。喷灌方式既适用于盆栽又适用于地栽。

2.3 滴灌

滴灌以电动压力泵和管道输送水,把滴水管道穿插于花卉行间,通过滴孔不断地少量供水,适用于大规模地栽生产,具有节水省工之效。

2.4 浸盆

2.4.1 人工浸盆

把盆放入浅水池或浅水缸内,通过盆孔让水渗入。浸水深度 8～10 cm 或为盆高的 1/3～2/3,不可过深,以浸透为度。

2.4.2 浸水槽法

浸水槽内放入盆花,盆底和盆间填充石砾或煤渣,在槽底设有可关闭的排水口,水深 8～10 cm 时停止放水,直到浸透为止。

知识探究

1.育苗基质

1.1　基质成分

(1)容器育苗用的基质应因地制宜,就地取材并具备下列条件:

(a)来源广,成本较低;

(b)理化性状良好,保湿、通气、透水;

(c)重量轻,不带病原菌、虫卵和杂草种子、石块等杂物。

(2)配制基质的材料有黄心土(生黄土)、火烧土、腐殖质土、泥炭、蛭石、珍珠岩、腐熟的农作物秸秆、稻壳、树皮粉和锯末等,根据培育的树种配制基质,按一定比例混合后使用。常用基质成分及其比例参见表7-2。

(3)基质中的肥料。

基质可以添加适量基肥。用量按树种、培育期限、苗木规格、容器大小及基质肥沃程度等确定,阔叶树多施有机肥,针叶树适当增加磷肥、钾肥。有条件的可选用专用缓释肥。

1.2　基质的消毒及酸碱度调节

(1)基质应严格进行消毒,基质消毒剂及使用方法参见表7-3。

(2)配制基质时必须将酸碱度调整到育苗树种的适宜范围。

1.3　菌根接种

基质消毒后,需要接种菌根的树种应用菌根土或菌种接种。

表7-2　常用基质成分及其比例

基质成分及比例	容器类型	树　　种	适用地区
火烧土 30%～50%,黄心土 40%～60%,菌根土 10%～20%,外加过磷酸钙 3%	塑料薄膜容器	马尾松、湿地松、火炬松、加勒比松、黑荆树	粤、桂、琼
火烧土或腐殖质土或圃地土 30%～40%,黄心土 40%～50%,腐熟厩肥 10%～20%,外加过磷酸钙 3%	塑料薄膜容器	大麻黄、大叶相思、台湾相思	粤、桂、琼
黄心土 50%～60%,火烧土 20%～30%,菌根土 10%～20%,外加过磷酸钙 2%	塑料薄膜容器	松树	川、滇、黔、渝
腐殖质土 50%,黄心土 30%,土杂肥 20%,外加过磷酸钙 2%	塑料薄膜容器	桉树	川、滇
黄心土 50%～70%,腐殖质土 30%～50%,外加过磷酸钙 2%,黏性土再加沙 5%～10%	塑料薄膜容器	侧柏、油松、落叶松、樟子松、云杉、冷杉	陕、甘

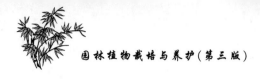

基质成分及比例	容器类型	树种	适用地区
圃地土80%,土杂肥20%,外加过磷酸钙2%	塑料薄膜容器	侧柏、油松、落叶松、樟子松、云杉、冷杉	陕、甘
腐殖质土60%,黄心土20%~25%,土杂肥15%~20%	塑料薄膜容器	油松、侧柏、樟子松、落叶松	辽
稻壳30%,锯糠30%,树皮30%,火烧土10%	轻基质网袋容器	杉木、阔叶树	闽、赣、皖、浙、苏、湘、鄂、川、滇、黔、渝
稻壳30%,锯糠30%,树皮30%,松林土10%	轻基质网袋容器	松树	闽、赣、皖、浙、苏、湘、鄂、川、滇、黔、渝
稻壳20%,锯糠30%,树皮30%,泥炭20%	轻基质网袋容器	桉树	粤、桂、琼、闽

表7-3　基质消毒药剂及使用方法
（参考件）

药剂名称	使用方法	用途
福尔马林（40%工业用）	用1:50(潮湿土壤)或1:100(干燥土壤)药液喷洒至基质含水量60%状态即可,搅拌均匀后用不透气的材料覆盖3~5 d,撤除覆盖翻拌无气味后即可使用	灭菌
硫酸亚铁（2%~3%工业用）	每立方米用硫酸亚铁20~30 kg,翻拌均匀后,用不透气的材料覆盖24 h以上,或者翻拌均匀后装入容器,在圃地薄膜覆盖7~10 d即可播种	灭菌
代森锌	每立方米用10~12 g药剂均匀混拌入基质中	灭菌
辛硫磷（50%）	每立方米用10~15 g混入基质,搅拌均匀后用不透气材料覆盖2~3 d	杀虫

2.苗期管理

2.1　追肥

(1)容器苗追肥时间、追肥次数、肥料种类、施肥量应根据树种和基质肥力而定。根据苗木各个发育时期的要求,调整氮、磷、钾的比例和施用量,速生期以氮肥为主,生长后期停止或少量使用氮肥,适当增加磷肥、钾肥。

(2)追肥结合浇水进行,将所施肥料配成(1:200)~(1:300)浓度的水溶液叶面喷施,前期浓度不可过大。追肥后应及时用清水冲洗幼苗叶面。

2.2　浇水

浇水应适时适量,播种或移植后随即浇透水;在出苗期和幼苗生长初期应多次适量勤浇,保持基质湿润;速生期应量多次少;生长后期应控制浇水。

2.3　病虫害防治

病虫害防治方法参照 GB/T 6001—1999 中的附录 E。

2.4　除草

掌握"除早、除小、除了"的原则,人工除草在基质湿润时连根拔除,除草后应及时喷水。

2.5　其他管理

(1)有风害、沙害的地区应设风障。在干旱寒冷地区,不耐霜冻的容器苗要有防寒措施。

(2)育苗期发现容器内基质下沉,应及时填满,以防根系外露及积水致病。

 **任务考核标准**

序　号	考核内容	考核标准	参考分值
1	任务认知	获取任务相关的专业资料,并记录	10
2	学习态度	学习积极,精神集中	10
3	团队协作	优先考虑团队任务,有较强协作精神	10
4	塑料温室土壤管理	熟练配制培养土,消毒处理规范	20
5	温室施肥技术	正确选择、搭配肥料及采用恰当的施肥方法	20
6	温室灌溉技术	根据培育植物种类及生长具体情况进行灌溉	20
7	总结报告	总结报告全面,结果正确,上交及时	10
	合　计		100

自测训练

1. 知识训练

(1)简述培养土配制及处理技术。

(2)盆栽植物常用矾肥水来解决 pH 值偏高的问题,请简述其操作方法。

(3)保护地常用的施肥方法有哪些?

(4)保护地园林植物浇水要掌握哪些原则?

2. 技能训练

大棚栽培管理

◆实训目的

掌握大棚园林植物栽培管理的方法和技术要求。

◆材料用具

(1)材料:大棚、育苗设施及栽植的植物。

(2)用具:各类栽培管理用具。

◆实训内容

(1)温度管理:根据棚内温度的变化采取综合措施进行保温或降温,保持棚温处于 15～30 ℃。

(2)光照管理:根据季节的变化和地区特点,分别进行补充光照或遮光,维持适宜的光

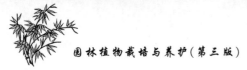

照条件。

（3）湿度管理：根据塑料大棚内湿度的变化，采取综合措施进行喷水增湿、通风换气降湿，使大棚内的湿度达到苗木生长的要求。

（4）CO_2 管理：一般情况下，在适宜的时间将大棚敞开补充 CO_2 即可。若由于天气原因不宜将大棚敞开，可采取有机肥释放 CO_2、液体或固体补充 CO_2、燃烧释放 CO_2 等措施来补充。

（5）苗木管理：喷灌、施肥、病虫害防治、整枝与修剪、炼苗。

◆作业

简述大棚苗木管理的技术特点。

项目 3　整形修剪的基本技能

在园林绿化过程中，对园林植物应根据其生长特性及其功能要求，将其整剪成一定的形状，使之与周围的环境相协调以发挥更好的绿化作用。因此，整形修剪是园林植物栽培中的重要养护管理措施之一，是调节树体结构，促进生长平衡，消除树体隐患，恢复树木生机的重要手段。

任务 1　准备和维护修剪工具

园林植物的种类不同，修剪的冠形各异，须选用相应功能的修剪工具。只有正确地选用工具，才能达到事半功倍的效果。常用的工具有修枝剪、园艺锯、梯子及劳动保护用品。

1. 了解整形修剪植物的要求

在整形修剪之前要充分了解待修剪植物的园林景观功能，不同的园林景观用途对应的修剪和整形的方法也不一样，再根据植物的修剪时期做具体的方案选择。

2. 工具准备

2.1　修枝剪

修枝剪又称枝剪，包括各种样式的圆口弹簧剪、绿篱长刃剪、高枝剪等。

传统的圆口弹簧剪由一片主动剪片和一片被动剪片组成，主动剪片的一侧为刀口，需要提前重点打磨；绿篱长刃剪适用于绿篱、球形树等的规则式修剪；高枝剪适用于庭园孤立木、行道树等高干树的修剪（因枝条所处位置较高，用高枝剪，可免于登高作业）。

2.2　园艺锯

园艺锯的种类也很多，使用前通常须锉齿及扳芽（亦称开缝）。

对于较粗大的枝干，常用锯进行回缩或疏枝操作。为防止枝条的重力作用而造成枝干劈裂，常采用分步锯除。首先从枝干基部下方向上锯入枝粗的 1/3 左右，然后再从上方锯下。

2.3　梯子

梯子主要用于登高以修剪高大树体的高位干、枝。在使用前要观察地面凹凸及软硬情

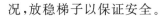

况,放稳梯子以保证安全。

2.4　劳动保护用品

劳动保护用品包括安全带、安全绳、安全帽、工作服、手套、胶鞋等。

3.安全操作要求

园林植物整形修剪作业中存在一定的危险性,操作时要注意人身安全,在作业过程中必须穿戴防护用具,杜绝一切安全事故。

任务 2　确定园林植物整形修剪的时期

园林植物的种类很多,习性与功能各异,植物修剪的目的与性质的不同,各有其相适宜的修剪季节,在生产实践中应灵活掌握。园林植物整形修剪的最佳时期的确定应至少满足以下两个条件:一是不影响园林植物的正常生长,尽量减少营养损耗,避免"伤口感染";二是不影响开花结果,不破坏原有冠形,不降低其观赏价值。园林植物一般在休眠期修剪或在生长期修剪。

1.休眠期修剪(冬季修剪)

落叶树从落叶开始至春季萌发前,其生长停滞,树体内营养物质大都回归根部储藏,修剪后养分损失少,且修剪的伤口不易被细菌感染腐烂,对树木的生长影响较小,大部分树木的修剪工作在此段时间内进行。热带、亚热带地区原产的乔、灌观花植物,没有明显的休眠期,但是从 11 月下旬到次年 3 月初的这段时间内,它们的生长速度也明显变慢,有些树木也处于半休眠状态,所以此时也是修剪的适宜期。

冬季修剪的具体时间应根据当地的寒冷程度和最低气温来决定,有早晚之分。如冬季严寒的地方,修剪后伤口易受冻害,以早春修剪为宜;对一些进行保护越冬的花灌木,在秋季落叶后应立即修剪,然后埋土或卷干。在温暖的南方地区,冬季修剪时期,自落叶后到翌春萌芽前都可进行,因为这段时间内伤口虽不能很快愈合,但也不至于遭受冻害。有伤流现象的树种,一定要在春季的伤流期前修剪。冬季修剪对树冠的构成、枝梢的生长、花果枝的形成等有重要作用,一般采用截、疏、放等修剪方法。

2.生长期修剪(夏季修剪)

处在生长期的园林植物枝叶茂盛,影响到植物体内部通风和采光,因此需要进行修剪。一般采用抹芽、除蘖、摘心、环剥、扭梢、曲枝、疏剪等修剪方法。

常绿树没有明显的休眠期,春夏季可随时修剪生长过长、过旺的枝条,使剪口下的叶芽萌发。常绿针叶树在 6—7 月进行短截修剪,还可获得嫩枝,以供扦插繁殖。

一年内多次抽梢开花的植物,花后及时修去花梗,使其抽发新枝并开花不断,延长其观赏期,如紫薇、月季等观花植物;草本花卉为使株形饱满,抽花枝多,要反复摘心;观叶、观姿类的树木,一旦发现扰乱树形的枝条就要立即剪除;棕榈类植物,则应及时将破碎的枯老叶片剪去;绿篱的夏季修剪,既要使其整齐美观,又要兼顾截取插穗的需求。

任务 3　修剪的方法

修剪的基本方法有截、疏、伤、变、放五种,实践中应根据修剪对象的实际情况灵活运用。

1.截

截是将植物的一年生或多年生枝条的一部分剪去,以刺激剪口下的侧芽萌发。它是园

林植物整形修剪最常用的方法。根据短剪(亦称短截)的程度,可将其分为以下几种。

1.1　轻短剪

轻短剪时只剪去一年生枝条的少量枝段,一般剪去枝条的 1/4~1/3,如在春秋梢的交界处(留盲节),或在秋梢上短剪。截后易形成较多的中、短枝,单枝生长较弱,能缓和树势,利于花芽分化。

1.2　中短剪

在春梢的中上部饱满芽处短剪,一般剪去枝条的 1/3~1/2。截后形成较多的中、长枝,成枝力强,生长势强,枝条加粗生长快。一般多用于各级骨干枝的延长枝或复壮枝。

1.3　重短剪

在春梢的中下部短剪,一般剪去枝条的 2/3~3/4。重短剪对局部的刺激大,对全树总生长量有影响,剪后萌发的侧枝少,由于植物体的营养供应较为集中,枝条的长势较旺,易形成花芽,一般多用于恢复生长势和改造徒长枝、竞争枝。

1.4　极重短剪

在春梢基部仅留 1~2 个不饱满的芽,其余剪去,此后萌发出 1~2 个弱枝,一般多用于处理竞争枝或降低枝位。

1.5　回缩

回缩又称缩剪,即将多年生枝的一部分剪掉。当园林树木或枝条的生长势减弱,部分枝条开始下垂,树冠中下部出现光秃现象时,为了改善光照条件和促发粗壮旺枝,以恢复树势或枝势常用缩剪。将多年生衰老枝的基部留一段,其余剪去,使剪口下方的枝条旺盛生长或刺激休眠芽萌发徒长枝,以培育新的树冠,从而使其重新生长。

1.6　摘心剪梢

摘心剪梢是将枝梢顶芽摘除或将新梢的一部分剪除的方法。其目的是解除植物的顶端优势,促发侧枝。如绿篱植物剪梢可使绿篱枝叶密生,增强观赏效果和防护功能;草花摘心可增加分枝数量,培育丰满株形。

下列情况要用截的方法进行修剪:规则式或特定式的整形修剪,常用短剪进行造型及保持冠形;为使观花观果植物多发枝以增加花果量;冠内枝条分布及结构不理想,要调整枝条的密度比例,改变枝条的生长方向及夹角;须重新形成树冠;老树复壮等。

2. 疏

疏又称为疏剪或疏删,即把枝条从分枝点基部全部剪去。疏剪主要是通过疏去内膛过密枝,减少树冠内枝条的数量,以使枝条均匀分布,为树冠创造良好的通风透光条件,减少病虫害,增加同化作用的产物,使枝叶生长健壮,有利于花芽分化和开花结果。疏剪对植物的总生长量有削弱的作用,对局部的促进作用不如截,但如果只将植物的弱枝除掉,总的来说,对植物的长势将起到加强作用。

疏剪的对象主要是病虫枝、伤残枝、干枯枝、内膛过密枝、衰老下垂枝、重叠枝、并生枝、交叉枝及干扰植物形状的竞争枝、徒长枝、根蘖枝等。

疏剪强度可分为轻疏(疏枝量占全植株枝条的 10% 或以下)、中疏(疏枝量占全植株枝条的 10%~20%)、重疏(疏枝量占全植株枝条的 20% 以上)。疏剪的强度依植物的种类、生长势和年龄而定。萌芽力和成枝力都很强的植物,疏剪的强度可大些;萌芽力和成枝力较弱的植物,宜少疏枝,如雪松、凤凰木、白千层等应控制疏剪的强度或尽量不疏枝。幼树一般轻疏或不疏,以促进树冠迅速扩大成形;花灌木类宜轻疏以使其提早形成花芽并开花;成年树生长与开花进入旺盛期,为调节营养生长与生殖生长的平衡,宜适当中疏;衰老期的植物,由于枝条有限,疏剪时要小心,只能疏去必须要疏除的枝条。

抹芽和除蘖是疏的一种形式。在树木的主干、主枝基部或大枝伤口附近常会萌发出一些嫩芽而抽生新梢,妨碍树形,影响主体植株的生长。将芽及早除去,称为抹芽;或将已发育的新梢剪去,称为除蘖。抹芽与除蘖可减少园林树木的生长点数量,减少养分的消耗,改善光照与肥水条件。如嫁接后砧木的抹芽与除蘖对接穗的生长尤为重要。抹芽与除蘖,还可减少冬季修剪的工作量,避免伤口过多。抹芽和除蘖宜在早春及时进行,越早越好。

3. 伤

伤指用各种方法损伤枝条,以达到缓和树势、削弱受伤枝条生长势的目的。常见的有以下几种方法。

3.1　环状剥皮

在发育期,用刀在园林树木的枝或干上的适当部位剥去一定宽度的环状树皮,称为环状剥皮,简称环剥。环剥深达木质部,剥皮宽度以 1 个月内剥皮伤口能愈合为限,一般为 2~5 mm(见图 7-1)。由于环剥中断了韧皮部的输导系统,可在一段时间内阻止枝梢碳水化合物向下输送,有利于环剥上方枝条营养物质的积累和花芽的形成,同时还可以促进剥口下部的发枝。但根系因营养物质减少,生长受到一定的影响。由于环剥是在生长季应用的临时修剪措施,一般在主干、主枝上不采用环剥方法。

3.2　刻伤

刻伤是用刀在芽的上方切口,深达木质部。一般在春季萌芽前进行,可阻止根部储存的养分向上运输,使位于刻伤口下方的芽获得较多的养分,有利于芽的萌发和抽新枝。这一技术广泛用于园林树木的修剪。

3.3　扭梢和折梢

在生长季内,将生长过旺的枝条,特别是着生在枝背上的旺枝,在中上部将其扭曲下垂,称为扭梢(见图 7-2);或只将其折伤但不折断(只折断木质部),称为折梢(见图 7-3)。扭梢与折梢伤骨不伤皮,其阻止了水分、养分向生长点的输送,削弱了枝条的生长势,有利于短花枝的形成。

图 7-1　环剥　　　　　　　图 7-2　扭梢　　　　　　　图 7-3　折梢

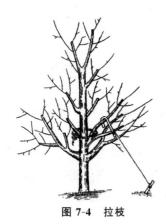

图 7-4　拉枝

4. 变

改变枝条的生长方向，调节枝条生长势的方法称为变。如用曲枝、拉枝、抬枝等方法，将直立或空间位置不理想的枝条，引向水平或其他方向，可以加大枝条开张的角度，使顶端优势转位、加强或削弱。骨干枝拉枝有扩大树冠、改善光照条件，充分利用空间，缓和生长，促进生殖的作用。将直立生长的背上枝向下曲成拱形时，顶端优势减弱，生长转缓；下垂枝因向地生长，顶端优势弱，生长不良，为了使枝势转旺，可抬高枝条，使枝顶向上生长。变的修剪措施（见图 7-4）大部分在生长季应用。

5. 放

放又称缓放、甩放或长放，即对一年生枝条不作任何短截，任其自然生长。利用单枝生长势逐年减弱的特点，对部分长势中等的枝条长放不剪，其下部易发生中、短枝，停止生长早，同化面积大，光合产物多，有利于花芽形成。对幼树、旺树，常以长放来缓和树势，以促使其提早开花、结果；长放用于中庸树、平生枝、斜生枝效果更好，但对幼树骨干枝的延长枝或背生枝、徒长枝则不能长放；弱树也不宜多用长放。

上述各种修剪方法应结合植物生长发育的实际情况灵活运用，再加上严格的土肥水管理，才能取得较好的效果。

任务 4　处理枝条的剪口

若剪枝或截干造成剪口的创伤面大，应用锋利的刀削平伤口，并用硫酸铜溶液消毒，再涂保护剂，以防止伤口由于日晒雨淋、病菌入侵而腐烂。常用的保护剂有以下三种。

1. 保护蜡

保护蜡是用松香、黄蜡、动物油按 5∶3∶1 的比例熬制而成的。熬制时先将动物油放入锅中用温火加热，再加入松香和黄蜡，不断搅拌至全部溶化即可。由于其冷却后会凝固，涂抹前需要加热。

2. 豆油铜素剂

豆油铜素剂是用豆油、硫酸铜、熟石灰按 1∶1∶1 的比例制成的。配制时先将硫酸铜、熟石灰研磨成粉末状，将豆油倒入锅内煮至沸腾，再将硫酸铜与熟石灰粉末加入油中搅拌，冷却后即可使用。

3. 液体保护剂

用松香、动物油、酒精、松节油按 10∶2∶6∶1 的比例配成。先把松香和动物油一起放入锅内加温，待溶化后立即停火，稍冷却后再倒入酒精和松节油，搅拌均匀，然后倒入瓶内密封贮藏。使用时用毛刷涂抹即可，适用于面积较小的创口。

 知识探究

1. 整形修剪的目的和作用

1.1　整形修剪的目的

整形修剪是园林植物栽培中重要的管理措施。整形是指为了提高园林植物的观赏价值,将植物按其习性或人为意愿修整成为各种优美的形状与姿态的措施。修剪是指对植株的某些器官,如茎、枝、叶、花、果、芽、根等部分进行剪截、疏除或其他处理的操作。根据园林植物的生长发育特性、栽培环境和栽培目的不同,需要对其进行适当的整形修剪,其目的有以下几点。

1.1.1　提高园林植物移栽的成活率

在苗木的起运过程中,苗木的一部分根系难免会受到损伤,这样会导致苗木移栽后,其根部难以及时供给其地上部分以充足的水分和养料,而造成树体的吸收与蒸腾比例失调。通常情况下,在起苗前或起苗后,可适当剪去劈裂根、病虫根、过长根,疏去病弱枝、徒长枝、过密枝,有时还需适当摘除部分叶片(在高温季节进行大树移植时,甚至可以截去若干主、侧枝),以确保栽植后植物的顺利成活。

1.1.2　控制园林植物的生长势

园林绿地中种植的园林植物的生存空间有限,为了使其与环境相协调,必须控制植株的高度和体量。在屋顶和建筑平台种植树木,由于土层浅、空间小,故更应使植株长期控制在一定的体量范围内,不能越长越大。在宾馆、饭店的室内花园中栽培的热带观赏植物,应压低树高并缩小冠幅,这些必须通过整形修剪才能实现。

1.1.3　促使园林植物多开花结实

通过修剪可以调节植物体内营养的分配,防止徒长,使养分集中供给顶芽、叶芽,促进其花芽分化形成更多的花枝、果枝,提高花、果的数量和质量,一些花灌木还可以通过修剪来达到控制花期或延长花期的目的。

1.1.4　保证园林植物的健康生长

整形修剪可使树冠内的各层枝叶获得充分的光照和新鲜的空气。通过适当的疏枝,可增强树体的通风透光性,提高园林植物的抗逆能力和减少病虫害的发生。冬季集中修剪时,同时剪去病虫枝、干枯枝,既保持了绿地清洁,又防止了病虫蔓延,可促使园林植物更加健康生长。园林树木衰老时,需进行重剪,剪去树冠上绝大部分侧枝,或把主枝也分次锯掉,从而刺激树干皮层内的隐芽萌发,选留生长旺盛的新枝代替老枝,可以达到恢复树势、更新复壮的目的。

1.1.5　创造各种艺术造型

通过整形修剪,还可以把植物培育成符合特定要求的形态,使之成为具有一定冠形、姿态的观赏植株。自然式的庭园讲究植株的自然姿态、崇高自然的意境,故常用修剪的方法来保持"古干虬曲,苍劲如画"的效果。在规则式的庭园中,常将一些植株修剪成尖塔形、圆球形、几何形,以便其和园林形式协调一致。

1.1.6　创造最佳的环境美化效果

人们常将观赏植物的个体或群体互相搭配来造景,将其配植在一定的园林空间中,或者

与建筑、山水、小桥等园林小品相配,创造出相得益彰的艺术效果,因此一定要控制好植株的形体大小比例。例如,在假山或狭小的庭园中配置植株,可使用整形修剪的办法来控制其形体大小,以达到小中见大的效果。植物相互搭配时,可使用修剪的手法来创造有主有从、高低错落的景观。优美的庭园花木,随着其个体的生长,多年以后就会显得拥挤,有的会阻碍小径而影响散步行走或失去其观赏价值等,因此必须经常整形修剪来保持其美观与实用。

1.2 整形修剪的作用

1.2.1 整形修剪对植物生长发育的双重作用

修剪的对象主要是各种枝条,修剪的影响范围并不仅限于被修剪的枝条本身,还对植物的整体生长有一定的作用。从整株园林植物来看,整形修剪对植物既有促进也有抑制作用。

从局部来看,整形修剪可以使被剪枝条的生长势增强。一根枝条被剪去一部分,减少了其枝芽数量,使养料集中供给留下的枝芽生长,使被剪枝条的生长势增强。同时,修剪改善了树冠的光照和通风条件,提高了叶片的光合效能,使局部枝芽的营养水平有所提高,从而加强了局部的生长势。促进作用的强弱,与树龄、树势、修剪程度及剪口芽的质量有关。树龄越小,修剪的局部促进作用越大。相同树势情况下,重剪较轻剪的促进作用更明显。一般剪口下第一个芽的生长最旺,第二、三个芽的生长势则依次递减。而疏剪只对其剪口下方的枝条有增强生长势的作用,对剪口以上的枝条,则会产生削弱生长势的作用。剪口下留强芽,可抽长粗壮的长枝;剪口下留弱芽,其抽枝也较弱。休眠芽经过刺激也可以发枝,衰老树的重剪就是利用休眠芽的萌发来实现其更新复壮。

修剪对植株整体具有抑制作用。由于修剪后减少了部分枝条,树冠相对缩小,叶量及叶面积减小,光合作用的产物减少,同时修剪留下的伤口愈合也要消耗一定的营养物质,所以修剪使树体总的营养水平下降,园林植物的总生长量减少。这种抑制作用的大小、持续时间与修剪轻重及树龄有关,树龄越小,树势越弱,修剪过重,则抑制作用大。另外,修剪对根系的生长也有抑制作用,这是由于整个树体营养水平降低,对根部供给的养分也会相应减少,造成发根量减少,根系生长势削弱。

修剪对植株体的局部促进及整体抑制作用是暂时的,修剪后随着时间的推移,这种作用是可以转化的。如对园林树木的枝条进行轻短截,结果侧芽萌发,增加了枝叶量,增加了光合作用的产物,因而供给根生长活动的有机营养物增加,促进了整个植株生长。如果对背下枝或背斜下枝在弱芽处剪截,就会削弱这根枝条的生长势,从而表现出局部抑制,整体促进现象。

修剪时应全面考虑其对园林植物的双重作用,是以促进为主还是以抑制为主,应根据具体的植株情况而定。

1.2.2 整形修剪对开花结果的影响

合理的整形修剪,能调节营养生长与生殖生长的平衡关系。修剪后枝芽数量减少,树体营养集中供给留下的枝条,使新梢生长充实,并萌发较多的侧枝开花结果。修剪的轻重程度对花芽分化的影响很大。连年重剪,花芽量减少;连年轻剪,花芽量增加。不同生长强度的枝条,应采用不同程度的修剪。一般来说,树冠内膛的弱枝,因光照不足,枝内的营养水平低,故应行重剪,以使其营养水平提高、生长转旺;而树冠外围的生长旺盛,对于营养水平较高的中、长枝,应轻剪,来促发大量的中、短枝开花。此外,不同的花灌木枝条的萌芽力和成枝力不同,修剪的强弱也应不同。一般枝芽生长点较多的花灌木,比生长点少的植株生长势缓和,花芽分化较容易,因此生产上通常对栀子花、六月雪、月季、棣棠等萌芽力和成枝力强的树实行重剪,以促发更多的花枝,增加开花部位。对一些萌芽力或成枝力较弱的植物,修剪时应慎重。

1.2.3　整形修剪对植株内营养物质含量的影响

整形修剪后,枝条生长强度的改变,是植株体内营养物质含量变化的一种形态表现。短截后的枝条及其抽生的新梢,其含氮量和含水量增加,碳水化合物的含量相对减少。为了减少整形修剪造成的养分损失,应尽量在树体内含养分最少的时期进行修剪。一般冬季修剪,应在秋季落叶后养分回流到根部与枝干中储藏时和春季萌芽前树液尚未流动时进行为宜。生长季修剪,如抹芽、除萌、曲枝等操作应越早越好。

修剪后,树体内的激素分布、活性也会有所改变。激素产生于植物顶端的幼嫩组织中,由上向下运输,而短剪除去了枝条的顶端,排除了激素对侧芽(枝)的抑制作用,增强了下部芽的萌芽力和成枝力。据报道,激素向下运输的能力,在光照条件下比在黑暗条件下活跃。修剪改变了树冠的透光性,促进了激素的极性运转能力,在一定程度上改变了激素的分布。

2.园林树木整形修剪的原则

2.1　遵循树木生物学特性的原则

园林树种不同,其分枝方式、干性、层性、顶端优势、萌芽力、发枝力等生长特性也有很大差异。修剪时必须尊重和顺应不同树种的生物学特性。

2.2　遵循树木生命周期的生长发育规律原则

任何园林树木在其生命周期中,总是遵循"离心生长—离心秃裸—向心更新"的生长程序。修剪树木是为了适应树木不同年龄时期所表现出的各种生长变化规律,延长离心生长的生命活动周期,避免树木过早出现离心秃裸,因势利导,利用向心更新规律维持和造就新的树冠,并保持树冠的完整和延长整个树体的生命周期。

2.3　遵循树木的整体性及各器官生长发育的相关性原则

一株树就是一个生命系统,不同器官既有其各自功能又有密切联系,既互相促进又互相制约。树木修剪必须遵循树木的整体性及各器官生长发育的相关性原则,协调平衡它们间的关系。

2.4　遵循植物群落中各树种的生态位原则

人工栽植的观赏树木,在栽植初期只是一种群聚关系,经过长期的生长栽培和外界环境的作用,逐步形成具有一定种类组成、一定外貌的植物群落。各种树木在植物群落中逐渐形成各就其位、各得其所的生态位。在修剪过程中必须重视植物的群落结构,以形成稳定的生态关系,并使其在外貌、色彩、线条等方面表现出丰富多样、美观协调的特征,并具有一定的艺术性和观赏性。

2.5　遵循园林树木的修剪反应规律原则

园林树木冬季修剪的主要方法有短截、缩剪、疏剪和缓放,由于枝条的生长势、生长部位、生长姿态及修剪强度不同,其修剪反应的差异很大。修剪时必须深入观察、研究上述综合因子,遵循树木修剪反应规律,慎重修剪,才能达到理想的修剪效果。此外还必须考虑到园林树木生长的立地条件和周边环境对树木修剪反应的影响。

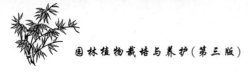

3. 芽的生长特性与整形修剪

3.1 芽的类型

根据芽着生的位置,可将其分为顶芽、侧芽和不定芽等三类。顶芽着生在枝条顶端,当年停止生长时形成,次年萌发;侧芽着生在叶腋内,当年形成,次年不一定都萌发;不定芽的芽原基着生在根茎或树干上,只有当树干受伤(如截干、风折等)时,芽原基的薄壁细胞才会继续分裂长出不定芽,并抽梢生长。

根据芽的性质,可将其分为叶芽和花芽两种。叶芽内具有雏梢和叶原基,萌发后形成新梢。花芽又分为纯花芽和混合芽两种。纯花芽内只含花的雏形,萌发后只开花不生枝叶;混合芽内有雏梢、叶原基和花的雏形,萌发后既长花序又长枝叶,如葡萄、柑橘、海棠、丁香等的混合芽。花芽一般肥大而饱满,与叶芽较易区别开。

根据芽的萌发情况,又可将其分为活动芽和休眠芽两种。活动芽于形成的当年或次年即可萌发,如顶芽、部分侧芽等,花芽与混合芽一定是活动芽。休眠芽一般不萌发,故又称隐芽、潜伏芽,其寿命较长,不受到刺激可能一生都处于休眠状态。不定芽和休眠芽常用来更新复壮老树或老枝。如小叶榕、桃花、梅花等的休眠芽可存活一定的年份,稍遇刺激或修剪、损伤等即可萌发,生长出粗壮直立的枝条。休眠芽长期休眠,用其萌发出的强壮旺盛的枝代替老枝,可以达到更新复壮的目的。侧芽可以用来控制或促进枝条的长势。

3.2 芽的异质性

在芽的发育过程中,由于营养物质和激素的分配差异及外界环境条件的不同,同一枝条上的不同部位的芽存在着形态和质量的差异,称为芽的异质性。

一般枝条基部或近基部的芽较瘦小,不健壮,主要是因为早春抽梢时,气温较低,光照较弱,而当时叶面积小,叶绿素含量低,光合作用的强度和效率不高,碳水化合物的积累少。随着气温的升高,叶面积很快扩大,同化作用加强,植株体营养水平提高,因此枝条中部及其上着生的芽,发育充实,形态饱满。同样,秋梢、冬梢形成的芽一般也较瘦小,因为秋梢生长发育的时间短,秋末枝条组织难以成熟,枝上形成的芽一般质量较差。短枝由于其生长停止早,腋芽多不发育,因此,顶芽最充实。

芽的质量直接影响芽的萌发和萌发后新梢生长势的强弱,修剪时利用芽的异质性来调节枝条的生长势,平衡植物的生长和促进花芽的形成萌发。生长中为了使骨干枝的延长枝发出强壮的枝头,常在新梢中上部的饱满芽处进行剪截。对生长过强的个别枝条,为抑制旺长,在弱芽处下剪,抽生弱枝,缓和枝势。为了平衡树势,扶持弱枝,常利用饱满芽当头,这样能抽生壮枝,使枝条由弱转强。总之,在修剪中合理利用芽的异质性,才能充分发挥修剪应有的作用。

3.3 萌芽力与成枝力

一年生枝条上芽的萌发能力,称为萌芽力。芽萌发得多则萌芽力强,反之则弱。萌芽力用萌芽率来表示,即枝条上萌发的芽数占该枝上总芽数的百分比。

一年生枝条上芽萌发抽梢长成长枝的能力,称为成枝力。一般而言,枝上的芽抽生成的长枝的数量越多,则说明该枝上芽的成枝力越强。生产上可以用抽生长枝的具体数来表示成枝力。

萌芽力与成枝力的强弱,因植物的种类、树龄、树势的不同而不同。萌芽力与成枝力都强的园林植物有葡萄、紫薇、桃、月季、六月雪、小叶榕、福建茶、黄杨等。有些植物的萌芽力和成枝力都弱,如梧桐、翻白叶、松树、桂花等。梨的萌芽力强而成枝力弱,层性明显。另外,长势好、年龄较小的植物,其萌芽力和成枝力都较同种但年龄较大的植株强。

一般萌芽力和成枝力都强的园林植物的枝条多,树冠容易形成,易修剪、耐修剪;灌木类修剪后易形成花芽开花,但易造成树冠内膛过密而影响通风透光,修剪时宜多疏轻截;萌芽力与成枝力弱的树种,其树冠多稀疏,应注意少疏,适当短截,促其发枝。

4.枝条的生长特性与整形修剪

4.1　枝条的类型

园林植物的枝条,按其性质可分为营养枝和开花结果枝两大类。在枝条上只着生叶芽,萌发后只抽生枝叶的枝条为营养枝。营养枝又可根据其生长发育的不同程度,分为发育枝、徒长枝、细弱枝和叶丛枝四类。开花结果枝是枝条上着生花芽或花芽与叶芽混生,在抽生的当年或次年开花结果的枝条。依开花结果枝的长度可分为长、中、短花(果)枝及极短的花束状花枝等几类。但营养枝与开花结果枝是可以相互转化的,它们随着体内营养水平和生长环境的变化而改变。

依据枝条的年龄,又可分为嫩梢、新梢、一年生枝、两年生枝、多年生枝等类别。萌发后抽生的枝条尚未木质化的称为嫩梢,已木质化的在落叶以前称为新梢,落叶后则称一年生枝。随着年龄的增长,一年生枝转变为两年生枝或多年生枝。形态学上常借助枝条基部的芽鳞痕等来识别枝龄和树龄。

按枝条抽生的季节,也可以将枝条分为春梢、夏梢、秋梢和冬梢四类。在春季萌发成枝的枝条称为春梢;夏季在春梢的基础上再次抽出的新梢称为夏梢;在热带及南亚热带地区,由于其秋季的天气依然适合部分植物的生长,故仍会在夏梢的基础上抽出秋梢;部分植物甚至还会抽生冬梢,如大叶竹柏、柑橘等。不同季节抽出新梢的生长发育状况不同,梢与梢明显分段,常有盲节,容易识别。通常情况下,在我国较冷的地区,秋梢、冬梢由于来不及充分木质化而易受冻害。

在整形修剪中,还常根据枝条的级别不同,将枝条分为主枝、侧枝和若干级侧枝等类别,这对于培育树形和维持冠形比较重要。另根据枝条之间的相互关系,习惯的称呼还有重叠枝、平行枝、并生枝、轮生枝、交叉枝等,在修剪时对这些枝条要有选择地进行疏、截。

4.2　植物的分枝方式

自然生长的园林树木,有多种多样的树冠形式,这是由于各植物种类的分枝方式不同而造成的。植物的分枝方式按其习性可分为以下三种。

4.2.1　单轴分枝

单轴分枝亦称总状分枝,这类植物的顶芽健壮饱满,生长势极强,每年持续向上生长,形成高大通直的主干,侧芽萌发形成侧枝,侧枝上的顶芽和侧芽又以同样的方式进行分枝,形成次级侧枝(如图 7-5(a)所示)。这种分枝方式以裸子植物为最多,如雪松、水杉、桧柏等;阔叶树中也有属于这种分枝方式的,一般在幼年期表现较明显,在成年植株上表现则不太明显,如银杏、杨树、大叶竹柏、栎等。单轴分枝形成的树冠大多为塔形、圆锥形、椭圆形等。

4.2.2　合轴分枝

此类植物的顶芽发育到一定时期会死亡或生长缓慢或分化成花芽,由位于顶芽下方的侧芽萌发出强壮的延长枝,连接在主轴上继续向上生长,以后此侧枝的顶芽又自剪,由它下

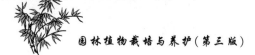
方的侧芽代之,逐渐形成了弯曲的主轴(如图 7-5(b)所示)。合轴分枝易形成开张式的树冠,其通风透光性好,花芽、叶芽发育良好。合轴分枝以被子植物为最多,如碧桃、杏、李、苹果、月季、榆、核桃等。

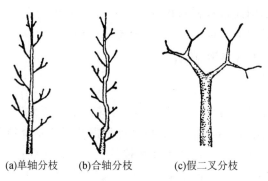

(a)单轴分枝　　(b)合轴分枝　　(c)假二叉分枝

图 7-5　树木的分枝方式

4.2.3　假二叉分枝

假二叉分枝是合轴分枝的另一种形式,在一部分叶序对生的植物中存在。这类植物的顶芽停止生长或形成花芽后,顶芽下方的一对侧芽同时萌发,形成外形相同、优势均衡的两个侧枝,向相对方向上生长,以后如此继续分枝。因其外形与低等植物的二叉分枝相似,故称为假二叉分枝(如图 7-5(c)所示)。此类分枝方式形成的树冠为开张式,如丁香、石竹、梓树、泡桐等。修剪时可以剥除枝顶对生芽中的一个芽,留一个壮芽来培养干高。

植物的分枝方式不是固定不变的,它会随着生长环境和年龄的变化而改变。植物的分枝方式将决定是采取自然式、人工式、还是混合式等修剪方式,以便提高植物整形的效率和起到促花保果的作用。

4.3　顶端优势

同一枝条上顶芽或位置高的芽抽生的枝条的生长势最强,向下生长势递减的现象称为顶端优势,它是枝条极性生长和体内激素分配的结果。顶端优势的强度与枝条的分枝角度有关,枝条越直立,顶端优势的表现越强,枝条越下垂,顶端优势则越弱。

针叶树的顶端优势较强,可对中心主枝附近的竞争枝进行短截,削弱其生长势,从而保证中心主枝的顶端优势地位。若采用剪除中心主枝的办法,使主枝的顶端优势转移到侧枝上去,便可创造出各种矮化树形或球形树。

阔叶树的顶端优势较弱,因此常形成圆球形的树冠。为此可采取短截、疏枝、回缩等方法,调整主侧枝的关系,以达到促进树向上生长、扩大树冠、促发中庸枝、培养主体良好结构的目的。

幼树的顶端优势比老树、弱树明显,所以幼树应轻剪,促使树木快速成形;而老树、弱树则宜重剪,以促进萌发新枝,增强树势。

枝条的着生位置愈高,顶端优势愈强,修剪时要注意将中心主枝附近的侧枝短截、疏剪,来缓和侧枝生长势,保证主枝的优势地位。内向枝、直立枝的优势强于外向枝、水平枝和下垂枝,所以修剪中常将内向枝、直立枝剪到瘦芽处,对其他枝则通常改造为侧枝、长枝或辅养枝。

剪口芽如果是壮芽,则优势强;如果是弱芽,则优势较弱。要扩大树冠,则应留壮芽;要控制竞争枝,则应留弱芽。部分观花植物还可以在饱满芽处修剪枝梢,这样可以在促发新梢

的同时,使其花期得以延长,如月季、紫薇等。

4.4　干性与层性

植物的主干生长的强弱及持续时间的长短称为植物的干性。园林植物的干性因植物种类的不同而各异。干性较强的植物,其顶端优势明显,如雪松、水杉、尖叶杜英、南洋杉、大王椰子、银杏、白玉兰等。而有的植物虽然有主干,但是主干较为短小,如桃、紫薇、丁香、石榴等,这类植物的干性就较弱。

由于植物的顶端优势和芽的异质性,使一年生枝条的萌芽力、成枝力自上而下减弱,年年如此,从而导致主枝在中心主干上的分布或二级侧枝在主枝上的分布形成明显的层次,这种现象称为植物树冠的层性。植物的顶端优势、芽的异质性越明显,则层性就会越明显,如梨、油松、雪松、尖叶杜英、南洋杉、竹柏等。反之,顶端优势越弱,成枝力越强,芽的异质性越不明显,则植物的层性就越不明显。

整形修剪时,干性和层性都强的园林树木一般树形高大,适合整形成有中心主干的分层树形;而干性弱的植物,树形一般较矮小,树冠披散,多适合整形成自然形或开心形的树形。另外,观花类植物的修剪还应了解其开花习性。因种类不同,花芽分化的时期和部位也不相同,修剪时应注意避免剪去花枝或花芽,影响开花。一般多在花芽分化前对一年生枝进行重短截和花后轻短截,以促进更多的花芽形成。

总之,掌握园林植物枝芽的生长特性是进行园林植物整形修剪的重要依据。修剪的方式、方法、强弱都因植物的种类而异,故应顺其自然,做到"因树整形,因势修剪"。即使进行植物的人工造型时,虽然是依据修剪者的意愿将树冠整形成特定的形式,但也要依据该植物的萌芽力、成枝力、耐修剪的能力而定。

任务考核标准

序　　号	考核内容	考核标准	参考分值
1	任务认知	获取任务相关的专业资料,并记录	10
2	学习态度	学习积极,精神集中	10
3	团队协作	有较强的协作精神	10
4	修剪工具的使用及维护	正确使用及维护日常修剪工具	10
5	整形修剪方法	修剪时间、方法选择正确,操作规范	30
6	枝条剪口处理	熟练进行枝条剪口的处理及常用保护剂配制	20
7	总结报告	总结报告全面,结果正确,上交及时	10
	合　　计		100

自测训练

1.知识训练

◆名词解释

整形修剪　　　芽的异质性　　　顶端优势　　　干性　　　层性

◆简答题

(1)修剪的基本方法有哪些?

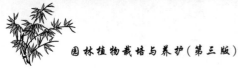

（2）整形修剪的目的和作用有哪些？

（3）植物的分枝方式有哪几种？

2.技能训练

园林植物的整形修剪

◆实训目的

使学生进一步认识整形修剪在园林植物栽培中的目的、作用及意义，并学会整形（含造型）及修剪方法。

◆材料用具

（1）材料：各种园林植物材料。

（2）用具：锯、条剪、枝剪、铁丝、棕丝。

◆实训内容

（1）整形：将植物体按其生长习性或人为意愿整形盘曲成各种优美的形态与姿态。

①塔形：单轴分枝的植物组成的冠形，有明显的中心干。

材料：雪松幼树整形形成塔形树冠。

②丛生形：主干不明显，多个主枝从基部萌芽而成。

材料：贴梗海棠。

③杯状形：有一定主干，树冠为3股6叉12枝中心空杯形。

材料：4～5年生广玉兰。

④开心形：无中心主干或中心主干低，3个主枝向四周延伸，中心开展但不空。

材料：3～5年生香樟。

⑤仿生形：将植物修剪成各种仿生图像。

材料：紫薇幼树组合成"花瓶"。

⑥几何图形：将绿篱修剪成杯形、半圆形，将灌木树冠修剪成圆球形。

材料：小叶女贞、大叶黄杨、海桐。

（2）修剪：①一年生枝条修剪；②多年生枝条修剪；③大枝修剪。

（3）整形修剪的顺序：①一看，二剪，三检查；②剪时由上而下，由外及里，由粗剪到细剪；③先剪枯枝、密生枝、重叠枝，再短剪；④回缩修剪时，先修大枝，再中枝，最后小枝；⑤检查有无漏剪、错剪。

（4）修剪注意事项：①注意安全；②抹芽除蘖时不应撕裂树皮；③大剪口要保护；④修剪工具要锋利。

◆作业

（1）大枝剪截方法及剪口保护。

（2）举例说明怎样形成开心形树形。

项目4 各类园林植物的整形修剪技艺

项目导入

不同的整形修剪措施会得到不同的结果，不同的绿化目的各有其特殊的整形修剪要求。因此，在对园林植物进行整形修剪时，首先，应明确该植株在园林绿化中的作用；其次，整形修剪还必须根据该植物的生长发育习性来实施,否则结果会事与愿违,达不到既定的目的与要求。同时植物的生长发育与环境条件间的关系密切,因此即使具有相同的园林绿化目的要求,但由于条件不同,在进行具体整形修剪时也会有所不同。

任务1 行道树的整形修剪

行道树是城市绿化的骨架,它在城市中起到沟通各类分散绿地和组织交通的作用,还能反映出一个城市的风貌和特点。

行道树的生长环境复杂,常受到车辆多少、街道宽窄、建筑物高低、架空线、地下电缆、管道等因素的影响。为了便于车辆通行,行道树必须有一个通直的主干,干高3~4 m为好。公园内园路两侧的行道树或林荫路上的树木的主干高度以不影响游人的行走为原则,一般枝下高度在2 m左右。行道树定干时,同一街道行道树的干高与分枝点应基本一致、整齐划一,树冠端正、生长健壮,不可高低错落而影响其美观与管理。行道树的基本主干和供选择作主枝的枝条在苗圃阶段培养而成,其树形在定植以后的5~6年内形成,成形后不需要大量修剪,只需要进行常规性修剪即可保持理想的树形。

1.自然式树形行道树修剪

在不妨碍交通和其他公用设施的情况下,行道树采用自然式树形。这种树形在树木本身特有的自然树形基础上,稍加人工改造即可。目的是充分发挥树种本身的观赏特性,如雪松为塔形,玉兰为长圆形,桃树为扁圆形。

1.1 有中央主干的行道树

常见树种有杨树、侧柏、水杉等,栽培中保护顶芽生长优势,分枝点高度按树种特性和树木规格而定。主干顶端如受损,要选择一直立向上的枝条,或者在壮芽处短剪,抹去下部的侧芽,确保有直立健壮的枝条。一般修剪量不大,主要对枯病枝、过密枝修剪。

1.2 主干性不强的行道树

常见树种有榆树、旱柳等,常规修剪包括清理密生枝、枯死枝、病虫枝和伤残枝等,并适当调整冠内枝组的空间位置,如清理交叉枝、逆生长枝等,使整个树冠看起来清爽整洁。

2.杯状行道树修剪

常见树种有悬铃木、榆树、火炬树、槐树等,无主轴或顶芽能自剪,多为杯状修剪,形成"3叉6股12枝"骨架。形成骨架后,树冠扩大迅速,梳去密生枝、直立枝,促发侧生枝,保留内膛枝,增加遮阴效果。

3.开心形行道树修剪

属于杯状行道树的改良,采用的开心形品种多为中干性弱、顶芽能自剪、枝展方向为斜上的树种,主枝2~4个,主枝在主干上错落着生,没有杯状行道树要求严格。

4.伞形树冠修剪

常见树种有垂枝槐、垂柳、垂榆等垂枝类。以龙爪槐为例,第一年将顶留的枝条在弯曲最高处留上芽短截,第二年将下垂的枝条留15 cm左右留外芽短截,第三年在一年生弯曲最高点处留上芽短截。反复修剪形成波纹状伞面。

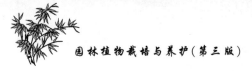

5. 规则式树冠修剪

首先要修剪冠内所有的带头枝桩、枯枝、病虫枝，再选择适合的规则式树形，如方形、长方形等。修剪的冠形确定后，根据树木的高度和线形进行修剪。

任务 2　庭荫树的整形修剪

庭荫树一般栽植在公园中的草地中心、建筑物周围或南侧、园路两侧，具有庞大的树冠、挺秀的树形、健壮的树干，能形成浓阴如盖、凉爽宜人的环境，可供游人作纳凉避暑、休闲聚会之用。

庭荫树的整形修剪，首先是培养一段高矮适中、挺拔粗壮的树干。树干的高度不仅取决于树种的生态习性和生物学特性，还应与周围的环境相适应。树木定植后，尽早将树干上 1.0～1.5 m 以下的枝条全部剪除，以后随着树体的长大，逐年疏除树冠下部的侧枝。作为遮阳树，树干的高度相应要高一些（1.8～2.0 m），为游人提供在树下自由活动的空间。栽植在山坡或花坊中央的观赏树主干则可矮一些（一般不超过 1.0 m）。

庭荫树一般以自然式树形为宜，可在休眠期间将过密枝、伤残枝、枯死枝、病虫枝及扰乱树形的枝条疏除，也可根据配植需要进行特殊的造型和修剪。庭荫树的树冠应尽可能大一些，以最大可能地发挥其遮阳等作用，对一些树皮较薄的树种还能起到防止因日灼而伤害树干的作用。一般认为，以遮阳为主要目的的庭荫树的树冠占树高的 2/3 以上为佳。如果树冠过小，会影响树木的生长及健康状况。

任务 3　观赏灌木类的整形修剪

1. 观花类

以观花为主要目的的植物的修剪，必须考虑植物的开花习性、着花部位及花芽的性质。

1.1　早春开花种类

早春开花的植物，绝大多数种类的花芽是在上一年的夏秋季进行分化的，花芽生长在两年生的枝条上，个别多年生枝条上也能形成花芽。修剪时期以休眠期为主，夏季可适当进行修剪。修剪的方法以截、疏为主，并综合运用其他的修剪方法。

修剪时须注意以下三点：①要不断地调整和发展原有树形；②对具有顶生花芽的种类，在休眠季进行修剪时，绝对不能短截着生花芽的枝条（如茶花等），而对具有腋生花芽的种类，在休眠季进行修剪时则可以短截枝条（如蜡梅、迎春等）；③对具有混合芽的种类，剪口芽可以留混合芽（花芽），对具有纯花芽的种类，剪口芽则留叶芽。

在实际操作中，此类的大多数树种仅进行常规修剪，即疏去病虫枝、干枯枝、过密枝、交叉枝、徒长枝等，无须进行特殊造型和修剪。少数种类除进行常规修剪外，还需要进行造型修剪和花枝组的培养，以增强观赏效果。

对于先花后叶的种类，在春季花后需修剪老枝，以保持理想树形。对于具有拱形枝条的种类如连翘、迎春等，可采用疏剪和回缩的方法，一方面疏去过密枝、枯死枝、徒长枝、干扰枝等，另一方面要回缩老枝，促发强壮新枝，以使树冠饱满，充分发挥其树姿特点。

1.2　夏秋开花的种类

此类树木的花芽在当年春天发出的新梢上形成，夏秋在当年生的枝上开花，如八仙花、紫薇、木槿等。这类树木的修剪通常在早春树液流动前进行，一般不在秋季修剪，以免枝条受到刺激后发生新梢,易遭受冻害。修剪方法因树种而异,主要采用短剪和疏剪两种方法。有的在花后还应去除残花(如珍珠梅、锦带花、紫薇、月季等),以集中营养从而延长花期,并且这样还可使一些树木二次开花。此类花木修剪时应特别注意:不要在开花前进行重短截,因为其花芽大部分都着生在枝条的上部或顶端。

生产中还常将一些花灌木整形修剪成小乔木状,以提高其观赏价值,如蜡梅、扶桑、红背桂、月季、米兰、含笑等。由于其丛生枝条集中着生在根颈部位,在春季首先保留株丛中央的一根主枝,而将周围的枝条从基部剪掉,并将以后可能萌发出的任何侧枝全部去掉,仅保留该主枝先端的 4 根侧枝,以后在这 4 根侧枝上会长出二级侧枝,这样就把一株灌木修剪成了小乔木状,花枝从侧枝上抽生而出。

另外,对萌芽力极强的种类或冬季易枯梢的种类,可在冬季自地面割去,如胡枝子、荆条、醉鱼草等,使其翌春重新萌发新枝。蔷薇、迎春、丁香、榆叶梅等灌木,在定植后的头几年任其自然生长,待株丛过密时再进行疏剪与回缩,否则会由于树冠内通风透光不良而影响正常开花。

2. 观果类

金银木、枸杞、铺地蜈蚣、火棘等是既可观花又可观果的花灌木。它们的修剪时期和方法与早春开花的种类大体相同,但须特别注意及时疏除过密枝,以确保通风透光,减少病虫害,从而促进果实着色,提高观赏效果。为了提高其坐果率和促进果实的生长发育,往往在夏季还可采用环剥、绞缢、疏花、疏果等修剪措施。

3. 观枝类

对于观枝类的灌木,如红瑞木、棣棠等,为了延长其观赏期,一般冬季不剪,到早春萌芽前再重剪,以后则轻剪,可以使其萌发很多枝叶,充分发挥其观赏作用。这类观赏灌木的嫩枝最鲜艳,老枝的颜色往往较暗淡,故除每年早春进行重剪外,还应逐步疏除老枝,不断进行更新。

4. 观形类

属于观形类树木的有垂枝桃、垂枝梅、龙爪槐、合欢、鸡爪槭等。这类树木不但可观其花,更是观其潇洒飘逸的树形。修剪方法因树种而异,如垂枝桃、垂枝梅、龙爪槐短截时不能留下芽,要留上芽;合欢、鸡爪槭等成形后只进行常规修剪,一般不进行短截修剪。

5. 观叶类

属于观叶类的树木很多:如早春观叶类,有山麻秆等;又如秋季观叶类,有银杏、元宝枫等;还有全年叶色为紫色或红色的,如紫叶李、红叶小檗等。其中有些种类不但叶色奇特,花也具有观赏价值。对既观花又观叶的种类,往往按早春开花的种类进行修剪;其他观叶类一般只作常规修剪。对观叶类树木要特别注意做好保护叶片的工作,以防止因温度骤变、肥水过大或病虫害而影响叶片的寿命及观赏价值。

任务 4　藤本类植物的整形修剪

藤本类植物的整形修剪,首先是尽快让其布架占棚,应使其蔓条均匀分布,不重叠,不空缺。生长期内对其进行摘心、抹芽,促使其侧枝大量萌发,迅速达到绿化的效果。花后应及时剪去残花或幼果,以减少营养物质的消耗。冬季应剪去病虫枝、干枯枝及过密枝。衰老的藤本类植物,应适当回缩,以更新复壮。

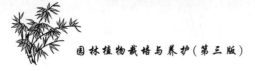

1.棚架式

棚架式常用于卷须类、缠绕类植物，修剪时在近地面处先重剪，促使其发生数条强壮的主蔓，然后垂直引缚主蔓于棚架之顶，均匀分布侧蔓，可很快地使其成为阴棚。落叶后应疏剪过密枝条，清除枯死枝，使枝条均匀分布于架面上。

2.凉廊式

凉廊式常用于卷须类、缠绕类植物，偶尔亦用于吸附类植物。修剪时应注意防止主蔓过早引于廊顶，导致侧面空虚。

3.篱垣式

篱垣式在修剪过程中应将侧蔓水平诱引，每年对侧枝进行短剪，使之形成整齐的篱垣形式。

4.附壁式

附壁式多用于吸附类植物，一般只需将其藤蔓引于墙面，即可自行依靠吸盘或吸附根逐渐布满墙面，也可用支架、铁丝网格等牵引其附壁，如爬山虎、凌霄、扶芳藤、常春藤等。修剪时应注意使壁面基部被覆盖，蔓枝在壁面分布均匀、不互相重叠和交错，在不影响门、窗采光的前提下，藤蔓一般可不剪。

任务5　绿篱的整形修剪

绿篱的修剪形式有整形式修剪与自然式修剪两种，前者是根据人们的意愿和需要不断地将其修剪成各种规则的形状，而自然式绿篱一般不作人工整形修剪，只适当地控制其高度和疏剪病虫枝、干枯枝，任其自然生长，使枝叶紧密相接成片以提高其阻隔效果。

绿篱依其高度可分为：①矮篱，高度控制在 0.5 m 以下；②中篱，高度控制在 0.5～1.0 m 以下；③高篱，高度控制在 1.0～1.6 m；④绿墙，高度控制在 1.6 m 以上。绿篱按其纵切面形状又可分为矩形绿篱、梯形绿篱、圆柱形绿篱、圆顶形绿篱、球形绿篱、杯形绿篱、波浪形绿篱等。绿篱还可按栽植植物的性质分为刺篱（如红叶小檗、火棘、黄刺玫等组成的绿篱）、花篱（如栀子花、米兰、蔷薇等组成的绿篱）。

培养绿篱的主要手段是经常对其进行合理的修剪。修剪时，应根据不同绿篱的特性区别对待。总的要求是保持绿篱的轮廓清楚、线条整齐、顶面平整、高度一致，侧面上下垂直或上窄下宽。

1.新栽植绿篱的修剪

新栽植的绿篱，无论是自然式绿篱还是整形式绿篱，定植后第一年最好任其自然生长，以免修剪过早而影响其根系的生长。从第二年开始，按照预定的高度和宽度进行短截修剪。同一条绿篱应统一高度和宽度，凡超过规定高度和宽度的老枝或嫩枝应一律剪去。修剪时，要依苗木的大小决定修剪程度，通常应截去苗高的 1/3～1/2。为使苗木分枝的高度尽量降低，多发分枝，提早郁闭，可在生长期内（5—10 月）对所有新梢进行 2～3 次修剪，如此反复进行 2～3 年，直至绿篱的下部分枝长得匀称、稠密，上部树冠彼此密接成形。高篱、绿墙栽植成活后，应将顶部剪平，同时将侧枝一律短截，可望克服下部的"脱脚"、"光腿"等现象，每年在生长季均应修剪一次，直至高篱、绿墙形成。

2.绿篱成形后的修剪

绿篱成形后，可根据需要修剪成各种形状。为了保证绿篱修剪后的平整，笔直划一，高、宽度一致,修剪时可在绿篱带的两头各插一根竹竿,再沿绿篱上口和下沿拉直绳子,作为修剪的准绳,以达到事半功倍的效果。对于较粗的枝条,剪口应略倾斜,以防雨季积水使剪口腐烂。同时注意直径 1 cm 以上的粗枝剪口,应比篱面低 1～2 cm,使其掩盖于细枝叶之下,避免因绿篱刚修剪后粗剪口暴露在外而影响美观。

绿篱的修剪时期,应根据不同的植物种类灵活掌握。常绿针叶树种应当在春末夏初进行第一次修剪,立秋后进行第二次修剪。为了配合节日通常于节前修剪绿篱,至节日时,绿篱非常规则平整,观赏效果很好。大多数阔叶树种,一年内新梢都能加长生长,可随时修剪,以每年修剪 3～4 次为宜。花篱大多不作规则式修剪,一般花后修剪一次,以免结实,并促进多开花,平时做好常规的疏剪工作,将枯死枝、病虫枝、冗长枝及扰乱形状的枝条剪除。绿篱每年都要进行几次修剪,如长期不剪,篱形紊乱,向上生长快,下部易出现空秃和缺枝,绿篱一旦出现空秃则较难挽救。

从有利于绿篱植物生长的角度考虑,绿篱的横断面以上小下大的梯形为宜。正确的修剪方法是:先剪其两侧,使其侧面成为一个斜平面,两侧剪完,再修剪其顶部,使整个断面呈梯形。这样的修剪可使绿篱植物的上、下各部分枝条的顶端优势削弱,刺激上、下部枝条再长新侧枝,而这些侧枝的位置距离主干相对较近,有利于获得足够的养分。同时,上小下大的梯形有利于绿篱下部的枝条获得充足的阳光,从而使全篱枝叶茂盛,维持美观的外形。横断面呈长方形或倒梯形的绿篱,其下部的枝条常因受光不良而黄化、脱落、枯死,造成下部的光秃裸露。

3. 绿篱的更新

绿篱的栽植密度都很大,不论怎样修剪养护,随树龄增大,最终都无法将其控制在应有的高度和宽度之内,从而失去规整的篱体状态。因此,必须及时进行植物更新复壮。

用作绿篱的植物的萌发和再生能力很强,在衰老变形阶段,可以采用台刈或平茬的方法进行更新,不留主干或仅保留一段很矮的主干,将其地上部分全部锯掉。一般常绿树可在 5 月下旬至 6 月底进行,落叶树以秋末冬初为宜。锯后 1～2 年内可形成绿篱的雏形,3 年后就能恢复成原有的规则式篱体。绿篱的更新应配合进行土肥水的管理和病虫害防治。

任务 6　草坪的修剪

草坪的修剪是草坪养护过程中的一项重要环节,适度修剪不仅能控制草坪高度、向上生长能力,而且刺激基部分蘖、改善草坪密度和通气性,整体上增加了草坪草的耐磨性,提升了景观效果。草坪修剪的原则即 1/3 原则,每次修剪时,剪掉的部分不能超过草坪草自然高度(未剪前的高度)的 1/3,不能伤害根茎,否则会因地上茎叶生长与地下根系生长不平衡而影响草坪草的正常生长。

1. 草坪修剪时间和频率

草坪修剪时间和次数由草坪的生长速度来决定,生长速度随季节和天气的变化而变化,此外还跟草坪种类、肥料供给有直接关系。

冷季型草坪,在春季生长较快,夏季生长慢,秋季生长适中。在春、秋两个高峰期应加强修剪,但在晚秋为了使草坪草有足够的营养物质越冬,应逐渐减少修剪次数,至少 1 周修剪一次。在夏季有休眠现象,根据情况减少修剪次数,一般 2～3 周修剪一次。暖季型草坪,在夏天生长最快,只有夏季一个生长高峰期,在夏季应多修剪。入冬前合理修剪草坪,可以延

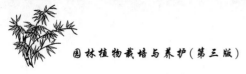

长暖季型草坪草的绿色期。

在生长正常的草坪中，供给肥料多会促进草坪草的生长，要增加草坪的修剪次数。草坪的修剪是用修剪频率来描述的，修剪频率就是在一定时间内草坪的修剪次数。

2.草坪修剪高度

草坪修剪高度又称"留茬"，是指草坪修剪后留在地面上的草坪草茎叶的高度，常与草坪的类型、用途、草坪草种和品种有关。每一种草坪都有它特定的耐修剪高度范围，也就是草坪草能忍耐的最高与最低修剪高度之间的范围。一般暖季型比冷季型草坪草较耐低修剪，两者修剪高度均应比正常修剪高度高 1.5～2.0 cm，使叶面大，以利于光合产物的形成。进入冬季后，缩小修剪高度可使草坪草冬季绿期加长，春季返青提早。草坪草春季返青前，要剪掉上部枯黄老叶，增加修剪高度，以利土壤接受阳光，增加地温，促使下部分蘖叶早返青，快生长。

3.草坪修剪方向

小面积草坪常修剪为条状，大面积草坪修剪常用循环式。

足球场草坪修剪采用间歇式修剪。第一次先修剪其中单数线条花纹，间歇一段时间后，再修剪其中双数线条花纹。两次修剪时间不同，运动场草坪因此显示出明显的条状花纹。两次修剪的间歇时间，可随季节变化而调整。

任务7　其他特殊形状的整形修剪

特殊树形的整形也是植物整形修剪的一种形式。常见的形式有动物形状和其他物体形状两大类。如南岳衡山山麓虎造型的罗汉松栩栩如生，成都都江堰公园内花瓶和屏风造型的紫薇更是令人拍案叫绝。

适于进行特殊造型的植物必须枝叶茂盛，叶片细小，萌芽力和成枝力强，自然整枝能力差，枝干易弯曲造型，如罗汉松、圆柏、黄杨、福建茶、大叶黄杨、六月雪、金雀花、水蜡树、紫杉、女贞、榆、栲、珊瑚树等。

对植物进行特殊的整形修剪，首先要具有一定的雕塑基本知识，能对造型对象各部分的结构、比例有较好的掌握；其次，这种整形的完成非一日之功，应从基部做起，循序渐进，切忌急于求成，有些大树的整形还要在内膛架设钢铁骨架，以增加树干的支撑力；最后，灵活并恰当地运用多种修剪方法，常用的修剪方法有截、放、变三种形式。

1.图案式绿篱的整形修剪

组字或图案式的绿篱，常采用矩形的整形方式，要求篱体的边缘棱角分明，界限清楚，篱带宽窄一致。每年修剪的次数应比一般用作镶边、防护的绿篱要多，枝条的替换、更新的时间应短，不能出现空秃，以始终保持文字和图案的清晰可辨。用于组字或组成图案的植物，应比较矮小、萌芽力及成枝力强、极耐修剪。目前常用的植物是瓜子黄杨或雀舌黄杨。该类绿篱可依字或图的大小，采用单行、双行或多行式定植。

2.绿篱拱门的制作与修剪

绿篱拱门一般设置在用绿篱围成的闭锁空间处，为了便于游人入内，人们常在绿篱的适当位置断开绿篱，制作一个绿色的拱门与绿篱联为一体，游人可以从中自由出入，也具有极强的观赏、装饰效果。制作的方法是：在断开的绿篱两侧各种一株枝条柔软的小乔木，两树保持 1.5～2.0 m 的间距，于早春新梢抽生前将树梢相对弯曲并绑扎成绿篱拱门。也可用藤本植物制作,由于藤本植物离心生长旺盛,很快两株植物就能绑扎在一起。制作绿篱拱门的植物由于枝条柔软,造型自然,能把整个骨架遮挡起来。绿篱拱门必须经常修剪,防止新梢横生下垂,影响游人通行;并通过反复修剪,始终保持较窄的厚度,使拱门的内膛通风透光良好,不易产生空秃。

3.造型植物的整形修剪

用各种侧枝茂盛、枝条柔软、叶片细小且极耐修剪的植物,通过扭曲、盘扎、修剪等手段,将植物整形成亭台、牌楼、鸟兽等各种主体造型,来点缀和丰富园景(如图7-6所示)。造型要讲究艺术构图的基本原则,运用美学的原理,使用正确的比例和尺度,发挥丰富的联想,进行比拟等。同时让各种造型与周围环境及建筑相协调,创造出如画的图卷、无声的音乐、人间仙境等意境。

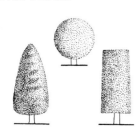

图7-6 造型植物的整形修剪

造型植物的整形修剪,首先应培养主枝和大侧枝构成骨架,然后将细小的侧枝进行牵引和绑扎,使它们紧密抱合生长,按照仿造的物体形状进行细致的修剪,直至形成各种绿色雕塑的雏形。在以后的培育过程中不能让枝条随意生长而扰乱造型,每年都要进行多次修剪,对植物的表面进行反复短截,以促进其生长出大量的密集的侧枝,最终使得各种造型丰满逼真,栩栩如生。在造型培育中,绝不允许发生缺株和空秃现象,一旦空秃则难以挽救。

知识探究

1.《江苏省城市园林绿化植物养护技术规定》(试行)(节选)

第2.5.1条 修剪能调整树形,均衡树势,调节树木通风透光和肥水分配,促使树木生长茁壮。整形是通过人为的手段使植株形成特定的形态。各类绿地中的乔木和灌木修剪以自然树形为主,凡因观赏要求对树木整形,可根据树木生长发育的特性,将树冠或树体培养成一定形状。

第2.5.2条 乔木类:主要修剪内膛枝、徒长枝、病虫枝、交叉枝、下垂枝、扭伤枝及枯枝烂头。道路行道树枝下高度根据道路的功能严格控制,遇有架空线按杯状形修剪、分枝均匀、树冠圆整。

第2.5.3条 灌木类:灌木修剪应促枝叶繁茂、分布均匀。花灌木修剪要有利于短枝和花芽的形成,遵循"先上后下、先内后外、去弱留强、去老留新"的原则进行修剪。

第2.5.4条 绿篱类:绿篱修剪应促其分枝,保持全株枝叶丰满,也可作整形修剪、线条整齐、特殊造型的绿篱要逐步修剪成形。修剪次数视绿篱生长情况而定。

第2.5.5条 地被、攀援类:地被、攀援类植物的修剪要促进分枝,加速覆盖和攀援的功能,对多年生攀援植物应清除枯枝。

第2.5.6条 枝条修剪时,切口必须靠节,剪口应在剪口芽的反侧成45°倾斜,剪口要平

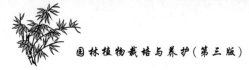

整,并涂抹园林用的防腐剂。对于粗壮的大枝应采取分段截枝法,防止扯裂树皮,操作时要注意安全。

第2.5.7条　休眠期修剪以整形为主,可稍重剪;生长期修剪以调整树势为主,宜轻剪。修剪要避开树木伤流盛

第2.5.8条　在树木生长期要进行剥芽、去蘖、疏枝等工作,不定芽不得超过20 cm,剥芽时不得拉伤树皮。

第2.5.9条　修剪剩余物要及时清理干净,保证作业现场的洁净。

2.青岛地区常见园林植物整形修剪方法

2.1　常见行道树整形修剪方法

2.1.1　白蜡 *Fraxinus chinensis* Roxb.

主要采用高主干的自然开心形,在分支点以上,选留3～5个健壮的主枝,主枝上培养各级侧枝,逐渐使树冠扩大。

2.1.2　刺槐 *Robinia pseudoacacia* Linn.

定干后,选出健壮直立、又处于顶端的一年生枝条,作为主干的延长枝,然后剪去其先端1/3～1/2。其上侧枝逐个短截,使其先端均不高于主干剪口即可。当树干长到一定高度之后,只剪除树冠上的竞争枝、徒长枝、直立枝、过密的侧枝、下垂枝、枯死枝、病虫枝等,以保持其自然树形。

2.1.3　绦柳 *Salix matsudana* cv. Pendula

栽植定干后,自然生长,保留3个强壮主枝。冬季修剪,选择错落分布的健壮枝条,进行短截,创造第一层树冠结构,第二年再短截中心干的延长枝,同时剪去剪口附近的3～4个枝条,在中心干上再选留第二层树冠结构,并短截先端。对上一年选留的枝条进行短截。平时注意疏剪衰弱枝条、病虫枝条等。对老弱的大树,可从第二枝处锯掉树头更新,留3～4个萌发枝条作为主枝,剪去其他弱小枝条。适当剪去垂直的长枝,以保持树冠整体美观。

2.1.4　法桐 *Platanus orientalis* Linn.

以自然树形为主,注意培养均匀树冠。对于行道树,要保留直立性领导干,使各枝条分布均匀,保证树冠周正;步行道内树枝不能影响行人步行时正常的视觉范围,非机动车道内也要注意枝叶距离地面的距离,要注意夏季修剪,及时除蘖。

2.1.5　国槐 *Styphnolobium japonicum*（L.）. Schott

定干后,选留端直健壮、芽尖向上生长枝以培养侧枝,截去梢端弯曲细弱部分,抹去剪口下5～6枚芽,培养圆形树冠,同时要注意培养中央领导干,重剪竞争枝,除去徒长枝。当冠高比达到1∶2时,则可任其自然生长,保持自然树形。

2.1.6　黄连木 *Pistacia chinensis* Bunge

修剪外围枝、下垂枝、密生枝、交叉枝、重叠枝、病虫枝等,以改善通风透光等。

2.1.7　黑松 *Pinus thunbergii* Parl.

5～6年生的黑松可以不修剪。为了使黑松粗壮生长,干、枝分明,将轮生枝修除2～3个,保留2～3个向四周均衡发展,保持侧枝之间的夹角相近似。还要短截或缩剪长势旺盛粗壮的轮生枝,控制轮生枝的粗度,即它的粗度为着生处主干粗度的1/3以内,使各轮生枝

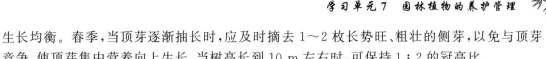

生长均衡。春季,当顶芽逐渐抽长时,应及时摘去 1～2 枚长势旺、粗壮的侧芽,以免与顶芽竞争,使顶芽集中营养向上生长,当树高长到 10 m 左右时,可保持 1∶2 的冠高比。

2.1.8　合欢 *Albizia julibrissin* Durazz.

以自然树形为主,在主干上选留 3 个生长健壮、上下错落的枝条作为主枝,冬季对主枝进行短截,在各主枝上培养几个侧枝,也是彼此错落分布,各级分枝力求有明显的从属关系,随树冠的扩大,就可以以自然树形为主,每年只对竞争枝、徒长枝、直立枝、过密的侧枝、下垂枝、枯死枝、病虫枝进行常规修剪。

2.1.9　旱柳 *Salix matsudana* Koidz.

定干后,以自然树形为主,冬季短截梢端较细的部分,春季保留剪口下方的一枚好芽,第二年剪去壮芽下方的二级枝条和芽,再将以下的侧枝剪去 2/3,其下方的枝条全部剪除。继续 3～5 年修剪,干高可达 4 m 以上,再整修树冠,控制大侧枝的生长,均衡树势。

2.1.10　苦楝 *Melia azedarach* Linn.

当年主干上端新芽长到 3～5 cm 时,选择先端第一枚芽作为中心干培养,在其下方选留 2 枚芽摘心,作为主枝培养,抹去其他芽,以便当年形成 2 m 以上主干。第二年冬春,如上法对中心主干进行短截,在当年生主干中下部选留 3 个错落生长的新枝,作为主枝培养。第三年冬春,同上法进行修剪,但是剪口芽的方向要与上年相反,以便长成通直的树干,达到高度时任其自然生长。

2.1.11　栾树 *Koelreuteria paniculata* Laxm

冬季进行疏枝短截,使每个主枝上的侧枝分布均匀,方向合理,短截 2～3 个侧枝,其余全部剪掉,短截长度 60 cm 左右,这样经过 3 年时间,可以形成球形树冠。每年冬季修剪掉干枯枝、病虫枝、交叉枝、细弱枝、密生枝。如果主枝过长要及时修剪,对于主枝背上的直立徒长枝要从基部剪掉,保留主枝两侧一些小枝。

2.1.12　女贞 *Ligustrum lucidum* Ait.

定干后,以促进中心主枝旺盛生长,形成强大主干的修剪方式为主,对竞争枝、徒长枝、直立枝进行有目的的修剪,同时,挑选适宜位置的枝条作为主枝进行短截,短截要从下而上,逐个缩短,使树冠下大上小,经过 3～5 年,可以每年只对下垂枝、枯死枝、病虫枝进行常规修剪,其他枝条任其自然生长。

2.1.13　五角枫 *Acerpictum subsp mono*（Maxim.）Ohashi

定干后留 2 层主枝,全树留 5～6 个主枝,然后短截,第一层 50 cm 左右,第二层 40 cm 左右。夏季除去全部分枝点以下的萌蘖芽。主枝上选留 3～4 枚方向合适、分布均匀的芽。第二次定芽,每个主枝上保留 2～3 枚芽,使它发育成枝条,以后形成圆形树冠。每年抹芽,剪去萌蘖枝、干枯枝、病虫枝、内膛细弱枝、直立徒长枝等。

2.1.14　雪松 *Cedrus deodara*（Roxb.）G. Don.

雪松幼苗具有主干顶端柔软而自然下垂的特点,为了维护中心主枝顶端优势,幼时重剪顶梢附近粗壮的侧枝,促使顶梢旺盛生长。如原主干延长枝长势较弱,而其相邻的侧枝长势特别旺盛时,则剪去原头,以侧代主,保持顶端优势。其干的上部枝要去弱留强,去下垂枝,留平斜向上枝。回缩修剪下部的重叠枝、平行枝、过密枝。在主干上间隔 50 cm 左右组成一轮主枝。主干上的主枝条一般要缓放不短截。

2.1.15　银杏 *Ginkgo biloba* L.

定干后，短截顶端直立的强枝，可减缓树势，促使主枝生长平衡。冬季剪除树干上的密生枝、衰弱枝、病虫枝，以利阳光通透。主枝一般保留 3～4 个。在保持一定高度情况下，摘去花蕾，整理小枝。成年后剪去竞争枝、枯死枝、下垂衰老枝，使枝条上短枝多，长枝少。

2.1.16　玉兰 *Yulania denudata*（Desr.）（D. L. Fu）

定干后，注意培养主干与主枝的均衡分布。成年的玉兰树，主要采取长枝短缩，长枝剪短到 12～15 cm，修剪在春季花后进行。

2.1.17　樱花 *Cerasus sp.*

多采用自然开心形，定干后选留一个健壮主枝，春季萌芽前短截，促生分枝，扩大树冠，以后在主枝上选留 3～4 个侧枝，对侧枝上的延长枝每年进行短截，使下部多生中、长枝，侧枝上的中、长枝以疏剪为主，留下的枝条可以缓放不剪，使中下部产生短枝开花。每年要对内膛细枝、病枯枝疏剪，改善通风、透光条件。

2.1.18　紫叶李 *Prunus cerasifera Ehrh. f. atropurpurea*（Jacq.）Re

定干后，主干上留 3～5 个主枝，均匀分布。冬季短截主枝上的延长枝，剪口留外芽，以便扩大树冠，生长期注意控制徒长枝，或疏除或摘心。

2.2　常见庭荫树整形修剪方法

2.2.1　刺槐 *Robinia pseudoacacia* Linn.

以自然式修剪为主，一般对树干上 2 m 以下枝条进行彻底清理，只对枯死枝、病虫枝进行修剪，其他树枝任其自然生长。

2.2.2　合欢 *Albizia julibrissin* Durazz.

以自然式修剪为主，只对枯死枝、病虫枝进行修剪，其他树枝任其自然生长。

2.2.3　黄连木 *Pistacia Chinensis* Bunge

以自然式修剪为主，只对枯死枝、病虫枝进行修剪，其他树枝任其自然生长。

2.2.4　法桐 *Platanus orientalis* Linn.

以自然式修剪为主，只对枯死枝、病虫枝进行修剪，要注意夏季修剪，及时清除萌芽，其他任其自然生长。

2.2.5　国槐 *Styphnolobium japonicum*（L.）Schott

一般以自然式修剪为主，只对枯死枝、病虫枝进行修剪，其他树枝任其自然生长。

2.2.6　水杉 *Metasequoia glyptostroboides* Hu & W. C. Cheng

以自然式修剪为主，只对枯死枝、病虫枝进行修剪，其他树枝任其自然生长。

2.2.7　杨树 *Populus przewalskii* Maxim

以自然式修剪为主，只对枯死枝、病虫枝进行修剪，其他树枝任其自然生长。

2.2.8　银杏 *Ginkgo biloba* L.

以自然树形为主，只剪去枯死枝、下垂衰老枝、病虫枝。

2.2.9　五角枫 *Acer pictum subsp. mono*（Maxim.）Ohashi

以自然树形为主，任其自然生长，只对枯死枝、病虫枝进行修剪。

2.3　园景树整形修剪方法

2.3.1　乔木类

1）白皮松 *Pinus bungeana* Zucc. ex Endl.

对于孤植应用的白皮松,其中央领导干的生长量不大,侧主枝的生长势较强,可以形成主干低矮、整齐紧密的宽圆锥形树冠,平时一般不需修剪,只把病枯枝和影响树形美观的枝条剪除。对于密植的白皮松,其中央领导干的生长量大,整形时主要控制中心主枝上端竞争枝的发生,及时疏除竞争枝,扶助中心主枝生长。

2）碧桃 *Prunus persica* L.

多采用自然开心形,主枝 3～5 个,在主干上呈放射状斜生,利用摘心和短截的方法,修剪主枝,培养各级侧枝,形成开花枝组,一般以发育中等的长枝开花最好,应尽量保留,使其多开花,但在花后一定要短截,长花枝留 8～12 枚芽,中花枝留 5～6 枚芽,短花枝留 3～4 枚芽,注意剪口留叶芽,花束枝上无侧生叶芽的不要短截,过密的可以疏掉。树冠不宜过大,成年后要注意回缩修剪,均衡各级枝的长势。对于枯死枝、下垂衰老枝、病虫枝等要随时修剪。

3）广玉兰 *Magnolia grandiflora* L.

幼时要及时剪除花蕾,使剪口下壮芽迅速形成优势,向上生长,并及时除去顶枝顶芽,保证中心主枝的优势。定植后回缩修剪过于水平或下垂的主枝,维持枝间平衡关系。夏季随时剪除根部萌蘖枝,各轮主枝数量减少 1～2 个。主干上,第一轮主枝剪去朝上枝,主枝顶端附近的新枝注意摘心,降低该轮主枝及附近枝对中心主枝的竞争力。对于枯死枝、下垂衰老枝、病虫枝等要随时修剪。

4）黄栌 *Cotinus coggygria* Scop.

冬季短截主枝条,以调整新枝分布及长势,修剪掉重叠枝、徒长枝、枯死枝、下垂衰老枝、病虫枝等。生长季节注意保证主干枝的生长,对于竞争枝要及时修剪,同时加强内膛枝和侧枝的修剪,保证树体枝叶繁茂。

5）鸡爪槭 *Acer palmatum* Thunb.

尽量避免对大枝条进行修剪,对于直立枝条、重叠枝、逆向生长枝、枯死枝、下垂衰老枝、病虫枝等要随时修剪,10—11 月修剪掉对生枝条中的一个,以形成错落的生长形式。

6）龙爪槐 *Styphnolobium japonicum f. pendulum.* (Lodd. ex Sweet) H. Ohashi

要注意培养均匀树冠,夏季新梢长到向下延伸的长度时,及时剪梢或摘心,剪口留上芽,使树冠向外扩展,夏季还要注意剥除砧木上的萌芽,尤其要剪除砧木顶端的直立枝。冬季以短截为主,适当结合疏剪,在枝条拱起部位短截,剪口芽选择向上、向外的芽,以扩大树冠。对于枯死枝、下垂衰老枝、病虫枝等要随时修剪。

7）梅花 *Prunus mume* Siebold & Zucc.

对发枝力强、枝多而细的,应强剪或疏剪部分枝条,增强树势;对发枝力弱、枝少而粗的,应轻剪长留,促使多萌发花枝。树冠不大者,短剪一年生主枝;树冠较大者,在主枝中部选一方向合适的侧枝代替主枝。强枝重剪,可将二次枝回缩剪,以侧代主,缓和树势;弱枝少剪,留 30～60 cm。主枝上如有二次枝,可短截,留 2～3 枚芽。对于枯死枝、下垂衰老枝、病虫枝等要随时修剪。

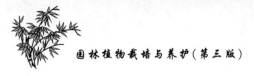

8）樱花 *Cerasus sp.*

多采用自然开心形，花后短截，促生分枝，生长季节可以采取摘心、折梢及捻梢、曲枝等一系列措施，以增加花芽分化，同时注意扩大树冠，注意使枝条分布均匀。对于枯死枝、下垂衰老枝、病虫枝等要随时修剪。

9）榆树 *Ulmus pumila* L.

及时除去老枝和枯枝，在造型确定后，剪除干扰树木造型的徒长枝、交叉枝、平行枝、反向枝、顶心枝、辐射枝、对生枝、垂直枝等无用枝条，最后再按照想要的造型修剪植株。需要注意的是，剪口要平滑，以利愈合。

10）西府海棠 *Malus×micromalus* Mak.

在主干上选留 3～5 个主枝，其余的枝条全剪掉，主枝上留外芽和侧芽，以培养侧枝，而后逐年逐级培养各级侧枝，使树冠不断扩大。同时，对无利用价值的长枝重短截，以利于形成中短枝，形成花芽。成年树修剪时应注意剪除过密枝、病虫枝、交叉枝、重叠枝、枯死枝，对徒长枝疏除或重短截，培养成枝组，对细弱的枝组要及时进行回缩复壮。对于枯死枝、下垂衰老枝、病虫枝等要随时修剪。

2.3.2　灌木类

1）枸骨 *Ilex cornuta* Lindl. & Paxton

一般不做修剪，如果修剪，可剪成单干圆头形、多干丛状形、矮化形等。

2）火棘 *Pyracantha fortuneana*（Maxim.）LI

一年中最好要剪三次，在 3—4 月强剪，保持观赏树形；6—7 月可剪去一半新芽；9—10 月剪去新生枝条。在生长 2 年后的长枝上短枝多，花芽也多，根据造型需要，剪去长枝先端，留基部 20～30 cm 即可，以达到控制树形的目的，平时注意徒长枝、过密枝和枯枝的修剪。

3）红瑞木 *Cornus alba* L.

落叶后适当修剪，保持良好树形，生长季节摘除顶心，促进侧枝形成，过老的枝条要注意修剪，可以在秋季将基部留 1～2 枚芽，其余全部剪去，第二年可萌发新枝。

在 4 月进行整形修剪为宜，因为这时萌芽力强，可长出新枝。夏季应摘心防止徒长。如秋季修剪，新枝已停止生长，萌芽慢，会使树木生长势变弱。

4）金银木 *Lonicera maackii*（Rupr.）Maxim.

花后短截开花枝，促发新枝及花芽分化，秋季落叶后，适当疏剪整形。经 3～5 年利用徒长枝或萌蘖枝进行重剪，长出新枝代替老枝。

5）锦带花 *Weigela florida*（Bunge）A. DC.

花开于 1～2 年生枝上，在早春修剪时，只需剪去枯枝和老弱枝条，不需短剪。3 年以上老枝剪去，促进新枝生长。

6）连翘 *Forsythia suspensa*（Thumb.）Vahl

连翘花后至花芽分化前应及时修剪，去除弱、乱枝及徒长枝，使营养集中供给花枝。秋后，剪除过密枝，适当剪去花芽少、生长衰老的枝条，3～5 年应对老枝进行疏剪，更新复壮 1 次。对于整形苗木，可以根据整形需要进行修剪。

7）牡丹 *paeonia suffruticosa* Andrews

生长 2～3 年后定干，留 3～5 个枝条，其余的枝条全部剪掉。5—6 月开花后将残花全部剪除;6—9月花芽分化期,可用镊子将芽摘除,以促进花芽分化;10—11月进行秋季修剪,可从枝条基部留2～3枚花芽,适时摘除上部的弱花芽,以保证来年1～2枚芽开花。每年冬季剪去枯枝,老、弱、病、残枝,保证3～5个强干。

8)珍珠梅 *Sorbaria kirilowii* Regel&Tiling Maxim.

花后剪除花序,落叶后剪除老枝、病弱枝,对多年生老枝可以4～5年分栽1次。

3.青岛地区常见藤木整形修剪方法

3.1　常春藤 *Hedera nepalensis* var. *sinensis* (Tobl.) Rehd.

及时摘除组织顶芽,使组织增粗,促进分枝。随时剪除过密枝、徒长枝。

3.2　地锦 *Parthenocissus tricuspidata* (Sieb.& Zucc.) Planch.

栽种时要对干枝进行修剪或短截,成活后将藤蔓引到墙面,及时剪掉过密枝、干枯枝和病虫枝,使其均匀分布。

3.3　扶芳藤 *Euonymus fortunei* (Turcz.) Hand.-Mazz.

一般较少修剪,如栽后第4～6年,保留主枝、侧枝,剪去徒长枝、病虫枝等即可。

3.4　金银花 *Lonicera japonica* Thunb.

栽植3～4年后,老枝条适当剪去枝梢,以利于第二年基部腋芽萌发和生长。为使枝条分布均匀、通风透光,在其休眠期间要进行一次修剪,将枯老枝、纤细枝、交叉枝从基部剪除。早春,在金银花萌动前,疏剪过密枝、过长枝和衰老枝,促发新枝,以利于多开花。金银花一般一年开两次花。当第一批花谢后,对新枝梢进行适当摘心,以促进第二批花芽的萌发。如果作藤木栽培,可将茎部小枝适当修剪,待枝干长至需要高度时,修剪掉根部和下部萌蘖枝。如果作篱垣,只需将枝蔓牵引至架上,每年对侧枝进行短截,剪除互相缠绕枝条,让其均匀分布在篱架上即可。

3.5　凌霄 *Campsis grandiflora* (Thunb.) Schum.

定植后修剪时,首先适当剪去顶部,促使地下萌发更多的新枝。选一健壮的枝条作主蔓培养,剪去先端未死但已老化的部分。疏剪掉一部分侧枝,保证主蔓的优势。然后进行牵引使其附着在支柱上。主干上生出的主枝只留2～3个,其余的全部剪掉。春季,新枝萌发前进行适当修剪,保留所需走向的枝条。夏季,对辅养枝进行摘心,抑制其生长,促使主枝生长。第二年冬季修剪时,可在中心主干的壮芽上方进行短截。从主干两侧选2～3个枝条作主枝,同样短截留壮芽,留部分其他枝条作为辅养枝。在萌芽前进行一次修剪,理顺主、侧蔓,剪除过密枝、枯枝,使枝叶分布均匀。

3.6　蔷薇 *Rosa multiflora* Thunb.

以冬季修剪为主,宜在完全停止生长后进行,过早修剪容易萌生新枝而遭受冻害。修剪时首先将过密枝、干枯枝、徒长枝、病虫枝从茎部剪掉,控制主蔓枝数量,使植株通风透光。主枝和侧枝修剪应注意留外侧芽,使其向左右生长。修剪当年生的未木质化新枝梢,保留木质化枝条上的壮芽,以便抽生新枝。夏季修剪,作为冬剪的补充,应在6—7月进行,将春季长出的位置不当的枝条,从茎部剪除或改变其生长伸长的方向,短截花枝并适当长留生长枝条,以增加翌年的开花量。

3.7　紫藤 *Wisteria sinensis*（Sims）Sweet

定植后,选留健壮枝作主藤干培养,剪去先端不成熟部分,剪口附近如有侧枝,剪

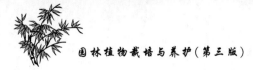

去 2～3 个,以减少竞争,也便于将主干藤缠绕于支柱上。分批除去从根部发生的其他枝条。主干上的主枝,在中上部只留 2～3 枚芽作辅养枝。主干上除发生一强壮中心主枝外,还可以从其他枝上发生 10 余个新枝,辅养中心主枝。第二年冬,对架面上的中心主枝短截至壮芽处,以期来年发出强健下部主枝,选留 2 个枝条作第二、第三主枝进行短截。全部疏去主干下部所留的辅养枝。以后,每年冬季剪去枯死枝、病虫枝、互相缠绕过分的重叠枝。一般,对于小侧枝,留 2～3 枚芽短截,使架面枝条分布均匀。

相关链接

中国风景园林学会:www.chsla.org.cn

园林吧:http://www.yuanlin8.com/

任务考核标准

序　号	考核内容	考核标准	参考分值
1	情感态度	听从指挥,服从安排,具备团队合作精神	5
2	修剪方法	掌握树种的萌芽力、开花习性等生物学特性	10
3		了解植物的栽培目的和功能,能按照树种分枝的习性、树龄、树势强弱决定整形修剪方法和修剪效果	10
4		修剪程序符合从整体到局部,从上到下,从外到内,先大后小的操作顺序	15
5		修剪枝条的选择和判断:对枯枝、病虫枝、交叉枝、过密枝等枝条的疏剪合理;按照生长习性和生长势强弱来确定短截的轻重程度	15
6		剪口的位置与剪口处理:剪截方法正确,剪口平滑,剪口状态合理,剪口芽选留位置恰当	15
7		修剪后的树形树姿符合自然美、艺术美的要求,树冠与枝叶布局比例关系协调	10
8	修剪技术	修剪的动作熟练	5
9	文明施工	修剪过程的安全意识和文明施工:架梯的位置、踩踏树枝的位置合理,安全措施得当,刀具无掉落,剪掉树枝处理合理	5
10	总结报告	写出实习报告	10
	合　　计		100

自测训练

1. 知识训练

(1) 行道树一般采用哪种树形,具体修剪要点有哪些?

(2) 蜡梅应如何进行修剪?

(3) 简述藤本类植物的整形修剪的技术要点。

（4）简述以红叶石楠作为绿篱植物的修剪技术要点。

（5）绿篱如何进行更新复壮？

（6）简述造型植物的整形修剪技术。

2. 技能训练

实训 1　行道树的整形修剪

◆实训目的

通过对行道树的整形修剪，掌握其修剪技术，熟悉园林植物整形修剪的一般方法。

◆材料用具

（1）材料：需要修剪的行道树。

（2）用具：枝剪、手锯、梯子、安全带、伤口保护剂。

◆实训内容

●行道树的定形修剪

（1）确定枝下高：交通要道两侧的行道树的枝下高应至少有 3 m，公园内园路两侧行道树以不影响游人行走为原则，一般枝下高为 2 m 左右。

（2）确定与上方管线的安全距离：根据管线的电压确定，一般在 1.5～4.5 m。

（3）确定行道树的修剪形状。

①杯状形树形的整形修剪。对于无主轴树种的行道树，定植后按所要求的枝下高定干，干上选定 3～5 个分布较均匀的枝条进行修剪，其余全部疏除，并使同一条道路上的所有树木所留的主枝离地面的高度基本一致。修剪当年要及时对修剪后的主枝进行抹芽，每根主枝最后保留 3～5 个生长健壮且生长方向分布均匀的萌条，翌年开始进行疏枝和短截，全株选留 6～10 个分布均匀的萌条生长成为二级分枝，在枝条两侧的健壮侧芽处进行短截。其余萌条、萌芽全部疏除。

对于有主干、萌芽力和成枝力强的树种，定植时离地面 3.5 m 处截干。在干上保留 3～5 个在枝下高度以上分布均匀的萌芽生长成为主枝，当年秋冬对主枝进行短截，对主枝抹芽。第 3 年，主枝上只保留 1～2 根侧枝，其余均疏除，并在侧枝的 50～100 cm 处短截，3～5 年即可培养成杯状树形。

②圆球形或卵圆形树形的整形修剪。中央主干不明显或较弱的树种，定植后可根据要求选定枝下高，并疏剪去下面的分枝。选留主枝，可在主枝上选取两层，每层 3～4 根分枝，下层分枝的长度为 30～50 cm，上层分枝的长度为 20～40 cm。层间的距离根据实际情况而定，经过 3～5 年的培养，即可形成圆球形或卵圆形树冠。

③上方无管线行道树可采用圆锥形树形。定植后，根据要求确定枝下高，并疏去下面的分枝。保留中央领导干，无中央领导枝的可选取健壮的侧芽或一直立生长的侧枝代替，其余的侧枝或侧芽全部抹除或疏剪。将树冠疏剪成 3 层，每层保留 3 根左右的分枝，分布均匀，基本在同一高度，层间距离基本相等。其余分枝及侧芽则全部疏剪或抹去。对分枝进行短截，第 1 层分枝的长度为 30～50 cm，第 2 层分枝的长度为 20～35 cm，第 3 层分枝的长度为 10～20 cm。

●行道树的养护修剪

（1）修剪对象：生长多年的行道树上的大型枝条、枯枝、过密枝、病虫枝等。

（2）修剪方法：直径为 2～6 cm 的小型枝条用手锯进行修剪，直径大于 6 cm 的树枝用横切锯。锯大枝时一般采用"三锯法"，先在待锯枝条上离最后切口约 30 cm 的地方，从下往上拉第 1 锯作为预备切口，深为枝条直径的 1/3；在离预备切口前方 2～3 cm 地方，从上往下拉第2锯,截下枝条;最后手握短桩,根据分枝结合部的特点,从分枝上侧的皮脊线及枝干领圈的外侧除掉残桩。用利刃将树干上的伤口削平并涂抹防腐剂。

(3)应注意的问题:首先,用绳索将枝条向安全方向牵引,以便枝条锯断后跌落至安全位置;其次,树上操作人员,要系好安全带,并确认站在安全的枝条或其他安全位置上。

◆作业

(1)实地操作:根据行道树整形原则,每人整好1~3株行道树。

(2)书面作业:通过对行道树整形修剪的具体操作,谈谈对园林树木修剪的体会。

实训2 藤本植物的整形修剪

◆实训目的

熟悉常见藤本植物的整形修剪方法。

◆材料用具

(1)材料:葡萄幼苗和结果树。

(2)用具:枝剪、手锯、绑缚材料。

◆实训内容

●整形

葡萄的整形形式较多:有水平形式的整枝,多适用于篱架;有扇形的整枝,适用篱架和棚架;还有"Y"形的整枝等。本次实习主要介绍篱架双臂水平形整形方法。

(1)第1年定植时,在地面上留3~4个饱满芽短截,培养2~3个壮梢,秋季落叶后从一年生枝中选择一个壮枝作为主干,在第一道铁丝处(50~60 cm)短截,其余枝条按结果母蔓进行修剪。

(2)第2年冬剪时,在主干上选出两根一年生枝,左右分开绑于第一道铁丝上,培养成两个臂枝。对臂枝进行长梢或中梢修剪,其余枝按15~25 cm距离作为结果母蔓修剪或培养枝组。

(3)第3年以后,继续延长,若已布满架间,则短截控制其长度,在臂枝上每隔20~30 cm选留壮枝,进行中梢或短梢修剪,作为结果母蔓。

●冬季修剪

(1)确定留枝量,一般同一平面的主蔓上,每隔15~25 cm留一个结果枝组或结果母蔓;在生长季节每主蔓上隔10~15 cm左右留一个新梢。

(2)结果母蔓的修剪和引缚,有极短梢修剪(留1~2个芽)、短梢修剪(留3~4个芽)、中梢修剪(留5~7个芽)、长梢修剪(留8~12个芽)、极长梢修剪(留12个芽以上)等几种方法。一般采用"长、中、短"梢配合修剪,均匀引缚于架面上。

(3)枝蔓的更新,有单枝和双枝更新,主蔓侧蔓轮流更新等几种方法。

●葡萄夏季修剪

(1)抹芽定梢,春季萌发后将多余的芽、部位不好的芽用手抹去,双生或三生芽留一个壮芽。新梢长10~20 cm,能看清楚花序时,在母枝上每隔10~15 cm留一个新梢,凡细小、部位不佳的新梢及时抹除。

(2)绑蔓去卷须,新梢长到20~30 cm时均匀引缚于架面上,采取斜绑以缓和长势,卷须在幼嫩阶段随时去除。

(3)摘心,开花前7~10天,在结果蔓最后一个花序以上的4~8片叶处摘心。营养蔓留10~15片叶摘心。

（4）副梢处理，将结果蔓花序以下的副梢全部剪去，花序以上的副梢留 2 片叶摘心，枝顶端发出的 1～2 个副芽留 4～6 片叶摘心，副梢上发出的二次副梢留 1 片叶摘心。将营养蔓顶端留 1～2 个副梢，留 3～4 片叶摘心，下部副梢全部除去。

（5）疏穗，有些公园里栽植葡萄，要有一定的产量。对于这类葡萄可在开花前 1 周掐去副穗及 1/5～1/3 的穗尖。

（6）摘除老叶，改善通风透光性，有利于果实的着色。

◆作业

根据实训的内容，写出一份完整的实习报告。

项目 5　智慧园林绿化养护

项目导入

　　智慧园林是采用现代高科技设施设备、技术在园林养护、管理等领域实现智能化的手段。随着智慧城市建设的发展，物联网技术在园林行业中的应用程度逐渐加深，物联网技术可以有效提高园林管理信息化水平并推动园林工作创新性改革。

学习任务

任务 1　智慧园林的认知

1. 智慧园林的概念

　　智慧园林是指将"互联网＋"思维和物联网、大数据、云计算、移动互联网、信息智能终端等新一代信息技术与现代生态园林相融合，建立智慧园林大数据库，以网络化、感知化、物联化、智能化为目标，构建城市园林绿化立体感知、管理协同、决策智能、服务一体的综合管理体系，把人与自然用智慧的方式连接起来，达到人与自然的互感、互知、互动。

2. 智慧园林的应用目标

　　智慧园林一般以"互联网＋"思维为核心，利用当下流行的大数据、云计算、移动互联网、物联网、空间地理信息 GIS 等科学技术在园林工作中以实现智慧化、科技化的现代生态园林模式。不仅可以实现城市园林相关管理工作的信息化、智能化、标准化、可视化，同时也可以提供相应的公共服务，如在城市园林平台推送相关信息；开通关于城市园林管理的线上投诉、举报渠道等。

3. 智慧园林发展、应用现状

　　国外发达国家的城市园林绿化数字化管理起步较早，主要集中在植物种植方案筛选和智能化管理预测上。美国 1970 年起便使用信息技术对城市园林绿地进行管理，利用微机管理程序对城市绿地的树种、树龄、位置等信息进行分区分片管理。作为世界上第一个国家公园，黄石公园在环境监测方面成绩十分突出，对水质、地震、火山等进行了系统、有效的监测和预警。韩国 2001 年开发了城市景观信息系统，该系统是"数字城市"重要组成部分之一，用于管理城市景观信息，在城市园林信息化管理方面发挥了重要作用。日本利用高精度卫星影像构建空间数据库，对城市中心区绿地进行分析与管理。新加坡对城市园林绿化数字

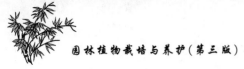

化管理进行了系统的研究，其国家公园内的每一棵树都纳入了数据信息库，观赏者可以快速查询到每棵树的品种、生长特征以及习性等信息。

我国智慧园林目前正处于积极探索阶段，比如，在智慧园林建设方面，北京取得了突破性进展，陆续收集整理了公园风景区、城市绿地管理、野生动植物保护、林木病虫害防治、生态工程等十二类核心业务数据，近 300 个图层；购置先进的三维实景影像数据采集设备，采集了公园、林场苗圃、环路及高速公路等道路绿化的三维实景数据。奥林匹克森林公园作为国内第一个应用雨水收集技术的大型城市公园，通过智能化灌溉系统监测生态指标，实现精准灌溉，年节水量达到 100 万立方米；北京还通过研制开发自动语音报送系统，根据电话语音提示输入相应的信息即可完成数据的报送，实现了公园风景区、林木病虫害等数据的自动报送和入库统计，信息报送人员可在任何地点无需借助电脑实时完成数据报送。管理人员扫描二维码后，通过后台布设的 WEB 网站，便可记录和查看树木的养护情况。深圳市的香蜜公园充分利用物联网、大数据、GIS、人工智能等信息技术手段打造了 IBMS 智能化管理系统，共包含智能照明、视频监控、环卫监测、安全巡防等十余项智能模块。

目前，随着大数据时代的快速发展，全国已有很多城市使用了智慧园林，并取得了很好的效果。通过智慧园林养护管理平台，进行日常监管，对养护中存在的问题进行分析并给予解决方案，自行进行数据分析和统计，可缩短工作时间并提高效率。比如，河北省张家口市智慧园林养护管理平台在 2017 年投入使用，该平台涵盖主城区 3800 公顷绿地，标志着张家口市园林养护工作实现"精细化养护，信息化管理"，步入"大数据"时代。

4. 智慧园林的技术支撑

在建设智慧园林的过程中，涉及的已知技术包括：大数据、云计算技术，终端传感技术（湿度传感器、温度传感器、风速传感器），远程监控技术以及万物互联技术等。未来将应用传感器、视频监控和物联网等监测设备，对园林、森林等地的土壤、降雨、光照、空气温湿度、风速及风向进行检测和建立数据库，同时将数据传输到服务器终端，再通过物联网技术等实现智能灌溉。

任务 2　智慧养护的应用

园林绿化通过融入智慧技术，更新传统落后观念和手段，从节水、节能、节人工、节药品等环节入手，并依靠智慧养护服务、智慧养护操控途径，可有效节约养护成本，同时实现提高养护质量的目的。

1. 智慧养护的概念

智慧养护集物联网、移动互联网技术为一体，依托部署在园林中的各种传感节点（空气温度湿度、土壤温度湿度、二氧化碳优越感器等）和有线、无线通信网络，实现园林管理的智能感知、智能预警、智能分析、智能灌溉、专家在线指导，为园林管理提供精细化培育、可视化管理、智能化决策等方面的技术支持。

2. 智慧养护的工作原理

利用传感器、数据模块、监控器等采集数据和影像资料，通过网关或 WiFi、4G/5G 信号等传输至云平台，管理员使用 PC 平台软件或手机 APP 实现远程控制或系统根据数据分析自动控制。

3.园林绿化养护管理系统的应用

园林绿化管理人员可运用北斗定位、GIS(地理信息系统)、移动互联网等现代信息技术,进一步提升绿地养护的管理能力和服务水平,并提高养护效率,实现城市园林绿化管理信息化、智慧化。基于园林信息化手段,集成养护管理、园林资产管理、园林巡护巡检等,对养护工作实施远程指导,建立养护计划、养护日志的电子台账档案等,实现园林管理的精细化、智能化。

4.智能灌溉的应用

智能灌溉系统结合现代自动控制技术、数据分析处理技术和通信技术等,通过物联网数据平台远程控制水泵以及水阀,设定灌溉阈值,实现无人值守自动灌溉,迅速实现大面积灌溉,减少人力投入,极大地提高绿化灌溉的效率、减少水资源的浪费。园林灌溉的智能化是现代科技不断完善和发展的产物,无论是对提高园林灌溉的效率和质量还是节约水资源都具有非常重要的意义。实现高效便捷的节水智能灌溉是现代园林发展的必然要求,因而智能灌溉被广泛应用在园林绿化领域。

4.1　智能灌溉技术

智能灌溉系统可以自动感测园林植物的生长环境包括温度、湿度等环境因素,并根据光照和气象等外部环境因素进行详细地分析判断,从而确定是否灌溉以及具体灌溉措施、灌溉方式。

智能灌溉系统主要运用传感器技术、自动控制技术以及计算机技术等多种现代化高新技术,在一般情况下采用喷灌和滴灌等园林灌溉方式。智能灌溉系统主要有数据系统、传输系统、数据处理系统、远程监测系统以及电磁控制系统。数据系统也是数据采集站,内有温度传感器以及光照传感器,其作用是有效地收集园林植物外部环境具体信息,为园林灌溉提供重要的依据。传输系统是传输基站,由大量的无线传输模块构成,作用是将数据系统中的数据信息进行传送,交给下一环节的数据处理中心进行数据信息的处理。远程监测系统是利用上位机进行园林灌溉的实时监控。而电磁控制系统是一个电磁阀控制站,利用继电器实现信息的接收,进而对智能灌溉进行有效控制。

4.2　智能灌溉类型

智能灌溉根据操控方式、动力来源等可分为多种类型,最常用的有太阳能灌溉系统、无线遥控灌溉系统、总线控制灌溉系统3种,可根据园林实际情况合理地选择。

4.2.1　太阳能灌溉系统

太阳能灌溉是以太阳能作为启动能源,将溪涧、地下水等水资源用于园林灌溉的方式。太阳能灌溉系统主要由雨水探测器、太阳能电板组成。其中雨水探测器的功能为对有雨天气进行检测,若是检测到雨水天气则会自行将系统关闭。太阳能电板的主要作用为吸收太阳能并将其转化为电泵动力,为电泵抽取水源提供动力。太阳能灌溉系统抽取水源后会将其输送至储水池中保存,再经上坡方位的洒水器实施灌溉。

太阳能灌溉系统一般在自来水供应不方便的地区使用,可以充分利用地下水、溪水以及太阳能等资源,从而实现园林灌溉的资源循环利用。

4.2.2　无线遥控灌溉系统

无线遥控灌溉系统指的是以远程终端单元为信息中转站辅助灌溉的系统。具体来讲,

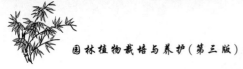

是由远程终端负责采集园林植被肥、水需求信息，通过 GSM（全球移动通信系统）将信息传至中央控制系统，在进行信息分析后，通过远程操控完成自动化灌溉一系列操作。该灌溉系统最大的特点是融入了科技性与现代性，充分利用了 GSM 技术，不仅结构简单，传输线少，而且后期养护投资较小，系统的整体投资成本不高，可普遍推广。

4.2.3　总线控制灌溉系统

总线控制灌溉系统以总线控制为测控终端实现整个灌溉系统的控制。在总线控制灌溉系统中，每一个测控终端又是相对独立的，可独立进行园林需水信息收集、整合、判断以及基本灌溉等操作。先由各处测控终端采集园林植被需水信息，然后传至中央计算机监控系统，由后者进行统一分析处理，生成园林灌溉参数，自动启动并调节灌溉系统进行灌溉，该系统还可开设专家系统，邀请相关专家结合系统存储的数据、园林植被实际生长情况等对园林灌溉提供个性化的指导，使园林灌溉更为科学、直观与高效。

相较于无线遥控，总线控制涉及范围更广，整体投资成本却更低，因此，在国林方面应用价值极高。

4.3　智能灌溉的方式

目前，智能灌溉在园林养护方面得到了普遍的应用，使灌溉活动由劳动密集型过渡到技术密集型。智能灌溉的方式有以下几种。

4.3.1　一体化灌溉

出于观赏、绿化等方面的需求，园林植被的覆盖率相对较高，且种类多。各种植物自身生长特点、需水量等均存在一定的差异，采取智能灌溉，可通过采集植物的需水信息，根据各种植物的实际水需求进行准确、针对性灌溉，将滴灌、喷灌等各种灌溉形式融合，实现一体化、多元化和个性化灌溉。

园林植被基层与地表本身蓄水能力和植物根系吸水能力不尽相同，利用智能灌溉，可将地表、地上灌溉同深层、基层灌溉有效统一，合理地调配灌溉用水，实现园林绿化灌溉管理的系统化、一体化。

4.3.2　自动化灌溉

智能灌溉可利用信息化智能系统，及时采集风速、土壤含水量、植物生存状况以及降雨量等有关的数据信息，并进行系统分析。根据数据分析的结果，判断植物的需水情况，通过灌溉程序自行启动灌溉设备实施灌溉，及时满足植物的水需求。

阔叶型树种、大面积的丛植植被等需水量较大，并且灌溉频率不高，可选用喷灌、低压管道灌溉、集雨灌等输水型灌溉方式，既可提高灌溉效率，又起到节约水资源的作用。每次灌溉结束，系统会将灌溉时间、灌溉量等相关信息自动存储。在特殊情况下，工作人员可根据存储记录采取手动控制灌溉，提高灌溉管理效率。

4.3.3　节能化灌溉

智能灌溉系统的水泵、电磁阀、水源等各种组成部分均经过计算机系统进行科学分析与精确控制。系统可在第一时间察觉植物需水信号，经过数据分析和精确计算确定灌溉时间、灌溉方式和灌水量。

系统可根据历史记录、参数选择滴灌、微灌等节水型的灌溉方式，中高度的灌木选用微灌方式，乔木采取滴灌模式，丛植群落使用雾灌的方式，且勤浇少浇。同时，在灌溉期间，系统会自主监测灌溉细节和设施运行的状态,比如,灌溉范围是否满足实际要求、管道有无折叠、水泵是否正常等,不仅实现了水资源的合理利用,而且加强了对设施的保护,极大减少灌溉量不足或者超量等不良现象。

5.智能病虫害监测系统的应用

园林的病虫害健康问题来源于日常的施肥、环境等多种因素。虫害如美国白蛾、黄杨绢野螟以及蛴螬等,从地上到地下发作起来都很严重;病害如草坪的夏季斑枯病,月季的黑斑病、白粉病,金叶女贞的叶斑病等。病虫害防治过程中应注意动植物的安全,减少农药使用,因此,在园林虫害治理的过程中,可以应用物联网技术等高科技手段避免污染水源及土壤。在园林规划中,及时对园林病虫害进行监测,采用有效的监控技术,实施动态监测,提高工作人员的工作效率,将被动防治变为主动防治。

通过建立园林绿化病虫害数据库以及历史防治数据库,依托数据库进行深度联合应用,通过大数据分析,建立病虫害暴发处置预警机制等,更好地为园林绿化病虫害防治管理提供精准化信息服务。

6.古树名木管理系统的应用

古树名木是指树龄在 100 年以上的树木或是指国内外稀有的、具有历史价值纪念意义及重要科研价值的树木。鉴于古树名木的重要价值,保护和复壮的研究工作必不可少,通常包括设置避雷针防止雷击;适时松土、浇水、施肥、防治病虫害;有树洞者加以添堵,以免其扩大;出现树身倾斜、枝条下垂的加以支撑固定;对于濒危的树木进行抢救复壮等。

如今,健康绿色的生活理念逐渐深入人心,人们对园林绿化有了更多的关注,将科技运用到园林中,打造智慧园林,让每一棵树都变得有"身份"。比如,江苏省徐州市在全国率先将人工智能及 5G 技术运用到园林建设及管理工作中,为全市 122 棵古树名木制作"身份证",完善它们的立地条件、生长

势、生长环境、现存状态、古树历史、管护单位、管护人员等信息,并与 GIS 可视化平台关联,在 GIS 平台上可实时查看古树名木身份信息。运用完备的常态化巡查管理、养护管理、会诊、迁移管理机制,建立古树名木全生命周期数据档案。运用物联网传感器监测古树名木生长势,通过大数据分析提出日常养护方案,对古树名木及时采取保护措施,如开展养护支撑等。

相关链接

城区万树上"云"去

点开浙江省湖州市安吉县综合执法局园林绿化管理处打造的智慧园林管理系统会发现,城区公共区域的每一棵树都在地图上拥有对应的位置、都有一张"身份证",种类、树龄、栽培年代、栽培标段等信息一应俱全,且每根树都有独无二的编码。

县城公共区域共有近 11 万棵树木。此前,树木资源的家底没有尽数统计。城区到底有多少树?没人说得上来。种类、栽培年份也不全部清楚。由于缺乏对树木资源的掌握,影响了未来园林工作的精细化管理。为此,县综合执法局实施了智慧园林项目,通过打造智慧园林系统,把"一切业务数据化,一切数据业务化"。

智慧园林管理系统分为"一张图"、巡管养、乔木管理系统、知识库等模块。乔木管理系统的上线,实现了城区 11 万棵树木"上云"。园管处给每棵树木测定了地理坐标,并依托位

置、种类、树龄、栽培年份制定了唯一编码。每年树龄都会自动更新,系统还会自动留存当年的档案,当树龄达到 50 年时,编码会自动在末尾新增字母 D,意味着这棵树是古树名木后备资源;100 年时,则新增字母 G,意味着这是古树名木;树木移植时,则新增字母 Y。

为了更加直观地呈现树木资源,方便统计分析,智慧园林系统打造了"一张图"模块。树木资源直观地呈现在地图上,绿地率、绿化覆盖率、绿化规划等都通过图形展现出来。园管处以后可以根据这些图形和分析,查看单一树种在县城的分布情况,为下一步的种植计划、园林规划提供参考。例如,公园服务半径覆盖率不足时,就能通过这种方式直观看到哪里覆盖率不足,再以此为依据制作规划,而过去这些都通过人工测算,十分耗时耗力。智慧园林管理系统在实现对树木精细管理的同时,也实现了对"巡、管、养"环节的更好监管。园管处将城区绿化管护区域划分为 10 个标段,每个标段配备 1 名项目经理、2 名管理人员以及若干养护工人,每 2 个标段由 1 名园管处工作人员监管。管理人员每天都需通过手机端软件上传工作日志,记录安全防护是否到位并做好留存明日工作安排等,同时拍照留存。这些,园管处工作人员都能看到,通过这个系统,园管处实时掌握项目经理、管理人员的工作动态和工作时长。

体验了新的系统,园管处工作人员倍觉新鲜。点点手机,工作人员就能把巡查中发现的问题上传,要求对应标段管理人员整改;对各标段考核打分时,也是在手机端操作。整改后,标段管理人员还会拍照反馈。此外,智慧园林管理系统还实现了对园管处工作人员的考核,每周是否按时完成巡查任务等都能直观看到。

学习单元 7 题库

附录　园林绿化工国家职业技能标准
（2022年版）

职业名称：园林绿化工

职业编码：4-09-10-01

职业定义：从事园林绿化施工、养护，园林植物的繁殖、栽培和出圃，树木修剪，园林有害生物防治等工作的人员。

适用范围：园林绿地建设和绿地养护

技能等级：五级/初级工、四级/中级工、三级/高级工、二级/技师、一级/高级技师

一、五级/初级工

（一）知识要求（应知）

(1)园林绿化用地整理。掌握场地清理工程机械的安全使用知识；建筑工程安全技术规范操作知识；整地作垄、作床、做畦知识；肥料的使用方法；土壤质地和结构知识；种植穴挖掘规范知识；灌木、绿篱种植穴规格知识；开沟机械使用知识。

(2)园林植物栽培与繁育。本地区园林植物生长季节识别知识；花灌木、绿篱规格等方面知识；裸根苗木挖掘、根幅规格、假植知识；园林植物种植要求、操作方法及注意事项；裸根苗木、绿篱、花卉和地被植物养护管理知识；分生与扦插无性繁殖相关知识；容器选择、基质配制及栽培管理知识。

(3)园林硬质景观施工。园林铺装、园路、汀步、水景管道施工图识读知识和施工工艺流程。

(4)园林植物基础养护。园林植物灌溉、灌溉工具使用知识；地面排水、排水系统构成知识；常见肥料、机具使用知识；人工施肥作业方法；中耕工具、中耕机械使用知识。

(5)园林植物有害生物防治。园林植物病害知识；常用杀菌剂、施药机具使用知识；病害防治农药安全使用方法和注意事项；昆虫分类学知识，食叶性害虫形态特征及生物学特性；常用杀虫剂及其使用知识；杀虫药械使用知识；物理防治害虫知识；虫害防治农药安全使用方法和注意事项；喷洒器械使用知识；常用除草剂识别及安全使用知识；常用灭鼠剂、灭鼠机具使用知识；农药合理配备施用知识；残留农药安全处置管理知识。

(6)园林植物修剪与整形。绿篱修剪机具安全使用知识；绿篱、花卉整形修剪方法相关知识。

(7)古树名木保护。古树分级和名木定义知识；树木根系分布知识。

(8)立体绿化。屋顶绿化安全须知；屋顶绿化植物灌溉、修剪、管理知识、作业个人安全防护知识；立体花坛植物灌溉设施、栽培养护、作业安全防护知识。

（二）操作要求（应会）

(1)园林绿化用地整理。能使用机械或工具；能按施工设计要求进行场地平整；能进行整地作垄、作床与作畦；能按施工要求放置基肥、改良材料；能按施工要求人工或利用机械挖

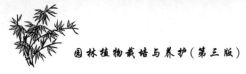

掘花灌木种植穴、绿篱种植槽。

（2）园林植物栽培与繁育。能识别本地区常见园林植物 50 种（含品种）以上；能根据施工要求选择符合规格的花灌木、绿篱；能按规定规格对裸根苗木进行挖掘、保护、假植、常规养护；能按施工要求对裸根苗木、绿篱、花卉、地被进行种植、养护管理；能利用分生、扦插方法繁育园林植物；能利用容器对园林植物进行栽培与管理。

（3）园林硬质景观施工。能识读园路、汀步铺装、水景管道施工图；能按操作工艺流程进行园路、汀步铺装、水景管道安装。

（4）园林植物基础养护。掌握园林植物灌溉、排水、施肥、中耕基础养护技能。

（5）园林植物有害生物防治。能识别园林植物常见病害 5 种以上、常见食叶性害虫 5 种以上；使用喷雾（粉）机具根据病害控制方案进行防治作业、杀虫作业；能按要求布设黑光灯、黄色板、性诱剂、食诱剂等诱杀害虫；能识别园林绿地常见杂草 5 种以上；能按要求使用除草剂或人工进行除杂草作业。

（6）园林植物修剪与整形。能按规范操作绿篱修剪机具进行绿篱修剪；能对自然式、整形式绿篱、露地草本花卉进行修剪作业；能对花卉进行常规摘心、抹芽等整形作业。

（7）古树名木保护。能根据古树树牌区分一二级古树；能按技术方案或在专家指导下挖掘古树名木复壮沟。

（8）立体绿化。能对屋顶落水口等重点部位进行清理保洁作业；能定期对屋顶绿化、垂直绿化、立体花坛植物进行补栽、灌溉、修剪、作业。

二、四级/中级工

（一）知识要求（应知）

（1）园林绿化用地整理。土方夯实机械相关知识；土壤消毒剂种类知识；土壤酸碱度检测及改良知识；客土栽培知识；土壤理化性质知识；乔木、竹类种植穴规格知识；挖坑机械使用知识；容器规格相关知识。

（2）园林植物栽培与繁育。园林植物识别知识、规格要求；带土球园林植物挖掘及土球规格知识；苗木挖掘机械使用知识；带土球苗木打包、苗木运输及保护知识；带土球苗木装卸吊装安全、假植、养护知识；灌木种植前后修剪要求及方法，剪口及伤口防腐处理知识；乔灌木苗木种植、支撑及养护知识竹类及藤蔓类植物种植及养护知识；切花植物栽培技术；室内盆栽植物布置及养护知识压条繁育、播种育苗相关知识；种子、种苗、种球采收、调制、处理与储藏知识。

（3）园林硬质景观施工。广场铺装施工图识读知识、铺装分类及特性，切割、安装机具及设备使用及安全防护知识，广场铺装操作工艺流程；木作、水池等基础砌筑施工图识读、放线、计算、切割、砌筑等知识，基础砌筑施工质量验收知识；木平台、木栈道等施工图识读、木材分类及特性，木作制作、切割与安装机具使用、安全防护、制作操作工艺流程；水景施工图识读知识、防水、防渗分类及特性；水景防水、防渗施工机具使用、安全防护知识、渗操作工艺流程。

（4）园林植物基础养护。园林植物灌溉时间、需水量、灌溉设施使用与维护、排水设施安装、排水设施埋设；园林植物营养元素及其作用相关知识，植物营养诊断知识，施肥方法；中耕方法及相关知识；防寒方法，防寒材料知识。

（5）园林植物有害生物防治。越冬病原物处理、病害症状识别，杀菌剂用量、稀释方、配制、保管知识；越冬害虫、刺吸式害虫形态特征及生物学特性；杀虫剂用量、稀释方法、配制、诱虫设备、保管知识，生物防治知识；阔叶杂草识别知识，常见杂草生长习性，杂草防除时间和方法；园林植物有害生物调查知识、标本采集知识、形态与识别知识；喷雾器使用及保养、故障排除和修理知识。

（6）园林植物修剪与整形。行道树、绿地内乔木修剪知识，园林植物与市政交通设施等规范间距相关知识，油锯、电动锯等机具使用知识，乔木修剪作业个人防护知识；绿篱更新知识、修剪机维修保养、修剪作业个人防护知识；藤蔓类植物生长发育习性、应用方式、整形修剪作业个人防护知识。

（7）古树名木保护。古树名木巡查知识、国家和地方法规、补水与排水知识；古树生长势分级、安全隐患排查知识。

（8）立体绿化。屋顶绿化材料、植物病虫害防治管理、植物配置；垂直绿化类型及施工工艺、植物病虫害防治管理、植物配置知识；立体花坛植物生长习性、病虫害防治管理知识。

（二）操 作 要 求（应 会）

（1）园林绿化用地整理。能利用机械或工具进行土方挖填方、夯实作业，进行土壤消毒作业；能检测土壤的酸碱性并按照要求进行土壤改良；能对种植穴（槽）进行换土作业；能按要求配制用于容器栽植植物的常规基质；能按施工要求利用机械或工具挖掘乔木、竹类种植穴；能根据容器苗的培育方案选择容器。

（2）园林植物栽培与繁育。能识别本地区常见园林植物70种（含品种）以上；能根据施工要求选择符合规格的灌木、草本花卉及草坪地被；能进行带土球园林植物挖掘前准备工作；能利用机械或工具对小乔木、灌木进行土球挖掘；能利用包装材料对挖掘好的土球进行打包作业；能对园林植物进行装车、运输和卸车作业；能对带土球园林植物进行假植、养护管理；能对种植前后灌木的根系、枝叶进行修剪处理作业、剪口及伤口处理；能对小乔木、灌木、竹类、藤蔓类、切花植物进行栽培作业；能按要求用盆栽植物进行室内环境布置；能用压条方法繁育园林植物；能用种子、种苗、种球繁育园林植物。

（3）园林硬质景观施工。能识读广场铺装、木作、水池、木平台、木栈道、水景施工图，并能按图施工。

（4）园林植物基础养护。能确定园林植物的合理灌溉时间，能按灌溉方案对不同生长时期的园林植物进行灌溉作业，能对灌溉设施进行一般故障排除；能按排水系统设计方案砌筑附属构筑物和埋设排水管道，能按排水系统设计方案安装排水设施；能识别园林植物缺少大量元素的缺素症状，能选择园林植物施肥作业方法；能根据不同植物生长状况确定中耕时间；能按防寒技术方案进行防寒材料准备，能按防寒技术方案进行防寒作业。

（5）园林植物有害生物防治。能按要求清除园林植物越冬病原物，能识别园林植物常见病害症状5种以上，能根据病害防治方案计算杀菌剂使用量并配制杀菌剂，能保管待用、未用完的杀菌剂；能按照要求清除园林植物越冬害虫；能识别园林植物常见刺吸式害虫5种以上，能根据虫害防治方案计算杀虫剂使用量并配制杀虫剂，能设置诱虫设备，能保管待用、未用完的杀虫剂，能按要求利用天敌进行生物防治；能识别园林植物常见杂草10种以上，能确定常见杂草防除时间和方法；能进行园林植物有害生物发生情况调查并填写发生情况调查表，能采集有害生物标本；能保养手动、电动、机动喷雾器，能排除手动、电动、机动喷雾器简单故障，能按个人防护要求进行农药、园林机具使用与维护作业。

（6）园林植物修剪与整形。能按规范操作油锯、电动锯等机具修剪乔木，能对行道树、绿地内乔木进行整形修剪作业;能对绿篱进行更新修剪作业,能对绿篱修剪机进行保养作业;能根据藤蔓类植物生长发育习性、应用方式进行整形修剪作业。

(7)古树名木保护。能对古树名木进行巡查记录、及时补水或排水作业;能区别正常、轻弱、重弱、濒危古树,能排查古树名木安全隐患。

(8)立体绿化。能按设计方案进行屋顶绿化施工材料准备,能根据屋顶绿化植物生长习性进行修剪作业,能根据屋顶灌溉系统原理进行简单的设施维修,能对屋顶绿化植物病虫害进行简单防治;能根据垂直绿化植物生长习性进行修剪作业,能对智能灌溉设施和重点部位进行操作和维修,能对垂直绿化植物病虫害进行防治;能根据立体花坛植物生长习性进行修剪作业、病虫害防治、灌溉设施进行操作。

三、三级/高级工

(一)知识要求(应知)

(1)园林绿化用地整理。常用测量仪器或工具使用知识;土壤基本知识;园林识图、园林测量放线基本知识。

(2)园林植物栽培与繁育。园林植物分类知识,阔叶乔木及竹类、水生、藤蔓类植物知识;带土球苗木挖掘规格知识,挖掘作业安全操作及个人防护知识;大树木箱打包知识,大树吊装、运输安全操作及个人防护知识;乔木种植前后修剪知识,剪口及伤口修剪知识;中乔木、大乔木移植相关知识,水生植物、棕榈类植物种植及养护知识;大型花坛、花柱设计及施工知识,种植施工组织知识,安全操作及个人防护知识;嫁接繁育相关知识,砧木培育和接穗选择知识,容器栽培苗木知识,苗圃建设及生产管理知识,植物组培流程与关键技术,植物引种与驯化相关知识。

(3)园林硬质景观施工。景墙砌筑施工图识读知识,景墙放线、计算、切割、砌筑等知识,景墙砌筑操作工艺流程、质量验收知识;廊架等施工图识读知识,木材分类及特性,廊架等制作与安装操作工艺流程;水景置石施工图识读知识,水景置石放线、起吊、摆放等知识。

(4)园林植物基础养护。灌溉、喷灌设施安装、调试和使用知识,灌溉设施控制方法;肥料相关知识,施肥量计算知识;园林植物生理知识,园林植物自然灾害应急处理知识。

(5)园林植物有害生物防治。园林植物枝干和根部病害症状识别知识,病害防治技术规程,常见病害发生规律及防治知识;蛀食性害虫和地下害虫形态特征及生物学特性,虫害防治技术规程,常见虫害发生规律及防治知识,杂草幼苗识别和防除知识,杂草防除原理,除草剂特性及安全使用方法;园林植物有害生物危害状况调查知识、标本制作知识;主要生产设备、药械结构、性能及使用、维修方法、安全操作及防护知识。

(6)园林植物修剪与整形。修剪的基本方法,灌木修剪相关知识,修剪工具及使用注意事项,灌木修剪作业个人防护知识;绿篱植物生长发育知识,绿篱植物观赏特性;造型修剪的意义、时期、方式及注意事项,造型修剪作业个人,防护知识。

(7)古树名木保护。古树名木普查知识,有害生物种类及防治知识,树冠整理、地上环境整治、树体预防保护相关知识;横向复壮沟、放射状复壮沟、混合状复壮沟、复壮井、渗水井、透气孔相关知识;硬支撑、软支撑、硬拉纤、软拉纤的材料和器具。

(8)立体绿化。屋顶绿化识图基本知识,屋顶绿化大型植物材料固定设施知识,屋顶绿化排水层、过滤层施工知识;垂直绿化识图基本知识,种植基质选择知识;立体花坛识图基本知识、制作工艺流程、植物配置知识。

（二）操作要求（应会）

（1）园林绿化用地整理。能按设计图利用测量仪器或工具对施工场地进行距离测量作业，能使用测量仪器确定场地标高；能判别盐渍化土壤对植物的危害，能按施工要求改良盐渍化土壤；能根据种植设计图按比例进行规则式、弧线种植定点放线。

（2）园林植物栽培与繁育。能识别本地区常见园林植物 90 种（含品种）以上；能根据设计要求选择符合规格的阔叶乔木及竹类、水生、藤蔓类植物；能按园林植物的胸径或地径确定挖掘土球规格，能利用人工或挖掘机械对中乔木、大乔木苗木进行挖掘；能利用木箱打包法对挖掘好的大规格带土球苗木进行木箱打包；能利用吊装机械对木箱苗木进行装车、运输；能对种植前后乔木的根系、树冠进行修剪作业，进行剪口及伤口处理；能对中乔木、大乔木、水生、棕榈类植物进行种植及养护管理；能按设计图组织大型花坛、花柱、中小型绿地种植的施工作业；能组织中小型绿地种植施工作业；能利用嫁接方法繁育园林植物；能培育砧木和选择接穗；能进行容器繁育栽培园林植物；能按规划方案建设苗圃并组织苗圃生产日常工作；能利用组培方法繁育园林植物；能按要求实施园林植物引种与驯化。

（3）园林硬质景观施工。能识读水景驳岸叠水、跌水等水景置石施工图；能按操作工艺流程进行水景置石施工。

（4）园林植物基础养护。能对灌溉设计图进行识读，并组织实施灌溉设施安装，能调试灌溉设施控制合理灌水量；能计算肥料的有效成分和用量，能编制园林植物施肥方案；能编制园林植物防寒方案，能编制园林植物自然灾害应急预案；能编制突发事件（大风、大雪、强降雨等）后受损的园林植物移伐方案

（5）园林植物有害生物防治。能识别园林植物枝干和根部病害症状，能编制园林植物病害防治方案，能对病害防治效果进行评估，能根据实际情况对常见病害防治计划进行优化；能识别园林植物常见害虫 10 种以上，能编制园林植物虫害防治方案，能对虫害防治效果进行评估，能根据实际情况对常见虫害防治计划进行优化；能识别园林绿地常见杂草 15 种以上，能根据常见杂草发生规律制订防除计划；能调查园林植物有害生物，能制作园林植物有害生物标本；能对主要生产设备及药械进行保养及简单维修，能排除主要生产设备及药械简单故障。

（6）园林植物修剪与整形。能对观叶灌木进行规范修剪作业，能对观枝灌木进行规范修剪作业，能对观果灌木进行规范修剪作业，能对观花灌木进行规范修剪作业，能编制绿篱修剪方案；能对园林植物进行几何造型修剪，能根据苗木生长特性和环境进行造型修剪。

（7）古树名木保护。能对古树名木进行建档立卡，能进行古树名木有害生物防治及施肥作业，能进行树冠整理、地上环境整治、树体预防保护等养护作业；能独立进行古树名木复壮沟的挖掘工作，能按施工图建造古树名木复壮井、渗水井、透气孔，能按方案对古树名木进行树木支撑加固。

（8）立体绿化。能进行屋顶绿化种植基质回填和植物种植施工，能对栽植的大型植物材料进行固定，能进行排水层、过滤层的铺设和节点处理，能应用本地区 10 种（含品种）以上常见植物进行屋顶绿化；能根据垂直绿化设计图进行施工准备，能进行垂直绿化种植安全性验证，能进行种植基质配制，能应用本地区 15 种（含品种）以上常见植物进行垂直绿化；能根据立体花坛设计图进行制作准备，能根据立体花坛工艺进行植物品种选择，能根据立体花坛工艺进行植物栽植，能应用本地区 15 种（含品种）以上常见植物制作立体花坛。

四、二级/技师

（一）知识要求（应知）

（1）园林绿化用地整理。土方量计算、土方测量、土方工程施工、施工机械相关知识；土壤结构和肥力，土壤取样和化验方法；木箱苗木栽植、移植安全知识；定点放线知识，复杂地形测量知识。

（2）园林植物栽培与繁育。园林植物生态、生长发育规律，反季节种植知识，大树及反季节种植养护知识；树木移植机械安全操作及个人安全防护知识；良种繁育程序与技术，新品种栽培知识。

（3）园林硬质景观施工。园林工程施工图识读、放线知识、施工工艺流程、施工质量验收知识；景石、雕塑等园林小品施工图识读、制作、摆放知识；座椅、标志牌等园林设施安装知识；照明设施与灯具安装操作工艺流程。

（4）园林植物基础养护。绿化灌溉工程设计知识、给水管网和喷头布设知识、水处理设备使用与维护知识、智能灌溉设施知识；理化性质分析测定知识、植物营养需求知识；合理施肥的生理基础。

（5）园林植物有害生物防治。病害调查相关知识，病害预测预报方法；虫害调查相关知识、预测预报方法；草坪杂草幼苗识别和防除知识，常见杂草发生规律；园林植物有害生物调查质量评估方法，主要病、虫、草、鼠害防治知识，植物检疫基础知识。

（6）园林植物修剪与整形。乔木、灌木整形修剪相关知识；造型修剪方法，造型图案选择与塑造知识。

（7）古树名木保护。昆虫学知识；农药学知识；古树树体损伤处理、树洞修补、树体加固、树体支撑材料。

（8）立体绿化。屋顶绿化覆土、屋顶绿化防水施工知识、屋顶绿化施工技术；垂直绿化植物材料、种植配置知识；立体花坛制作技术、灌溉技术、结构施工技术。

（9）培训与管理。技术培训相关知识，国家标准、行业标准、地方标准及规范知识；园林工程施工与养护投标相关知识，园林工程施工与管理知识。

（二）操作要求（应会）

（1）园林绿化用地整理。能进行园林绿化工程土方量计算，能进行土方造型施工作业，能进行挖湖堆山施工作业；能进行土壤质地和结构取样，能进行土壤酸碱度和盐渍化测定；能编制木箱苗木起挖包装运输技术方案，能编制木箱苗木种植方案；能根据种植设计图进行自然式种植定点放线，能根据设计图和种植规范对场地和种植距离进行复测和验线作业。

（2）园林植物栽培与繁育。能识别本地区常见园林植物120种（含品种）以上，能根据设计要求选择符合规格的针叶乔木和造型植物；能对木箱苗木进行种植及养护管理，能种植木箱苗木，能对园林苗木进行反季节种植及养护管理，能编制良种繁育方案，能进行良种繁育工作，能编制新品种栽培技术方案，能编制园林植物繁殖技术方案。

（3）园林硬质景观施工。能对施工人员进行园林工程施工图技术交底，能指导施工人员按照操作工艺流程进行铺装、木作、砌筑、水景等施工作业；能识读景石、雕塑等园林小品施工图，能按操作工艺流程进行景石、雕塑等园林小品制作与摆放；能按操作工艺流程进行座椅、标志牌、照明设施、灯具安装。

(4)园林植物基础养护。能进行园林绿地喷灌系统给水管网、喷头布设;能进行灌溉设施巡视和维护,能按设计方案安装智能灌溉设施,能进行智能灌溉中控系统维护和气象站维护;能进行土壤理化性质测定;能根据土壤理化性质测定结果编制施肥方案。

(5)园林植物有害生物防治。能进行园林植物病害调查取样、常见病害预测预报;能进行园林植物虫害调查、常见虫害预测预报;能识别园林植物常见杂草 20 种以上,能对绿地杂草进行预测预报;能编制园林植物有害生物调查实施方案,能对园林植物有害生物调查质量进行检查评估,能识别、调查检疫性有害生物。

(6)园林植物修剪与整形。能根据乔木用途编制修剪方案,能根据乔木生长特性和生长环境编制修剪方案;能根据灌木用途编制修剪方案,能根据灌木生长特性和生长环境编制修剪方案;能对园林植物进行自然与人工混合式造型修剪,能对园林植物进行垣壁式、雕塑式造型修剪。

(7)古树名木保护。能对古树蛀干性害虫、食叶性害虫种类进行甄别,能提出和实施防治方案;能按技术方案和在专家指导下进行古树树体损伤处理,能按技术方案和在专家指导下进行树洞修补,能按技术方案和在专家指导下进行树体加固。

(8)立体绿化。能根据设计图编制屋顶绿化施工技术方案,能根据屋顶防水层、阻根层施工技术方案,织防水层和阻根层施工作业,能根据屋顶荷载确定覆土类型、厚度及大型植物种植位置;能根据垂直绿化设计图编制施工技术方案,能进行垂直绿化种植安全性验证,能进行种植基质配制;能根据设计图编制立体花坛制作技术方案,能根据立体花坛工艺确定灌溉方式,能根据立体花坛工艺编制种植层结构方案。

(9)培训与管理。能对生产中出现的技术问题进行分析和指导。能制订三级/高级工及以下级别人员培训计划,并进行培训与示范。能编写技术指南和撰写技术工作总结。能根据园林行业相关国家标准、行业标准、地方标准、规范及法律法规制订培训计划;能编制园林工程施工与养护投标技术文件,能制订园林工程施工与养护人工、机械、材料等施工准备计划。能编制园林工程施工技术方案和主要分项工程施工方法。

五、一级/高级技师

(一)知识要求(应知)

(1)园林绿化用地整理。园林地形工程设计知识;肥料、改良材料相关知识;园林植物新品种选育知识。

(2)园林植物栽培与繁育。园林植物种植设计知识,园林植物应用知识;植物育种知识,植物生理、生态知识。

(3)园林硬质景观施工。园林工程施工组织设计知识,园林工程竣工验收知识;新技术、新产品、新材料、新设备应用知识,园林工程施工工艺、工法研发与创新知识。

(4)园林植物基础养护。灌溉方式,园林植物需水量测定知识;土壤肥力分析和评估知识,土壤平衡施肥知识

(5)园林植物有害生物防治。植物生态学、植物病害流行学知识,杀菌剂相关知识;昆虫生态学知识,杀虫剂药害及其预防知识;非常见杂草预防知识,除草剂药害及其预防知识,有害生物预测预报知识。

(6)园林植物修剪与整形。苗圃苗木修剪整形知识,园林植物生长特性与生长环境。

(7)古树名木保护。古树名木相关国家标准、行业标准、地方标准中养护技术、复壮技术

知识。

（8）立体绿化。屋顶绿化植物特性、种植基质、植物配置知识，屋顶荷载计算知识，屋顶绿化防水、排水知识；垂直绿化结构载体荷载计算、灌溉知识；立体花坛新技术、新材料应用、智能水肥管理、照明知识。

（9）培训与管理。法律法规、国家标准、行业标准及地方标准相关知识，新技术、新材料新标准、新工艺、新设备相关知识，技术培训资料编写知识，园林工程施工实操知识；园林工程施工项目管理知识，安全事故处理知识。

（二）操作要求（应会）

（1）园林绿化用地整理。能结合实地情况进行园林地形竖向设计，能进行地形艺术处理；能根据土壤质地酸碱度和盐渍化程度编制土壤改良方案，能根据测定结果计算各种肥料、改良材料等的使用量。

（2）园林植物栽培与繁育。能识别本地区常见园林植物150种（含品种）以上；能应用引进的植物新品种；能进行乔灌木、水生植物、藤蔓类、草本花卉、草坪地被种植设计；能进行园林植物新品种选育，能按生境要求进行园林植物品种筛选，能编制园林植物生产栽培综合管理方案。

（3）园林硬质景观施工。能进行园林工程施工组织设计；能组织与指导园林硬质景观（铺装、砌筑、木作、水景等）施工作业；能在施工过程中应用新技术、新产品、新材料、新设备；能进行园林铺装砌筑、木作、水景、植物造景等施工工艺、工法研发与创新。

（4）园林植物基础养护。能根据不同植物的生长环境确定不同灌溉方式，能根据园林植物需水量测定数据编制灌溉方案；能分析和评估土壤肥力状况，能编制平衡施肥技术方案。

（5）园林植物有害生物防治。能编制病害综合防治技术方案，能编制杀菌剂抗药性方案；能编制虫害综合防治技术方案，能制订杀虫剂药害预防与补救措施；能编制杂草防除综合防治技术方案，能制订除草剂药害预防与补救措施，能编制园林植物有害生物预测预报方案。

（6）园林植物修剪与整形。能编制乔木类、灌木类圃苗整形修剪方案；能根据植物生长特性、生长环境编制苗木造型修剪技术方案。

（7）古树名木保护。能判定古树名木衰弱的原因，能编制、评审、优化、实施古树名木养护方案；能判定古树名木重弱或濒危的原因，能编制、评审、优化、实施古树名木复壮方案。

（8）立体绿化。能根据屋顶立地条件和当地气候条件进行植物配置，能根据屋顶荷载进行种植基质配制，能根据屋面结构确定屋顶防水、排水技术方案，能设计屋顶绿化灌溉系统；能根据垂直绿化设计图编制施工技术方案，能根据垂直绿化结构载体进行荷载计算和种植安全性验证，能编制种植基质改良和配制技术方案，能设计垂直绿化智能灌溉系统；能根据设计图编制立体花坛新技术、新材料应用方案；能根据立体花坛方案确定常用照明方式，能编制立体花坛智能水肥管理技术方案。

（9）培训与管理。能对园林行业相关法律法规、国家标准、行业标准、地方标准及规范进行宣贯培训，能对新技术、新材料、新标准、新工艺、新设备的推广应用进行技术指导与培训，能编写技术培训讲义或教材，能进行理论及实操培训；能编制园林工程施工与养护项目成本预算方案，能指导编制园林工程施工与养护项目方案，能进行园林工程施工与养护项目管理，能对一般安全事故进行应急处理。

参 考 文 献

[1] 俞玖.园林苗圃学[M].北京:中国林业出版社,1988.

[2] 陈耀华,秦魁杰.园林苗圃与花圃[M].北京:中国林业出版社,2002.

[3] 吴少华.园林花卉苗木繁育技术[M].北京:科学技术文献出版社,2001.

[4] 柳振亮.园林苗圃学[M].北京:气象出版社,2001.

[5] 龚雪.园林苗圃学[M].北京:中国建筑工业出版社,1995.

[6] 苏金乐.园林苗圃学[M].北京:中国农业出版社,2003.

[7] 郝建华,陈耀华.园林苗圃育苗技术[M].北京:化学工业出版社,2003.

[8] 金铁山.苗木培育技术[M].哈尔滨:黑龙江人民出版社,1985.

[9] 郭学望,包满珠.园林树木栽植养护学[M].北京:中国林业出版社,2002.

[10] 尤伟忠.园林苗木生产技术[M].苏州:苏州大学出版社,2009.

[11] 张运山,钱拴提.林木种苗生产技术[M].北京:中国林业出版社,2007.

[12] 王秀娟.园林苗圃[M].北京:中国农业大学出版社,2009.

[13] 刘晓东.园林苗圃[M].北京:高等教育出版社,2006.

[14] 颜启传.种子学[M].北京:中国农业出版社,2001.

[15] 胡晋.种子贮藏加工[M].北京:中国农业大学出版社,2001.

[16] 国家质量技术监督局.林木种子检验规程 GB2772—1999[S].北京:中国标准出版社,1999.

[17] 刘学忠,刘金.植物种子采集手册[M].北京:科学普及出版社,1988.

[18] 龚学堃,耿玲悦,柳振亮.园林苗圃学[M].北京:中国建筑工业出版社,1995.

[19] 周余华,杨士虎.种苗工程[M].北京:中国农业出版社,2009.

[20] 魏岩.园林植物栽培与养护[M].北京:中国科学技术出版社,2003.

[21] 白涛,王鹏.园林苗圃[M].郑州:黄河水利出版社,2010.

[22] 鞠志新.园林苗圃[M].北京:化学工业出版社,2009.

[23] 佘远国.园林植物栽培与养护管理[M].2版.北京:机械工业出版社,2022.

[24] 王国东,周兴元.园林植物栽培[M].3版.北京:高等教育出版社,2020.

[25] 吴亚芹,赵东升,陈秀莉.花卉栽培生产技术[M].北京:化学工业出版社,2006.

[26] 刘金海.观赏植物栽培[M].北京:高等教育出版社,2005.

[27] 吴丁丁.园林植物栽培与养护[M].北京:中国农业大学出版社,2007.

[28] 关连珠.土壤肥料学[M].北京:中国农业出版社,2001.

[29] 胡长龙.观赏花木整形修剪手册[M].上海:上海科学技术出版社,2005.

[30] 李巍然,王冉.信息技术在城市园林绿化中的应用探讨[J].南方农业,2019,13(08):39-41.

[31] 秦学军.大数据分析下园林景观空间格局梯度优化仿真[J].计算机仿真,2018,35(12):195-198.